O FENÔMENO HUMANO

os reais objetivos da viagem de
Charles Darwin no H. M. S. Beagle

O FENÔMENO HUMANO

os reais objetivos da viagem de Charles Darwin no H. M. S. Beagle

Agassiz Almeida

editoracontexto

Foto de capa
Alexander von Humboldt, Joseph Karl Stieler

Montagem de capa e diagramação
Gustavo S. Vilas Boas

Preparação de textos
Padre Afonso Horácio

Revisão
Daniela Marini Iwamoto

Dados Internacionais de Catalogação na Publicação (CIP)
(Câmara Brasileira do Livro, SP, Brasil)

Almeida, Agassiz
O fenômeno humano : os reais objetivos da viagem de Charles Darwin no H. M. S. Beagle / Agassiz Almeida. – São Paulo : Contexto, 2012.

Bibliografia.
ISBN 978-85-7244-733-1

1. Darwin, Charles, 1809-1882 2. Evolução (Biologia) 3. Seleção natural I. Título.

12-11810 CDD-576.8

Índice para catálogo sistemático:
1. Origem das espécies : Evolução : Biologia 576.8

2012

EDITORA CONTEXTO
Diretor editorial: *Jaime Pinsky*

Rua Dr. José Elias, 520 – Alto da Lapa
05083-030 – São Paulo – SP
PABX: (11) 3832 5838
contexto@editoracontexto.com.br
www.editoracontexto.com.br

HOMENAGENS

Do camponês revolucionário ao pensador mundial, eles estiveram comigo na construção desta obra O *fenômeno humano.*

Josita Almeida, minha mãe. Quando todos tremiam, ela bradou: "Não recue, meu filho, resista!"

João Pedro Teixeira, camponês. Sobre os seus ombros o fardo de séculos de servidão. Assassinado pelo latifúndio deixou um legado de coragem às gerações. Fiz-me catalisador da indignação ante o infame crime. À época, 1962, como deputado estadual, requeri CPI para apurar os autores do covarde homicídio.

Pedro Fazendeiro, camponês. Assassinado pelo exército em 1964. Protomártir do morto desaparecido na América do Sul. Em 1980, da tribuna na Câmara dos Deputados, apontei os nomes dos seus assassinos.

Darcy Ribeiro. Ensinou-me a olhar a pátria grande, a Latino-América, e a não me deixar vencer pelos vitoriosos. Ao seu lado estive em defesa das minorias e das liberdades democráticas. Dele recebi todo o apoio na fundação da Faculdade de Ciências Econômicas de Campina Grande, PB.

Cristovam Buarque. Pelos caminhos da educação, com sentimentos patrióticos, olha a pátria brasileira. Prefaciou o meu livro *500 anos do povo brasileiro.*

José Saramago. Encheu o século XX com sentimento universal. De suas mãos, recebi caloroso incentivo no mundo das letras e com ele aprendi a olhar o ser humano. Da condição humana retratou tipos geniais.

Ernesto Sábato. Pensador do uno universal. Quando o povo argentino mergulhava na terrível noite da tirania militar, com grandeza ele abraçava a liberdade. Dele veio-me a inspiradora ideia para elaboração do meu livro A *ditadura dos generais.*

Lévi-Strauss. De sua palavra, que tantas vezes ouvi, comecei a compreender o fenômeno humano a partir da sua teoria estruturalista.

Florestan Fernandes. Como deputado, atuou comigo na Assembleia Nacional Constituinte de 1986/88. Visualizou o brasileiro como um resistente da História.

Pe. José Comblin. Um dos grandes teólogos da atualidade. Sob a sua visão o ser humano renasce na esperança daqueles que sofrem. Ele trouxe ao prefácio do meu livro, A *República das Elites*, "a conceituação de que o homem é um ser terráqueo – cósmico".

Antes das últimas palavras nestas homenagens, olho o caminhar das gerações em volta de mim e para além de mim. O que elas nos dizem? Que o tempo presente é a soma dos muitos passados anos. Neste carrilhão do mundo, um sentimento de amor me faz abraçar a minha esposa, filhos e netos, Gizeuda, Agassiz Filho, Gardênia, Gisele, Antônio Agassiz, Tibério Agassiz e Pedro Murilo.

Sumário

Por que escrevi este livro

Do arquipélago Fernando de Noronha às ilhas Galápagos.
Praça Josita Almeida. Barra de Santana, PB.

Num certo dia do ano de 1975, ao despertar da manhã,
nascia este livro O fenômeno humano.
Daquele recanto bucólico dos meus antepassados, eu pude olhar serenamente o mundo e começar a compreender a vida. Por instantes, chega-me este pensamento de Pascal: "O silêncio eterno desses espaços infinitos me assusta".

Da larga experiência que a vida me ofereceu, desde as primeiras interrogações, ainda criança, ao Pe. Mariano, à prisão, no verdor dos anos, nas masmorras da Ditadura Militar de 1964, aos proscênios da Assembleia Nacional Constituinte, em 1986, até a convivência com pensadores e líderes revolucionários, como João Pedro Teixeira, Pedro Fazendeiro, Francisco Julião, Darcy Ribeiro, Cristovam Buarque, Ernesto Sábato, José Saramago, Florestan Fernandes, Miguel Arraes, Pablo Neruda, Gregório Bezerra, Lévi-Strauss, Pe. José Comblin e Carlos Lamarca, surgia este livro.

Sou um egresso da geração de 1960-70, cuja flama deixou na recente história as suas utopias, indignações e sacrifícios, em Cuba, Vietnã, Afeganistão, Brasil, França, Argélia, Argentina e em quase todos os países.

Cada geração deixa as suas pegadas nas areias do tempo, e assim vai desaparecendo o ruído que produziu à sua época, projetando-se, todavia, no curso da história as suas lições e exemplo.

O tempo avança implacavelmente. Do âmago da natureza, irrompem constantemente vidas e vidas que nascem e fenecem. Tudo é fecundado; nada escapa do monumental e fascinante movimento dos seres e do turbilhão silencioso, e, algumas vezes, tempestuoso do mundo.

Por um momento, o homem para, medita, inquieta-se e se interroga: a que destino nos levará este cenário da natureza soturnamente soberbo? Nas noites dos tempos, misterioso silêncio deixa o seu significado.

O homem, este interrogante do mundo, carrega consigo as suas melancolias e angústias. Caminhante solitariamente só, neste universo, debaixo de mistérios que o sufocam e o atormentam. Impressiona-nos a mobilidade e magnitude dos reinos animal e vegetal. Neles o tempo marca uma expressão de força que se renova incessantemente.

Nos meus cariris, de Boa Vista e Barra de Santana, lá está o velho umbuzeiro; ele produz, como se fosse possuidor da eterna juventude, flores, frutos e sementes. Muitas vezes, debaixo de sua sombra, abri com ele silencioso diálogo sobre a condição humana, do qual irromperam muitos pensamentos para a elaboração deste livro. Contemplei a paisagem que, outrora, nos meus tempos de infância e adolescência, povoava os meus sonhos e esperanças. Aquele centenário e vergastado umbuzeiro quase nos fala na sua mudez melancólica; acolá, por sobre um morro, um juazeiro eriçado de milhares de frutinhas verdes e amarelas. Oh! De que constelação essa árvore das caatingas nordestinas se veste?

Em meio a esses pensamentos, que pareciam adentrar em mim de minuto a minuto, a resplandecer lá longe, uma réstia de luz me ilumina. Comecei a acreditar que poderia olhar o futuro. O rio Paraíba apareceu-me como um ser gigantesco, a se mover numa espécie de sucuri. Nas suas cheias tormentosas ele arrebentava e carregava montões de objetos, pedaços de paus, árvores inteiras, corpos de animais, até cadáveres humanos. Para onde ides, companheiro, indaga um cigano andaluz, que, de tempos em tempos, atravessava por aquelas bandas do cariri. O rio mudo não lhe deu resposta. O mar soluçou um grito que ecoou até ali. O rio da minha infância, em disparada correnteza, abraçou a pátria oceânica.

A obscuridade envolvia a Terra; as estrelas nasciam. Às margens do rio as pequenas ondas marulhavam; de muito longe elas vinham e não sabiam para onde iam, passavam dolentes como quem não quer chegar a lugar nenhum. Eu queria abraçar o rio e compreender a sua mudez, as relvas, os pássaros, e gritar bem alto e perguntar ao infinito das coisas e dos espaços como tudo isto se formou, nessa harmonia de vidas e vidas a se sucederem ritmadas, para um fim indefinido.

Redemoinho mental me sacode; mergulho em elucubrações dolorosas. Na solidão, entreguei-me completamente a esse cenário. De repente, chegou-me alguém com os olhos úmidos e roxas olheiras. Olhou-me com olhares afetivos e apreensivos: "Vamos, meu filho", falou. Saímos a caminhar para um alto de onde se descortinava com maior amplitude o rio Paraíba. Segui com os olhos as sinuosidades do rio, até um maciço de angicos, sob o qual vira desfilar tocantes recordações da minha infância. Dali, eu pude contemplar aquelas paragens onde se encontram duas eternidades, a do nascer e a do morrer, e, ao longe, a casa onde nascera esta criatura com quem caminhava, minha mãe, Josita Almeida, e o vetusto cemitério, no qual repousam na paz infinita os corpos dos meus antepassados.

Debatia-me por entre angústias e incertezas. As sombras da tirania militar instaladas no país me oprimiam. Queria pensar livremente. Ouvir o rumorejar das águas do rio, o chacoalhar dos bois na campina, o murmúrio dos ventos por entre as folhas do pé de umbuzeiro debaixo do qual muitas vezes me recolhi. Sombras de vultos fardados pareciam me acompanhar. Indignava-me. Um torpor me envolvia. Olhava em torno de mim e em mim.

Que enorme sensibilidade se deixar flutuar no oceano dos nossos pensamentos. As provações dos últimos meses me desvendaram nova visão do mundo, e cavaram em mim um enorme fosso entre o presente e o passado.

Precisava reagir. Acreditar que, acima das eventuais circunstâncias do presente, a vida é um fenômeno que se projeta para o futuro.

A partir daí, vi-me sacudido numa constante inquietude de estudos, pesquisas, encontros e desencontros, e, afinal, interroguei-me sob o pálio deste pensamento de Descartes: *Quod vitae sectabor iter?* Que estrada hei de seguir na vida?

Jatos de alegria me envolvem quando encontro nas obras dos grandes pensadores a emoção das suas histórias, vidas de ardentes passados revolucionários que abriram à humanidade os caminhos da liberdade contra tiranos.

Mergulhei nos pensamentos arrebatados de escritores que se insurgiram contra toda forma de imposição ao ser humano: política, ideológica, religiosa ou científica. Inebriaram-me sempre os grandes tornados revolucionários que sacudiram os povos, com os seus heróis e mártires. Parecia que um pouco de mim se desprendia para ir joguetear-se naqueles altos momentos da história.

Para este intento, nunca me faltou determinação. Nada prejudica mais o homem de letras do que quedar-se sem energia. Só depois que deixei a política e fiquei só, sem o vigor da mocidade em volta de mim, fui impelido a remoçar. Assim, pude construir esta obra literária. O isolamento fortalece o indivíduo e o exalta.

Algo, como um objetivo imenso, mesmo nos tensos momentos da minha vida, dominou-me sempre desde os distantes anos da mocidade: um dia poder contemplar, do alto da cordilheira dos Andes, o oceano Pacífico, duas grandezas, diante das quais Pablo Neruda certa vez me disse, em Isla Negra, que foram, sem dúvida, as verdadeiras inspirações para a construção do seu *Canto geral*. Nascia esta obra-prima do vate latino-americano sob a aura que duas grandezas encerram: os Andes e o Pacífico.

Olhemos os séculos que hão de vir. Tenhamos o descortino de perguntar, apoiados em lógica científica: como podemos projetar o homem nos próximos quatrocentos ou quinhentos anos? Lancemos olhar retrospectivo nos duzentos anos passados. Quem era o homem de então? Onde ele estará nos cinco séculos que hão de vir?

Para a construção desta obra, direcionei-me por fenômenos imanentes à própria origem e evolução da vida: a) a auto-organização das células; b) a autorreprodução das células; c) a autoextinção das células conhecida como apoptose, ou seja, a programação das células para a morte, autodeterminando o seu ciclo biológico, cujos fenômenos nos fizeram despertar sobremaneira para a elaboração deste livro.

Interroguei-me muito, em alguns momentos até com desvairada obsessão. Como teriam se originado lá pelos bilhões de anos atrás, em algum lugar e instante da Terra primitiva, as células a se aglutinarem e desencadearem o fenômeno da vida?

Envolto em perplexidades, ouvi no curso da vida a linguagem dos místicos, carregada de dogmatismos e de certezas sobrenaturais. Aprendi também, em leituras e na própria palavra de estudiosos, filósofos, cientistas e certos aureolados por prêmios, as suas verdades incontestes. Por instantes perdi-me. A grande maioria julga-se senhora das suas certezas.

Descremos de certos cientistas empanturrados de *Genes egoístas*; *Deus, um delírio*; *Deus não é grande*; *Deus que nunca existiu*; *O acaso e a necessidade*; *Fim das incertezas*; *O peixe que fomos*; e de místicos encilhados em dogmas divinos. Assisti ao longo desfile dos seus evangelhos, salmos, suras, benditos e, ao final, o coro universal do seu falatório com Deus.

Nesse labirinto de ideias e interrogações não pude me encontrar.

Entre os senhores das verdades catedralícias dos quais emana a soberba de suas geniais inteligências, ecoa este brado: A vida originou-se por força da autoctose. Em meio a delírio de vaidades, uns que falam com Deus e outros tantos que renegam o Criador e desconhecem tudo, difícil, sem dúvida, é interagir com eles e suas alcantiladas verdades. Fiéis, aos milhares, vão ao encontro da Providência Divina com a cegueira dogmática dos fanáticos. Os semideuses das verdades científicas renegam o Criador e riem da condição humana, sob o vaticínio do evolucionismo implacável de que a vida se encerrará num grande Nada.

Por longos anos, bracejei nas águas de pensamentos e ideias revoltas.

Parei, refleti, olhei o mundo. Procurei ouvir, conhecer e compreender os homens e suas circunstâncias. De quem ouvi e aprendi as verdadeiras lições? Dos homens humildes e das pequenas coisas da natureza. Delas extraí profundas reflexões. Os sabidões não argumentam, impõem as suas certezas. Os místicos interagem com Deus e nós somos apenas testemunhas desse diálogo divino.

Corri com sofreguidão os vastos campos das ciências humanas, não me especializei em nenhum. O especialista tem a sua inteligência direcionada exclusivamente para determinada área. Ao contrário, a natureza nos oferece multifacetados fenômenos. Procurei estudar um pouco deste mundo no qual fomos lançados, e dele arrancados sem conhecermos o porquê. Somos, assim, condenados a um determinismo implacável. Um dia, a inteligência humana desvendará e vencerá este enigma e alcançará a magnitude de sua energia mental, vencendo a morte não morrendo.

Lá, nos anos iniciais de minha adolescência, um livro na biblioteca pública me chamou a atenção: *A origem das espécies pela seleção natural*, de Charles Darwin. Levado por certa curiosidade, procurei me informar sobre essa matéria. Um coro de unanimidade saltava à minha frente: Que gênio, este Darwin, descobriu a origem das espécies!

Certo dia, após missa dominical levado por minha mãe, indaguei ao padre Mariano, pároco da igreja matriz de Campina Grande, PB, sobre esse livro. O reverendo, dentro de uma sotaina preto-graúna, na cabeça um enorme chapéu preto de abas largas, fitou-me com olhos espantados, expelindo ares de reprovação à pergunta que subitamente formulei. Tipo esqueleticamente magro, parecendo egresso das páginas da obra *A velhice do padre eterno*, de Guerra Junqueiro. Pegando-me pelo braço, conduziu-me à sacristia. Erguendo as mãos em prece ao Cristo crucificado, ajoelhou-se e se prosternou com olhares angelicais a circumoverem-se numa sensação de inquietude. Levantou-se e se aproximou de mim; num gesto de ternura pôs as mãos sobre a minha fronte e deixou fluir um toque de melancolia terna a balbuciar em voz rouquenta: "Jesus, perdoe esta criança, ela não sabe o que diz. Jesus, não deixe que o diabo tome conta deste pecador".

Abre-se este diálogo, o Pe. Mariano e o autor deste livro aos 12 anos de idade:

Padre – Quem lhe falou esta heresia?

Autor-criança – O professor Oliveira nas aulas de matemática.

Padre – Onde ensina esse professor ateu?

Autor-criança – No colégio Pio XI (este colégio pertencia a uma ordem religiosa).

Padre – (aos berros, gritando histericamente) Esse maldito professor precisa ser lançado nas profundezas do inferno. Maldito! Maldito! Maldito! Oh, alma penada do satanás, o que esse herege está fazendo no mundo, semeando maldição? Vou falar com o Pe. Emídio (o Pe. Emídio Viana era diretor do colégio Pio XI, Campina Grande, PB) para expulsar esse amaldiçoado professor. Um infeliz desse merece ser castigado com a excomunhão.

Mesmo criança, o diálogo com um padre fanático e as palavras de idolatria a Charles Darwin por certos professores deixaram em mim, durante os anos de minha formação e os embates com o mundo, constante perplexidade que me levou, entre outros motivos, à elaboração desta obra, *O fenômeno humano*. Nela, analiso Darwin e a sua teoria, e disseco numa visão crítica sua viagem transoceânica no H. M. S. Beagle por quase cinco anos ao redor do mundo.

Comecei a ler a sua obra, sobretudo o diário da sua viagem pelos mares e regiões costeiras da América do Sul. O que antevi diante de mim? Enorme farsa. Vi desfilar em minha mente a urdidura de um plano estrategicamente genial, articulado nas antecâmaras do Império Britânico, a fim de embair as nações concorrentes. O que se armou e perpetrou? Lançou-se cortina de fumaça por trás da qual se desatou despudorada espoliação e assalto aos países recém-independentes do continente sul-americano.

Em dezenas de páginas deste livro procurei dissecar, em linhas gerais, os relatos e os estudos do naturalista britânico.

A humanidade alimenta-se de pouca verdade e muita hipocrisia. A razão humana é frágil; não suporta a verdade verdadeira. Todos procuram fugir dela.

Vários gênios do oportunismo povoaram o mundo. Pontuemos este: No século XVI, vindo de Florença, autoglorificou-se como um dos grandes navegadores e descobridores de terras a derramar em cartas e livros as suas aventuras por mares e regiões ignotas. Do alto de suas fantásticas epopeias, espargiu o bordão: *Quanto a tanto tempore quo mundus cepit ignota sit vastitas terre e que continentur*. Das suas façanhas produziu este livro de 32 páginas, *Mundus Novus*.

Quem é este D. Quixote dos mares? Américo Bellojigo Vespúcio. A aura da posteridade cingiu a fronte do aventureiro florentino com o nome de três continentes: América do Norte, América Central e América do Sul. Da flama da Renascença e do Iluminismo gestaram-se estas duas peças da audácia e do oportunismo: *Mundus Novus* e *A origem do homem*.

Como Charles Darwin, Américo Vespúcio foi um geógrafo medíocre. Quando estes cavaleiros da insolência, ambos no verdor dos anos, renunciaram aos folguedos da idade, a sede de glória os dominava.

Volvamos ao núcleo desta obra. Num instante de reflexão, um jato de luz flameja, desde longínquos tempos, sobre multidões de seres que carregaram em seus ombros esquálidos e desvalidos babilônicas vaidades dos déspotas, dos poderosos de todo jaez e dos semideuses do misticismo.

A história dos séculos retrata este cenário. Aos encontrões com o mundo, miseráveis e infortunados de rostos disformes caminham para qual destino? Vieram para a vida como seres condenados a desgraçadas presas das ambições humanas. Ali, desfila toda aquela miserável humanidade de Rembrandt.

A este quadro sombrio contrapus interrogações: Por que estou aqui na Terra, esta nave espacial, com as minhas dores, alegrias e esperanças? Por que ouço o som que os ventos trazem dos oceanos? Por que escuto o mesmo uivo de cães nos Andes como nas mesetas ibéricas? Por que assisto à migração anual, determinantemente anual, de milhões de aves de um hemisfério a outro da Terra? Por que o sentimento de amor e ódio que explode no Vietnã dimensiona-se semelhante ao cidadão na 5ª Avenida em Nova York?

Na linguagem da natureza, leio o caminhar dos homens e o movimento das coisas e não posso decifrar esses fenômenos. Por que somos condenados a profundos enigmas? A libertação do homem e a sua vitória final estão em ele decifrar a esfinge – a sua origem e o seu destino. Alcançar a verdade verdadeira, eis o grande sonho da raça humana. Vencer a morte não morrendo, e aí o homem se revelará a si próprio e descobrirá o seu destino. Procuramos com redobrado esforço alcançar um pouco este *desideratum*.

Este livro traz em suas páginas o instante do tempo histórico. Aprendi a olhar o mundo numa dimensão de grandeza sem me condicionar por nenhuma corrente de pensamento. Esforcei-me para compreender a condição humana na alma universal de todos os tempos.

Voltemos aos cariris de Barra de Santana e Boa Vista e às paisagens familiares de Campina Grande e João Pessoa nas quais sempre procurei inspiração nas horas tempestuosas e reflexivas de minha vida. Olhemos o alvorecer do dia. Marrecos regurgitam em bandos naquelas florestas de cactos; depois, o coral tumultuoso dos pardais, o grito delirante das andorinhas que cruzam no ar e bailam nos céus.

Eleve-se o canto profundo do silêncio. Percorra-se em caminhada segura, sem desvio de um só passo, os círculos da natureza elementar, a grande noite do infinitamente pequeno e os últimos abismos do ser onde a vida nasceu. Onde encontrar um sopro de vida? No acaso. É delirantemente idiota. A inteligência humana, a mais sábia, tateia há milênios para decifrar a causa primeira da vida.

O pôr do sol flamejante abandonava os meus cariris e o crepúsculo descia lentamente sobre as fímbrias do horizonte, enquanto uma semiobscuridade engolia os bons-nomes, pereiros e xiquexiques. À distância, flocos de juremas rodopiavam sobre as árvores, formando uma coreografia de pardais e andorinhas.

A noite chegava naqueles carrascais e eu iria mergulhar nos tenebrosos sortilégios do meu ser, a joguetear em pesadelos nas garras da Medusa militarista. Lá nos rochedos, junto do rio, cachorros uivavam sinfonia satânica, prenunciando uma noite dos desesperados.

Muitas vezes me interroguei e fiz reflexões. Chegamos ao mundo debaixo de ordenação ritmada por leis. Algo me diz que estou inserido nesta imensa harmonia. Sou um elemento deste fenômeno humano, cadeia insondável e profunda que vem do desconhecido e se move a projetar-se num destino ignoto.

Descreio de que tudo se encerrará num ciclópico Nada, o universo reduzido apenas a uma enorme e silenciosa solidão, perdido nos espaços siderais e mergulhado na poeira dos tempos. Estes são, decerto, o enigma e, ao mesmo tempo, a esfinge que acompanham o ser humano.

Se observarmos com profundidade o fenômeno humano, sentiremos a imensidade subir à cabeça. Tudo mergulha em brumas. Movem-se confusos vultos e ideias. Tipos disformes vagueiam. Serão homens? O ignoto nos envolve. Vindos de todos os lados como espectros, desencadeiam-se efeitos e causas desconhecidos.

Ao contemplar os espaços siderais, o infinito marca enigmática singularidade e a imensidade se distende sobre a minha cabeça. Esta grandeza me assusta.

Olho-me. Sou um observador atento da imensidão e ao mesmo tempo condenado a um destino predeterminado. Lançaram-me na Terra sem me perguntar o porquê e da vida me arrancam independentemente de minha vontade.

Livre-arbítrio, que grande fancaria! Detemos a consciência do ser e ao mesmo tempo somos apequenados ante a grandeza do infinito. De que forma a minha mente absorve a invocação deste cenário? Assombrosamente pasma.

No silêncio de longos dias e noites nasceu esta obra. O que pude concluir? Somos a soma dos passados que se foram e do presente que vivemos. Quem éramos nós nas longínquas eras do tempo? Quem somos hoje, nesta segunda década do terceiro milênio? Quem seremos nós na projeção dos séculos que hão de vir?

Interrogações me invadem, e algo me faz despertar para o tamanho da obra que abracei ao mergulhar nos enigmas do fenômeno humano. Tocou-me um sentimento do mundo. Vi-me, por instantes, dominado por aquela razão a que alude Hegel e pela qual nós podemos alcançar a dimensão terráqueo-cósmica do fenômeno humano. Num grande esforço, procurei reencontrar-me comigo mesmo em meio a duas personalidades, a real e a outra mergulhada no passado. Não temi desafios. Desde a adolescência me habituei a caminhar à beira de abismos.

Sopro universal sacode as mentes vigorosas; é a chama da eterna redescoberta. Comecei a temer. Iria desmistificar certo cientificismo que se organizou num verdadeiro literatelho. Contra certas mentiras impostas, contrapus verdades desafiadoras.

Que fim espera a aventura humana? Só os sabidões de catedralícios saberes têm a resposta. Emudecemos. Preferimos acompanhar a genialidade de Albert Einstein, que certa vez interrogou-se: "Eu queria saber como tudo isto começou".

Perguntemos. Um poder para além da nossa inteligência não pode existir?

Por esta lógica, direcionei este ensaio.

Para os estudos deste livro, trouxe a alma dos tempos ao mergulhar nos primeiros vagidos da origem da vida e, a partir deste momento, olhei-a numa projeção para além dos estreitos limites do misticismo e do cientificismo.

Ao término desta obra, uma sensação me envolve. Pus a nu as armadilhas forjadas nas antecâmaras do poder e escancarei ao julgamento público a glorificação de vultos que, encilhados num inteligente oportunismo, erigiram os seus *pantheons*. Olho-me. Sinto o mundo de energia mental que existe em cada um de nós e que o tumulto do cotidiano da vida impede de conhecer.

Horas e horas, mergulhei naquela atmosfera pincelada pelo gênio de Rembrandt, profunda e enigmática. O que me despertou?

Paremos. Multidão de romeiros caminhava. Estarrecida ela ouviu o eco de uma voz que se estendia nos espaços, enchendo de expectativa a massa humana, e ressoou: *Quo vadis?* Um brado respondeu: "Cumprir meu destino".

Ao termo final desta obra, trago a lume palavras do apóstolo Paulo a caminho do martírio: "Combati o bom combate, cheguei ao fim da jornada". Parai, oh tempo! Alguns séculos à frente, apenas desertos e atores ignotos.

Ventu venturi, aos ventos que hão de vir, lanço esta obra.

De Fernando de Noronha, do Rio de Janeiro, de Buenos Aires, de Santiago, de Lima, das ilhas Galápagos, fevereiro de 2012.

Agassiz Almeida.

Charles Darwin e a viagem no H. M. S. Beagle

Época de intensa religiosidade, envolta de tocantes liturgias e comemorações natalinas pelo nascimento do menino Jesus. Em meio às festividades, o navio de guerra da Real Armada Britânica, o H. M. S. Beagle, zarpava no dia 27 de dezembro de 1831, de Devonport, Inglaterra, precedido de mensagens do Reino Unido às potências estrangeiras, de que o vaso de guerra iria navegar em águas costeiras do Hemisfério Sul com o objetivo de fornecer à Marinha Real Inglesa, então a mais poderosa força naval do mundo, dados e informações geográficas e cartográficas.

Com uma força assentada em 242 toneladas, alta capacidade de combate, 10 canhões, 30 metros de comprimento e 8 metros de largura, 70 marinheiros, fortemente armados, o H. M. S. Beagle lançou-se ao mar sob o comando do capitão Fitz Roy, experiente oficial, homem de alta confiança de Sua Majestade, e mais três passageiros, Charles Robert Darwin, jovem de 22 anos, sem profissão definida, o cirurgião-médico, Robert McCormick, e William Snow Harris, fiel escudeiro de Darwin.[1]

Nos meus primeiros passos nos bancos universitários, com a leitura da obra de Charles Darwin, particularmente o livro *Viagem de um naturalista ao redor do mundo*, fui despertado pela trama daquelas narrações e, mais tarde, pelas conceituações acerca da evolução das espécies pela seleção natural.

Interrogações repetidas assaltavam-me a mente: Quem financiou as despesas de Darwin e seu acompanhante em viagem tão dispendiosa? Por que um vaso de guerra fortemente armado iria participar de uma pacífica expedição marítima com objetivos de estudos cartográficos? Por que, em pleno festejo natalino, a viagem iniciou-se? Quais as pessoas que integravam a equipe de pesquisa? Existiu essa equipe? Qual o nome do cartógrafo? Qual o preparo técnico-científico do jovem Darwin para abarcar empresa de tamanha relevância? Por que, num longo périplo transoceânico de quatro anos e nove meses em volta do mundo, o navio Beagle navegou por quase quatro anos nos oceanos e regiões litorâneas da América do Sul, enquanto o restante do percurso se realizou em apenas dez meses?

Que instrumentos de trabalho Charles Darwin carregava? Um martelo, uma lata e uma bússola. As expedições científicas que demandaram a América Latina, no século XIX, conduziam, em média, vinte aparelhos de pesquisa. A de Alexandre Humboldt, no início do século XIX, portava 42 instrumentos. Se era uma pacífica expedição de pesquisa, por que o H. M. S. Beagle, ao atracar nos portos das cidades visitadas, atroava tiros de canhões?

Por que, em terra, Darwin só procurava regiões ricas de recursos minerais e, nos mares, santuários de cetáceos, sobretudo baleias? Por que Darwin esteve três vezes nas ilhas Malvinas e, durante esse período, foi assassinado o governador argentino daquelas ilhas? Por que, no Peru, após sua passagem, por mais de quarenta dias, foi deposto e assassinado o presidente da República, Santiago Salaverry del Solar, adversário do Império Britânico?

Outras tantas perguntas formulei a mim mesmo repetidas vezes. Estes porquês ressoavam em minha mente como um ribombar. Não encontrei respostas. Procurei reler a obra de Charles Darwin. Sobressalto-me. Por momentos, estarreço-me. Jatos de pensamentos atordoam-me.

Quase dois séculos da viagem transoceânica de Darwin e da publicação de sua obra nos separam. Espécie de tornado revoluteia a minha consciência e um eco eclode: farsa histórico-científica foi, decerto, a viagem de Charles Darwin retratada como destinada a levantamento de informações geográficas e cartográficas.

Que enorme logro!

Procurei fugir da condição de incauto. Mergulhei fundo na obra de Darwin, e, para tanto, ouvi biólogos, antropólogos, geneticistas, químicos, paleontólogos etc.

Não foi escolhido para essa viagem, altamente dispendiosa, um cientista ou profissional preparado. Não. Isto era irrelevante para os capitalistas e o governo inglês. Atendeu-se a um jogo do poder político-econômico representado pelo tio e futuro sogro de Darwin, da família dos Wedgwood, poderoso grupo de cerâmica da Europa, e que, ao despontar da Revolução Industrial, se fazia um dos mais influentes nas antecâmaras do Império Britânico. Que missão assumiria o filhote altamente inteligente e de boa estética da alta elite britânica, trazendo na linhagem o nome do seu famoso avô, Erasmus Darwin, cuja vida embalava-se em berço de veludo?

Quem era o despreparado jovem de 22 anos? Charles Robert Darwin, com esta missão a desempenhar: coordenar com velada sutileza e inteligência os altos interesses econômicos e políticos do governo britânico e do seu grupo familiar, no saque e usurpação das riquezas dos países sul-americanos, durante a viagem do H. M. S. Beagle.

Oportunista, ambicioso, sem profissão definida, às fronteiras de um dândi desprovido de futuro, Charles Darwin tinha a lhe retratar este perfil. Existência embalada entre a despreocupação e o desprezo pelos estudos. Certo vulto iria assomar importância na vida do viandante marítimo: seu tio e futuro sogro, Josiah Wedgwood II. Assim, Darwin fez-se um aprimorado naturalista-navegador e abraçou a temerosa saga oceânica.

Na viagem ele inundou a Europa com centenas de cartas nas quais fantasiosas mentiras eram relatadas; com isso, procurava encobrir os verdadeiros objetivos da expedição marítima.

Dom Quixote viveu o seu mundo nas mesetas espanholas, Charles Darwin encenou toda sua dramaturgia como um novo desbravador das ciências. Muito além de Humboldt, Henry Bates, Alfred Wallace, Pedro Bouguer, Baptist Spix, De la Condamine, Cláudio Gay, Saint-Hilaire, Forster, Lussac. Nem Américo Vespúcio, com toda a sua audácia e mentiras, alcançou cenário tão fantasmagórico e camaleônico.

De volta da sua viagem à Inglaterra, Charles, por influência das duas poderosas famílias, a Darwin e a Wedgwood, é consagrado um revolucionário naturalista. Elegem-no membro da Sociedade de Geologia e, posteriormente, para o Athenaeum, famoso clube dos maiores intelectuais ingleses, e, por fim, para a Royal Society, da qual antes fora membro o seu famoso avô, Erasmus Darwin.

Frio, calculista e ambicioso, ele abandona um noivado de vários anos com Fanny Owen, moça pobre, e se casa com Emma, filha caçula de seu poderoso tio Josiah Wedgwood II, desprezando com esta decisão os riscos da endogamia. Deste matrimônio, teve dez filhos, dos quais cinco com patologias congênitas.

Com estes galardões e aplaudido por autoridades do governo e pela fina flor da sociedade inglesa pelo seu desempenho, sobretudo após receber as bênçãos financeiras do seu poderoso sogro, Charles trava conhecimento com personalidades importantes do mundo literário, entre elas Thomas Carlyle, célebre escritor, autor dos livros *Os heróis* e *A Revolução Francesa*, e até com um tal de Charles Babbaje, dublê de cientista aventureiro e *lord* britânico.

Em 1858, Darwin recebe carta do naturalista e conterrâneo, Alfred Russel Wallace, na qual este seu conterrâneo descreve a teoria da evolução das espécies pela seleção natural, com pedido para que a missiva fosse encaminhada ao geólogo Charles Lyell. No mesmo ano, perante a Linnean Society, os trabalhos de ambos foram lidos. Na apresentação da matéria abriu-se um acirrado debate entre o bispo Samuel Wilberforce e T. H. Huxley, conhecido como o buldogue de Darwin. Wallace não compareceu, pois estava pesquisando na Nova Zelândia; Darwin, por razões até hoje desconhecidas, não se fez presente. Em face destes acontecimentos, Darwin apressou-se na publicação do seu livro *A origem das espécies*, lançado em 1859.

Consagrado como um dos grandes beneméritos da nação pelas altas esferas do poder britânico, exímio artífice na consolidação do domínio inglês na América do Sul e na África, Charles Darwin vai residir em Down House, condado de Kent, próximo a Londres, a expensas do seu rico e poderoso sogro, sem exercer, a partir daí, nenhuma atividade profissional.

Gênio da persuasão política, Darwin, com maestria, soube tramar os cordéis do poder que levaram ao domínio do Reino Unido as riquezas dos países recém-libertos da América do Sul e da África. Ademais, e aí está a sua genialidade: emergiu do sombrio cenário de usurpação, saques e assassinatos, transvestido num devotado naturalista descobridor da teoria da evolução das espécies pela seleção natural.

O "Beagle" a sêco

Este é o H. M. S. Beagle, vaso de guerra da Real Armada Britânica. Fabricado em 1820, com 242 toneladas e 10 canhões. Em 27 de dezembro de 1831, este navio zarpou de Plymonth, Inglaterra, sob o comando do capitão Robert Fitz Roy e conduzindo a bordo o naturalista Charles Darwin. Setenta soldados e marinheiros compunham a tripulação. Desconhece-se a equipe ou nome de alguém que tenha participado dos levantamentos cartográficos, conforme fora propalado como objetivo principal deste périplo marítimo.

Durante os quase cinco anos de viagem, foram dezenas as ações do naturalista na defesa e preservação dos interesses britânicos e do seu grupo capitalista. Pontuemos algumas em relação ao Brasil: O litoral baiano era considerado, à época, importante santuário de baleias, razão pela qual Darwin esteve duas vezes em Salvador, na ida e na volta da viagem do Beagle. Com recursos financeiros britânicos, foi instalada indústria de extração de óleo de baleia, próxima a Salvador. Em Minas Gerais, assumindo a hegemonia na extração e venda do ouro, destacadamente da mina de Morro Velho, a Inglaterra funda a empresa St. John d'El Rey Minning.

Foi tão avassaladora a exploração das reservas mineralógicas no Brasil pelo Império Britânico que um patriota brasileiro nos deixou este bordão:[2] "O ciclo de ouro no Brasil deixou igrejas em Portugal, indústrias na Inglaterra e buracos no Brasil." Do carvão mineral em Santa Catarina, a Inglaterra se fez dona absoluta.

Em 1882, falece Charles Darwin. Por seus relevantes serviços prestados ao Reino Unido, "a pátria de Shakespeare reverenciada" homenageia o grande vulto, sepultando os seus restos mortais na abadia de Westminster, ao lado dos de Isaac Newton, um dos maiores gênios da humanidade.

Falsa interpretação manipulou-se como verdade histórica. Os fiéis seguidores de Charles Darwin e alguns tantos bajuladores do seu poderoso sogro propagaram a versão de que a consagradora homenagem direcionou-se ao grande "cientista".

O que a tão elevada homenagem *post mortem* nos fala? Com a derrota da França e a queda de Bonaparte, a Inglaterra assume a condição de superpotência, com domínio quase absoluto em vastas áreas do planeta, sobretudo na América do Sul, Sudoeste da Ásia, Índia, especialmente, e parte da África. Foi durante os reinados de Guilherme IV e Alexandrina Vitória, principalmente desta rainha, devota obcecada da Igreja Anglicana, fanatismo que se estendia a toda a corte imperial, que se realizaram e concluíram a viagem de Charles Darwin e a bem ensaiada farsa histórica, cujos resultados político-econômicos mereceram rasgados aplausos do governo inglês, inclusive por parte deste acendrado conservador, Robert Artur Tabbot.

Raciocinemos por esta lógica. Como admitir-se que um povo altamente conservador e cristão, tão ortodoxo que até hoje ainda mantém milenares tradições, no reinado desta fanática anglicana, Alexandrina Vitória, iria tributar homenagem póstuma a Charles Darwin, vulto que desafiou os dogmas clericais e assinalou que o ser humano se originou de um chimpanzé? Ecoavam, ainda, as palavras do bispo Samuel Wilberforce: "A sua avó é parente de macaco?" Assim, esse bispo detratou um conferencista que defendia a teoria de Darwin. Rasguem-se fantasiosas versões históricas e apontemos a verdade.

Lá, naquele mausoléu de Charles Darwin, tributou-se preito nacional a um dos grandes vultos da pátria, como merecida gratidão da nação pelo relevante trabalho de expandir e consolidar o domínio econômico-mercantil do Império

Britânico na América do Sul. Glorificou-se uma personalidade que coordenou e comandou com sutil genialidade o saque e a usurpação das riquezas naturais dos recém-libertos países sul-americanos, sem disparar um tiro de canhão; e a posse definitiva das ilhas Malvinas foi assegurada por sua estratégia.

Os restos mortais de Charles Darwin repousam na abadia de Westminster, ao lado de Isaac Newton. Cada geração carrega a sua esperança; cada século, o seu sonho. O infante D. Henrique nunca navegou por mar nenhum, mas a história o consagrou navegador. Américo Vespúcio autorretratou-se destemido navegador, a tecer com os mares porfias temerárias. Ele fez publicar um livresco de 32 páginas, *Mundus Novus*, e o espalhou às inteligências pensantes da época. Conterrâneo e contemporâneo de Leonardo da Vinci, Miguel Ângelo, Paracelso e outros vultos, Vespúcio foi ungido cavaleiro das epopeias transoceânicas; uma terça parte do planeta batizou-se com seu nome, Américas do Norte, Central e do Sul. Quatro séculos depois, outra personalidade, não menos audaciosa do que estes, D. Henrique e Américo Vespúcio, fazia-se presente na cena do mundo. Seu nome: Charles Darwin.

Que mérito o de Américo Vespúcio escalar a glória de ter um continente inteiro com seu nome! Certo matemático e geógrafo, Martin Waldssemuller, amigo de personalidades famosas, articulou o nome "América" em homenagem a Vespúcio, no escopo de bajular poderosos banqueiros. Com um livro sem expressão, *Mundus Novus*, Américo conquistou a glória. Geógrafo medíocre, como o navegador florentino, Darwin, gênio do oportunismo, lançou este livro audacioso e desafiador do clericalismo fanático: *A origem das espécies pela seleção natural.*

De que forma podemos olhar Charles Darwin? Um vulto mal definido perante a história. A humanidade, isto ocorreu em todas as suas fases, sempre criou os seus mitos e glorificou personalidades que desafiaram forças secularmente dominantes.

Quando as forças do Império Romano levaram Jesus Cristo à crucificação, antes da imagem do filho de Maria ser projetada divina no mundo místico, um mito cingia o nume do imolado, que o fazia mártir e herói: ele desafiara o poderoso sistema de domínio de Roma, com seus césares divinizados por muitos deuses e eles próprios deuses.

Quando os grilhões da escravidão são quebrados e um escravo catalisa a sua indignação na ira contra as injustiças, um mito emerge e se personifica em *Spartacus*.

Quando a Revolução Francesa, no século XVIII, fez rolar na guilhotina, sob olhares infrenes da multidão, as cabeças majestáticas de Luiz XVI e sua mulher, Maria Antonieta, vultos se projetaram mitos revolucionários perante a História: Danton, Robespierre, Camille Desmoulins, que bradou esta frase, no Palais Royal, em Paris: *Aux armes*. "Às armas."

Quando Napoleão, durante a sua coroação como imperador da França, na Catedral de Notre Dame, de Paris, proclamou que o poder divino dos reis estava vencido, este fato em si foi maior do que todas as suas 39 vitórias nos campos de batalha, de Marengo a Austerlitz.

Alcançamos o século XIX, cujo período se projeta como um dos altos momentos da humanidade. Nele, fez-se a passagem da Renascença para a época Contemporânea. Nele, o Estado se desvencilhava dos grilhões da Igreja. Nele, o Iluminismo, vindo da Revolução Francesa, semeava as suas conquistas. Nele, nas suas primeiras décadas, expedições científicas se lançavam aos mares a fim de descobrir e devassar o mundo vegetal e animal, que dormitava nos recessos da floresta amazônica, nos contrafortes e picos nevados dos Andes, nas savanas da Patagônia e do Orinoco e nas terras adustas do deserto de Atacama.

Um vulto dimensiona a grandeza daquele século que ele abarcou com genialidade revolucionária: Alexandre Humboldt.

Na terceira década do século XIX, ardilosa armação é tramada pelo almirantado da Grã-Bretanha. Lançou-se nos mares o jovem Charles Darwin, pertencente à poderosa família britânica, culturalmente despreparado, mas de vigorosa inteligência. O governo de Sua Majestade precisava definir e dominar as riquezas naturais dos países sul-americanos, as rotas marítimas para navegação de sua armada e, especialmente, o domínio dos santuários de baleias, focas e tartarugas gigantes na América do Sul.

Que farsa altamente inteligente foi urdida!

Logo nos primeiros meses de sua viagem Darwin se desentendeu com o médico Robert McCormick, que prestava assistência à tripulação, coagindo-o a desembarcar no Brasil e retornar à Inglaterra. A figura que o assistia com servil dedicação e salamaleques truanescos durante a viagem era William Snow Harris, vulgo Henry Raio Trovão, seu fiel Sancho Pança. Darwin, no seu íntimo, carregava solidão petrificada; na aparência, retratava pseudotranquilidade. Varou a vida numa constante embriaguez de si próprio, e nisto ele se fez magnânimo na audácia.

Quando alguém lhe dizia que o nome a ser aposto no seu livro *A origem das espécies* era um sacrilégio à ciência, porque de origem não se abordava nada, ele, olimpicamente, redarguia: "E, então, qual a origem das espécies? A criacionista surgida de um ato divino. Essa não."

Figura exponencial do século XIX, sufocado de guerras e de clericalismo, homem de extraordinária audácia, Darwin, dublê de gênio bastardo e aventureiro, glorificou-se cientista, e, assim, montado atrevidamente na posteridade, vê o desfile da História.

Quando todos — Descartes, Voltaire, Kant, Hegel, Diderot — temiam desafiar a Igreja dos papas, a Medusa aureolada com o diadema da divindade, irrompe certo navegante transoceânico inundando a Europa com centenas de cartas entremeadas de quixotescas aventuras e despudoradas bajulações, a abraçar epopeia transoceânica e gritar ao mundo que o homem originou-se do macaco.

Como Darwin, a história desconhece quem buscou com mais avidez a glória da posteridade, nem Joana D'Arc, Américo Vespúcio, Lutero, Jacob Casanova e o nosso martirizado Tiradentes. A literatura das ciências, da Física à Biologia, da Geologia à Botânica, não encontrou um retrato com maior dimensão de oportunismo do que o perfilado pelo visitante das ilhas Galápagos.

Àquela época, vivia-se num grande convento: rezas, benditos, penitências e preces se faziam constantes. O clericalismo asfixiava a humanidade de forma atroz; o mundo da inteligência e das liberdades gritava por um libertador. Ei-lo: Charles Robert Darwin.

Volvamos ao périplo oceânico do Beagle. Durante a sua viagem, Darwin se posicionou extraordinário trapezista. Com alta inteligência e senso de acuidade, ele se desincumbiu do dificílimo encargo de articular forças e meios de envolver dirigentes e setores produtivos dos países visitados, na salvaguarda e defesa dos interesses do Império Britânico e do seu grupo familiar, e, por outro lado, por meio das cartas que enviava, procurou formar no seio da comunidade científica o perfil de um esforçado e desbravador naturalista. As suas façanhas pantagruélicas fizeram surgir na sociedade europeia de então a expectativa de que um novo Cristóvão Colombo ou um Fernão Magalhães das ciências estava prestes a nascer.

O destemido navegante, encilhado em quase cinco anos de odisseia oceânica, trouxe aos povos atrelados e jugulados aos grilhões clericais um grito de libertação: "Abre-te, Sésamo". Bradava: O homem adveio de uma origem igual a todos os animais e evoluiu à semelhança deles. Em certa altura dos tempos, lá pelos milhões de anos atrás, ele promanou do símio, deixou a sua condição arbórea, perdeu as garras, desfez-se dos dentes como presas (usa-os apenas para se alimentar) e veio para o terra a terra no solo raso. Metamorfoseou-se em bípede. Preferiu um perfil antropológico ereto, esteticamente bem posto.

Neste caso, a natureza inteligente, desprezando a razão, preferiu o belo para o ser humano, ao invés de segura postura quadrúpede, em que o peso do corpo é distribuído em quatro membros, enquanto a posição bípede se antepõe à gravidade. Por este raciocínio, a natureza puniu o homem. É tão difícil a sustentação do caminhar bípede que apenas uma pequena patologia auditiva provoca desequilíbrio na coordenação motora.

Quando as teorias de Darwin conceituaram o homem na árvore genealógica comum a todos os animais, este fato causou profundo impacto no mundo das religiões e dos místicos.

Para certos estudiosos e cientistas, dominados doentemente pela síndrome do divino, Darwin se transveste num verdadeiro profeta evolucionista. Divinizaram-no. Todo aquele que abraça uma doutrina, teoria, ideia ou mesmo religião partindo do pressuposto de certezas incontestáveis e absolutas é ungido por uma aura de infalibilidade e coloca-se para além dos entrechoques humanos; aí se renega qualquer pensamento oposto. Riem da lenda de Abraão conduzindo o filho, Isaac, para o sacrifício, salvo pela inspiração divina. Riem de Jesus Cristo crucificado, condenado pela ira do Império Romano. Não olham o grande indignado contra as injustiças e as atrocidades dos sátrapas do Império dos Césares. Riem de Maomé, após decisão sua de grande descortino político, de unir as tribos nômades árabes, na pregação do islamismo, a partir de Kaaba, em Meca.

No seu cajado pelos milênios, desde as cavernas, a desafiar todas as adversidades, o ser humano viveu resistente saga e varou os séculos. Construiu pirâmides para embalar a vaidade doentia dos faraós; edificou catedrais, basílicas, igrejas, sinagogas, mesquitas, pagodes budistas e tantos templos religiosos para ouvir a palavra de místicos e sacerdotes, muitos deles impostores da fé.

O homem se fez um padecente nas noites dos tempos.

Paremos um pouco. Ouçamos os sinais de novos tempos. Lá, em Roma, no mundo hermético dos papas, dos cardeais, dos santos, pensamento de uma nova visão desperta a humanidade. É a demolidora revolução copernicana; deslocou a Terra do centro do universo, e situou-a um planeta girando em torno do Sol. Ademais, desfechou outro enorme petardo, provocando um verdadeiro terremoto nas hostes místicas judaico-cristãs: nem tudo que está escrito na Bíblia reflete a verdade. Desafiava-se, assim, a infalibilidade dos dogmas religiosos.

Novas pesquisas avançam. Estudos geológicos testemunham que a idade do planeta Terra tem a marcá-la alguns bilhões de anos, enquanto certas cartas evangélicas falavam de 6 a 10 mil anos.

Pensadores evidenciam que a teoria fixista dos seres vivos fazia-se desconstituída, expressa nos escritos de Buffon, Blumenbach, Kant, Hutton, Lyell e Lamarck, que defendiam a teoria de uma constante evolução dos seres. Tudo e todos se movimentam.

Chegamos ao século XIX. Surpreendentes acontecimentos redirecionam os rumos da ciência. Charles Darwin, investido num alto joguetear político, imprevistamente emerge de um teatrão oceânico como o *El libertador* das mentes humanas do opressivo e milenar clericalismo. Irrompe um novo Cristóvão Colombo, a quem incumbiram de encontrar um novo caminho das Índias, e ele descobriu as Américas. A Darwin encarregaram de tramar o saque e a usurpação das riquezas dos países sul-americanos, e ele desata-se na cena do mundo como um novo gênio das ciências, empunhando a teoria da evolução das espécies pela seleção natural.

Detona-se o arcabouço metafísico das doutrinas religiosas. Como um tsunami, em mar aberto, sacudindo e revoluteando velhas e carcomidas concepções.

Por milênios, a humanidade padeceu enorme fardo das pressões sobrenaturais manifestadas pelos místicos e aventureiros de todos os tempos: "Faça assim e desta forma, senão serás condenado ao fogo eterno, e às profundezas do inferno". Este eco ribombava por todos os recantos da Terra. Ninguém se fazia de surdo. Aquele que não se curvasse aos mandamentos dos mulás, xamãs, cardeais, papas, padres, rabinos e monges poderia se preparar para as condenações e excomunhões.

O que vamos trazer em algumas dezenas de páginas deste livro não é a biografia de um herói que varou mares, escalou montanhas e descobriu a pedra filosofal das ciências. Desfilamos os seus erros e a trama que em torno dele o Império Britânico armou.

Expomos os fatos sob a luz da verdade que colhemos nos longos anos de estudos e pesquisas que empreendemos. Retratamos Charles Darwin de corpo inteiro. Se a verdade que os acontecimentos vão gerando macular a glória e a história mistificada, apontaremos. Protótipo de um dramalhão oceânico, não somos nós que imaginamos. Nada mais cortante do que a verdade. Todos fogem dela. É próprio da humanidade, forjar os seus mitos e cobri-los com o manto da hipocrisia.

Darwin não foi herói da ciência e nem um impostor da história. Por um momento que se estende até hoje, ele se fez condutor da libertação do misticismo cristão, mulçumano, judaico, budista e de todas as seitas.

A imutabilidade das espécies, sob os dogmas do fixismo, foi afrontada; abriu-se uma nova visão científica. Na ribalta dos poderosos interesses das potências àquela época, Darwin atuou com alto descortino. Sem ser um cientista ou um estrategista político, ele se sobrepôs a todos pela ousadia com que trouxe a lume matéria desafiadoramente enigmática: *a evolução das espécies.*

Que exímio prestidigitador!

A humanidade desconhecia tamanha audácia. Nem os iluministas do século XVIII se investiram de maior temeridade.

O verbo evangélico que ecoava pelas naves catedralícias cessou por um momento; as litanias entoadas nos milhares de mosteiros, conventos e templos religiosos, por horas e horas, transfiguraram-se em cânticos de reprovação inquisitorial aos hereges do evolucionismo. Darwin conheceu o seu calvário e a sua Galileia.

Certa feita, algum estudioso das ciências naturais perguntou a Alexandre Humboldt quem era Darwin. Humboldt respondeu: *Darwin est homo pro si* (Darwin é um homem solitário). E concluiu em tom baixo: "de um egoísmo doentio".

Teatrão nos mares o viajante do Beagle exercitou e encenou com o apoio financeiro do seu poderoso tio e sogro, obedeceu a uma sequência de atos previamente articulados a fim de desviar as atenções das potências concorrentes e montar a farsa de uma expedição de pesquisas cartográficas e estudos científicos. Estratégia inteligentemente urdida. Anfiteatro armou-se. Da ribalta, os personagens emergem. Darwin é o "convidado" para integrar a expedição como naturalista (Que conhecia ele de Biologia, Geologia, Zoologia, Botânica etc.?). Fizera em pedaços cursos de

Teologia, Medicina e Geologia. No segundo ato, o "naturalista" aceita o convite e é recepcionado pelo comandante do H. M. S. Beagle, Fitz Roy.

Ressaltem-se estes dois aspectos. Quem financiou as despesas de Darwin e de seu fiel escudeiro, William Snow Harris, vulgo Henry Raio Trovão? Como um navio de guerra lançado aos mares para uma longa viagem e destinado a cumprir importantes missões político-econômicas, inclusive, ao final, transportar minério de ouro de alguma parte, iria desempenhar simples levantamentos geográficos e cartográficos que poderiam ser executados por embarcações de pequeno porte?

Um dos pontos pactuados pelo governo inglês e o naturalista fora o de que ele coletasse amostras de animais e vegetais, os embalasse e remetesse a cientistas e alguns museus da Europa. Esta missão foi bem desempenhada pelo nosso navegante, que inundou o continente europeu com milhares de cartas, relatando os "feitos" de alto risco da sua expedição científica. Nelas, Darwin inebriava-se com as suas façanhas quixotescas. Escalaria cordilheiras e geleiras, atravessaria desertos áridos,[3] adentraria por florestas densas.[4] Não procurou conhecer as vias vicinais através das quais poderia ter explorado a flora e a fauna da Mata Atlântica. Isto não lhe interessava.

Desembarcou no Rio de Janeiro em 4 de abril de 1832. Após quatro dias, procurou conhecer o porto de Macaé, distante 180 quilômetros da capital, uma das vias de escoamento de minérios vindos de Minas Gerais e exportados para a Inglaterra, em grande parte, clandestino.

Olhemos mais de perto este vulto. Darwin foi um errante estudante de sua época. Nômade dos estudos, vagabundeava de disciplina a disciplina, de curso a curso, dos estudos teológicos saltitou para a Medicina; da ciência de Hipócrates, o cavaleiro andante do saber abraçou a ciência dos fenômenos geológicos. Pouco estudou. Aspirava a grandes aventuras. Abominava o aprendizado metodizado que obriga a inteligência à férrea disciplina. Fez-se um iconoclasta de toda forma de educação organizada; para tanto se incorporou à primeira empreitada com que se deparou. Nenhuma mais propícia do que navegar pelos mares do mundo e viver as fascinantes emoções que as epopeias homéricas embalam. Investiu-se de um Virgílio na Eneida: "Navegar é preciso". Acrescentamos: Trabalhar, não.

O destino desse temperamento irrequieto encontrou a sua saga; como um Dom Quixote das ciências, ele iria abraçar os oceanos e a natureza bravia. Inteligência aventureira, ele temia toda pressão estranha, recuava ante qualquer carreira regular. Aspirava obsessivamente à glória. Na sua utopia, desfilavam os vultos de Fernão Magalhães, Cristóvão Colombo, Vasco da Gama, Humboldt, Sebastião Cabot. Dizia: "Vou circunavegar o mundo e assim serei maior do que Humboldt; depois me recolherei a produzir". Para alcançar a celebridade, cavalgou quixotescamente por temeridades, desprezando qualquer pudor ao servir ao Império Britânico.

A rígida disciplina espartana no colégio seminarista, as peias e viseiras espirituais da escolástica tinham-lhe malbaratado a sua fulgurante inteligência e arrancado grande parte da sua capacidade de pensar. Precisava vencer e ultrapassar o pesado fardo. Ele nunca visualizou partilhar a vida claustral; projetou-se a conquistar a notoriedade, não a preço de enormes sacrifícios, como os de Henry Bates, Alfred Wallace, Spix, Martius, Bouguer, Gay, Saint-Hilaire,[5] ou mesmo temerariamente como arriscou a vida Alexandre Humboldt. Não; isto não! Ele queria que os aplausos da história lhe fossem consagrados sem riscos ou esforços. Transvestiu-se num Américo Vespúcio das ciências naturais; a glória lhe veio nos costados dos temerários. Assim idealizou a coroa que a posteridade lhe cingiu.

Talvez não possamos incluir Darwin na galeria dos maiores cientistas, mas, decerto, ele empalmou a força revolucionária contra um cientificismo retrógrado. Soube apanhar as energias dispersas que a inteligência de muitos sábios e cientistas colheu em assombrosas e arriscadas expedições de pesquisas às fronteiras do inconcebível. Retratou-se um Napoleão que apanhou as energias cívicas da Revolução Francesa.

O seu grande mérito: venceu e desviou-se de todo misticismo doentio, que se fazia transcendental por dogmas.

A Renascença produziu navegadores que vararam oceanos e conquistadores que venceram povos. O Iluminismo no século XVIII fez eclodir revoluções, a americana e a francesa, que redirecionaram os destinos da humanidade. Alexandre Humboldt catalisou, no entreabrir dos séculos XVIII e XIX, energias com a força das quais mergulhou nos recessos das florestas do Orinoco ao Amazonas, das estepes venezuelanas aos cumes dos Andes, até escalar o Chimborazo, no Equador. Um Cristóvão Colombo da natureza; ele abriu e devassou um novo mundo da biodiversidade.

Charles Darwin projeta-se na verdade um ser humano complexo; ousado até a inconsequência. Continha em si todos os contrastes. Aparentemente um simples; no entanto, catalisou-se um receptor das opiniões dos outros. Quando Alfred Wallace, em viagem de pesquisas na Nova Zelândia, escreveu-lhe informando que estava concluindo trabalho sobre a *evolução das espécies*, Darwin demonstrou desinteresse e respondeu que esse assunto ele desconhecia.[6] Pérfida dissimulação. Wallace era um desses espíritos a quem podemos conceituar um homem puro.

Desta forma, o diadema da glória cingiu a cabeça do neto de Erasmus Darwin; Wallace recebeu o coice da história – o esquecimento.

A que o século XIX iria assistir?

A humanidade se defrontar num choque de ideologias, do qual um vulto emergiria de uma viagem transoceânica a bradar: "O homem descende do macaco", frente a uma Igreja histérica e encurralada.

Desfechou-se a colisão. O mundo acadêmico e uma sociedade influenciada pelo Iluminismo, mesmo desconhecendo a obra de Darwin, aplaudem estrepitosamente o seu pensamento de romper com o dogmatismo ultramontano arrimado na imutabilidade das espécies, originárias do criacionismo divino.

Darwin obteve duas grandes vitórias: construiu para sua nação – como ele se orgulhava de sua nacionalidade – os rumos que a levaram à usurpação e saque das riquezas naturais dos países sul-americanos. Por outro lado, erigiu seu *pantheon* de cientista a empunhar a tocha da libertação do cego dogmatismo clerical.

Eu relatei um pouco atrás que Alfred Wallace recebeu o coice da história. Por quê? Darwin nascera de uma poderosa família britânica e se casou com a filha de um dos mais ricos empresários da Europa, financiador de sua dispendiosa viagem. Apoiado numa inteligente estratégia política, articulada pelos corifeus do Reino Unido, o jovem aristocrata foi ungido com a aura de naturalista e desafiador dos mares, cordilheiras e rios (ele não participou de nenhuma ação temerosa).

Alfred Wallace, sábio cientista dedicado aos estudos da natureza, no Amazonas, juntamente com Henry Battes, esteve três anos, e, na Nova Zelândia, quase onze anos. Viveu intensamente para o mundo da ciência, a qual esposou como um sacerdócio. Pobre, de família pobre, viveu sempre à fronteira da fragilidade financeira. Da família de Darwin, ele recebeu emprego, razão pela qual transferiu para o seu protetor toda a glória.

Certa feita, Darwin, numa carta a Wallace,[7] declarou: "Vós sois o único homem, que até hoje tenho conhecido, o qual persistentemente faz injustiça a si mesmo, e nunca pede justiça".[8] O poderoso Darwin apiedou-se do humilde e dedicado cientista. Outro aspecto que fez o cientificismo relegar Alfred Wallace ao ostracismo foi, decerto, a coragem que ele teve de concluir que o *Anthropopithecus erectus* teve uma força superior que o impulsionou através de leis naturais para uma inteligência e destino definidos.

Assim, Wallace, ao contrário do glorificado Darwin, aceitava a lei do transformismo para todas as espécies vivas, exceto o *homo sapiens*. Criticou, ademais, que no livro *A origem das espécies*, de Darwin, não cabia usar este nome: "origem".

Notas

1 Desconhece-se algum sacerdote a bordo, fato que só ocorria quando a missão era altamente secreta.
2 Caio Prado Júnior, *Formação do Brasil contemporâneo*, São Paulo, Brasiliense, 1986.
3 No Atacama, Darwin só permaneceu por alguns dias, e, mesmo assim, no litoral.
4 No Rio de Janeiro, com a sua estada por mais de noventa dias, Darwin evitou adentrar-se na Mata Atlântica, preferindo as estradas litorâneas fluminenses. Este fato está demonstrado quando de sua viagem a Macaé.
5 Quando Darwin passou pelo Rio de Janeiro, não procurou Saint-Hilaire, que lá se encontrava.
6 Alfred Wallace, *Viagens pelo Amazonas e Rio Negro*, São Paulo, Companhia Editora Nacional, 1939.
7 Darwin tinha obsessão por cartas, chegou a escrever 14 mil missivas.
8 Frederick Burkhard, *Cartas seletas de Charles Darwin*, São Paulo, Editora Unesp, 2008.

Nota explicativa

Antes de focarmos a matéria-núcleo desta obra, trago à análise, em ligeiras pinceladas, os livros de Charles Darwin, *A origem do homem* e *Viagem de um naturalista ao redor do mundo.*

Esclarecemos, ademais, que os trabalhos do naturalista britânico se incorporam ao projeto deste livro, pela relevância que o pensamento darwinista representou às ciências biológicas, antropológicas, teológicas, a partir da segunda metade do século XIX até os dias atuais.

Pouco importa as desencontradas formulações que Charles Darwin expôs nos seus livros. Um fato sobreleva-nos destacar: sua obra rompeu o opressivo clericalismo que garoteava a humanidade.

A partir da Revolução Francesa e da obra de Darwin, o Estado começou a se desvencilhar dos grilhões teocráticos que jugulavam a sua organização político-social. Pontuamos este fato e, em inúmeras passagens do presente livro, golpeamos fundo certas inverdades. Assim o fizemos porque o que nos norteou na construção desta obra foi a nossa independência, de qualquer jaez, ideológica, religiosa, cultural ou política.

Pelo aspecto metodológico deste ensaio e do seu objetivo, sobretudo para não torná-lo volumoso, reduzimos a ligeiros comentários a parte referente ao livro *A origem do homem,*[1] em cuja análise podemos repetir Fernando Pessoa: "Este livro é um desassossego de incongruências".

O *Autor.*

Nota

[1] Charles Darwin, *A origem do homem*, São Paulo, Hemus, 1982.

A origem do homem, de Charles Darwin. Comentários e análise

> Pág. 187
>
> No período e lugar em que o homem pela primeira vez perdeu o seu revestimento peloso, não importa onde ou quando isto tenha acontecido, muito provavelmente habitava uma região quente.

Importa muito. Se Darwin esboça a teoria de que o homem descende de alguma linhagem dos símios superiores, todos altamente pelosos, como se justifica que essa pelagem com o ser humano desapareceu de uma hora para outra?

Isso é fancaria. Admitamos a descendência simiesca, segundo os darwinistas. Raciocinemos. Por que, no curso dos milhares de anos e sucessivas gerações, não surgiu um tipo humano com caracteres de um macaco superior, inclusive com pelagem, garras nas mãos ou pés, postura quadrúpede? Ou vice-versa, macaco com traços anatômicos humanos?

O raciocínio científico tem de se adequar à realidade, sob pena de ser incongruente.

> Pág. 196
>
> O grande gênero dos vertebrados atingiu a culminância com o homem.

Aqui Darwin se arrima em Pedro Simon Laplace. O que esta análise significa? O homem é o termo final de uma Grande Escalada, o ente superior aos demais vertebrados. Por que o homem chegou a essa escalada? Só ele, o *homo*, alcançou o suposto privilégio, de acordo com a visão piramidal de Darwin, como vértice de uma construção genealógica. Biologicamente, abstraindo o elemento mental, não ocorreu nenhum privilégio do ser humano em relação aos outros animais. É contraditório o argumento. Os darwinistas baseiam-se na premissa de que o homem é uma subespécie do símio.

> Pág. 198
>
> Temos muitas vezes observado que o mundo se preparou durante muito tempo para o advento do homem; isto, num certo sentido, está perfeitamente correto, visto que ele deve o seu nascimento a uma longa cadeia de antepassados.

Paremos um pouco. Deixemos aos messias de todos os tempos, de São João Batista ao Padre Cícero Romão Batista, reflexionar sobre a profecia de Darwin.

> Pág. 217
>
> O homem viveu por muito tempo nas extremas regiões do norte, sem madeiras para construir canoas ou outros objetos alimentando-se somente de gelo e bebendo neve derretida.

No mundo de trilhões de viventes, de uma bactéria a um elefante, desconhece-se algum indivíduo ou espécie que se alimente de gelo, água solidificada com composição química H_2O, e beba neve.

Na parte extrema da América do Sul, por onde Darwin passou, viviam os fueguinos. Eles resistiam à baixa temperatura daquelas regiões fronteiriças à Antártica por estas razões: o sistema da temperatura interna do corpo, a homeostase, adapta o organismo a frios intensos, através de diversos mecanismos. O azeite da foca serve para impermeabilizar os corpos humanos em face das baixas temperaturas; a alimentação com alto teor calórico, à base de foca, baleia, tubarão etc. e o constante uso do fogo junto dos locais onde eles habitavam possibilitavam melhores condições de sobrevivência.

> Pág. 250
>
> Os machos adultos de muitos crustáceos oceânicos têm os seus apêndices e antenas modificados à maneira extraordinária, a fim de possibilitar-lhes agarrar a fêmea [...], assim precisam destes órgãos para propagar a sua espécie.

Em quase todas as espécies sexualizadas, destacadamente nos vertebrados, existe diferenciação entre as genitálias feminina e masculina, acentuando-se, ademais, que, na fêmea, certos órgãos são acrescidos para nutrição do feto e, posteriormente, alimentação da prole. A copulação enxergada por Darwin é exercitada pela força do "agarrar". Neste caso, ocorre um estupro, e não uma cópula.

> Pág. 250
>
> O principal serviço prestado ao macho pelos seus órgãos preênseis consiste em impedir a fuga da fêmea antes que outros machos cheguem ou quando eles investem. Estes órgãos se aperfeiçoaram pela seleção sexual.

O ato sexual, sob esta visão, é um estupro, razão pela qual deixo com os estudiosos desta tipificação criminal a resposta.

> Pág. 264
>
> Os machos na quase totalidade das espécies possuem maior beleza, vigor, sensualidade, força e capacidade de canto.
>
> O fato disto, parece residir de que os machos têm paixões mais fortes, do que as fêmeas.

Desencontradamente, o naturalista focou a paixão como causa de superioridade do macho ante a fêmea. Foge a qualquer análise esse despropósito.

Mergulhe-se no estudo desse sentimento e encontraremos em Aristóteles a conceituação de que a paixão é o estado de reação de um indivíduo enquanto afetado por uma forte emoção que se prolonga.

Muitos escolásticos, especialmente os de tendência tomista, estudam a paixão como apetite sensitivo, ou melhor, movimento suscitado por algo psíquico. Descartes, em seu tratado *Les Passions de l'âme*, considera o que chama de seis paixões fundamentais: admiração, amor, ódio, desejo, alegria e tristeza. Independentemente do sexo, a maioria dos animais é possuída de posse passional, com predominância do macho.

> Págs. 425 e 426
>
> Vimos que as capacidades mentais dos animais superiores não diferem em qualidade dos homens das raças inferiores e bárbaras, parece que também o seu senso do belo não é muito diferente [...] do mesmo modo como os negros e os selvagens de muitas partes do mundo pintam o rosto com sinais vermelhos, azuis e brancos, assim parece que o macho do mandril (uma espécie de macaco babuíno) adquiriu o seu focinho rugoso e vivamente colorido a fim de se tornar atraente para a fêmea.

O que podemos extrair dessa peça folclórica destituída de qualquer liame lógico? Ele disse que aos negros e selvagens falta o senso do belo. Não! Aqui, o que salta à mente de qualquer estudante primário (não confundir com primata) é um mínimo conhecimento de antropologia cultural. Nós todos, lá por alguns milênios de anos atrás, tivemos o mesmo nível de raciocínio daqueles negros e selvagens. O que retrata o título desta obra, *A origem do homem*, com estas aleivosias?

Foi tão desafiadora a afronta que Charles Darwin lançou à face do dogmatismo clerical que os corifeus das religiões se acovardaram. Temerosos, eles bateram em debandada e gritaram de suas sapiências evangélicas: "A verdade está na Bíblia, Corão, Vedas e Torá".

> Pág. 426
>
> No caso dos pássaros, o macho exala mais cheiro do que a fêmea, e em ambas as classes a voz desta última é menos potente do que a do seu companheiro.

No reino dos pássaros, na grande maioria, só os machos emitem sons e tisnados altos, e apenas 5% cantam; as fêmeas não cantam, apenas emitem tisnados baixos.

> Págs. 582 e seguintes

Atenção! Darwin dedicou algumas dezenas de páginas a descrever a luta dos machos, para conquistar as fêmeas.

Como explicar que em meio de milhares de espécies, na quase totalidade, só os machos possuem armas para se defender de outros animais? E, mesmo entre eles, quando disputam a preferência das fêmeas, estas se quedam passivas e até indiferentes? Que seleção sexual é essa?

> Pág. 616
>
> Qual a conclusão que devemos tirar das diferenças entre os sexos? Ninguém poderá sustentar que as barbas dos machos de certos ovinos ou o cupinho e barbela do touro, ou ainda, os tufos de pêlos de muitos dos animais vertebrados, tenham alguma utilidade.
>
> Que efeito pode causar as enormes barbas dos machos orangotangos e chipanzés?

O fenômeno da superioridade e diferenciação do macho ante a fêmea, na quase totalidade das espécies, prende-se a um elemento exclusivamente hormonal; o macho produz a testosterona. Admite-se que, à época de Darwin, se desconhecia o elemento cetona esteroidal hidroxilada no organismo dos machos; contudo, o inaceitável é que nos dias atuais biólogos e certos cientistas admitam que esse elemento químico originou-se por seleção natural ou sexual.

> Pág. 618
>
> Todos os estudos que fiz [ele, Darwin] sobre as ciências naturais me convenceram de que os órgãos muito desenvolvidos foram adquiridos num certo período visando a algum fim particular. [...]
>
> É provável que os tufos e as cristas de pêlo tenham sido adquiridos como ornamento; aliás esta é a opinião de muitos estudiosos.

Analisem! Por que a natureza ornamentou, segundo Darwin, o sexo masculino em detrimento do feminino? Faltam-nos hoje condições científicas para analisar esses fenômenos e por que eles se desencadearam de maneira uniforme e constante, desde priscas eras; na quase totalidade das espécies, o macho é conquistador e defensor do grupo. Que tipo de seleção sexual ou mesmo natural ocorreu, em que, na relação entre parceiros, um deles é, predominantemente, o mais forte e o que impõe a sua vontade e domínio?

> Pág. 620
>
> Nos ruminantes as diferenças sexuais de cor se apresentam mais comumente do que em qualquer outra ordem. [...] Vimos que nesta espécie as cristas e os topetes são mais amplamente desenvolvidos no macho do que na fêmea. A importância deste fato vem provar que a coloração é de origem sexual.

No livro *A origem do homem*, cujo título nada retrata do que expressa este bordão chamativo, o autor-naturalista, nesta altura do seu relato, desanda através de páginas e páginas num amontoado de repetitivos conceitos e descrições sobre a superioridade, beleza e vigor do macho, sem nenhum embasamento científico que possa ensejar uma reflexão séria. O que vemos? Cristas, tufos, topetes de machos descritos minuciosamente, sobretudo do macaco babuíno, exaltado por Darwin por seu lindo focinho de cor azul.

O que certo cientificismo quer nos fazer desconhecer? É que cada espécie viva tem seu código genético próprio, que preside todos os fenômenos da vida. Além dessas fronteiras, mergulhamos em realidades profundas ainda não abarcadas pela ciência.

> Pág. 630
>
> Com efeito, temos prova de que a beleza deste animal [refere-se ao tigre] é devida a seleção sexual, isto porque, em duas espécies de felinos, as cores e os sinais são um pouco mais vivos no macho do que na fêmea.

O que podemos concluir deste palavrório sem nenhum nexo científico? O processo que irrompeu no reino animal, posicionando, na quase totalidade das espécies, o macho como o vigoroso, chamativo, maior, belo, aquele que urra, esturra, relincha, canta (as fêmeas das aves não cantam, apenas piam. Terá sido a seleção natural?) vem das longas noites dos tempos através de genes, cuja decifração falta-nos ainda instrumental científico para compreender. É simplório lançar toda a dimensão de um fenômeno com a complexidade e magnitude organizacional do mundo dos seres vivos a uma mera e apequenada origem de uma seleção natural ou sexual.

Este fato me faz lembrar certa passagem de Albert Einstein, num período em que ele estudava a teoria do campo unificado, na Universidade de Princeton, Nova Jersey, e alguns físicos foram visitá-lo, ocasião em que um deles o abordou sobre a mecânica quântica. Einstein refletia muito além da matéria focada pelos interlocutores. Após a visita, um daqueles físicos soltou esta aleivosia: "Einstein está lelé". Esses tipos não entendem a grandeza dos gênios.

> Pág. 633
>
> Muitas espécies são coloridas de maneira tão estranha e graciosa e dispõem de topetes de pêlos tão curiosos e elegantes que não podemos deixar de considerá-los como uma aquisição devida ao desejo de ornar-se.

Que desejo de ornar-se! Com o leitor a análise. Ante o besteirol, que cesse qualquer argumento.

> Pág. 642
>
> O fato de que estes caracteres foram transmitidos somente ao sexo masculino, talvez deve ser atribuído ao tardio aparecimento das variações sucessivas por meio das quais o homem adquiriu os caracteres próprios do seu sexo.

Admite-se até que Darwin articule formulações destituídas de bases científicas referentes à sexualidade, de vez que, à sua época, desconheciam-se biologia molecular, engenharia genética, DNA, formação dos cromossomos etc. O que nos estarrece, sem dúvida, são os neodarwinistas, nos tempos atuais, referendarem estes desastrados conceitos com novas roupagens. O cientificismo quer se substituir ao misticismo.

Exige-se um mínimo de lógica, para se afirmar algum elemento no mundo das ciências. Do contrário, dá-se um encontrão com a inteligência.

> Pág. 649
>
> Se houvesse dois grupos de homens e mulheres que mais sobressaíssem na poesia, na pintura, na escultura, na música, nas ciências, não poderia haver termos de comparação. Os homens são decididamente superiores às mulheres.
>
> Podemos concluir que, se em muitas disciplinas, os homens são decididamente superiores às mulheres, o poder mental médio do homem é superior àquele destas últimas.

Neste texto, o naturalista dispara conceito sobre a inteligência humana, perfilando um diferencial de superioridade do homem em relação à mulher, sem um mínimo embasamento.

Decerto, existe diferencial de inteligência de um ser humano a outro, independentemente da sexualidade, mesmo relativamente a indivíduos que recebam idênticas condições de educação e cultura. É da própria natureza humana. Essa fantástica multidiversidade, na qual convivem o gênio e o medíocre, o inteligente e o incapaz, possibilitou o amplo progresso da humanidade, que, desde longínquas cavernas e através de longas e desafiadoras adversidades, no dorso dos milênios, alcançou o assombroso desenvolvimento científico e tecnológico dos dias atuais.

> Pág. 650
>
> Mas, esta ideia de gênio talvez seja incompleta, porque sem os poderes superiores da razão e da imaginação, não se pode alcançar o êxito em nenhuma disciplina. Estas faculdades, como também o gênio, devem ter-se desenvolvido no homem em parte por meio da seleção sexual, isto é, pela luta com machos rivais, e em parte através da seleção natural.

Analisem esta excrescência. Ora, o homem genial surgiu por força da seleção sexual! Como definir o que seja inteligência? Força que conduz a humanidade a fantástico patamar de progresso científico e técnico.

Que fenômeno é este? Não temos resposta. A que assistimos? Os neodarwinistas lançam tudo num estreito e reduzido mecanismo de uma bazófia seleção sexual, ao apequenado joguetear da sexualidade. Que visão medíocre! Tenhamos a humildade de proclamar: somos ainda padecentes deste e de outros tantos mistérios.

> Pág. 681
>
> Esta prática é ainda muito difundida em nossos dias e há motivo de se crer que o fosse ainda mais em tempos passados. Algumas tribos da América do Sul eliminaram tantas crianças de ambos os sexos, que estiveram a pique de se extinguir. Parece que as mulheres das ilhas da Polinésia matam de quatro a cinco até dez dos seus filhos.

O que o naturalista retratou, ou mesmo tipificou? Infanticídio com dimensão de genocídio. É fantasmagórico o relato. Um dos suportes do fenômeno da vida e mesmo do fenômeno humano é o zelo das espécies por sua prole, sobretudo pelos recém-nascidos. O que pode ter acontecido são pontuais práticas de infanticídio, estado de delírio puerperal que leva a mulher, ou mesmo qualquer fêmea do reino vertebrado, a estranhar o filho recém-nascido, vendo-o esquizofrenicamente como um monstro. Desconhece-se na história da colonização luso-hispânica na América Latina a ocorrência desse infanticídio em massa. Talvez Darwin tenha se confundido com o sacrifício e morte de crianças e adolescentes, oferecidos entre os astecas à veneração do deus Agir, deus do fogo, Varuna, deus dos mares e Yndra, deusa da chuva e do trovão.

> Pág. 683
>
> [...] em compensação, os homens mais bonitos, embora mais felizardos em arranjar mulheres não terão com isto a possibilidade de procriar uma prole mais numerosa, a quem legar a própria beleza, do que tem homens mais feios que tenham desposado as mesmas mulheres.

No momento em que Darwin fez este relato, desconhecia-se a estrutura do código genético que retrata a transmissão do gene de geração a geração. Tudo bem. No entanto, o que faltou ao naturalista foi um mínimo de conhecimento sobre hereditariedade, que não se reduz unicamente do pai ao filho ou de avô a neto. É um processo que adentra por várias gerações de antepassados, cujos genes interferem no genótipo do ser humano e de todas as espécies.

Falar que homem bonito transmite prole bonita, contrariamente a um indivíduo feio, queda-se de infantil raciocínio.

Quando Lineu, um dos maiores botânicos da humanidade, expôs, na sua obra, *Sistema da natureza*, a classificação das espécies, ele abordou o estudo e transmissão dos seus caracteres. Mesmo atualmente, ela norteia as ciências botânica, biológica e zoológica.

Admitindo-se que o homem tem algo acima das condições meramente materiais, Lineu o catalogou como um ser pensante com caracteres biopsíquicos próprios.

> Pág. 683
>
> Mas isto não impede, porém, que as mulheres mais atraentes sejam raptadas ou arrancadas dos seus maridos por homens mais vigorosos, com recurso da força; isto se verifica com freqüência nas Américas, na Austrália e em outros lugares.

Na história dos povos indígenas que habitavam as Américas, nos séculos da colonização, e mesmo nas civilizações inca, maia e asteca, ignora-se a prática de usurpação de mulheres pela força.

O Brasil colonial, na sua ampla extensão territorial, e diversificadas tribos indígenas, algumas delas antropófagas, os anais da história não registram esse costume. O que supomos, e aí por esses meandros não podemos analisar, é que esta abominável ação tenha sido praticada por grupos de colonizadores britânicos na Austrália contra as nativas daquela região.

Em razão da forma de colonização inglesa na Índia, admitimos este relato do naturalista. Não houve, em terras dominadas pela Inglaterra, processo colonizador, mas uma conquista usurpadora dos povos nativos.

> Pág. 684
>
> Por outro lado, as condições de vidas dos selvagens e de alguns usos seus se revelam favoráveis à seleção sexual. Sabe-se que os indígenas muito frequentemente são vítimas de carência alimentar. Eles não estão em condições de aumentar artificialmente os seus meios de subsistência [...]. Em conseqüência, são obrigados a enfrentar duras lutas pela existência.

O naturalista se refere às tribos indígenas da África e das Américas. Dois aspectos, devemos focar. As tribos que povoavam aqueles continentes à época da colonização lusitana, espanhola e inglesa, nos séculos XVI, XVII e XVIII, viviam em condições de nomadismo ou seminomadismo. Não sofriam carência alimentar. Se algumas praticavam a agricultura, exercitavam de forma rudimentar, com uso do inhame, milho, macaxeira; viviam da coleta de frutos, da pesca e da caça, que eram abundantes.

Leiam-se as obras de Roquete Pinto, Fernão Cardim, Henry Koster, Herbert Baldus, E. Rivasseau, T. Rossevelt, Estevão Pinto (todas da coleção Brasiliana) e conclua-se o aspecto saudável da alimentação das tribos indígenas. Os registros históricos retratam-nas bem alimentadas, não aparentando carência nutritiva.

O naturalista talvez tenha se confundido nessa análise. Quando os índios eram preados, principalmente pelos jesuítas, ou mesmo submetidos à escravidão, eles entravam num estado de banzo, pouco se alimentavam, advindo daí um processo de desnutrição. Os indígenas, destacadamente os tupis e tapuias, quando eram arrastados à servidão, a maioria deles preferia se suicidar.

> Pág. 686
>
> Quando uma raça é alvo de longos cuidados seletivos, depois de muitas gerações, notamos que nelas se operou uma mudança notável [...]. Isto resulta de uma seleção inconsciente que se realizou durante uma longa série de gerações [...]. Como conseqüência da seleção continuada das mulheres mais atraentes por parte daqueles homens fortes de uma tribo. Isto constituiria uma seleção inconsciente.

Neste relato sobre a hereditariedade (hoje, genética), o naturalista resvala às fronteiras do inominável. Com esse raciocínio e amparado na teoria da pureza das raças, foi que o nazismo desfechou o mais devastador e brutal genocídio que os anais da história da humanidade registraram: o Holocausto.

Isto é a eugenia das raças, situando-se a ariana como a superior. O homem ariano forte, vigoroso e inteligente seria o garanhão de um novo tipo aprimorado. Se houver algum laivo de embasamento bioantropológico nessa doutrina, os califas mulçumanos, os mais fortes de suas tribos ou grupos étnicos, também gerariam, com o tempo, estirpe de seres humanos superiores. Darwin se fez o guru da profilaxia das raças.

Como apregoar-se a seleção sexual ou natural se, por trás de tudo isso, lá nas profundas realidades da própria raça humana, quase 9 mil doenças congênitas a atingem?

> Pág. 696
>
> [...] parece que os nossos progenitores afins aos símios adquiriam a barba como ornamento para exercer um fascínio sobre as mulheres e cativá-las e que depois as transmitiam somente à prole do sexo masculino.

Este raciocínio chega às raias do simplório.

A barba do homem adquirida como ornamento para conquistar a fêmea. Isto é uma estultícia. O código genético dos vertebrados, particularmente do ser humano, lá nas priscas eras da sua formação, fenômeno que desconhecemos, traz no seu gene a testosterona, proteína-enzima que possibilita ao macho a força, a pelagem etc. e daí advém a juba do leão, do macaco, a barbicha no caprino, o mamilo no touro etc. e a força muscular. Exemplifique-se. Castrem-se os machos logo nos primeiros meses de vida e eles quedar-se-ão afeminados.

> Pág. 699
>
> Somos forçados a reconhecer a estreita semelhança de um embrião como aquele, por exemplo, o de um cão – a estrutura do crânio, dos membros, e de todo esqueleto sobre uma base igual àquela dos outros mamíferos [...] levam-nos todos à conclusão de que o homem, juntamente com outros mamíferos, descende de um antepassado comum.

São delirantes certas afirmativas de enfrentar matéria de tão profunda complexidade, como a referente aos seres vivos terem promanados de um ancestral comum. Eles possuem o segredo da Caixa de Pandora, e, através dela, se fazem reveladores de verdades absolutas, como a de que a vida originou-se "de uma sopa primordial num lago tépido" ou aquela outra, "do acaso e da necessidade". De nossa parte, preferimos aguardar que um dia a ciência desvende esses grandes enigmas, talvez... alguns séculos à frente.

Se no reino animal, repetimos, a vida se originou de uma célula ou de algumas células, o que esse fenômeno acrescenta? A desafiadora interrogação e o profundo mistério a despertar a inteligência humana é a forma como as moléculas se jungiram para a constituição da vida, e, a partir daí, se auto-organizaram, se autorreplicaram e autoprogramaram o seu fim (ciclo biológico). Eis o dilema: Elas se formaram por mecanismos delas próprias, inclusive a movimentação que originou a vida inteligente, ou, por outra visão, uma força externa interveio no surgimento das primeiras células. Que instigante interrogação! Fora daí, o resto é mero devaneio ou delírio de um cientificismo ávido por glórias e aplausos e até por gordos recursos públicos ou privados.

Não devemos adstringir o estudo do fenômeno humano sob uma mera visão bioquímica, desconhecendo a fantástica inteligência que vem alavancando o ser humano, *tempore ad tempore*, desde quando ele povoa a Terra, há milhões de anos.

Viagem de um naturalista ao redor do mundo, de Charles Darwin

Pág. 26

A atmosphera geralmente fosca, devido à queda de um pó impalpável, que causou pequeno estrago aos instrumentos astronômicos.

....

Na manhã, antes de lançarmos âncora em Porto Praya, eu havia recolhido pequena porção deste pó fino e pardacento.

....

O professor Ehrenberg [depois da viagem, Darwin mandou o pó para este professor] achou que este pó consiste, em grande parte, de infusórios munidos de protecção sílica, e do tecido silícico de plantas.[1]

É de estarrecer a falta de conhecimento de Darwin e do capitão Fitz Roy acerca do fenômeno atmosférico provocado pelos ventos do deserto do Saara, dos quais irrompe um pó com alcance de até 3 mil quilômetros a partir da costa africana. Era muito conhecido dos navegadores da época, que evitavam, em certos meses do ano, a passagem de navios por aquelas regiões nas proximidades da África, entre as ilhas Canárias e as do Cabo Verde, sobretudo no espaço compreendido entre o cabo Bojador e a embocadura do rio Senegal. Um vento de oeste substitui com frequência o de leste, ou alísio, que, ao soprar do deserto do Saara, provoca o deslocamento de uma areia finíssima e abrasadora, momento em que o ar se rarefaz e projeta-se para os espaços mais elevados, e aí, nessa altura, o ar do Atlântico precipita-se para preencher o espaço atmosférico vazio, formando-se assim, com o vento, o deslocamento da areia.

É de tal magnitude a força daquele vento, que, em certos anos, existe deposição de areia do deserto do Saara, alcançando até a Inglaterra.

O pensador brasileiro Agassiz Almeida elaborou grande parte da obra *O fenômeno humano* a partir deste livro, *Viagem de um naturalista ao redor do mundo*, de Charles Darwin.

Surpreende-nos Darwin e o capitão Fitz Roy desconhecerem esse fenômeno.

Uma das características fundamentais dos desertos é, decerto, a sua ação eólica: ela ocorre através da deflação, que é a varredura de detritos soltos pelos ventos e corrosão, frente ao ataque às superfícies rochosas pelo material transportado. O material muito fino (pó) deslocado pelo ar vai se depositar fora da área do deserto, alcançando, em algumas épocas do ano, regiões distantes.

> Pág. 28
>
> Em várias ocasiões, observei com interesse os hábitos de um "octopus", ou polvo. Embora communs nas poças deixadas pelas vazantes, estes animais não se deixam apanhar com facilidade.
>
> ....
>
> Estes moluscos variam de cor de acordo com a natureza do ambiente em que se acham. Estes animais conseguem ainda passar despercebidos, pela extraordinária propriedade de mudar de cor, como sucede com os camaleões.

O naturalista britânico observou um polvo, um *Octopus*. Em quase uma página que escreveu sobre essa espécie de molusco, ele não esclareceu a que classe pertence e nem o seu tamanho. Esse molusco é da classe dos *Cephalopoda*, da qual também fazem parte as lulas e as sépias, moluscos de organização mais complexa. O viajante naturalista disse: "Estes moluscos variam de cor de acordo com a natureza do ambiente em que se acham".

A variação de cores obedece a outras reações e não a mudanças de ambiente. Esses seres marinhos vivem no fundo das águas e nadam livremente em regiões pelágicas e são carnívoros. Os polvos alimentam-se de peixes, caramujos e crustáceos.

Abre-se no universo dos peixes, nas águas oceânicas e fluviais, titânica luta pela sobrevivência. Naqueles imensos descortinados de espaços abertos e sem esconderijos, a presa, ela própria, faz-se redoma de si mesma, metamorfoseando-se e se convertendo nas mais variadas formas ante o predador implacável.

Onde se encontra a resposta da sobrevivência? Nos sentidos aguçados da presa: a visão, olfato, audição, paladar, formas de repelência, enfim, a capacidade camaleônica. Os artrópodes, os peixes e alguns moluscos possuem vista aguda, embora a maioria dos animais marinhos enxergue pouco.

Nas suas reações e mudanças, aqueles moluscos se defendem dos seus predadores; portanto, não é uma simples "variação de ambiente", como aventou Darwin.

> Pág. 29
> [Referindo-se a polvos]
> A princípio não podia imaginar a que atribuí-lo mais tarde, porém, verifiquei que eram polvos [...] eles gozam de propriedade de produzir jactos de água [...] e pareceu-me que dirigindo o tubo ou sifhão pela parte inferior do corpo poderiam fazer óptima pontaria.

Essas propriedades que os polvos possuem não são um meio de defesa. É a forma desses moluscos se deslocarem, enchendo de água a cavidade do corpo e expulsando-a rapidamente pelo sifão.

A maioria dos moluscos é provida de concha. A lula e a sépia têm apenas concha interna; o polvo não possui nenhuma concha.

> Pág. 29
> [Referindo-se aos rochedos São Paulo e São Pedro, no Atlântico]
> Ao atravessarmos o Atlântico, na manhã de 16 de fevereiro.
>
> ....
>
> [...] A distância que separa o rochedo São Paulo do continente americano [Brasil] é de 540 milhas.
>
> ....
>
> A natureza vulcânica destas ilhas [rochedos de São Paulo] oceânicas é evidentemente uma extensão de lei[2] e efeito das mesmas causas,[3] segundo a qual a grande maioria dos vulcões em atividade estaria situada próximo ao litoral ou em ilhas no meio do oceano.

Retifiquemos. A distância dos rochedos São Pedro e São Paulo do continente (Brasil) é de 620 milhas.

Pelo contrário, a maioria dos vulcões em atividade encontra-se nas montanhas, alguns poucos em ilhas no meio dos oceanos. Ademais, esses rochedos (termo mais apropriado) não são de natureza vulcânica, ou melhor, eles são de origem plutônica, resultado do afloramento direto emergido das profundezas abissais.

Tem-se a impressão de que do meio do Atlântico irrompeu aquele conjunto de rochas. Uma nesga (tamanho de um campo de futebol) perdida nas águas oceânicas.

> Pág. 31
>
> Nos rochedos de São Paulo somente encontramos duas qualidades de aves – uma espécie de pelicano e de gaivota, que eu poderia ter abatido quantos quisesse com o meu martelo geológico.
>
> ....
>
> Era muito divertido observar a rapidez com que um caranguejo (graspus), morador das fendas dos rochedos, subtraía o peixe do lado do ninho [...] uma das poucas pessoas que desembarcaram [...].

Neste relato, o nosso viajante metamorfoseou-se num homem-aranha ou num inseto, o que me faz lembrar de Kafka na sua obra *A metamorfose*. À época, 1832, era totalmente impossível desembarcar naqueles rochedos, cercados por enormes e íngremes paredões rochosos, onde, a uma pequena distância, menos de cem metros, o oceano já alcança profundidade média de 3 a 4 mil metros (uma verdadeira fossa oceânica). Sem praias, um verdadeiro paredão de rochas escarpadas. Só em 1988 foi construído pelo Governo Federal um atracadouro para possibilitar o desembarque de pessoas. Aqueles rochedos nunca foram povoados por gaivotas; existe uma espécie de ave marinha, os atobás, que se alimentam de caranguejos e peixes, e cujos excrementos produzem o guano, conferindo àqueles rochedos a aparência esbranquiçada.

Além dessas adversas condições, fortes ventos os fustigam, razão por que o nosso viajante passou muito distante deles.

> Pág. 32
>
> [Refere-se à ilha de Fernando de Noronha]
>
> Tanto quanto me foi possível observar durante as poucas horas que permanecemos neste lugar, a ilha é de constituição vulcânica [...] o mais notável em seu caracter é uma colina de forma cônica, elevando-se a cerca de 310 metros de altura.
>
> ....

> Toda a ilha apparece coberta de arvoredo, entretanto devido ao clima seco, não se nota exuberância de vegetal. [...]
>
> ....
>
> Grandes columnas de massa rochosa que se viam a meio caminho da montanha[4] à sombra de loureiros e ornadas de lindas flores vermelhas, [...].

Inicialmente, esclareça-se. A magnólia é da família das *Magnoliaceae*, árvores e arbustos naturais da América do Norte e da Ásia. Espécie de vegetal desconhecida em Fernando de Noronha.

Ele quis dizer louro. É madeira de boa qualidade nativa na região do Amazonas e da Bahia. Confundiu louro com loureiro. Nenhuma dessas espécies existia naquele arquipélago.

Um dos mais belos santuários ecológicos do mundo, o arquipélago de Fernando de Noronha, mereceu do naturalista britânico apenas despretensiosas referências. Não é de se surpreender. Os verdadeiros escopos de sua viagem norteavam-se a encontrar santuários de baleias e suas rotas marítimas (algo como descobrir hoje bacias petrolíferas), reservas mineralógicas, guanos, santuários de focas e de tartarugas gigantes. Fernando de Noronha era desprovido dessas riquezas, salvo como um belo santuário de golfinhos.

Expõe o naturalista: "Tanto quanto me foi possível observar durante as poucas horas[5] que permanecemos neste lugar, a ilha [arquipélago, corrija-se] [...] a meio caminho da montanha, à sombra de loureiros".

Onde o naturalista apressado e mitômano pousou os seus olhares míopes?

A natureza moldou o arquipélago com um toque de magia, arquitetando praias, piscinas naturais e plácidas águas oceânicas de um Atlântico domesticado e sereno, onde moureja um mundo subaquático fantástico, de peixes multicoloridos, arraias, golfinhos, tartarugas e tubarões. Nos meses de verão, o Atlântico se agita em ondas largas e altas.

Fernando de Noronha, com seus 26 km^2 de área, distancia-se de Natal 360 quilômetros e de Recife 545 quilômetros. Formado por 21 ilhas, foi descoberto por Américo Vespúcio, em 1503, ocasião em que naufragou a nau capitânia da expedição portuguesa de Gonçalo Coelho. De clima tropical semelhante ao da zona agreste do Nordeste brasileiro, com duas estações, uma seca, que se prolonga de agosto a fevereiro, e outra úmida, dos meses de março a julho.

O viajante do Beagle nada descreveu sobre o arquipélago, apenas assinalou "a meio do caminho, à sombra de loureiros".[6] O arbóreo loureiro não existe naquele arquipélago. O tipo de solo, em conjunto com as condições climáticas, é referencial para se definir a natureza da flora e a sua possibilidade de florescimento. A gameleira (*Picos noronhae*) ali existente tem em torno de 12 metros de altura; é um arbóreo que sobrepuja as outras espécies.

Talvez Darwin tenha confundido loureiro com pau-d'arco, árvore que floresce em fevereiro, época em que ele desembarcou virtualmente no arquipélago. Outro tipo de vegetal que ele também tenha se equivocado é o mulungu de flores vistosas e alaranjadas.

O loureiro, referido por Darwin, é árvore de até 20 metros de altura, pertencente à família das *Lauráceas*, nativa das regiões áridas do Mediterrâneo.

> Pág. 32
> [na Bahia, 29 de fevereiro de 1832]
> Procurei abrigar-me debaixo de uma árvore, cuja copa cerrada seria impermeável a chuva commum na Inglaterra.
> ....
> É a violência da chuva que devemos atribuir o verdor do solo nos bosques mais densos, pois se as pancadas fossem como nos climas mais frios, a maior parte da água seria absorvida ou evaporada antes que chegasse ao chão.

Não é a violência das chuvas que provoca o verdor das florestas tropicais. O que ocorre é a conjugação desses elementos: umidade atmosférica elevada, chuvas regulares, índice pluviométrico acima de 1.300 milímetros anuais, intensa luminosidade solar, propiciando rápido e exuberante desenvolvimento vegetal.

> Pág. 39
> [No Rio de Janeiro, de 4 de abril a 5 de julho de 1832 – viagem para Macaé]
> Alguns dias depois da nossa chegada, travei conhecimento com um inglês, dono de uma fazenda situada ao norte de Cabo Frio.
> ....
> Continuamos cavalgando várias horas. No decurso dos primeiros kilómetros a estrada emaranhava-se por um deserto de lagunnas e pântanos, dando ao scenário banhado de um luar o aspecto desolador que se podia imaginar. Alguns pyrilampos cruzavam o ar perto de nós.
> ....
> As ondas que se quebravam nas praias longínquas mandavam-nos através do silêncio da noite o seu marulhar surdo e monótono.

Com a passagem de Charles Darwin pelo Rio de Janeiro, entre 4 de abril e 5 de julho de 1832, começamos a entender os verdadeiros objetivos da longa viagem por quase cinco anos em um navio da Armada Britânica (foram omitidos os nomes dos membros da tripulação e até dos oficiais).

Tudo encobria uma ardilosa falácia, para embair os governos estrangeiros e os grupos econômicos envolvidos na exploração mineralógica, na extração de óleo das baleias e das focas e no aproveitamento do guano. Dos cinco anos da viagem, quase quatro anos foram centrados nos ricos litorais do Brasil, Argentina, Patagônia,

Terra do Fogo, ilhas Malvinas, Chile, Peru e ilhas Galápagos (este arquipélago era centro de guano e santuário de baleias vindas da Terra do Fogo).

Que expedição científica era esta? A de um só integrante de apenas 22 anos, membro de poderosa família britânica, sobrinho e futuro genro de Josiah Wedgwood II, um dos homens mais ricos da Europa, àquela época, e a quem coube o ônus de financiar a dispendiosa viagem de Darwin, correspondente a uma parte de adiantamento do elevado dote que o sogro fazia ao futuro genro, pelo casamento com a filha Emma, logo que Darwin retornasse da viagem.

Quem participou da equipe com Darwin? Quem era o cartógrafo? O nome do geólogo?

Atroando tiros de canhões, o Beagle chega ao porto do Rio de Janeiro em 4 de abril de 1832, e a sua tripulação desembarca no mesmo dia, permanecendo nessa cidade durante 93 dias. Fez âncora na baía da Guanabara, cuja paisagem o naturalista não soube ver. Da amurada do Beagle, olhemos aquela fascinante beleza natural, uma das mais lindas do mundo.

Vegetação luxuriante circundando a placidez de um convexo recanto oceânico prenhe de uma atmosfera em que os raios solares reverberam da massa hídrica aos penhascos das montanhas circundantes, sob um verde-escuro de exuberante contraste com o azul-celeste e as águas.

Que cenário! O alcantilado rochoso do Pão de Açúcar deixa-nos a sensação de que a natureza o plasmou como sentinela avançada daquele diadema a que chamamos Guanabara, ornada por um fino anel a formar praias de terno encanto e de belezas mil. Palmeiras altaneiras, mimosas, tamarindos, pelicanos, garças, flamingos, tudo compunha uma paisagem em que vidas e vidas alteiam a sinfônica linguagem e cânticos de miríades de plantas e seres.

Volvamos ao terra a terra, para que não percamos os passos de Charles Darwin no Rio de Janeiro.

Onde estiveram e o que fizeram os oficiais do H. M. S. Beagle, durante a permanência no Rio de Janeiro, destacadamente o seu comandante-capitão, Fitz Roy, e o passageiro de alto nível socioeconômico, Charles Darwin, além de caçarem no Jardim Botânico e zonas adjacentes, participarem de noitadas festivas e assistirem a peças teatrais? Transmitiam informações ao governo britânico, através de seu embaixador, Henry S. Fox, sobre as reservas minerais e outras riquezas do Brasil.[7]

Por trás de toda a encenação do pseudolevantamento cartográfico e da fictícia expedição científica, o que visava o governo britânico era dimensionar o potencial mineralógico das reservas de ouro e diamante no estado de Minas Gerais, cuja espoliativa extração abarrotou Portugal e o Reino Unido com enormes riquezas.

Nos levantamentos que fizemos, chegam-nos dados de que o capitão Fitz Roy e dois oficiais estiveram em Ouro Preto, antiga Vila Rica, então capital de Minas Gerais, considerada um dos grandes centros produtores de ouro do mundo.

Será que esses ingleses foram conhecer *in loco* o anfiteatro onde os inconfidentes marcaram a sua história pela independência do Brasil? Não! O que visavam? Conhecer as reservas mineralógicas daquele estado, sobretudo as minas de ouro de Morro Velho, cujo potencial era calculado em 6 milhões de toneladas, e as minas de Maquim, bem como as reservas de calcário, manganês e mármore, ressaltando-se que o tio e sogro de Darwin era dono das maiores fábricas de cerâmica e de fundições de cobre da Europa; tinha, portanto, interesse direto na exploração dessas riquezas minerais.

Quatro dias após o seu desembarque no Rio de Janeiro, Darwin providenciou viagem de "estudos e pesquisas" a Macaé, distante 180 quilômetros desta capital e próxima à foz do rio Macaé, na qual operava um dos principais portos do sul do país na exportação de minérios, grande parte clandestina.

Antes de realizar a viagem, já previamente planejada pelos estrategistas do Reino Unido, Darwin manteve permanente contato com o embaixador britânico, Henry S. Fox.

Em 8 de abril, o naturalista inicia a viagem a Macaé, acompanhado por caravana de oito pessoas sem conduzir nenhum instrumento de pesquisa, salvo um martelo e uma bússola. Alcança a serra da Tiririca; em Niterói, ao meio dia chega a Itaocaia, pequena aldeia situada numa planície, hoje fazenda Itaocaia, através da estrada Vai e Vem. Pernoita em Maricá. No outro dia, almoça em Mandetiba.

No dia 13, após cavalgar por cinco dias, chega à propriedade rural de Manuel Figueiredo, parente de um integrante da comitiva e homem de confiança do corpo diplomático britânico. No seu diário, relata nos mínimos detalhes as instalações da fazenda; contudo, sobre o transporte de minérios de Minas Gerais para os portos do Rio de Janeiro e Macaé, se fez omisso. Dos dias 14 a 18, Darwin permaneceu em Macaé, mas nada revelou acerca das suas atividades nessa cidade.

> Pág. 40
> [Continua viagem para Macaé]
>
> Antes do nascer do Sol deixamos nosso pouso incômodo. Nenhum interesse possuía a paisagem se não fosse o grande número de lindas aves ribeirinhas como as garças e os grous.
>
> ....
>
> As poucas árvores atrophiadas que se viam estavam cobertas de plantas parasitas.

O naturalista devia saber que iria conhecer, nessas travessias pela província do Rio de Janeiro e por toda a América do Sul, pessoas habitando moradias simples, sem dúvida, incômodas, para um requintado dândi britânico, cuja vida transcorreu num berço de veludo. Das dezenas de expedições científicas, que enfrentavam condições adversas em longínquas regiões, desconhecemos relatos de insatisfação com os ambientes. A maioria dos naturalistas que desafiaram temeridades, varando rios caudalosos, escalando montanhas e cordilheiras, adentrando densas e quase impenetráveis florestas, enfrentando índios bravios, alguns podemos nominar, como Humboldt, Charles-Marie de La Condamine, Cláudio Gay, Alfred Wallace (o verdadeiro descobridor da teoria da evolução), Louis Agassiz, Henry Bates, Augusto Saint-Hilaire e dezenas de outros, jamais se revoltaram face às circunstâncias adversas que lhes advieram.

Darwin, como podemos dimensioná-lo? Fora lançado no anfiteatro da natureza como prima-dona de berço fidalgo. Em terrenos próximos a marés e alagadiços, que vegetação ele podia encontrar senão árvores atrofiadas?

Todo o percurso que ele fez, do Rio de Janeiro a Macaé, foi margeando a orla litorânea, não adentrou a Mata Atlântica nem uns poucos quilômetros, ressaltando que essa floresta, em toda sua extensão, do Rio Grande do Norte ao estado de Santa Catarina, apenas se distancia da faixa praieira de 100 a 2 mil metros.

Temeu o nosso naturalista a sombria densidade da Mata Atlântica (ele conhecia as rarefeitas florestas das regiões frias), os mosquitos, sobretudo, os causadores de febre amarela e da malária, índios, animais bravios, enfim, aquele ignoto e exuberante mundo florestal o sobressaltava.

> Pág. 41
> [Percurso da viagem a Macaé]
> Os donos da vênda portavam-se de maneira descortês e desagradável e com roupas immundas e mal cheirosas. Trazem a casa na maior sordidez e a falta de asseio é geral.

Do menosprezo aos humildes personagens, num mundo onde dormitavam séculos de atraso em relação a Roma, Londres, Paris etc., o naturalista viajante desconhecia que aqueles seres eram homens recém-egressos do processo de um implacável colonialismo que os lançou à margem da sociedade dos ricos e civilizados.

> Pág. 42
> Abandonando a costa, novamente penetramos na floresta. As árvores que se viam eram grandes e bastante notáveis pela brancura do tronco, quando comparadas com às altura da Europa.
>
> ....
>
> Prosseguindo atravessamos extensas pastagens que grandes damnos soffriam com a presença de enormes formigueiros cônicos attingindo uma altura de quasi quatro metros.

Em todas as partes da Terra, lá estão eles, os artrópodes; desde profundas cavernas aos picos nevados de alcantiladas montanhas. Já foi encontrada uma térmite numa armadilha ligada a um avião que voava a 8 mil pés de altura.

Aproximadamente 40 espécies de insetos vivem na gélida Antártica. Outras tantas chegam além do Círculo Polar Ártico; várias habitam os desertos mais áridos, algumas vivem à superfície dos oceanos. Nas cordilheiras mais altas, Himalaia e Andes, alguns tipos de insetos estão por entre rochas e em cumes de montanhas de neves eternas, a mais de 7 mil metros acima do nível do mar, alguns deles congelados e submetidos a temperaturas inferiores a zero grau. E sobrevivem. Outros vivem em fontes termais, cujo calor alcança em torno de 48°C. Larvas de certas moscas habitam lugares de sal quase puro. Foram encontradas moscas em poços de petróleo, na bacia de Campos, Rio de Janeiro, que passam seu estágio larval dentro do óleo cru.

Conhece-se quase um milhão de espécies de insetos distribuídas numa imensa variedade de tamanhos. Os menores apequenam-se ao nível de alguns protozoários e os maiores alcançam o porte de certos mamíferos, como o camundongo. Entre os maiores insetos existentes hoje no mundo, situa-se a borboleta Atlas, da Índia, que mede 30 centímetros de envergadura, e algumas espécies têm notável musculatura. O homem possui menos de novecentos músculos, ao passo que o gafanhoto alcança cerca de mil, e algumas lagartas mais de 3 mil.

No mundo dos seres orgânicos, embatem-se infinidades de vidas que se cruzam, lutam entre si, devoram-se, matam-se, amam-se e comungam-se, enfim. São atores do imenso e misterioso palco a que chamamos natureza. É assoberbante. Um deles deixa a sua história. Próximo a um rochedo, no sopé no qual serpenteia pequeno riacho, uma vespa escavadeira se encaminha laboriosamente para o seu ninho, e conduz nas suas mandíbulas uma lagarta imobilizada, após ter injetado veneno nos seus centros nervosos. Depois de arrastar a presa ainda com vida para o ninho, a vespa põe um ovo sobre ela. Em seguida, fecha com terra a cavidade que soca firmemente com o auxílio de um seixo. Ao nascer do ovo, a larva irá se alimentar da lagarta, herança da sua mãe vespa. E assim se sucede de geração a geração.

Antes mesmo do advento do homem na Terra, as térmites já erguiam verdadeiros arranha-céus, as vespas fabricavam ninhos com argila e madeira, as lagartas teciam sedas, as formigas cavavam verdadeiras metrópoles subterrâneas e as abelhas armavam fábricas.

As vespas, da família das abelhas e das formigas, destacam-se pelos abrigos engenhosos que constroem para as suas larvas e meios que usam para proporcionar-lhes alimentos. Tipo caçadoras, elas erguem casas de terra, algumas verdadeiros edifícios. Outras vespas formam compartimento de adobe em fendas de madeira, ou nas hastes ocas das plantas. De todos os insetos arquitetos, as térmites são campeãs em matéria de construção de abrigos no solo. Nas savanas africanas ou mesmo em algumas regiões praieiras, elas elaboram torres cozidas ao sol, duras como rocha, atingindo, algumas delas, de 4 a 6 metros de altura e com capacidade de abrigar colônia de quase um milhão de insetos, construída de terra e plantas, misturadas a excrementos.

Darwin se confundiu quando, na sua viagem a Macaé, viu enormes "formigueiros cônicos atingindo altura de quase quatro metros". Esclareça-se. Ele se deparou não com formigueiros, mas abrigos construídos por vespas ou térmites, verdadeiros cônicos.

> Pág. 44
>
> A uma altura de trinta metros, as collinas desappareciam em densa neblina branca que se erguia como colunas de fumaças saindo das partes mais cerradas dos valles. Observei o phenómeno. Suponho que é devido à grande superfície de folhagem aquecida pelos raios solares.

O que Darwin presenciou, equivocadamente, supondo que a "densa neblina branca" era devido ao aquecimento da "folhagem na superfície pelos raios solares". Existem dois tipos de nevoeiro: o marítimo e o de montanha. Pelo seu relato, ele observou o fenômeno do nevoeiro de montanha, que ocorre no momento em que as nuvens estão baixas e o ar quente e úmido é forçado a elevar-se, esfriando-se em consequência. Ao fazê-lo, diminui a pressão do vapor que contém, e o excesso de umidade se condensa em nevoeiro, provocando esse fenômeno que só acontece quando o ar em contato com a terra ou o mar se esfria.

> Pág. 45
> [18 de abril de 1832]
>
> Passamos, na volta, dois dias em Socêgo.[8] A maioria das árvores conquanto tão alta, não tinha circunferência superior a noventa centímetros ou um metro.

Aqui nesta passagem o naturalista desatento mostra a cara de um agente do Império Britânico. Em todo o percurso de ida e vinda, do Rio de Janeiro a Macaé, numa distância de cerca de 360 quilômetros, ele não adentrou nem alguns metros na Mata Atlântica. Cavalgou por 15 dias unicamente pelo litoral praieiro, para no final soltar desconexa aleivosia: "árvores altas, mas que não têm circunferência (no tronco) superior a 90 centímetros ou 1 metro".

Paremos um pouco. Darwin enxergou apequenadamente a Mata Atlântica. Olhemos com visão majestática aquele mundo vegetal, no qual vivem miríades de seres. Que linguagem nos falam essas árvores centenárias: pau-brasil, jequitibá, jacarandá, figueira, caviúna, maçaranduba, ipê-rosa, jatobá, imbaúba, murici...?

Que razão se falar em árvores com tronco de diâmetro de 90 centímetros? Estes vegetais têm circunferência no tronco superior à esboçada medição. Quaisquer árvores lá das regiões dos cariris do Nordeste brasileiro, dentre elas o umbuzeiro e o juazeiro, possuem tronco com circunferência superior à aventada pelo naturalista. O sub-bosque da flora da Mata Atlântica compõe-se de plantas menores, a abrigar epífitas, gravatás, bromélias, orquídeas, musgos, liquens, samambaias, begônias e lírios de várias espécies. A mata alcança de modo quase contínuo uma faixa paralela ao litoral do Atlântico, atualmente quase totalmente devastada, restando talvez uns 3% de suas reservas primitivas. A sanha humana por lucros degradou um dos belos patrimônios da natureza, com mais de 25 mil espécies de plantas, a segunda floresta mais diversificada do planeta.

Adentremos a Mata Atlântica. O termômetro, a poucos metros da massa granítica que se ergue de escarpadas e pontiagudas rochas, marcava 32°C; nenhuma aragem agitava aquele universo vegetal. O sol atingia o zênite, cujos raios vertiam sobre a floresta a gerar vapores ardentes que envolviam o horizonte, como miragens no deserto. Rochedos nus e enormes troncos de árvores tinham a cobri-los infinito número de iguanas, de escamas espessas, de jecos e salamandras de diversificadas cores, que, estáticas, pareciam aspirar o ar abrasado. A essas horas os animais superiores recolhem-se ao recesso da mata; aves ocultam-se na folhagem das plantas ou nas fendas das rochas.

A natureza repousa num aparente sossego, só perturbado por um confuso rumor produzido pelo zumbido dos insetos, e envolto tudo isto numa linguagem quase imperceptível ao homem, as forças orgânicas da vida se movimentam. Em cada matagal, nas cascas crestadas das centenárias árvores e no solo cavado por himenópteros, miríades de vidas e vidas se agitam, numa sinfonia embalada por variados sons.

Caminhamos pela Mata Atlântica, às fronteiras dos contrafortes da Mantiqueira.

Que majestade de prodigalidade naquele mundo vegetal, a nos dominar com surpreendente diversidade. A cada passo, painel gigantesco se nos descortina – montanhas, rios caudalosos estuantes de vidas, árvores envoltas numa massa vegetal estonteante. Fortes emoções nos afluem e nos levam a interrogações que aquele universo verdejante provoca em meio a beleza atordoante dos contrastes e das formas, no vigor e frescor de uma atmosfera úmida que absorve a luz rarefeita a penetrar por entre as árvores.

Samambaias arbóreas e tapetes de musgos crescem por toda parte, intercalados por plantas floríferas de cores vivas, dentre as quais brincos-de-princesa, begônias, gerânios e orquídeas. Vegetação intensamente verde, cujo solo cobre-se por um manto espesso de musgos e ervas minúsculas. Neste mundo arborescente, veem-se ali enormes leitos de relvas, arbustos e árvores de todos os portes, entrelaçando-se uns aos outros, e, ao mesmo tempo, a porfiar ingente luta em busca dos raios solares, para, depois, alcançadas as frondes, soltarem, para a perpetuação das espécies, flores, frutos e sementes. Por instante, olha-se lá no flanco de uma colina canteiro de brincos-de-rainha e de margaridas coberto de tojos e de giestas; mais adiante, divisa-se clareira na floresta atapetada de jasmins silvestres; ao lado uma macieira em plena florescência. Que beleza terna!

O que pude colher de todo aquele cenário? A solidão arvorecente desenvolve e fortalece um sentimento de comunhão com a natureza a integrar milhares de espécies que nela vivem. Vi bem perto, às suas margens, as ondas revoltas do rio Paraíba. Pareciam-me trazer longínquas mensagens da Mantiqueira, a dizer como as forças da natureza interagem umas com as outras, rio, árvores e animais; todos a formar luxuriante amplexo do mundo vegetal.

Ao olharmos por sobre as fímbrias dos horizontes, somos impactados e inebriados pela beleza das colinas coroadas de palmeiras.

Paremos por instante.

Ao longe, ouvimos os uivos monótonos dos macacos-pregos, semelhantes ao coro sibilante de ventos uivantes. Em meio a esse mundo de prodigiosos contrastes, a natureza nos fala a linguagem de todas as coisas.

Quantos acasos, segundo a conceituação dos darwinistas, se sucederam e se compuseram para a elaboração deste cenário animal e vegetal? Milhões de acasos.

Às margens do Paraíba, ao desembocar em seu leito volumosa massa d'água de um rio afluente, árvores arrastadas pelas correntezas se erguem; brumas pairam sobre a paisagem e as copas das palmeiras parecem mergulhar nas nuvens. Do poente, raios de sol descrevem numa magia multicor estonteante painel de um efeito ótico inebriante. É o arco-íris, a dormitar imagem etérea como que suspensa no infinito. Por momento, o ar imobiliza-se; tudo cessa, salvo o voo solitário de uma gaivota; ao longo de barrancos, jacarés cochilam na lama e aves pernaltas espreitam as suas presas.

O que divisamos? Imensa prodigalidade de vidas e vidas se renova sem cessar no seu mundo de plantas, flores e frutos sem jamais perguntar ao homem, predador apressado, a devassar os ecossistemas que nela se albergam, o porquê da fúria lucrativa.

Darwin não quis olhar a Mata Atlântica carregada de beleza exuberante e cânticos maviosos de milhares de pássaros. Lá estava o tucano, ave de bico ridiculamente comprido, a cantar sem cessar o seu *Dios te dé... Dios te dé*; a araponga esvoaçante, no seu canto de uma só melodia, dando-nos a sensação do badalar monótono de um sino; num recanto tristemente solitário, a asa-branca sonorizava os seus arrulhos, lembranças das adustas caatingas do Nordeste do Brasil; colibris faceiros ficavam suspensos no ar num balé de encantadora ternura. Ali, também, se regurgitavam os trógons, belos e tímidos, o galo-dos-rochedos, semelhante ao galo-de-campina, estavam a povoar aquele mundo vegetal. A vida florestal deixava o seu retrato na onça-pintada, cuja posição, agachada nas árvores, fazia irradiar dos seus olhares flamejantes lampejos de temor ao viandante pasmo; macacos-prego, em ruidosos sons, enchiam a selva com os seus guinchos de mau agouro, a se pendurarem nos galhos afestoados de trepadeiras; rãs prendiam-se aos troncos pelos pés como almofadas de sucção. Miríades de seres cobriam de vida aquele fervilhante mundo.

Paremos um pouco. Ouçamos o orquestrar da Mata Atlântica. Sussurra o vento na folhagem verdejante; rãs disformemente gigantes soltam o seu coaxar como um violoncelo desafinado; cigarras ziziam; gafanhotos emitem ruído sob o olhar fulminante de uma cascavel, e nesta sinfonia a floresta majestosa ressoa a melodia de todos os seres, até o grito desesperado da presa devorada; sons, cânticos, urros e ruídos compõem aquele universo arborescente. Ventos estrugem devastadores, estremecendo o colossal mundo da Mata Atlântica. Centenária árvore desaba na noite florestal; a pátria vegetal soluçou. E, no caos caleidoscópio, um jaguar esturrou, despertando a alimária. Que secular árvore desaba? Um jequitibá.

Outro gigante da floresta tomba: o jacarandá. Dezenas de árvores e arbustos rolam em cascatas, sob um efeito dominó, e, no séquito arborescente, em espasmos, vêm desgrenhados montões de epífitas e parasitas. Orquídeas em barda, colossais ciclantáceas esgueiram-se, com suas folhas bífidas e flabeliformes. Cipós se emaranham numa teia de intrincado labirinto, e desabam, arrastando parasitas como se fossem cordas de edifícios em construção. Nessa babel florestal, abraçam-se a salsaparrilha e yuruparipina, junto a ninhos de pássaros, colmeias de abelhas e maribondos. Ali, no funéreo momento, a floresta sangrava e soluçava num agônico pandemônio em que centenas de símios soltam guinchos estridentes. Cigarras e gafanhotos perdidos e atordoados ziziam, papagaios multicoloridos emitem gritos destemperados, rãs e sapos prangem coaxar melancólico, ao compasso de uma sinfonia de dor a emitir uma nota só. Nesse intrincado labirinto, árvores e arbustos se enlaçam, tecendo coreografia babelesca, e algumas tantas rolam encharcadas ao chão. A atmosfera como que se eletriza.

Entardece nos trópicos do Rio de Janeiro e a floresta deixa o seu último suspiro, despertando-nos temor, reverência e admiração. A competição ali é feroz, apenas 10% da energia solar penetra até o chão, devido à densidade da vegetação. No dossel, lá se encontra quase toda a vida botânica, onde as plantas lutam pela claridade solar, entremeadas por miríades de insetos. Ruídos, cantos e gritos anunciam constantemente fluxo e refluxo da natureza, a nascer, fenecer e renascer.

Pág. 49

Verifiquei que os insetos emitiam seu maior brilho quando eram irritados.

O brilho, emitido pelos insetos, é uma forma de coloração protetora pela qual se defendem dos predadores, e assim fazem supor a eles que não são comestíveis.

Não ficam irritados, segundo Darwin, mas se protegem quando reluzem; alguns se disfarçam de maneira fantástica, como os que cintilam para se assemelhar a gravetos, e assim dissimulam o predador. O naturalista não esclareceu que espécie de inseto ele coletou; portanto, faltaram dados para que se pudesse ouvir um entomologista.

O brilho, o odor e outras formas de camuflagem esses seres usam para se disfarçar dos seus perseguidores; no entanto, a maioria dos seus inimigos é composta, com frequência, por outros insetos.

> Pág. 50
>
> Visitei, um dia, o Jardim Botânico onde cresciam plantas muito conhecidas pela grande utilidade das suas propriedades. As folhas da cânfora, da pimenta, da canela e do cravo desprendiam um aroma muito delicioso.

Conhecer um jardim botânico para os que lidam com as ciências naturais é algo de inebriante sensibilidade.

As palavras do naturalista-viajante, que sentimentos externam e que descrição deixaram acerca do Jardim Botânico do Rio de Janeiro, recanto bucólico em que a mão humana cessa um pouco o seu porfiar voraz e se estende numa tocante comunhão com a natureza? Que palavras! Parecem ruminadas por um turista ignorante a passeio: "cresciam plantas muito conhecidas pela grande utilidade das suas propriedades".

Nessa redoma botânica o homem integra-se à natureza.

Contemos um pouco dessa história. Aristóteles, um dos maiores gênios da humanidade, fez-se pioneiro criador de um jardim botânico, legando-o a Teofrasto de Éfeso.

No decorrer dos tempos, recantos botânicos foram sendo criados pelo mundo, assumindo, na Idade Medieval, um caráter monástico, tendo se destacado, entre os mais famosos, o de St. Gallen, na Suíça, e o de Reichenau, na Alemanha. Em 1547, surgiu o de Bolonha; em 1560, o de Paris.

Destaque-se: a Europa concentra o maior número de jardins botânicos. Só na Inglaterra, à época de Charles Darwin, existiam cinco de relevante importância, que, pela maneira desatenta como descreve o do Rio de Janeiro, ele certamente desconhecia. Da Inglaterra podemos enumerar os de Edinburgh, o Royal Botanic Garden, cujo acervo possui uma das mais belas coleções de árvores floríferas do mundo, e o de Kew, em Richmond, que dispõe de um selecionado herbário.

Dos jardins botânicos especializados em flora tropical, podemos situar o do Rio de Janeiro, fundado em 1808, com a vinda de Dom João para o Brasil. No decorrer do tempo, ampliou-se com bem instalados sistemas de herbário, de xiloteca, estufas e, sobretudo, o Museu Kuhlmann; numa área de 150 hectares, com um parque que abriga 5.500 espécies cuidadosamente selecionadas. Neste cenário arborescente, destacam-se as famosas e seculares aleias de palmeiras reais, jambeiros e bambus.

Certa vez, visitando o Jardim Botânico do Rio de Janeiro, eu olhei como a natureza ofereceu à mão do homem aquele painel de majestática beleza. De singular encanto e talvez única no mundo é a sua feérica aleia de palmeiras, com porte à altura de 30 metros, projetada numa avenida de capitéis verdes unindo-se em abóbada. Visão inebriante. Dá-nos a sensação de contemplarmos colunatas gregas.

> Pág. 53
>
> Nos arredores do Rio existem em grande número certos insectos parecidos com vespas e que fazem no tecto das varandas uma casa de barro onde abrigam as suas larvas. Esses insectos sabem applicar em aranhas e outras larvas, picadas que sem que lhes tire de todo a vida deixam-nas paralysadas.

Dentre as ordens dos insetos, a dos himenópteros destaca-se por sua imensa variedade, alcançando aproximadamente 100 mil espécies, existentes em quase todas as faunas do mundo. Nelas estão formigas, vespas e abelhas.

De tamanho variado, vão desde aquelas com 110 milímetros de comprimento às de 0,28 milímetros. Referentemente à vespa, esta ordem de insetos não chega a 900 espécies e compreende diversos tipos; algumas constroem ninhos em células individuais, e outras tantas fabricam verdadeiros edifícios de perfeita arquitetura. No Rio de Janeiro, à época da passagem de Darwin, destacava-se a caçununga (*Stelopolybia*).

Qual a espécie de vespa referida pelo naturalista? Conheciam-se, então, alguns tipos, como a vespa-oleira, vespa que amassa barro, vespa do gênero *Polistes*. Talvez a vespa a que ele se referiu seja a *Ammophila*, encontrada a escavar tocas em solos secos e áridos. Que inteligência genética ela possui!

> Pág. 57
>
> [No estuário da Prata]
>
> À entrada do estuário do Prata esperava-nos um tempo muito instável. Numa noite escura vimo-nos inteiramente cercados de phocas e pingüins, que promoviam grande alarido, o que levou o oficial de vigia a declarar que tinha ouvido o mugir de gado na praia.

Numa certa noite escura do mês de julho de 1832, o navio H. M. S. Beagle alcançava o estuário da bacia do Prata, quando o nosso viajante dos mares se vê cercado de focas e pinguins.

Praza aos céus com tamanha miragem. Na Odisseia, Ulisses, na sua atribulada aventura pelos mares do mundo, não se deparou com seres marinhos deslocados de seu *habitat*. Desde o dia 27 de dezembro de 1831, data em que o Beagle zarpou, portanto, quase seis meses de viagem, o naturalista vem padecendo de desconfortos, com terríveis enjoos, agravados pela alimentação fora dos confortáveis padrões da aristocracia britânica. O seu metabolismo orgânico quedava-se em frangalhos; o sistema neurológico principia a sofrer transtornos, provocando-lhe radical mudança na estrutura biopsíquica. Conjugados estes elementos, sobretudo no caso de

Charles Darwin, que jamais enfrentou adversidades, a sua personalidade começa a sofrer vertigens alucinatórias.

O jovem viajante engolfou-se num *delirium* alucinatório. Desconhece-se na história da vida marinha colônias de pinguins e focas no estuário do Prata. Nem Jacques Cousteau, fantástico observador e aventureiro dos oceanos e grandes rios, jamais conseguiu tamanha descoberta.

Pinguins, aves mergulhadoras, compreendem seis gêneros, e apenas 18 espécies, habitando regiões extremas dos dois hemisférios; incapazes de voar, suas asas operam como se fossem remos. Na região Antártica, destacam-se duas espécies: a patagônica e a forsterítica. Jamais se afastam das regiões do extremo meridional do Atlântico, salvo a *Sphewyscus magellanicus*, que acompanha, em certos meses do ano, a corrente Humboldt, que surge na Antártica e se desloca pelas costas do Chile e Peru até alcançar as ilhas Galápagos; também seguem nessas águas grandes colônias de pinguins, baleias e focas. Foi, sem dúvida, esta uma das razões por que Charles Darwin e a tripulação do Beagle desembarcaram em Galápagos, quase mil quilômetros do continente sul-americano.

Só raramente, por condições adversas no extremo sul do continente americano, alguns indivíduos chegam aos estados do sul do Brasil, jamais ao estuário do Prata, por circunstâncias, entre tantas, da água doce fluvial. A única espécie que faz essa migração é a *Spheniscus*, e, mesmo assim, não consegue retornar à Terra do Fogo, sua região de origem.

Acerca da foca referida por Darwin, esclarecemos. Mamífero carnívoro, pertence à família dos pinípedes, de vida aquática. No Hemisfério Sul vive nas regiões antárticas, sobretudo na Terra do Fogo, onde ocorrem os gêneros *Otaria*, *Aratocephalus*, *Hydrurga*, *Lobodon* e *Mirounga.*

Destas espécies, a que mais se aproxima dos estados do Sul do Brasil (Rio Grande do Sul e Santa Catarina) e do Uruguai é a *Otaria.* Geralmente chegam a essas regiões alguns indivíduos tocados por correntes marinhas, jamais em colônia, conforme se referiu Darwin.

A espécie *Otaria* é vulgarmente conhecida por leão-marinho.

> Págs. 58, 59 e 60
> [Aldeia de Las Minas, Maldonado, Uruguai]
>
> Maldonado se acha situada à margem norte do Plata, não muito distante do estuário. [...] Uma pequena e abandonada villa.
>
> ....
>
> Passei dez semanas em Maldonado, o que me valeu uma colleção quasi perfeita de animais, pássaros e répteis.
>
> ....
>
> Durante o terceiro dia o trajecto que seguimos foi um tanto irregular, devido ao fato de estar ocupado em examinar algumas jazidas de mármore.

O que podemos deduzir deste relato extraído do livro *Viagem de um naturalista ao redor do mundo*? Sem dúvida, começam a se delinear os verdadeiros objetivos da longa viagem transoceânica, quando Charles Darwin desembarca em Maldonado, "uma pequena e abandonada villa", situada no Uruguai, no estuário do Prata, em detrimento de Montevidéu, situada a uns cem quilômetros daquela vila.

Em Maldonado, predominavam vastas pradarias, formadas por extensos campos de gramíneas, prolongamento, decerto, dos pampas argentinos, cuja vegetação possibilitou o desenvolvimento da atividade pastoril naquela região.

Darwin e a tripulação do Beagle permaneceram em Maldonado oitenta dias. Que levantamento cartográfico e estudo das rotas marítimas fizeram esses súditos de Sua Majestade britânica? Estavam ali, esta é a verdade verdadeira, visando descobrir riquezas minerais. Encenaram uma enorme farsa universal, tanto quanto a de que foram acusados os judeus, supostos responsáveis pela morte de Jesus Cristo, quando o verdadeiro artífice foi o Império Romano.

Três dias após o desembarque em Maldonado, Darwin se desloca à aldeia indígena de Las Minas (o nome já a identificava bem) para conhecer e fazer o levantamento das jazidas de mármore existentes na região, reservas mineralógicas de relevante importância. Ele também procura organizar a lavra e exploração das jazidas de ouro e diamante.

Destaque-se com evidência este fato. Os mármores verde, vermelho e preto existentes no Uruguai, já àquela época, rivalizavam com os famosos mármores de Carrara, Itália, e os de Paros, na Grécia, e os avermelhados de Tecali, no México.

Que grande farsa! Fizeram crer ao mundo e aos incautos que estavam a executar trabalhos de pesquisas científicas e levantamentos cartográficos! Após a viagem transoceânica, consolida-se o processo espoliativo de saque da América do Sul pela Inglaterra.

Abram-se as páginas do livro *As veias abertas da América Latina*, de Eduardo Galeano, e lá estarão expostas as sangrias perpetradas pela Inglaterra, desde o século XIX até os finais da década de 1920, e, posteriormente, após a II Grande Guerra, predominantemente pelos EUA.

Região com descortinados pampas, semelhantes aos plainos venezuelanos, pobre de fauna e flora e de difícil caça para a coleta de animais e plantas. Que "quase perfeita coleção" Darwin declarou que enviou à Grã-Bretanha?

Grande bazófia! Que espécie de pássaros, animais e répteis, com os seus respectivos nomes, foram abatidos, coletados e enviados à Inglaterra? Quem participava, juntamente com o nosso Dr. Pangloss, da empreitada científica? Desconhece-se. Darwin, o que enviou para a Inglaterra foram informações acerca de minérios e outras riquezas.

Pág. 65
[Atenção! Abordagem abrupta acerca da Terra do Fogo e ilhas Malvinas]
Se bem que em toda a Terra do Fogo seja impossível encontrar-se um só alqueire de terra que não se cubra de mais espessa floresta, as ilhas Falkland, que se acham na mesma latitude que a Terra do Fogo e separadas destas por somente 400 kilómetros, além de possuírem clima quase idêntico, formações geológicas aproximadamente as mesmas até mal podem gabar-se de plantas que mereçam sequer o nome de arbustos.[9]

Aqui por estes conceitos comparativos, Darwin se investe de um atilado botânico e geólogo. Que dados ele trouxe à baila? Entre a Terra do Fogo e as ilhas Malvinas, ele se surpreende com a distância geográfica entre uma região e outra, de 400 quilômetros, e a mesma latitude.

Não é a latitude e a distância de uma determinada região a outra que podem caracterizar a sua flora e vegetação. Flora é o conjunto de táxons de plantas características de uma região. Vegetação é o termo geral para a vida vegetal de uma região, se refere ao solo e às estruturas espaciais. Perfila-se distinta: esta é o conjunto das plantas que cobre determinada região, a flora é toda a comunidade das espécies botânicas de uma área. Quando olhamos ou analisamos um ecossistema, temos que pesar os principais fatores que podem influenciar a formação da vegetação e da flora. Estes: condições geofísicas, disponibilidade de sais minerais e de água, qualidade e situação do ar e das correntes de ventos, temperatura, pressão atmosférica, luminosidade, enfim, o processo competitivo entre vegetais e animais.

Partindo-se desses fatores, podemos lançar mão de dados comparativos entre uma região e outra. Dos elementos elencados, o regime de águas, chuvas e represamento projeta-se o mais relevante na caracterização de um bioma. A natureza química do solo tem importância fundamental na distribuição e formação dos vegetais, bem como as correntes de vento e o próprio ar, se está livre ou não de poluição, influem diretamente na vida das plantas a incidência da radiação solar e a evaporação da água. Logo acima da região antártica situa-se a Terra do Fogo, em parte povoada, ao norte, por florestas de clima temperado, nas quais são encontradas faias, freixos, bétulas, carvalhos etc.

Citemos estes elementos geobotânicos. Na Paraíba, estado do Nordeste do Brasil, cinco tipos de flora podemos divisar: a vegetação litorânea, na qual predominam plantas rastejantes, carnosas e que tendem a acumular sais nos tecidos; a região conhecida por zona da mata, a do agreste, e já no planalto da serra da Borborema, os cariris, e após a serra, os sertões, finalmente um bolsão de características bem definidas, onde se situam os municípios de Areia, Alagoa Nova, Alagoa Grande, Bananeiras etc., conhecido como Zona do Brejo.

> Pág. 68
>
> O nome de Tucotuco vem-lhe da imitação do ruído que produz. Quando existem em abundância, podem ser ouvidos a todas as horas do dia.
>
> ....
>
> Levando-se em conta os hábitos estritamente subterrâneos do animal, a cegueira se bem tão freqüente, não pode ser considerado como mal de gravidade.
>
> ....
>
> É estranho, no entanto, que uma criatura possua órgão assim tão predisposto a danificar-se.

Nesse relato, o naturalista referiu-se a uma espécie de roedor, o tuco-tuco, animal desconhecido nas áreas populares da Zoologia. Sem razão plausível, o viajante do Beagle assustou-se. Todos os órgãos dos seres vivos funcionam sob o impulso de energias calóricas, inclusive os da visão, e, portanto exigem constantemente esforços energéticos do organismo. Caso certo órgão, no caso específico o da visão, deixe de operar porque o indivíduo vive em escuras grutas subterrâneas, os anticorpos do organismo desarmam as suas defesas e, com isso, o órgão é atacado por bactérias, provocando inflamação, e depois a cegueira. Neste caso, os genes, verdadeiros artífices da natureza, que não são nem egoístas, nem maus ou altruístas, mas altamente inteligentes, direcionam os seus esforços energéticos para outros órgãos. Suprimindo o órgão que se tornou desnecessário, a natureza evita gastos calóricos, principalmente o da visão, que, à exceção do cérebro, é o que mais despende energia.

O condor-dos-andes possui poder de visão de amplo alcance, podendo enxergar um coelho numa distância de quatrocentos metros; no entanto, o seu olfato é quase inexistente, razão pela qual ele se alimenta de carniça e de animais mortos.

> Pág. 68
>
> O Tucotuco, que segundo me parece, nunca chega à superfície da terra, os olhos são um tanto grande, porém freqüentemente cegos e inúteis [...] o Tucotuco atualmente se acha em transição no estado de Aspalax e do Proteus.

Segundo a abordagem o tuco-tuco se acha (1832) em transição ao estado de *Aspalax* e de *Proteus*. Assim, o naturalista esboçava as primeiras linhas da sua teoria da evolução das espécies pela seleção natural, ao trazer a lume estes personagens mitológicos.

No caso de *Proteus*, ele o vê como certo tipo em evolução para uma melhor formação biopsíquica pela seleção natural. Assim se desdobra a lógica do naturalista. As gerações descendentes de *Proteus*, pelo processo de seleção natural, prevalecendo o mais apto, em determinada altura do tempo alcançariam o *homo sapiens*, o ser humano atual.

Nas páginas mais adiante abordaremos em diversos aspectos a teoria darwinista do processo evolutivo pela seleção natural e os seus reflexos nos estudos das ciências nas últimas seis décadas.

> Pág. 71
>
> A quantos estejam somente acostumados a ver as aves do norte da Europa, estes falcões necróphagos sul-americanos tornam-se imediatamente notáveis pelo número, pela mansidão e pelos seus hábitos repugnantes [...]. acha-se por estrutura collocada entre as águias, quão mal lhe assenta tão nobre classificação.

O que o naturalista viu em Maldonado não foram falcões, mas sim comuns urubus-reis, habitantes das estepes semiáridas do Nordeste brasileiro, do planalto goiano e dos vastos pampas gaúchos, uruguaios e argentinos.

Pelo simples fato de se alimentarem de carniça, os falcões não são repugnantes, em razão da quase inexistência do seu olfato. O condor-dos-andes, a maior ave no mundo, com envergadura de asas superior a três metros, se alimenta de animais mortos e putrefatos. Repugnante é o macaco chimpanzé matar e se alimentar da carne de pequenos macacos, e, pior ainda, da dos seus próprios parentes. Dirão: e as tribos indígenas antropófagas? Pensavam elas no seu mundo de aculturação que, ao se alimentar do guerreiro morto vencido em combate, herdariam os seus eflúvios de coragem...!

O que dirão os darwinistas dos hábitos de canibalismo parental do chimpanzé, o nosso ancestral próximo?

Algumas vezes, em alto-mar ou em meio a estepes adustas, Darwin entrava em delírio, possuindo-se de alucinações. Certa vez, nas planícies patagônicas soltou esta pérola: "O espírito é um caos de prazer[10] do qual irá surgir um mundo de futuros e mais tranqüilos deleites". Lembrei-me do Dr. Pangloss, personagem de Voltaire, a exaltar balofo otimismo: "o melhor dos mundos possíveis".

> Pág. 75
> [Em Maldonado, Uruguai]
>
> Numa longa faixa de collinas arenosas, que separa a Laguna do Potrero das margens do Plata a poucos kilometros de distancia de Maldonado.
>
> ....
>
> As collinas de areia de Maldonado, por não serem protegidas por nenhuma vegetação mudam constantemente de posição.

O nosso geólogo, esclareça-se, fez estudos de Geologia e Teologia em Cambridge, aliás, não concluiu nenhum curso; fala em colinas de areia que se moviam, desconhecendo que esse fenômeno são as conhecidas dunas que se formam nos desertos e faixas praieiras arenosas. O que são dunas e como se constituem? Constantes ventos em determinada direção vão estabelecendo depósitos arenosos elevados, fenômeno conhecido por ação eólica. Em duas regiões podem ocorrer dunas: nas praias, por força da remoção da areia seca que se localiza acima do nível das marés altas, e nos desertos, como Atacama, Saara etc. Dunas imensas, com altura acima de 200 metros, se encontram no Saara, Gobi e Atacama.

A operação de migração da areia de um lugar para outro é executada por várias formas de movimento; elevação ao ar das partículas de areia, obedecendo a determinadas trajetórias e reptação pelo deslocamento dos grãos no solo, em virtude da colisão de uns contra os outros. No entanto, quando a intensidade do vento é reduzida, ocorre a deposição de areia. Fenômeno a destacar: os grãos de areia revoluteados pelos ventos são altamente selecionados; os finos são lançados ao longe e os pesados não se deslocam. Nisto ocorre um processo seletivo dos grãos que os fazem arredondados pela colisão a seco ou mesmo contra penhascos rochosos.

> Pág. 77
> [Nas imediações do estuário do Plata]
>
> As imediações do rio Plata parecem estar particularmente sujeitas aos phenomenos eléctricos. No ano de 1793 caiu sobre Buenos Ayres umas das mais violentas trovoadas de que se tem conhecimento. Raios caíram em trinta e sete lugares da cidade fulminando dezenove pessoas [...].
>
> ....
>
> Não seria possível que tão vastas misturas de água doce e água salgada acarretassem o desequilíbrio das forças eléctricas?

Apoiado nos ombros de competentes estudiosos – lembro-me de Isaac Newton – de vários campos das ciências físicas, químicas, biológicas etc., procuramos esclarecer este relato acerca dos fenômenos elétricos que provocaram trovões e raios sobre Buenos Aires.

O atrito da água salgada com a água doce desencadeia descarga elétrica? Que infantilismo! De onde se origina o relâmpago? De um raio elétrico? É a faísca produzida quando as cargas elétricas contidas numa nuvem passam rapidamente para outra e desta para a terra. A maior parte da descarga elétrica gera-se no interior das nuvens, onde correntes de ar impulsionam para cima e para baixo, em fenomenal velocidade, gotas de chuvas e cristais de gelo que se agitam em todas as direções, cuja colisão violenta produz o atrito, e daí o acúmulo de energia elétrica de uma partícula para outra. A pressão tende a impelir as cargas para a terra; contudo o ar que se interpõe normalmente é mau condutor de eletricidade, sendo necessária tensão muito intensa entre a nuvem e o solo, para que passe a faísca (o relâmpago) entre ambos; a passagem do relâmpago é facilitada pelo fato de o solo conter carga positiva, enquanto a nuvem é negativa, processo a que se denomina indução eletrostática.

A terra e a nuvem se comportam como duas placas de um capacitor dotado de carga elétrica, mas que não podem se descarregar pela camada isolante de ar que as separa. A faísca interrompida nas chuvas torrenciais é o relâmpago, cuja luz é emitida pela atmosfera ionizada ao redor da faixa percorrida. À medida que se desloca, o ar se dilata explosivamente, produzindo o trovão.

> Pág. 79
> [Região próxima ao estuário do rio Negro, Argentina]
> As terras vizinhas à desembocadura do rio Negro são extremamente desoladas [...].
>
> ....
>
> A água é escassa e, onde quer que seja encontrada invariavelmente se apresenta saloba. A vegetação é pouca, e embora se vejam arbustos de muitas espécies, são todas armadas de formidáveis espinhos, que parecem advertir aos estranhos a não se aventurarem nestas inhóspitas regiões.

O que o andarilho dos mares viu naquelas adustas regiões patagônicas foram cactáceas, plantas típicas de estepes secas e agrestes, como a Patagônia, na Argentina, o Nordeste brasileiro (região semiárida), certas mesetas do sul da Espanha, desertos dos EUA, México, Israel e Chile. Plantas desafiadoramente resistentes a intenso frio e calor vegetam em várias partes do nosso planeta. Adaptam-se a desertos quentes tanto como aos plainos frios; lá estão nas cordilheiras dos Andes e nas do Himalaia, onde suportam invernos com 30°C negativos e, contrastantemente, habitam no deserto do Gobi, na Mongólia, com temperatura acima de 40°C.

Olhando-as em certas regiões abertas, chama-nos atenção a sua coreografia, de porte bizarro a suportar ventos gélidos ou quentes. Algumas se projetam como verdadeiros candelabros isolados na paisagem desolada, gigantes colunatas de inexcedível resistência a se erguerem num tronco roliço, espinhento e despido de folhas. Assim, elas arrostam às intempéries.

Na minha adolescência, muitas vezes detinha-me a contemplar, por horas e horas, aquela floresta de árvores retorcidas, a compor a vegetação adusta dos cariris de Barra de Santa e Boa Vista, na Paraíba, dos marmeleiros, das juremas-pretas, catingueiras, juazeiros, umbuzeiros, facheiros, cardeiros, e, rastejando um pouco acima do solo, o mundo denso e agressivamente espinhento das macambiras, coroas-de-frade e xiquexiques.

Vegetação de características bem definidas marca o mundo botânico, pela estranha reentrância do seu caule, a nudez de folhas, e, nos espinhos, a sua singularidade, como um exército em atalaia, na defesa de suas sofridas reservas de água, contra sedentos e implacáveis predadores. Sobrevivem as plantas xerófilas por longo tempo em razão da retenção de água em seus tecidos, a qual mobiliza gradualmente. Algumas espécies a armazenam nas raízes; outras, no caule.

> Págs. 86 e 88
> O acampamento do general Rosas ficava próximo do rio Colorado [...]. O general Rosas expressou seu desejo de ver-me, facto esse que depois tive motivos de apreciar.
>
> É um indivíduo de extraordinário carácter e exerce no país uma predominante influencia que provavelmente utilizará a bem da prosperidade e do

progresso da nação. Dizem que é proprietário de setenta e quatro léguas de terra e de trezentas mil cabeças de gado.

....

Sua celebridade foi devida às leis que formulou.

....

O general Rosas é também um perfeito cavaleiro num pais onde o general de um exercito é escolhido por seus feitos.

....

Quem saltasse sobre o lombo de um dos animais selvagens e passasse velozmente pela fronteira, devia ser um general digno de semelhante exercito. Pois essa extraordinária façanha foi executada por esse herói dos pampas, general Manoel Rosas.

Paremos um pouco. Aqui, na altura desse périplo por terras argentinas, grave estratégia política pode-se desvendar entre o governo portenho e o Império Britânico, executada por esse agente do governo inglês, Charles Darwin.

Encenaram toda uma armação de que a viagem transoceânica objetivava fins científicos e levantamentos cartográficos.

Que interesses em pesquisas científicas moveram Darwin a procurar esse caudilhão dos pampas platinos, Manoel Rosas? Que armadilha político-econômica articulou-se entre o governo britânico e esse truão das plagas argentinas, o general Rosas, a quem Darwin exaltou, glorificando por heroicos feitos. Que feitos? Dizimar pelo poder das forças caudilhescas em que pululavam criminosos de todo jaez e lançá-las contra índios indefesos. Assim desatou-se a glória deste bufão platino, no mesmo patamar daqueles que, investidos no poder militar, engolfaram a América do Sul no século XX com monstruosos genocídios, torturas e desaparecimentos de mortos aos milhares; quadro sinistro no qual sobrelevam os sombrios vultos de Vilela, Pinochet, Martinez, Médici e Geisel.[11]

Quem se fez o instrumento deste pacto engendrado nas antecâmaras dos governos britânico e argentino? Charles Robert Darwin, a quem transvestiram num naturalista embalado na tradição e no prestígio do seu avô, Erasmus, um sábio cientista com vários trabalhos publicados, e no poderio econômico do seu tio e futuro sogro, Josiah Wedgwood II.

Após anos de pesquisas e estudos, desvendemo-la. Quem era este general Manoel Rosas? Senhor absoluto de quase um terço do território argentino e dono de 300 mil cabeças de gado, exaltado por Darwin um vulto de extraordinário caráter, tecendo armas pelo bem da nação portenha. Caudilhão da mesma estirpe destes tipos sinistros, Ibarra, Lopez, Bastos, Facundo, Ortiz. Eles infestaram as savanas patagônicas com suas atrocidades e vararam, em tropéis insanos, os picos nevados dos Andes.

Que rastro de história tenebroso Manoel Rosas, este centauro da bestialidade humana, deixou nos seus covardes e infames massacres contra legiões de indefesos índios! Glorificou-se um genocida. Nos pampas imensos de horizontes sem descortinos, Rosas erguera seu anfiteatro de infâmias. Não executava os vencidos, degolava-os; assim vivenciava a sua sanha monstruosa.

Darwin, atendendo ao joguetear dos estrategistas ingleses, aureolou Rosas um homem extraordinário. A história ferreteou-o um homem-besta, valente diante dos fracos. O viajante do Beagle apequenou-se frente ao carniceiro dos pampas, não teve a grandeza de Alexandre Humboldt, de apoiar Simon Bolívar na sua epopeia libertária.

> Págs. 97 e 98
> [Bahia Blanca, Argentina]
>
> Numa praia próxima a Bahia Blanca encontrei restos de nove grandes quadrúpedes e muitos ossos avulsos achei-os enterrados numa praia numa área de cerca de cento e setenta metros quadrados.
>
> ....
>
> É curiosa a coincidência de serem encontradas juntas tantas espécies ao mesmo tempo tão diferentes.
>
> ....
>
> Encontrei igualmente parte de uma cabeça de Ctenomys [...].
>
> ....
>
> É realmente maravilhoso o tamanho dos ossos dos animaes megathocoides, inclusive o mmegatherium, o megalonyx, o scelidotheriun e o mmylodon.

A orla marítima, ressaltemos, nunca foi *habitat* de dinossauros que surgiram no começo da era Mesozoica, durante o Triássico, e se diversificaram nos períodos Jurássico e Cretáceo.

Os dinossauros (denominação *in genere*, como são conhecidos todos os tipos de animais pré-históricos) eram herbívoros que habitavam florestas e savanas. A ciência desconhece alguma espécie de dinossauro, ou melhor, grande animal pré-histórico que tenha vivido em regiões praieiras de qualquer continente.

Darwin não é um mentiroso, como certa vez lhe chamou um seu professor. Ele delirou. Talvez tenha encontrado ossos de baleias, tubarões ou de outro grande peixe, e pensou ter se deparado com fósseis de dinossauro. Ou, por outro aspecto, aí é uma acintosa má-fé: fazer crer à opinião pública, principalmente os estudiosos, de que fora descobridor de raridades pré-históricas.

Quem, assim pensou o naturalista consigo mesmo, iria se aventurar nos mares do Atlântico Sul, em Bahia Blanca, na Argentina, a fim de comprovar a veracidade de suas asserções? Nesse caso, acreditou na inacessibilidade dos fatos relatados e mentiu deslavadamente.

Quantos antropólogos, arqueólogos, paleontólogos, por anos e anos, dedicam as suas vidas à busca de difíceis fósseis, perdidos nos subterrâneos terráqueos, nas noites dos tempos?! Darwin, surpreendentemente, por alguns meses e até dias, quiçá horas, num passe de magia, descobre, próximo à praia, fósseis de nove espécies de dinossauros, quase intactos. Fez-se um Pinóquio o nosso Darwin, faltando-lhe apenas o nariz.

A orla marítima, descrevemo-la.

Mundo onde habitam estranhos seres; testemunho que nos traz a longa história da vida na Terra. Zona turbulenta de incansáveis e constantes encontros, algumas vezes raivosos, e outros tantos plácidos e monótonos, mas sempre num eterno ritmar de sinfônico mourejar das ondas oceânicas com as areias da praia e os penhascos, cujas vagas que rebentam com violência contra as costas praieiras; marés que avançam por terra adentro, para depois retrocederem, e, após horas, tornarem a avançar. Abrem-se nessas regiões marítimas, com as suas praias e penhascos, miríades de seres de vidas inconstantes e indefinidas.

Mundo de desafiadora resistência, a vida carrega-se de vitalidade, ocupando todos os nichos; nas rochas que se erguem ante a ação das marés, fendas e gretas se fazem inacessíveis, cavernas úmidas do mar, tudo, enfim, compõe diferentes formas de seres que se agitam nas areias das praias, em tocas, tubos e estranhas paisagens; outros tantos abrem buracos nas rochas mais sólidas e enterram-se nas turfas e nas areias. Nesta fauna habitam tipos de animais unicelulares, ácaros aquáticos, crustáceos, insetos e larvas de vermes infinitamente pequenos.

Certa vez, lá pelos anos de minha adolescência, andando na praia do Seixas, em João Pessoa, PB, tive a sensação de caminhar por sobre uma cidade subterrânea, cujos habitantes meus olhares não podiam ver.

Nas sendas que percorri pelas mãos da ciência, jamais fui informado da existência de fósseis pré-históricos em areias de praias, e, ademais, descobertos sob o clarão iluminado de uma lâmpada de Aladim.

> Pág. 100
> [Atenção! Não sabemos por qual razão desloca Darwin o relato para o sul da África.]
> [...] disseram-me que, considerando-se toda extensão do sul da África não há duvida alguma que se trata de região estéril. Vêm-se, na costa oeste e sudeste, algumas bellas florestas, mas, salvo estas excepções, o viajante passa dias inteiros atravessando planícies abertas, sem nada encontrar além de vegetação pobre e escassa [...].

Reflitamos um pouco. Neste esboço, a estratégia do governo britânico assume surpreendente rumo com a referência acerca do sul da África, no momento em que o naturalista e agente de Sua Majestade desvia sua abordagem à região meridional africana, classificando-a estéril, na qual o viajante "passa dias inteiros atravessando planícies abertas sem nada encontrar além de vegetação pobre e escassa".

Que enorme farsa se armou!

Uma das regiões mais ricas do planeta em reservas mineralógicas, o sul da África, Darwin a retrata imprestável. De todo o périplo pelos mares do mundo, seu desembarque no Port Elizabeth e sua permanência naquela região sul-africana por quase 90 dias, ele nada relatou no seu livro. Do expressivo volume de cartas que inundou a Europa, em torno de 14 mil, das quais 3 mil enviadas durante a viagem transoceânica, ele deixa transparecer que esteve por quase três meses naquela região fazendo pesquisas. Que pesquisas! Talvez das reservas de ouro, diamante, urânio, platina, cromo, amianto, mármore, chumbo, zinco, cobre. No seu diário de viagem de quase 500 páginas, por que o categorizado homem de confiança do Reino Unido não fez a menor referência acerca de sua estadia naquele cobiçado polo mineralógico, disputado, então, a ferro e fogo pela Inglaterra, Alemanha, Portugal, Espanha, França e pelo poderoso grupo dos bôeres, que, após a passagem de Darwin, foi obrigado à diáspora conhecida por Groot Trek, caminhada que se iniciou em 1836, através de 2 mil quilômetros, ultrapassando o rio Orange, e adentrou pela região denominada Transvaal.

O que o inteligente viajante da odisseia oceânica deixou no seu *Diário ao redor do mundo*? Disfarçado e despretensioso conceito: "região estéril".

À sombra do governo britânico, que se instrumentalizou por mãos assassinas de sicários encabeçados por Dingaan, com quem Darwin manteve alguns contatos, foi morto traiçoeiramente o chefe das tribos sul-africanas, Tchaka. Em 1838, após a passagem de Darwin por ali, este sátrapa do Reino Unido, Dingaan, derrotou os bôeres.

Por trás da cortina de fumaça, "região estéril", Darwin conheceu a maior mina de diamante do mundo, situada em Kimberley, e as fabulosas reservas de ouro, em Witwatersrand, Transval, avaliadas como as de maior potencial do planeta, entremeadas com ocorrências bem promissoras de amianto, mármore, vermiculita, cromo etc.

Depois das manobras de Darwin e de outros agentes britânicos, intensificou-se o fluxo de levas e levas de ingleses para aquele paraíso terreal do sul da África. Desfecha-se, então, um dos maiores saques que a história já registrou. Institui-se um odioso regime de opressão contra os povos negros a que se denominou *apartheid*, sintetizado por Strijdom ("fundamental é preservar a raça branca"), agente, também como Darwin, do governo britânico.

Como podemos interpretar a cena esboçada e extemporaneamente distorcida do roteiro descritivo da viagem pelo naturalista? Estratégia do Império Britânico para desviar o foco das potências mundiais daquelas fantásticas riquezas, e fazer acreditar a região como estéril.

Nos aspectos da vegetação e solo, diferente do que Darwin relatou, aquela área caracteriza-se de grande potencial produtivo, na qual se situam densas florestas, no litoral oriental e ao sul, estendidas também às áreas montanhosas. Imensas savanas, com índice pluviométrico acima de mil milímetros, a alcançar parte das províncias de Natal, Transvaal, Vaal e Cabo; campos com solos de pradaria, e, finalmente, os desertos de Kalahari e Namib, correspondente a uns 12% do território. Que região estéril! Por trás da arquitetada estratégia podemos desvendar a espoliação desfechada pelo colonialismo britânico.

> Pág. 103
> [Darwin se refere às florestas tropicais.]
> Tenho a firme convicção de que, para o sustento de animaes grandes, se fazia necessário uma vegetação que possuísse o caráter exuberante dos trópicos [...].

Nas savanas africanas, entremeadas por florestas, a margear caudalosos e pequenos rios, vivem animais carnívoros e herbívoros. Gnus, zebras e veados se alimentam da vegetação existente nas vastas planícies, enquanto os carnívoros, leões, tigres, hienas e outras tantas espécies subsistem dos animais herbívoros. Portanto, não seria a exuberância florestal das regiões tropicais que iria possibilitar a manutenção e equilíbrio da cadeia alimentar: vegetal-animal-animal.

> Págs. 103 e 104
> Ao norte da Patagônia, em Bahia Blanca, vi repetidamente três ou quatro avestruzes descer durante a vazante afim de alimentar-se de pequenos peixes [...].
> ....
> Vi, num bonito dia de verão, vários avestruzes entrar numa moita de juncos, onde se esconderam deitados até o momento de nossa aproximação [...].
> ....
> Quando durante os meses de Setembro e Outubro, estávamos em Bahia Blanca, víamos por toda parte ovos em número extraordinários.

Por falta de um melhor conhecimento (aliás, elementar) de Zoologia, Darwin confundiu avestruz com ema. O que ele viu em Bahia Blanca, norte da Patagônia, foram emas. Essas aves, como o avestruz, o casuar e o kiwi, são típicas da ordem dos reiformes.

O avestruz habita as savanas africanas, mede 2,5 metros de altura, com peso, em média, de 150 quilos, e alimenta-se de pequenos roedores e répteis. A ema alcança a altura de 1,50 metros e pesa 25 quilos, vive nas regiões descampadas e tabuleiros de todo o Brasil, desde as caatingas do Nordeste ao planalto central do Brasil até os pampas do Uruguai e Argentina. Na região de Bahia Blanca, onde Darwin se encontrava, habita uma espécie menor conhecida como *Rhea darwini.*

> Pág. 119
> [Bahia Blanca, Patagônia]
> A essa montanha, que se avista do ancoradouro de Bahia Blanca, o Cap. Fitz Roy atribue uma altura de mil metros [...].
>
> ....
>
> Não sei de nenhum estrangeiro que, antes de mim a tivesse escalado [...]. [Que grande alpinista o nosso Darwin! Um Panúrgio das mesetas patagônicas.] Tínhamos ouvido falar de jazidas de carvão, ouro e prata, de florestas e cavernas [...], coisas que acenderam a minha curiosidade.

Em certo momento daquele périplo marítimo, em águas argentinas, por volta de agosto de 1833, os dois vultos principais da viagem do Beagle dividem as suas tarefas. Charles Darwin e o seu Sancho Pança, William Snow Harris, permanecem por vários meses entre a Patagônia e as províncias de Buenos Aires e Santa Fé, enquanto o capitão Fitz Roy e a tripulação do Beagle seguem para Terra do Fogo. Mesmo procurando evitar referências, por menores que sejam, acerca de minérios, Darwin deixou transparecer a sua curiosidade em conhecer reservas de ouro, prata e carvão. Na sua capciosidade, demonstrava mera "curiosidade" em conhecer jazidas mineralógicas.

Que grande dissimulação!

Durante os últimos quatro anos em que me dediquei à construção desta obra, um fato sempre me intrigou (além daqueles já desvendados acerca da viagem de Charles Darwin): a longa permanência de Darwin por mais de seis meses entre as mesetas patagônicas e a região dos pampas, ao norte da Argentina, durante a qual recebeu apoio irrestrito do corrupto e truculento caudilhão platino, general Manoel Rosas, cujas atrocidades monstruosas assombravam o mundo! Após a passagem de Darwin pela Argentina, Rosas se investiu no sátrapa-mor da Grã-Bretanha.

Olhemos a Patagônia sem nos determos em detalhes. Revelemos os fatos por trás dos quais Darwin, o capitão Fitz Roy e a tripulação do Beagle permaneceram por mais de dois anos entre a Patagônia e a Terra do Fogo.

Que grandes esforços de "pesquisas científicas e levantamentos cartográficos" eles realizaram?

Desvendemos; tudo retratava um ciclópico logro.

A Patagônia se projeta nos territórios da Argentina e do Chile, limitada, ao norte, pelo rio Colorado, ao sul, pelo estreito de Magalhães, e, a leste e a oeste, pelos oceanos Pacífico e Atlântico. Nela predominam rios, cachoeiras, cadeias de montanhas e famosas geleiras, e o maior glaciar do mundo, o glaciar Perito Moreno, próximo a Calafate, região com contrastante variedade de paisagens naturais entre as zonas da cordilheira dos Andes e as mesetas patagônicas, pelo lado do Atlântico. Pela multidiversidade do clima, solo e outras condições geonaturais, a flora e a fauna se apresentam estonteantes.

Analisemos os fatos. Descortinava-se para o mundo, nas primeiras décadas do século XIX, após o Furacão Revolucionário francês de 1789, um novo tipo de revolução, a Revolução Industrial, desencadeada sob o pioneirismo da Grã-Bretanha, encilhada no seu poderio econômico-militar, consolidado e hegemônico, principalmente após a queda e derrota de Bonaparte, do qual foi, sem dúvida, a vencedora inconteste; assim firmava-se o domínio da Armada Inglesa nos mares do mundo.

O que ensejou a permanência, por meses, de Charles Darwin, pelas plagas argentinas? Pesquisas científicas ou levantamentos cartográficos?

Toda uma peça teatral urdiu-se. O que visava a superpotência imperial? Descobrir e se apossar das reservas de zinco, carvão mineral, chumbo, ouro e prata próximas ao rio Negro, mormente as jazidas situadas na serra de Zapla. Na região de Santa Cruz, atualmente com o nome de província, localizava-se uma das maiores reservas de carvão mineral da América do Sul, jazidas avaliadas em bilhões de toneladas.

Com a Revolução Industrial, cujo processo o Reino Unido comandou, e impôs a usurpação da maior parte das reservas minerais no mundo, notadamente o monopólio do carvão mineral, do qual era detentor, em seu próprio território, de bilhões de toneladas, matéria básica na geração de força, principalmente depois da descoberta do motor a vapor, cuja energia iria impulsionar navios, locomotivas e outras máquinas pesadas.

> Pág. 129
> [Por terra, Darwin viaja de Bahia Blanca a Buenos Aires.]
> Dormimos numa das grandes estâncias do General Rosas. Estava fortificada, e de tal forma que, ao aproximarmo-nos na escuridão, tomei-a por uma cidade e fortaleza. Vimos pela manhã, immensas manadas de gado, o general sendo aqui proprietário de setenta e quatro léguas quadradas... Antigamente se empregavam nesta fazenda quasi trezentos homens que eram um desafio a qualquer ataque de índios.

Pela vastidão dos seus amplos domínios, a alcançar quase um terço do território argentino, os anais do século XIX desconhecem um vulto como esse truculento general, Manoel Rosas, senhor de absoluto poder. Nele se personaliza um bestial centauro, a cometer barbaridades abomináveis. Com o sangue de milhares de índios, ele engolfou o solo portenho.

A covardia e estupidez humanas produziram este tipo. Ele varou, por anos e anos, as mesetas patagônicas e os pampas argentinos, talvez só ultrapassado pela insânia e crimes de lesa-humanidade praticados pelo nazimilitarismo desabado sobre os povos sul-americanos, na segunda metade do século XX, e irrompido, a partir do Golpe Militar de 1964, no Brasil.

Desculpem-me deslocar o foco da matéria. Sou um náufrago salvo de um tornado de sangue que engolfou em certo período da história a pátria grande, a América Latina.[12]

O que nos sobressalta neste cenário, algumas vezes carregado de cenas burlescas, no qual se dão as mãos interesses inconfessáveis de uma superpotência e um agente de Sua Majestade, cuja pena inundou a Europa com centenas de cartas, é o cinismo deslavado. Durante os meses em que Charles Darwin esteve em terras portenhas, ele recebeu total apoio do truculento general Rosas. Será que esse bufão dos pampas se fazia altruísta, um novo Mecenas, por amor à ecologia e à pesquisa científica? O que se urdia por trás desse *apoio desinteressado*? Como olhar Manoel Rosas? Notório saqueador das riquezas argentinas e genocida de crimes de lesa-humanidade.

> Pág. 131
> [Viagem de Bahia Blanca a Buenos Aires]
> Quando leu o meu passaporte, porém, que começava "El naturalista Dom Charles", encheu-se de tanto respeito e cortesia.

O Império Britânico, com este galardão, *El naturalista Dom Charles*, condecorou Darwin membro da corte aristocrática, nobilitando-o na galeria da fidalguia europeia. Amparado na força da "Rainha dos mares" e no poder de um centauro genocida dos pampas, o nosso *El naturalista Dom Charles* ia varando os mares do mundo. Rabelais não conseguiu criar um personagem de tamanho realismo.

> Págs. 131 e 133
> [Dia 20 de outubro de 1832, Darwin chega a Buenos Aires.]
> Ao meio-dia chegamos a Buenos Ayres.
> Os arrabaldes da cidade apresentavam bello aspecto com os seus cercados de agave, seus bosques de oliveiras, pecegueiros e salgueiros.
> Dirigi-me à residência de Mr. Lumb, negociante inglês [Atenção! O nome deste britânico é Michael Lumb, um dos maiores exportadores de ouro e minérios da Argentina] a quem me sinto muitíssimo penhorado pela delicadeza e hospitalidade que me dispensou enquanto permaneci no país [...].
> ....
> Parto à tarde numa excursão a St. Fé, situada a quase cem milhas inglesas de distância de Buenos Aires, nas margens do Paraná. Depois das pesadas chuvas que haviam caído, as estradas nas immediações da cidade estavam em péssimas condições.

Ao acompanhar *pari passu* o nosso Ahasverus britânico, dois fatos nos vêm à mente, a iluminar ainda mais os rastros desse vulto da ciência pelas estepes e coxilhas portenhas.

Acompanhemos o nosso *El naturalista*. Em fins de agosto, ele parte de Bahia Blanca em lombo de mulas e cavalos, com apoio do general Rosas, e cobre, em alguns dias, em desabalada viagem, percurso de mais de setecentos quilômetros de distância, daquela cidade a Buenos Aires. Nessa capital, logo ao chegar, Darwin procura manter contatos com o poderoso Michael Lumb, inglês instalado na capital platina e monopolizador das exportações de minérios da Argentina, em parceria com o general Rosas.

Após contatos com o embaixador britânico, em Buenos Aires, para visto do seu passaporte e recebimento de instruções do governo inglês e dos grupos econômicos que financiavam a sua viagem, Charles deixa apressadamente a capital portenha e viaja para a província de Santa Fé, conforme relata no seu diário.

Examinando pacientemente as peças armadas pelos estrategistas do governo inglês e do grupo Wedgwood, conseguimos desmontar a enorme farsa.

A humanidade, em alguns momentos de sua história, viu-se envolta por ciclópicas inverdades, projetadas e aceitas como mitos, sob a égide dos quais certos vultos se transmudam em heróis.

Em resumo, citemos algumas farsas urdidas nas antecâmaras do poder.

O Império Romano, aliado à Igreja dos papas, precisava se desvencilhar da pecha de que fora responsável pela morte e crucificação de Jesus Cristo, e, para tanto, principalmente a partir da conversão do imperador Constantino, no século IV, forjou um "bode expiatório" que deveria responder pelo delito monstruoso de lesa-divindade. Quem seria o condenado *ad aeternum*? O povo judeu, sobre o qual pesava a histórica diáspora do Egito, comandada por Moisés. Outros embustes: as iluminações divinas que inspiraram Joana D'Arc à frente dos exércitos franceses. Américo Vespúcio, navegador audacioso e oportunista, financiado pelos reinos ibéricos e banqueiros de Nápoles e Veneza; investiram-no herói dos mares. Esse aventureiro fora contemporâneo de Leonardo da Vinci e Miguel Ângelo. Poderosos banqueiros lhe abriram a glória e três continentes receberam o seu nome.

A carta de Pero Vaz de Caminha, com 28 páginas, escrita sem rasuras e bem redigida, produzida por um semianalfabeto e elaborada apenas em dois dias, após cinco semanas de turbulenta viagem numa caravela de 25 metros de comprimento por 8 de largura, sem dúvida, foi adredemente escrita em Portugal.

Qual o objetivo desse engodo? O rei de Portugal, D. Manoel, precisava informar às potências estrangeiras, sobretudo à Espanha, que a descoberta ocorrida na terra de Vera Cruz fora apenas de uma ilha, e, com isso, dissuadir as nações concorrentes.

Duas recentes encenações montadas pelos EUA: por estratégia urdida pelo Pentágono, fabricou-se a indústria de que o comunismo iria dominar os povos e as elites mundiais seriam condenadas à proletarização, com perdas de suas fortunas e privilégios. Aliado a este fato, temor doentio dominou os exércitos dos países subdesenvolvidos, que se transvestiam de guardiões das suas nações; armas em profusão são compradas da indústria bélica norte-americana.

Os EUA mantiveram esta farsa até 1990, mesmo sabendo que a União Soviética e a China não participavam mais da corrida armamentista. Finalmente esta tem a cara da desfaçatez: o antiterrorismo. Analisem! Os agentes do terrorismo só são encontrados em regiões ricas de petróleo, gás natural ou outras riquezas, como no Iraque, Afeganistão, Colômbia etc.

Retomemos as pegadas do esforçado naturalista britânico.

Após dois dias da sua chegada a Buenos Aires, Darwin prepara com urgência a sua viagem à cidade de Santa Fé, norte da Argentina, dispensando qualquer estada em Rosário, cidade polo da região.

Por que Santa Fé? Que interesse essa cidade lhe despertava? Na região onde se situa esse centro urbano não existia riqueza mineralógica que pudesse provocar viagem tão apressada por parte do nosso andarilho. Com esforço, consegui encontrar a ponta do fio de Ariadne do engodo.

Nos fins do século XVIII, em 1796, foi descoberto afloramento de carvão mineral nos municípios de São Jerônimo e Bagé, no Rio Grande do Sul, através de pesquisas direcionadas e financiadas pelo governo inglês. Já nas primeiras décadas do século XIX, com a expansão do colonialismo britânico, são descobertas enormes jazidas de carvão mineral, com mais de um bilhão de toneladas nas regiões de Criciúma, Tubarão e Lauro Müller, em Santa Catarina. Detectaram-se também promissoras reservas de mármore, galena argentífera e manganês, minérios com alto teor de qualidade, no município de Brusque, naquele estado. Com a posse e o controle das reservas de carvão mineral e de outros minérios, o governo inglês deu início à exploração industrial, com as construções da estrada de ferro São Jerônimo e a fundação da Imperial Brazilian Calories Co. Ltda., e da estrada de ferro Dona Tereza Cristina, possibilitando o escoamento da produção mineral através do porto de Laguna.

Apoiado no homem forte da Argentina, general Rosas, Darwin viajou a Santa Fé, sempre escoltado por sicários deste caudilho, reunindo-se, nessa cidade, com representantes de grupos econômicos ingleses, conforme instruções do governo de Sua Majestade. Ademais, conheceu *in loco* a operação de desembarque dos minérios que vinham da Bolívia, transportados pelo rio Paraná, destacadamente a prata. Por que o navio H. M. S. Beagle não fez âncora em algum porto do litoral catarinense, ao navegar em águas do Atlântico, para que Darwin mantivesse tais contatos, sem o esforço e tempo que despendera em Santa Fé? É simples a resposta. O Beagle, navio de guerra da Armada Britânica, permanecera na baía de Guanabara por quase cem dias, e Darwin por duas semanas viajou à cidade de Macaé, despertando, em alguns setores do governo imperial, apreensões e críticas pela forma clandestina como a operação de deslocamento e "pesquisa" foi realizada.

Nas viagens por terra e a fluvial através do rio Paraná, de Buenos Aires para Santa Fé, e durante toda a sua movimentação no território argentino, Charles Darwin contou com total apoio do general Manoel Rosas, um vulto atrelado aos interesses mais escusos do Império Britânico. Outro motivo da viagem a Santa Fé, ressalte-se. Darwin pretendia se inteirar sobre as reservas de prata de Potosí, Bolívia, uma das maiores do mundo, das quais a Inglaterra iria se tornar uma das principais espoliadoras. Depois da viagem de Darwin, o Império Britânico manteve o controle quase total da exploração e escoamento das reservas de prata das jazidas de Potosí, instalando empresas em Santa Fé e Bogotá, a maioria por meio de testas de ferro.

> Pág. 137
> [Rio Saladillo, região de Santa Fé, Argentina]
>
> Partimos com o luar, e chegamos ao rio Tercero ao nascer do sol. O rio recebeu o nome de Saladillo [...].
>
> ....
>
> Além de um dente perfeito do Toxodon, e de muitos ossos esparsos, encontrei dois imensos esqueletos, próximos um do outro, projectando-se em visível relevo do barranco perpendicular do Paraná [...].
>
> ....
>
> São, contudo, sufficientes para mostrar que as carcaças pertenceram a algum Mastodonte, provavelmente da mesma espécie que, em grandes números, devia ter povoado a Cordillera, ao norte do Peru.

Aqui, mergulha-se numa verdadeira babel, na qual se confundem ciências paleontológicas, antropológicas e arqueológicas, envoltas num resto desalinhavado de Geologia.

Interroguemos. Nos anais da história das ciências, onde já foram encontrados fósseis de animais pré-históricos em barrancos de rios caudalosos, como os do Paraná? Em nenhum lugar! Mesmo porque a água corrente exerce implacável ação de lixiviação.

Preocupado com os últimos contatos que manteve com seus patrícios na cidade de Santa Fé, o naturalista precisava justificar sua presença na região norte da Argentina, e daí transfigurou-se num Dom Quixote dos pampas, a imaginar miragens de esqueletos gigantes perdidos nas noites dos tempos, e que, sob a magia da lâmpada de Aladim, levou-o a deparar-se com carcaças pertencentes a algum mastodonte.

Que tipo de fóssil pré-histórico é este? Espécie da família do *Matodontidae*, da subordem *Elephantoidea*, pertencente a um grupo de fósseis que foi muito diversificado quando surgiu no Mioceno e que sobreviveu até o Pleistoceno. Tinha a forma de elefante. Este animal pré-histórico viveu na América do Norte e alcançou quatro metros de comprimento, possuindo potentes mandíbulas, com arcada craniana curta. Desta espécie, jamais fóssil algum foi encontrado na América do Sul.

Acerca de um "perfeito dente de *Toxodon*", encontrado por Darwin, informamos que esse tipo de fóssil é desconhecido nos anais da Arqueologia ou mesmo da Paleontologia.

Nesta passagem do naturalista inglês, relembro Dostoievski, quando alguém lhe disse que Maomé, no seu cavalo Bukhra, esteve no paraíso. Assim respondeu o escritor russo: "Maomé não mentiu, ele realmente esteve no paraíso, mas quando foi acometido de uma crise epilética, ele delirou". De igual modo, repito: Darwin não mentiu, delirou. Imaginou-se vivenciando as eras geológicas do Mioceno.[13]

> Págs. 162-163
>
> São invariavelmente assaz obsequiosos, polidos e hospitaleiros [...].
>
> ....
>
> Não obstante, muitos roubos se commettem e muito sangue corre; ao uso constante da faca deve atribuir-se a causa deste último inconveniente. [...] Quasi todo funcionário público é venal. O director dos correios vendia francos do governo falsificados. O governador e o primeiro ministro tramavam abertamente o saque do Thesouro.

Que quadro pode-se traçar do relato esboçado por Darwin? Faltou-lhe, decerto, visão sociopolítica e econômica acerca dos povos egressos de um secular processo colonialista.

Debatiam-se em meio ao caos, nos passos iniciais da sua formação política – isso ocorreu com todos os povos, inclusive com o britânico. E a nação portenha? Conquistara a sua independência em 1816, no célebre Congresso de Tucumán, inspirada nos ideais de San Martín e Simon Bolívar.

Darwin perdeu-se; não soube dimensionar o cenário histórico que se lhe descortinava. Os povos dos pampas e estepes patagônicas faziam-se recém-egressos do colonialismo hispânico.

> Pág. 165
>
> O caso mais notável que conheço de insectos que se apanharam longe da costa é a do gafanhoto (Acrydium), que voam para bordo do Beagle, quando a sotavento das Ilhas do Cabo Verde, e quando a terra mais próxima era a do Cabo Blanco, na costa da África, a 370 milhas de distância.

O gafanhoto desta espécie (*Acrydium*) vive isolado nas savanas, estepes e plainos, como as do Orinoco, na Venezuela, e longe das terras cultivadas e das aglomerações humanas. Os gregários formam enxames compactos e percorrem grandes distâncias. A espécie referida pelo naturalista solitariamente não voaria a sotavento para bordo, numa distância de 370 milhas.

O que Darwin talvez tenha visto no Beagle foi, decerto, o gafanhoto da espécie *Locusta migratoria*, cujo *habitat* alcança vários continentes, inclusive o da África, e tem hábitos migratórios e solitários.

> Pág. 170
> [Rio St. Cruz, Patagônia]
> O guanaco ou lama selvagem é o quadrúpede característico das planícies da Patagônia [...].
>
> ....
>
> É muito commum em toda extensão das zonas temperadas do continente, encontrando-se no sul até as ilhas próximas do Cabo Horn [...]
>
> ....
>
> Vimos um bando nas margens do rio St. Cruz que deveria contar pelo menos quinhentos.

Esta espécie de mamífero, guanaco ou lhama, vista por Darwin nas planícies adustas da Patagônia, pertence à linhagem dos camelídeos, da qual faz parte a lhama, a alpaca e o próprio guanaco.

Na altura dos 4 a 5 mil metros da cordilheira dos Andes, habita o guanaco, jamais domesticado, diferente dos outros camelídeos. O naturalista-zoólogo equivocou-se, considerando o guanaco ou lhama como se fora o mesmo tipo de animal.

O guanaco pertence ao mesmo gênero da lhama, todavia, é de espécie diferente; de forma esbelta, pescoço e pernas compridas, alcançando altura média de 1,20 m, corpo coberto de grossa lã para suportar as frias temperaturas das altitudes andinas, habita os Andes, desde o Peru até a Terra do Fogo, e vive em grupos de quatro a dez fêmeas conduzidas por um macho. Raramente constituem rebanhos, cujo número gira em torno de no máximo cem.

O que Darwin viu foram lhamas ou alpacas, espécies da família dos camelídeos.

> Pág. 176
> [Port. de St. Julian, Patagônia]
> No Port St. Julia, no revestimento de barro vermelho que cobria os seixos da planície de 25 metros, encontrei a metade de um esqueleto do *Macrauchenia patachonica*, notável quadrúpede do tamanho de um camelo.

Que estados biopsíquicos estão a envolver esse inteligente jovem, nascido em berço de veludo e lançado na cena do mundo, sem nenhuma experiência para tamanha empresa de representar altos interesses do Império Britânico e de grupos econômicos?

O que lemos nestes relatos são alucinações? O naturalista se debate na tremenda responsabilidade de transmitir às autoridades do governo inglês resultados de seus trabalhos que justificassem os altos gastos com tão dispendiosa viagem.

Ademais, para os países estrangeiros "pacotes de fantasiosas mentiras" deveriam ser remetidos...

Com temeridade sem limites, Charles Darwin abraçou ingentes tarefas. Ele diz que encontrou "metade de um esqueleto" de um animal pré-histórico a que deu o nome de *Macrauchenia patachonica* (Não encontramos na história da Paleontologia fóssil com este nome ou algo semelhante na região da Patagônia). Urge não confundir alucinação com ilusão de ótica. As resistências biopsíquicas daquele jovem rebento da alta elite britânica estavam se exaurindo. A premência, a necessidade e o medo fazem o ser humano ver objetos que não existem: carcaças de bois, cavalos, peixes etc. se transformarem em miragens como se fossem esqueletos de animais pré-históricos.

Domina-o nesses momentos a sensação de um náufrago em desespero. Oportunista, vaidoso, catapultado pelas façanhas de Alexandre Humboldt, e pesando sobre os seus ombros o fardo de encenar fantasiosas mentiras, Charles Robert Darwin desanda a encontrar nas estepes patagônicas enormes esqueletos de animais pré-históricos, como o *Macrauchenia patachonica*.

Compreendamos o cavaleiro andante das mesetas argentinas. Seus relatos lembram um geólogo de nome Monge, que acompanhou Napoleão na sua expedição militar ao Egito. Perdido por alucinações, talvez impulsionado pela avidez de satisfazer as ambições de Bonaparte, este "paleontólogo", ao encontrar carcaças de camelos nas areias do Saara, bradava: "*eureka*, *eureka*, fósseis pré-históricos".

Esclareça-se. Os fósseis de animais pré-históricos detectam-se nos estratos geológicos das rochas, onde o objeto primitivo (esqueleto) esteve aprisionado em sedimentares bem finos.

Do ponto de vista paleontológico, as rochas nas quais se encontram fósseis são constituídas por minerais argilosos de grãos finos e não porosos, a fim de impedir que a água possa atravessá-los. Da mesma forma que o Monge de Napoleão, Darwin tresvariou.

> Pág. 177
> [Port. St. Julian, Patagônia]
>
> A maioria dos quadrúpedes extinctos, senão todos, viveu em período recente e foi contemporânea da maioria das conchas marinhas existentes [...].
>
> ....
>
> O que poderá, então, ter ocasionado o extermino de tantos gêneros inteiros? O pensamento se inclina para a idéia de um cataclysmo.

Darwin não trouxe a lume nenhuma análise sobre o fenômeno da extinção dos animais pré-históricos, salvo a ideia simplista de um cataclismo.

Este fenômeno amplamente se estuda. Enumeraremos algumas causas que poderão ter desencadeado a extinção:

a) Com o aumento da temperatura da Terra, as glândulas sexuais do animal macho eram extremamente influenciadas pelo calor; quando este se tornou excessivo, fê-lo perder a capacidade reprodutiva;

b) Durante o período de arrefecimento da Terra, os dinossauros foram aletargados pelo frio; com o longo letargo morreram de inanição;

c) Quando os pequenos mamíferos foram se desenvolvendo e crescendo, encontraram parte do seu sustento nos ovos que os dinossauros punham no solo, prejudicando, assim, a reprodução dessas espécies.

Concluímos. Envelhecimento progressivo alcança todas as espécies. Cada uma delas, como o indivíduo, está suscetível de extinção. Assim, é o determinismo da evolução.

> Pág. 180
> [Rio Santa Cruz, Patagônia]
>
> O Beagle ancorou na foz do Santa Cruz, que se acha situado a cerca de noventa kilometros ao sul do Port. St. Julian.
>
> Durante a viagem anterior, o capitão Stokes subiu por elle cerca de quarenta kilometros [...]. Excetuando-se o que se descobriu nessa ocasião [...].
>
> ....
>
> O capitão Fitz Roy decidiu-se, desta vez, a lhe acompanhar o curso tanto quanto lhe permitisse o tempo de que dispunha. No dia 18, partiram três baleeiras com carregamento de viveres para três semanas, a equipe com vinte e cinco almas, fortemente armada.

Como situar a Patagônia? Região no extremo-sul do Chile e da Argentina, com 785 mil km^2, dividida em dois segmentos, a ocidental pelos Andes chilenos, conhecidos por Andes Patagônicos, e a leste, pelo oceano Atlântico, onde se estende vasto planalto, com altitude média de 500 metros e cortado por profundos vales, como os dos rios Colorado, Negro, Chubut, Deseado, Grande e Santa Cruz.

Vegetação bem diferenciada marca os plainos patagônicos, cobertos por uma flora estépica de natureza xerófila, clima frio e precipitação pluviométrica abaixo dos 350 milímetros por ano. Nas fraldas andinas, a limitar-se com o Pacífico, estende-se estreita faixa de floresta fria de clima glacial, a revoluteá-la, por todos os meses do ano, neves eternas.

Ao fazer âncora na foz do rio Santa Cruz, extremo-sul do continente, a aproximadamente 150 quilômetros do estreito de Magalhães, os tripulantes do Beagle denunciam claramente os verdadeiros objetivos da viagem daquele vaso de guerra da Real Armada Inglesa em águas do Atlântico sul e Pacífico.

Logo ao desembarcarem, o capitão Fitz Roy determinou o preparo de três baleeiros, com um contingente de 32 homens armados, a internar-se pelo rio Santa Cruz, seguindo informações sobre a existência de reservas carboníferas, e também de ouro, diamante e esmeralda, na altura dos 100 quilômetros da foz desse rio.

Por meio dos dados conferidos *in loco*, o governo britânico, após alguns anos de presença naquela região, saqueia as riquezas mineralógicas ali existentes, sobretudo as jazidas carboníferas de Turbio, próximas ao estreito de Magalhães.

Darwin, no seu diário, omitiu o rico potencial econômico da Patagônia. Em cartas ao governo e aos grupos empresariais, ele relatou a verdade.

> Pág. 182
> [Região rio Santa Cruz, Patagônia]
> A Patagônia, pobre como é em alguns respeitos, pode, no entanto, gabar-se de possuir muito maior numero de pequenos roedores do que qualquer outro país [...].
>
> ....
>
> Todos parecem cannibais, pois todo o rato que caia na minha ratoeira era logo devorado pelos seus semelhantes [...].
>
> ....
>
> O guanaco acha-se usualmente, num distrito que lhe é próprio e onde se vê aos bandos de cincoenta e cem, ou em quinhentos [...].
>
> ....
>
> A puma, seguida pelo condor e outros necróphagos, acompanha e assalta o guanaco, de cuja carne se nutre.

No momento em que a viagem transoceânica descobre novas regiões, e seus multifacetados elementos vegetais e animais, um novo mundo de riquezas abre-se às ambições da superpotência europeia do século XIX, que usurpou, para o seu domínio, o controle das reservas minerais, desde as carboníferas à da pesca, da industrialização de baleias, focas e tartarugas, e seus santuários e rotas pelos oceanos, vias fluviais e lacustres, até o arrastão das riquezas do cobre e prata da América do Sul.

Acompanhemos a rota do vaso de guerra britânico, e novos fatos se desvendam com diamantina clareza.

Na ribalta dessa ópera bufa no anfiteatro oceânico, destacamos a desatenção como o *El naturalista Dom Charles* tromba com as ciências naturais. Acentue-se. Na classe dos mamíferos, os roedores se apresentam um dos mais numerosos, alcançando aproximadamente quatrocentas espécies. Exceção da Antártica, lá estão eles em todos os continentes: do camundongo ao porco-espinho africano, da capivara à cutia. Se desconhecem hábitos carnívoros daqueles roedores, muito menos qualquer tipo de canibalismo, conforme Darwin desatentamente relatou.

Olhemos os majestosos Andes, como já o fiz, sobrevoando os seus picos alcantilados, envoltos, vários deles, o Aconcágua, o Chimborazo, por neves eternas. Lá, no alto da cordilheira dos Andes, a maior do mundo em extensão, nas altitudes dos 4 mil a 5 mil metros, das amplas pradarias da puna, vive este felino, o puma, e dois membros da família do camelo, o guanaco e a vicunha. Mamífero carnívoro da família dos felídeos, tigre, leão, leopardo, jaguar etc., o puma jamais teve hábitos necrófagos e nem é encontrado nas estepes patagônicas.

A par dos objetivos mercantilistas da viagem, o que sobreleva ressaltar é, por certo, o descompromisso do "naturalista Dom Charles" com a verdade e a ciência.

> Págs. 184, 185 e 186
> [Vale do rio Santa Cruz, Patagônia]
>
> Dia 27 de abril de 1834
>
> Abati hoje um condor. De ponta a ponta das asas media dois metros e meio [...].
>
> ....
>
> O despenhadeiro íngreme próximo à foz do Rio Negro, é o seu limite norte na costa da Patagônia; daí, se espalham a cerca de seiscentos e quarenta kilometros do seu habitat central nos Andes [...].
>
> ....
>
> Quando se aproxima bruscamente da borda do precipício, contempla-se magnífico espectáculo, vendo-se vinte ou trinta dessas enormes criaturas [condores] deixar o poleiro e sair a voar em círculos majestosos [...].
>
> ....
>
> Em virtude destes factos o condor, como o gallinazo, deve, até certo ponto, ser considerado como ave gregária [...].
>
> ....
>
> Além de se nutrir de carne putrefacta, o condor freqüentemente ataca pequenos cordeiros e cabritos [...].
>
> ....
>
> É bello o vôo dos condores quando voltejam em bando, ao redor de um ponto qualquer.

O condor-dos-andes, olhemo-lo.

Por toda a costa ocidental da América do Sul, estende-se, soberba e monumental, dos altiplanos da Venezuela em direção sul, até a Terra do Fogo, bordejando o Pacífico, a cordilheira dos Andes, cujo descortinar de imensos e fenomenais contrastes, a natureza moldou um cenário de espantosa beleza. O homem ali se interroga e emudece. Picos enovelados por neves eternas desafiam as formações geológicas do planeta Terra. A umas duas centenas de quilômetros dos Andes em direção ao Pacífico abre-se a fossa oceânica Peru-Chile, a qual irrompe da costa central do Chile e acompanha toda a orla marítima deste país e do Peru, até alcançar o Equador, com profundidade abissal que medeia de 7 a 8 mil metros.

Atraído por esta paisagem de beleza inebriante, um naturalista predestinado aos grandes desafios, Alexandre Humboldt, escalou o Chimborazo, Equador, na primeira década do século XIX, considerado, à época, o pico mais alto do mundo.

Estepes frias e relvosas, punas como são conhecidas, cobrem as encostas altas dos Andes, entre 3.500 e 5 mil metros de altura, envoltas por uma atmosfera majestosa e desoladora, batida por ventos tempestuosos, sem chuva durante nove meses do ano e extremamente fria à noite. No solo, pouco espesso e pedregoso, quase nada cresce, exceto alguns tufos de gramíneas grosseiras e amareladas.

Poucos animais de grande porte habitam as altitudes andinas. Lá sobrevoa, à altura de 5 mil metros, o gigante da puna, o condor-dos-andes, a maior ave do mundo, encontrado em toda a extensão da cordilheira que lhe dá o nome, com envergadura de asas em torno de 3 metros. Tem a despertá-lo suave amanhecer nas Caraíbas, e atravessa brumas de assombrosas estepes pelos cumes nevados dos Andes e contempla a claridade fria de neves da Terra do Fogo, no sul das Américas. Nesses espaços celestes, o condor-dos-andes impera.

Charles Darwin não mentiu, sonambulou.

Certos eus, em alguns momentos, criam, sonham, soluçam, aspiram a glorificações e a pagas, enfim, assaltam-lhes grandes elucubrações de delírio. Existe nesse abismo da alma humana uma mente escancarada e doentiamente deformada.

Os relatos que emergem do livro *Viagem de um naturalista ao redor do mundo* estampam, sem disfarce, instantes fantasmagóricos em que a verdade é afrontosamente golpeada. Assim, certos vultos atravessam a cena do mundo.

Inteligente, às fronteiras da genialidade, Darwin projetou-se na história das ciências.

Observem esta passagem. No vale do rio Santa Cruz, na costa da Patagônia, região inóspita à grande ave de rapina dos Andes, ele desata desencontrada afirmativa: "Hoje abati um condor". Este fato nos surpreende. Fez-se um Picrochole (personagem de Rabelais), converteu-se num mitômano para conquistar a aprovação dos seus financiadores e a consagração da posteridade. Ouviu o bordão: *Ab hoste maligno libera-nos, Domine.*

Na imaginação quixotesca, o que o naturalista abateu não foi um condor-dos-andes, mas um urubu-de-cabeça-vermelha, conhecido como urubu-rei, ave de rapina encontrada em todos os continentes, inclusive no Nordeste brasileiro. Na Patagônia, há uma ave similar, o urubu-de-peito-laranja. Povoam aquela região também o gavião-real, o gavião-carrapateiro e o falcão *Falco sparverius.*

Num delírio pantagruélico, Darwin viu um bando de condores, entre vinte e trinta, deixar o poleiro. Mergulhou numa miragem. O condor-dos-andes é ave de rapina solitária; habita alturas acima de 4 mil metros. Abutre enorme e de aspecto escabroso, ao mesmo tempo altaneiro, cabeça nua repulsiva, bico curvo e saliente, ao redor dos olhos enrugamento flácido, as pontas das asas voltam-se para cima, como uma palma da mão com os dedos abertos, plumagem mesclada de marcas brancas na parte superior do corpo negro e opaco.

Em 1987, partindo de Santiago, no Chile, os Andes numa altura de uns 2.500 metros, não vi condor nenhum. Que fique a pergunta: a que visava o andarilho dos mares, com afirmações fantasmagóricas? Deixemos que os fatos o retratem e a consciência do leitor extraia as suas conclusões. No seu descompromisso com as ciências, o naturalista soltou estes besteróis: "O condor, como o *gallinazo*, é ave gregária". Aqui ele resvalou num afrontoso primarismo: abutre altamente solitário, o condor nada tem de gregário.

> Págs. 189-190
> [Ilhas Malvinas ou Falkland]
>
> No dia 1° de março de 1833, e, depois em 16 de março de 1834, o Beagle ancorou no Estreito de Berkeley, na ilha Falkland Oriental. O archipelago acha-se situado na mesma latitude que o Estreito de Magalhães [...].
>
> ....
>
> Depois de ter sido disputada pela França, Espanha e Inglaterra a posse dessas miseras ilhas, foram ellas abandonadas [míseras ilhas, e a posição estratégica?].
>
> ....
>
> O governo de Buenos Ayres vendeu-as, então, a um particular, mas de modo idêntico serviu-se dellas, como antes o fizera a velha Espanha [...].
>
> ....
>
> A Inglaterra que reclamava seus direitos, apossou-se dellas, ali deixando um inglês, o qual foi assassinado [...].
>
> ....
>
> Novo official britânico foi destacado, sem o apoio de força alguma. Quando lá chegamos encontramo-lo à frente de uma população.

Norteamos este ensaio pelo estudo de várias matérias, no escopo de acompanhar os passos do naturalista a bordo do Beagle, centrado nestes objetivos: desvendar riquezas mineralógicas, definir pontos estratégicos geográficos em vários continentes, facilitar as operações mercantilistas e de guerra da Armada Mercantil e Militar do Reino Unido, rotas marítimas e santuários de baleias, focas, tartarugas (o aproveitamento da carne, e a carcaça como objeto de adorno), reservas carboníferas e minerais nos diversos países, enfim, condições de navegação e de segurança para os navios, barcos e quaisquer tipos de embarcações pertencentes ao Império Britânico.

Para os altos objetivos projetados pelos estrategistas do governo britânico alcançou-se, na altura do ano de 1833, a etapa mais relevante da viagem do Beagle, uma vez que nesta operação triangular, Patagônia, ilhas Malvinas e Terra do Fogo, a tripulação de marujos e Charles Darwin irão montar inteligente esquema a fim de assegurar à Coroa britânica o controle e domínio da navegação no Atlântico sul, destacadamente no estreito de Magalhães e no cabo Horn, ponto extremo do continente sul-americano.

Os ideólogos Charles Darwin e o capitão Fitz Roy maquinaram, com o apoio do general Rosas, a execução de um plano urdido por Londres. Em águas oceânicas da Patagônia, ilhas Malvinas e Terra do Fogo, o Beagle executava operação de detectar pontos estratégicos. Primeiramente, no norte da Patagônia, em Bahia Blanca, agosto de 1833, Darwin desembarca e permanece mais de seis meses nessa região, período durante o qual ele recebeu total apoio do general Manoel Rosas, a quem glorificou com rasgados elogios, enaltecendo-o como um verdadeiro herói. O que havia por trás de toda a efusiva exaltação a um notório genocida?

Por outra linha de ação, o Beagle continuou a navegar até a Terra do Fogo, conduzindo o capitão Fitz Roy. Arma-se plano estratégico com a cumplicidade do governo argentino, manobrado pelo general Rosas. A região em torno do porto de St. Julian, na Patagônia, passou a ser controlada pelo Reino Unido.

Com esse plano, usurpam-se o território Shethand do Sul e parte da Terra do Fogo, onde se encontravam promissoras reservas carboníferas e auríferas. A partir dessa armação desfecham-se a tomada e posse das ilhas Malvinas.

E o naturalista e ideólogo da transoceânica viagem como operou? Em centenas de cartas que enviava para a Europa e também no livro ora focado, Darwin informava que as Malvinas eram "míseras ilhas", situadas numa terra estéril, quase um deserto, não existindo árvore alguma.

Enquanto lança essa cortina de fumaça, o naturalista passava a informação de que o governo argentino vendera aquelas ilhas a "um particular que só se serviu delas".

Palavras inverídicas. O que ele visava com isto? Desconstituir a personalidade de Luis Vernet, um dos heroicos militantes em prol da independência argentina. Eis o decreto de nomeação de Vernet, datado de 10 de junho de 1829, assinado por Rodriguez y Salvador Maria Del Carril:

> – Art. 1° As ilhas Malvinas e adjacências até o cabo Horn, no mar Atlântico, serão regidas por um comandante político e militar nomeado pelo governo da República Argentina.[14]

Em 1833, já com a tripulação do Beagle em terras da Patagônia, Luis Vernet, personalidade inquebrantável, fora misteriosamente assassinado. Algumas fontes históricas apontam o general Rosas como um do mandantes desse crime, fato que possibilitou ao caudilho maquinar a entrega das ilhas Malvinas ao Império Britânico, a que servia com despudorada sabugisse.

Esse patriota argentino, vulto de grande envergadura, não se curvaria às manobras infames e delituosas daquele genocida dos pampas. Será que o general Rosas informou previamente a Darwin e Fitz Roy acerca do plano delituoso? Houve mancomunação entre essas três personalidades, para a perpetração do assassinato? No seu livro, Darwin aborda displicentemente o assunto.

Pág. 190

A Inglaterra que reclamava os seus direitos [das ilhas], apossou-se dellas, ali deixando um inglês o qual foi assassinado.

Nesta sucinta informação, disfarçadamente Darwin dá a entender que desconhecia os fatos relacionados com as ilhas Malvinas (embuste, de vez que ele esteve nas Malvinas três vezes, entre os anos 1833 e 34). Nesse ínterim, o governo argentino nomeia o capitão José Maria Penido comandante da corveta Sarandi, para guarnecer as ilhas Malvinas. Em janeiro de 1834, a corveta da Armada Britânica, Clio, sob o comando do capitão inglês, J. J. Onslow, desloca-se às ilhas Malvinas, ocasião em que o comandante britânico se dirige a este oficial argentino. Abre-se diálogo, no qual se estampa a cara da traição. O comandante Onslow ordena:

> [...] Senhor, tenho a informá-lo de que recebi instruções de sua excelência, o comandante-chefe dos navios e embarcações de guerra de Sua Majestade britânica, com base na América do Sul [analisem esta pressão, base na América do Sul] em nome de Sua Majestade, para exercer os direitos de soberania sobre estas ilhas Malvinas.
>
> É minha intenção hastear, amanhã de manhã, a bandeira nacional da Grã-Bretanha, em terra, ocasião em que lhe peço, por favor, descer sua bandeira e retirar suas forças, suprimentos, etc. pertencentes ao seu governo argentino.[15]

Que desfaçatez! A ocupação das Malvinas consumou-se sem o disparo de um só tiro.

Ao se despedir, o capitão Onslow, diante do acovardado Penido, deixou estas palavras: "O senhor é o mais obediente e humilde servo dos argentinos".

O que podemos concluir da desavergonhada e covarde rendição, ante a qual se enlameia a soberania de um país? Que cordéis tão bem urdidos levaram o infeliz capitão Penido à tamanha amoralidade? Covardia desse jaez os anais da história têm a registrar no mesmo patamar a infame derrota dos genocidas e torturadores argentinos, em 1982, na Guerra das Malvinas, por um contingente britânico de pouco mais de mil homens.

Analisemos. Manoel Rosas, caudilhão argentino, se desandava em truculências pelas estepes da Patagônia. Darwin se tornou amigo dele, de quem recebeu, ele e toda a tripulação do Beagle, integral apoio nos quase dois anos em que estiveram "pesquisando" em terras argentinas, com destaque especial para a operação triangular Patagônia, ilhas Malvinas e Terra do Fogo.

Quem ordenou ao capitão e "herói", Penido, a rendição ignominiosa? Esse oficial teria força moral para desobedecer a uma ordem do general Manoel Rosas, sátrapa do Império Britânico? Desde 1834, a Grã-Bretanha apossou-se das ilhas Malvinas, no jogo de traição fruto de manobra ardilosa do capitão Fitz Roy e de

Darwin. Após o esbulho da soberania argentina, gerou-se entre os altos escalões do governo portenho "inconformação" e deslavada encenação à opinião pública (o governo argentino não rompeu relações diplomáticas com o Reino Unido); o plenipotenciário argentino, D. Manoel Moreno, em Londres, emitiu, em 1837 (Darwin e o capitão Fitz Roy já estavam na capital inglesa), tímida nota de protesto, na qual ressaltava a manifestação de "desagrado das Províncias Unidas Argentina, que jamais poderão se conformar com a solução do governo de Sua Majestade britânica em ferir os direitos da soberania argentina nas ilhas Malvinas". De posse das ilhas Malvinas, o governo inglês criou a Companhia das ilhas Falklands, que passaria a explorar as reservas mineralógicas, pesqueiras e agrícolas da região compreendida pela Patagônia, Terra do Fogo e ilhas Malvinas.

> Págs. 190-199
> [Ilhas Malvinas]
>
> A superfície cobre-se de mirrado capim pardacento, de arbustos pequenos. Nos valles podiam ver-se, espalhados, pequenos bandos de gansos selvagens. Além destas duas aves, havia poucas espécies [...].
>
> ....
>
> Pouco tenho a dizer com relação à zoologia das ilhas... Mas as aves do mar são particularmente numerosas [...].
>
> ....
>
> Observei, um dia, um corvo marinho que brincava com um peixe que apanhara.

Ao repassarmos este diário de viagem de Charles Darwin, urge extrair o que está por trás das suas palavras, a encobrir verdades, e, também, deduzir o que o narrador-naturalista propositadamente omitiu acerca de matéria que envolve interesses econômicos, políticos ou militares da Coroa Britânica.

Não se há de condenar a estratégia de um alto agente inglês, a quem cabia se desincumbir de tamanha responsabilidade, a de encenar para a opinião pública a trama bem urdida de que a viagem do Beagle se destinava a um despretensioso levantamento cartográfico e estudos geográficos.

Altamente inteligente e exímio narrador, com vocação nata de romancista, Charles Darwin desempenhou com maestria o papel, cuja perfeita encenação recebeu do governo britânico exaltados reconhecimentos, até a insigne honraria de herói nacional.

Pela audácia, Darwin consagrou-se perante o mundo. Desafiou os místicos de todas as religiões e seitas, sobretudo os da Igreja dos papas, a poderosa senhora das mentes humanas e dos seus destinos eternos, com o lançamento do livro *A origem das espécies pela seleção natural*, obra de desafiador estofo político-teológico, prenhe de exuberante narrativa expositiva e de medíocres conclusões científicas.

Nesse livro ousado, o que devemos olhar não são os tropeções e os encontrões com a ciência, mas, acima e muito além das suas desencontradas lógicas, o fulminante golpe que a sua publicação desferiu no arcabouço clerical que asfixiava a humanidade por milênios, com o garroteamento a que o fanatismo religioso, dos fiéis de Moisés, Buda, Cristo, Maomé e de tantas outras centenas de profetas, arrastava o homem, envolto por crendices doentias.

Dramaturgo, Darwin desempenhou, no amplo anfiteatro oceânico que aquela viagem lhe proporcionou, perfeito dramalhão, com genialidade shakespeariana.

Tudo ele descrevia com simplicidade, mesmo quando relatava mentiras deslavadas, entre tantas: "Eu escalei os Andes, eu abati um condor-dos-andes, eu encontrei esqueletos quase completos de animais pré-históricos na Patagônia" etc. Hábil e ardiloso, sabia manobrar muito bem nas antecâmaras da Coroa britânica. Milhares de cartas escreveu, a inundar a Europa, nas quais desfigurava a verdade com disfarçadas falsidades ou certas omissões cumpliciosas, como a usurpação das ilhas Malvinas, a viagem do Rio de Janeiro para Macaé, ocultando, enfim, os verdadeiros objetivos da passagem do Beagle pelas ilhas Galápagos etc.

Articulando-se num estilo literário fluente, Darwin procurou sempre demonstrar que a viagem se revestia de despretensiosos levantamentos cartográficos. E derramava-se em detalhadas e primorosas descrições de pequenos acontecimentos acerca de animais e plantas, mesmo com a afronta à ciência, a resvalar muitas vezes em erros crassos, quando não em omissões propositais, ou no caso de nada descrever sobre baleias, guano (fertilizante) ou reservas minerais. Cartas ele escreveu às centenas. Em algumas delas, sobre as ilhas Malvinas, procurava desqualificar a importância estratégica deste arquipélago. Nelas, soltava despretensiosas análises: "Estas míseras ilhas de terreno estéril e sem nenhuma árvore. Além destas duas aves havia poucas espécies naquelas ilhas [...]. Pouco tenho a dizer com relação à zoologia das ilhas [...]".

Em resumo, que interesses despertavam as ilhas Malvinas, além da estratégia geopolítica? Elas possuem 12.173 km^2 de superfície; além das 2 ilhas principais, Soledade e Grande Malvinas, o arquipélago conta com um conjunto de mais de 170 ilhotas.

Diferentemente do que o naturalista inglês informou de má-fé, aquelas ilhas têm a distinguir santuário riquíssimo de baleias, albatrozes que fazem seus ninhos no chão, leões e elefantes-marinhos, um tipo raro de carcará, similar ao existente nas caatingas do Nordeste brasileiro, golfinhos, pinguins, focas de várias espécies. Por estratégia geopolítica, Darwin fez-se omisso a respeito da existência desse santuário de peixes, especialmente sobre o maior e mais pesado animal existente na terra, a baleia, pertencente à subordem da família dos cetáceos, cujo óleo era de relevante importância para iluminação de vilas, cidades e residências, até as décadas finais do século XIX, e também no aproveitamento como matéria-prima de calçadeiras, creme de limpeza, velas e outras dezenas de utilidades.

Que espécies de baleias habitavam os mares do Atlântico Sul, próximas às ilhas Malvinas? A jubarte e a espadarte. Durante o inverno e até o início da primavera, nas áreas oceânicas da Terra do Fogo, sul da Patagônia e ilhas Malvinas, as baleias singram aquelas águas, com temperatura de 2°C, no máximo, boca semifechada e lábio superior baixo, de modo a impulsionar o seu nado com uma cortina de barbatanas.

Ao nadar, a água filtrada pelas barbatanas vai escorrendo pelos cantos da boca, em cujas franjas ficam retidas centenas de quilos de plâncton, massa gelatinosa formada por larvas e outros minúsculos organismos vegetais e animais. Este cetáceo chega a comer em torno de dez toneladas de plâncton por vez. Muito, mesmo para um animal com 20 metros de comprimento e dezenas de toneladas de peso; o excesso é armazenado em forma de gordura. No início da primavera, elas migram para as águas quentes dos trópicos, onde se processa o acasalamento.

Este foi, sem dúvida, um dos objetivos que norteou Charles Darwin até as ilhas Galápagos, durante a primavera de 1835, época de acasalamento de baleias vindas da Terra do Fogo através da corrente marítima conhecida por Humboldt, originada nas águas gélidas da Antártica.

Acerca do solo das Malvinas, Darwin nos deixou estas impressões: "A superfície cobre-se de mirrado capim pardacento e de arbustos pequenos". Não é capim pardacento, são as tundras, vegetação que predominava naquelas regiões, rica gramínea com alto teor de nutrientes, a possibilitar a subsistência de centenas e centenas de ovinos, condição favorável de criação que se mantém até os dias atuais.

> Págs. 204, 205, 206, 209, 212, 213, 215 e 220
> [Terra do Fogo, região no extremo sul das Américas]
> [Sobre os fueguinos nativos daquela região]
>
> Passarei a descrever a nossa primeira chegada à Terra do Fogo.
>
> ....
>
> A própria atitude já era abjecta, e a expressão que se lhes desenhava no semblante era surpresa, suspeita e alarme.
>
> ....
>
> Isso nos deu entender um velho, batendo levemente em nosso peito, e fazendo um ruído cacarejante, semelhante ao que se faz quando se dá milho à criação.
>
> ....
>
> O emmaranhado dessas árvores, caídas umas, lutando pela vida outras, trouxe-nos à lembrança o espetáculo das florestas tropicais, com uma diferença, aqui, pela solidão do ambiente desolado prevalece o espírito da Morte [Maiúsculo, conforme o livro de Darwin] enquanto lá se respira vida.
>
> ....
>
> Quando desciamos, um dia próximo à ilha Wollaston, nos acercamos de uma canoa em que iam seis Fogueanos [...]. Eram as creaturas mais abjectas e miserandas que tinha visto onde quer que fosse.
>
> ....

> As míseras creaturas estavam atrophiadas; tinta gordurosa pintava-lhe o semblante horrível.
>
> ....
>
> O caso de um bando de cento e cinqüenta nativos esqueléticos que se encontravam na maior penúria.
>
> ....
>
> Quando se contempla esse povo selvagem, pergunta-se a si mesmo, de onde teria procedido?

A Terra do Fogo, à época da passagem do naturalista inglês, era habitada por quatro nações de índios; os tehvelches, chamados patagões, eram maioria; os onas, hvash e yahgns.

Mesmo permanecendo naquela região meses e meses, Darwin não fez nenhuma análise séria acerca dessas tribos, senão desprimorosos e inconsequentes conceitos, confundindo costumes com abjeções, formas de vida com miserabilidade. Pergunta-se: se alguém entrasse em algum bordel, em Londres, ou qualquer outra capital europeia e o chamasse para uma noite de bacanal, o que Darwin talvez responderia? Isto é uma abjeção. Cada povo carrega seus costumes.

Que visão caolha!

Antes de avançarmos nos comentários, uma pergunta nos salta à mente: que instrumentos Darwin conduzia numa longa viagem de curso transoceânico? Um martelo, uma vara e uma bússola.

Só os incautos, e são milhares, acreditam que *El naturalista Dom Charles* participou de denodada e arriscada expedição científica. Alexandre Humboldt levara na sua expedição pelas Américas 42 instrumentos de trabalho, dentre eles, termômetro aferidor da temperatura do ar e da água, de fundamental importância nas águas do Pacífico, barômetro, instrumento medidor da pressão atmosférica, quadrante e sextante, a fim de determinar a posição geográfica do navio e dos relevos naturais, microscópio, balança, cronômetro, bússola, pluviômetro e porções de substâncias destinadas a realizar análises químicas, eletrômetro, agulha de inclinação, higrômetro e um instrumento para mensurar a quantidade de oxigênio no ar.

A expedição de Humboldt, como tantas outras de natureza científica, encheu o século XIX com as suas descobertas, abrindo-se assim os novos e surpreendentes mundos que as Américas lhe ofereciam. Outras, como a de Fitz Roy e Charles Darwin, investiam-se quase exclusivamente de caráter político-econômico, com objetivos bem determinados de ampliar o expansionismo britânico nos mares e países.

Olhando as estepes gélidas da Terra do Fogo, a se estenderem por horizontes sem-fim, faltaram a Darwin e aos demais tripulantes do Beagle conhecimentos para abarcar, com ampla visão, aquele fenomenal cenário do universo vegetal e animal.

Desencontraram-se ante aquela atmosfera semiaustral, no dizer de Fernando Pessoa. Há algo de medonho e melancólico nas paisagens patagônico-austrais. O homem ali se enche de uma sensação infinita de desolação, o que certamente motivou os desconexos conceitos emitidos pelo naturalista britânico.

Sobre os nativos daquela região, os fueguinos, Darwin desandou numa antropologia de quintal. Por fim, esta interrogação que faz: "De onde vieram?" Os grupos humanos jamais permaneceram em estado de isolamento ou imobilismo. Desde longínquas eras, os hominídeos desenvolveram considerável mobilidade, impelidos por fatores climáticos, políticos, mesológicos, pestes e, por fim, expulsão por outros grupos vitoriosos. Por exemplo, no Brasil, os tupis vitoriosos fixaram-se no litoral; os tapuias, no interior do país.

Lançados no extremo sul do continente americano, os fueguinos foram condenados a uma verdadeira diáspora, que lhes impuseram povos que habitavam a costa ocidental da América do Sul.

O que contemplamos, frente àquela vastíssima massa de geleiras, de uma imensidão espantosa? Paisagem envolta por uma força de beleza inebriante e na qual podemos divisar o silêncio das solidões profundas ou o jogo dos elementos atmosféricos, nas amplidões austrais.

Descoberta em 21 de outubro de 1520 por Fernão Magalhães, a Terra do Fogo situa-se ao sul do estreito de Magalhães, alcançando o cabo Horn, no mar Drake, compreendendo um conjunto de ilhas, entre canais, golfos, enormes geleiras e fiordes, margeados por altas montanhas.

"Miserandas e abjetas criaturas", assim desabafou Darwin sobre os fueguinos.

Tribos pescadoras que se moviam em pequenas embarcações a remo. Entravam nas águas gélidas para atacar as focas; delas extraíam alimento e as peles serviam para revestir as canoas, e a gordura, para cobrir o corpo, como película que o impermeabilizava contra o frio, daí um aparente estado de abjeção.

O navegante naturalista não compreendeu o estágio do processo cultural daqueles homens, talvez menos miseráveis do que muitos tipos supostamente civilizados. Falo sobre o aspecto de miséria moral.

Que povo, os fueguinos! Vivia numa forma de vida que não significa miserabilidade. Cada grupo humano tem a sua cultura própria, mesmo primitiva, em estágio de avanço em direção ao controle do grupo sobre si próprio. Mesmo no imponderável de uma vida miserável, face aos padrões civilizatórios, ele tem a sua própria cultura. Desconhecê-la é perder-se na pseudovisão de um cosmopolitismo preconceituoso.

Paremos por instante. Visualizemos aquele cenário celestialmente belo e melancólico. Nele confluem paisagens patagônicas e austrais, a incidir numa amplidão de geleiras, fiordes, golfos e *icebergs*, para, enfim, compor um caleidoscópio de infinita beleza, onde pinguins, baleias, leões-marinhos, focas e golfinhos interagem com a natureza a albergar milhares de pássaros, flamingos, atobás, gaivotas, cisnes-de-pescoço-negro e outras espécies de aves marinhas. Ali, depois de se estender num monumental paredão, por toda a costa ocidental da América do Sul, por mais de 7 mil quilômetros, emergindo da Venezuela, a cordilheira dos Andes mergulha no Pacífico, em águas da Terra do Fogo, e delas faz irromper centenas de ilhas e ilhotas, ante as quais, um dia, Fernão Magalhães, repetindo Virgílio, bradou: *Navigare necesse est vivere non est necesse.*

Naquele silêncio espectral, o destemido navegante ibérico olha os companheiros da odisseia oceânica e vê, em diversos pontos daquela solidão, nas noites gélidas, fogueiras acesas, e clama: "Registre-se: Esta terra chamar-se-á Terra do Fogo".

> Pág. 217
> [Terra do Fogo]
> Nunca me hei de esquecer do aspecto irmmorigerado e selvagem de um grupo de quatro ou cinco indígenas que, abeirando-se subitamente e absolutamente nus do precipício, se puseram a saltar e vociferar os mais terríficos guinchos.

Cada grupo humano, sociedade ou nação, tem a sua linguagem formada ao longo das gerações. Se os viajantes ingleses gritassem bem no alto de um penhasco, o que pensariam os fueguinos dos sons produzidos por eles? Quis o navegante britânico, com a expressão "vociferar os mais terríveis guinchos", compará-los com animais. Cada ser vivo possui a sua linguagem e a sua forma de se comunicar, algumas vezes por mímica. Para melhor sonoridade da comunicação, o grupo dos fueguinos o fez nas alturas de um penhasco.

> Pág. 219
> [Terra do Fogo]
> Estávamos sobejamente vestidos [eles, os ingleses], mas embora aconchegados ao fogo, nem por isso deixamos de sentir certo frio; entretanto, com grande surpresa vimos que o suor escorria pela pelle luzidia daqueles selvagens, que apesar de estarem sentados mais retirados do braseiro, pareciam estar-se assando de calor.

Não era suor a "escorrer pela pele luzidia daqueles selvagens" que o naturalista viu, mas gordura de foca.

Região de clima intensamente frio, com média de temperatura, durante a maior parte do ano, de -10°. Para enfrentar condições atmosféricas tão gélidas naquele extremo sul do continente, os nativos impermeabilizavam o corpo com gordura de foca, fato que Darwin não percebeu e nem procurou dele se inteirar.

Talvez fosse estratégia do governo britânico. Qualquer assunto referente à importância do aproveitamento da foca ou da baleia como produtos de utilização ou consumo humano deveria ser evitado, a fim de não despertar interesses das potências estrangeiras ou de grupos econômicos. Acerca da temperatura, acrescentemos. Ela permanece constante no corpo dos mamíferos e pássaros, num processo conhecido por homeotermia, e mantêm temperaturas equilibradas no corpo independente do ambiente, frio ou calor. Os lagartos, por exemplo, por não possuírem homeotermia, sentem grande dificuldade em se manter ativos à noite ou de manhã cedo. Temperaturas altamente enregeladas são ruins à replicação do DNA, e, também, para a produção dos espermatozoides, razão por que algumas espécies, como as baleias e as focas, migram para regiões de climas tropicais durante o período de acasalamento.

> Pág. 220
> [Terra do Fogo]
>
> Na manhã seguinte à nossa chegada, começaram os fueguinos a apparecer de todas as direções, vindo também a mãe e os irmãos de Jemmy [Jemmy é um fueguino que foi levado para a Europa e lá permaneceu mais de dois anos].
>
> ....
>
> O encontro foi menos interessante que o de um cavallo que solto num pasto, ali deparasse com velho camarada seu. Não houve a menor demonstração de affeto.

As reações humanas de alegria, afeto, tristeza, dor, saudade variam de acordo com os costumes e a cultura de cada sociedade ou grupo humano, e até mesmo de indivíduo a indivíduo. O silêncio, em alguns momentos, carrega-se de mais afetividade, alegria e saudade do que certas pseudomanifestações de satisfação ou sentimentos de compungidas dores.

Eu mesmo, ao comparecer a um velório pela morte da genitora de um bispo de Campina Grande, PB, na década de 1980, não testemunhei tristeza dos filhos e parentes dela, mas saudade. Não ouvi choros, mas sentimentos de pesar pela ausência.

O triste e silencioso encontro do fueguino Jemmy com a mãe e os irmãos, no profundo entrecruzar de olhares, carrega-se de imenso significado. É a abissal alma humana. Quem poderá sondá-la? Como interpretar, na cultura dos fueguinos, os sentimentos da emoção em face de um ente querido ser arrancado, por circunstâncias inesperadas e graves, do convívio da sua gente, e, após anos de separação, retornar ao seu grupo? É aí por onde devemos retratar as emoções do afeto, a se metamorfosear no encontro entremeado de saudade, medo, surpresa e até por algo profundamente inexplicável. A emoção verdadeira, qualquer que seja ela, não pode ser compreendida por meras reações fisionômicas. No insondável abismo da alma, queda-se inconsequente julgar as reações dos sentimentos.

A volta inesperada de Jemmy ao convívio dos seus familiares provocou indescritível carga sentimental, cujas reações ultrapassam os limites do riso, do grito ou do choro, e naquele encontro o silêncio falou a verdadeira linguagem. Ressalte-se: a emoção é por si ela mesma, não sob a vista de terceiros, conforme Darwin quis interpretar. Santo Agostinho falou: "A vontade justa é uma emoção pura, a vontade perversa encobre emoção má".

O processo emocional quando desencadeado não tem lógica própria, a ser descrita por reações corporais. Aí vem a ideia pascaliana de uma "lógica do coração". Os sentimentos humanos não se enclausuram ao estado de reações anatomofisiológicas. Quem poderá interpretá-los? Só os lunáticos ou os incautos.

> Págs. 250, 252, 255, 256, 258, 259 e 261
> [Valparaíso - Chile]
> 23 de julho de 1834
> Tarde da noite o Beagle fundeou na bahia de Valparaiso.
>
> ....
>
> Avistam-se a nordeste bellos scenários dos Andes, mas as montanhas parecem muito mais imponentes quando observadas dos morros vizinhos.
>
> ....
>
> É particularmente majestoso o vulcão Aconcagua. Esse colosso de massa cônica irregular tem uma elevação maior que a do Chimborazo, pois, segundo as medições tomadas pelos officiais do Beagle, atinge altura não inferior a 6.900 metros.
>
> ....
>
> Tive a sorte de encontrar, residindo aqui Mr. Ricard Corfield, velho amigo e companheiro de collegio, facultando-me exellente domicilio durante o tempo em que o Beagle permaneceu no Chile.
>
> ....
>
> O nosso primeiro dia de jornada nos conduziu a norte [do Chile] ao longo da costa. Depois de escurecer chegamos a Hacienda de Quintero. O objetivo que ali me levava foi ver os grandes depósitos de conchas.
>
> Alcançando o cume da Sierra, vimos estender-se imediatamente o Valle de Quillota.
>
> ....
>
> Quasi todas as partes da montanha, apresentavam perfurações demonstrativas de se abrirem minas auríferas: a febre do ouro quasi não deixara em todo o Chile um só ponto que não fosse examinado [Atenção! Este relato é faccioso. Com isto, ele procurava desviar o foco dos objetivos verdadeiros, que era a procura por cobre, salitre, guano, estanho e prata.].
>
> ....
>
> Passamos igualmente por San Felipe, bonita cidade [...]. A noite chegamos as minas Jajuel [...] Aqui, demorei cinco dias.
>
> ....
>
> As minas aqui são de cobre, e todo o minério é exportado para Swansea, afim de ali ser fundido.
>
> ....
>
> Cheguei a ver uma tropa de mulas que transportavam para a costa, a fim de receberem embarque para a Inglaterra, enormes carregamentos dos referidos minérios.
>
> ....

> Deixando Jujuel, novamente atravessamos a bacia de S. Felipe, [...]. Passando o Cerro del Talguen. [Atenção! Darwin chegou às minas Jujuel em 15 de agosto, retornou no dia 26, portanto permaneceu onze dias na região das minas.]
>
> ....
>
> Passei uma semana em Santiago [...] À tarde jantei em companhia de vários negociantes ingleses. [Esclareça-se: durante todo o tempo em que ele esteve no Chile foi em contato com autoridades ou em companhia de empresários e negociantes ingleses, sobretudo, exploradores e exportadores de minérios.]
>
> ....
>
> Proseguimos rumo ao sul, pernoitando em Rancagua. A estrada passava pela estreita planície ladeada por elevadas collinas e pela grande Cordillera. No dia seguinte, dirigimo-nos pelo Valle do Rio Cachapual.
>
> ....
>
> Passamos a noite nas minas de ouro de Yaquil, exploradas por Mr. Nixon.

Dia 23 de julho de 1834. Aproxima-se o H. M. S. Beagle do porto de Valparaíso, o maior da costa do Pacífico sul-americano. Atroam-se tiros de canhão, anunciando a chegada do vaso de guerra em águas chilenas. Naquele momento, o Império Britânico demonstrava o seu poderio bélico, como já o fizera no Rio de Janeiro, Buenos Aires, Maldonado e Bahia Blanca. O cônsul-geral britânico no Chile, John Walpole, acompanhado de seu corpo diplomático, representando o presidente do Chile, José Joaquin Prieto, o ministro Manoel Rengilo, grupos de negociantes e exportadores ingleses de minérios, lá estavam no cais do porto a fim de recepcionar a tripulação do Beagle, com setenta integrantes, entre marinheiros e oficiais.

Articulou-se todo esse aparato como demonstração de força no escopo de impressionar e pressionar as autoridades governamentais e a sociedade chilena. No mastro do Beagle tremulava e reluzia o pavilhão celeste e vermelho da bandeira inglesa. Dos encontros que Darwin manteve com autoridades, negociação com personagens vinculados às exportações de minérios ou de outras riquezas naturais, inspeção e pesquisas mineralógicas, ele os omitiu no seu livro *Viagem de uma naturalista ao redor do mundo*, mas deixou transparecer, mesmo superficialmente, nas centenas de cartas que escreveu, principalmente as enviadas a autoridades dos escalões governamentais e a nomes representativos das ciências, os verdadeiros objetivos da longa viagem transoceânica.

Naqueles dias em que Darwin contemplou a majestade da cordilheira andina, que se projetava às vistas desse gênio camaleônico, a viagem assomava o seu ponto mais alto. A partir desse momento, as garras da superpotência fincariam os seus tentáculos nas fabulosas jazidas de cobre, salitre e prata que dormitavam nos contrafortes dos Andes e nos promontórios do Chile e Peru, e sobre o guano, fertilizante produzido pelos excrementos de aves marinhas, a se estenderem nas encostas andinas, onde existia ouro, diamante, carvão mineral, estanho etc.

De genialidade camaleônica, o viajante do Beagle soube se desincumbir com alto descortino da missão, altamente espinhosa, que o governo britânico lhe confiou: coordenar, por jogos diplomáticos ou pressão militar (daí a razão de um navio de guerra como o Beagle), os governos e líderes de grupos empresariais dos países recém-libertos do jugo hispânico, para que eles abrissem as portas das suas riquezas às ambições desmedidas da Inglaterra, a poderosa superpotência, vencedora de Bonaparte, império cujo domínio se irradiava por todo o mundo.

Que gênio, o de Darwin, no papel que tão bem encenou!

Fabulosas riquezas minerais, em todo o mundo, foram usurpadas e saqueadas pela Inglaterra, sem um tiro ou ao preço de nenhuma vítima britânica (nos países saqueados, milhares de nativos foram mortos pela fome e condições infames de trabalho). Tudo foi com alta inteligência planejado pelo Foreign Office (o Pentágono inglês) e desincumbido com sagacidade pelo jovem Charles, insuperável dramaturgo na arte da dissimulação. Shakespeare não alcançou a preciosidade dissimuladora.

No anfiteatro oceânico, por quase cinco anos, o neto de Erasmus Darwin encenou a maior peça que a história já registrou.

Que exímio teatrólogo!

Milhares de cidadãos pelo mundo, inclusive inteligências privilegiadas, pensadores de alto estofo, estudiosos de universidades e centros de pesquisas, acreditam, com fé sacerdotal, às raias do angelical, que a viagem do H. M. S. Beagle se revestiu de natureza científica, sem nenhum propósito político, militar ou econômico, mas, sim, como uma nobre "contribuição" do Império Britânico à ciência. A ira desse destemperado professor, a se dizer biólogo, reflete o estado de fanatismo que se impregnou pelo mundo.[16]

Com visão crítica e serena lógica, chegamos à conclusão que tudo foi montado pela argúcia estratégica do Foreign Office britânico. Como se admitir longa e dispendiosa viagem transoceânica, sem nenhuma participação de outros países, apenas como ação altruísta do governo britânico com o objetivo de estudos e pesquisas sobre a evolução das espécies, ou mesmo, para mensurar a largura da foz de certos rios ou a altura de picos e vulcões? Só aqueles que acreditavam nas histórias de "Chapeuzinho Vermelho", "Branca de Neve e os sete anões", "Príncipe encantado" admitem a versão que o governo de Sua Majestade ofereceu ao mundo.

Basta esta simples análise: para remeter espécimes mortos à Europa e transportá-los no Beagle, Darwin e os seus ajudantes (em todo o livro não citou o nome de nenhum deles) teriam de abater o animal, ave, inseto, anfíbio etc., preparar através da empalhação, que consiste, basicamente, em desviscerar os espécimes e depois conservá-los com certos produtos, a fim de não serem destruídos por bactérias, fungos etc. E, finalmente, fazer a devida identificação de cada um, local onde foi abatido, data etc.

Que instrumentos de pesquisas Darwin trazia? A expedição de Alexandre Humboldt, no início do século XIX, portava mais de quarenta peças para os seus trabalhos de pesquisas, escalando vulcões como o Chimborazo, no Equador, e varando rios caudalosos, entre eles o Orinoco, na Venezuela. Humboldt chegou a coletar em torno de 60 mil espécies em mais de 50 mil quilômetros percorridos.

Viagens científicas encheram o século XIX. As de Henry Bates e Alfred Wallace, verdadeiro autor da teoria da evolução das espécies, adentraram no recesso da floresta amazônica e colheram milhares de espécimes. Só Bates obteve 11 mil tipos de insetos. De borboletas, Wallace empalhou em torno de mil espécies, duzentas das quais foram coletadas num trecho às margens do rio Negro, afluente do Amazonas.

A expedição de Louis Agassiz e sua mulher, financiada pelo governo norte-americano, deixou obra de muito valor para as ciências zoológicas, biológicas e botânicas, da qual destacamos, dele e de outros naturalistas, os livros *Viagem ao Brasil*,[17] *Viagens pelo Amazonas e Rio Negro*[18] e *O naturalista no rio Amazonas*.[19]

Várias expedições zarparam às Américas. A de Frederico von Martius, que veio ao Brasil, em 1817, acompanhando a comitiva da princesa D. Leopoldina, legou-nos tratado monumental no campo da botânica, *Flora brasiliensis*, em 15 volumes, e *Viagem pelo Brasil*, em três volumes; a expedição de Robert Hermann Schomburgk esteve na Guiana Inglesa, entre os anos 1834 e 39, financiada pela Sociedade Geográfica de Londres; a de Jorge Garner visitou o Brasil, de 1836 a 41; Charles Hartt chefiou expedição ao Brasil entre 1840 e 78; Francisco de Orellana foi o descobridor do rio Amazonas; Hipólito Ruiz coordenou expedição botânica ao Peru, no começo do século XIX; Spix, zoólogo alemão, esteve no Brasil com Frederico von Martius.

Dezenas e dezenas de expedições demandaram continentes, desbravando rios e florestas até então ignotos. No entreabrir dos séculos XVIII e XIX, e no decorrer do XIX, as principais potências europeias iriam disputar uma nova era das descobertas, a dos recursos naturais. Nos séculos XV e XVI, a humanidade conheceu novos mundos, devassados por navegadores ibéricos: Cristóvão Colombo, Vasco da Gama, Pedro Álvares Cabral, Fernão Magalhães e Bartolomeu Gusmão. Eles marcaram a história com audácia e valentia, ao desafiar oceanos e mares ignotos. Em *Os Lusíadas*, Camões, em poema genial, dimensiona a epopeia dos heróis dos mares. O século de Bolívar, Bonaparte, Goethe, Victor Hugo, Humboldt e Pasteur apontou para o homem a grande aventura das descobertas científicas, num pugilato de bravos, tendo como palco a cordilheira dos Andes, as bacias do Amazonas, Orinoco e Prata, a exuberante floresta amazônica, a Mata Atlântica, as estepes patagônicas e as geleiras reluzentes, com os seus *icebergs* da Terra do Fogo.

Naquela época, abrem-se expedições exploratórias, científicas, comerciais, algumas com objetivos bem definidos de domínio político e econômico.

Descobrem-se desmedidas reservas mineralógicas, potencial de óleo de baleias e focas, rastreiam-se, por rotas oceânicas, valiosos cetáceos (hoje, equivalente à bacia petrolífera) disputados palmo a palmo. Nas Américas, excepcionais santuários (locais onde os peixes vivem, alimentam-se e se acasalam) de baleias, focas e tartarugas gigantes são detectados em Salvador, Abrolhos, Terra do Fogo, Callao, Peru e no arquipélago de Galápagos.

Quando repassamos páginas e páginas de livros e publicações as mais diversas sobre dezenas de expedições científicas e pseudocientíficas que se agitaram pelos oceanos, florestas e cordilheiras, uma conclusão nos salta à mente: a genialidade de Charles Darwin. Arquimedes, cientista e matemático grego, bradava nas ruas de Atenas: "Dê-me uma alavanca que eu moverei o mundo". Shakespeare, o genial dramaturgo da alma humana, produziu obra que abarcou milênios. Charles Darwin ultrapassou a ambos. Ele golpeia a fundo o misticismo milenar e traz para o terra a terra a desafiadora teoria de que o ser humano descende do macaco, especificamente do chimpanzé.

O bafo dos símios, vindo das savanas africanas, intoxicaria as naves das catedrais, igrejas, sinagogas e mesquitas. Quando Darwin abatia um condor-dos-andes nas estepes da Patagônia, o cavalo Bukhra de Maomé era ferido nos desertos do Saara. Hão de perguntar por que Darwin, em certo aspecto, ultrapassou Shakespeare. Vestiram-no de dramaturgo, numa viagem pelos mares, e ele penetrou nas mentes humanas e produziu peça que assombrou as religiões e encurralou padres, mulás, rabinos e sacerdotes de todo jaez, de Padre Cícero Romão Batista do Juazeiro do Norte a este profeta dos tempos atuais, Edir Macedo, o exterminador de diabos.

De relance, repassemos um pouco a obra que o gênio da alma humana, Shakespeare, gestou. Em *O mercador de Veneza*, lá está o judeu Shylock, carregado de doentia usura, às raias da monstruosidade. Em *Henrique* V, as infames intrigas da corte, destacando-se o papel de Falstaff, hoje tão bem representado nas rodas das altas elites do Brasil, onde se dão as mãos a futilidade, a ostentação e a corrupção. Em *Macbeth*, perfila-se a traição criminosa nas antecâmaras do poder. Quando Macbeth assassinou o rei Duncan, lembrei-me dos generais do militarismo sul-americano, no século XX, ao traírem a confiança dos presidentes, assassinando-os ou os derrubando do poder. Em *Timon de Atenas*, a sociedade aristocrática de Atenas é retratada. Nela se encontram um intelectual bajulador (nos países latino-americanos sempre vicejou esse tipo de literato) e um general corrupto e torturador. Em *Júlio César*, a sociedade romana, no seu agonizar, personifica-se na alma quimérica, estreita, dedicada à liberdade, mas invejosa, de Brutus.

Em *Otelo*, terna é Desdémona, vive no mundo sob o embalo da despreocupação dos justos, a desconhecer a maldade humana. *Rei Lear*: não há nenhuma das tragédias dramatizadas por Shakespeare tão dolorosa e que mais fundo tocou o coração humano; mergulha no estudo da loucura e do quanto a maldade pode arrastar o ser humano às maiores atrocidades. Cordélia, filha extremada e boa, desconhecia as infâmias que abrigam certos tipos humanos.

Paremos um pouco. A obra do genial dramaturgo é vasta; só um tratado para analisá-la em toda a sua dimensão. Na dramaturgia shakespeariana, centenas de personagens são lançadas na cena do mundo, nenhuma delas suplantou o perfeito desempenho de Charles Darwin no anfiteatro dos mares.

Que encenação magistral, digna de um *pantheon*, ao lado de Isaac Newton!

Contingente armado de setenta homens, a compor a tripulação de um navio de guerra como o H. M. S. Beagle, nenhum projétil de canhão foi disparado, exceto a salva de tiros nos portos dos países visitados, numa demonstração de força do poderio bélico britânico, cujos povos, recém-libertos do jugo hispânico, assustavam-se.

No Rio de Janeiro, onde Darwin permaneceu por mais de cem dias, o que ele encontrou? A aristocracia egoísta, composta por uma chusma de fidalgos papalvos e presunçosos, aliada a traficantes de escravos financiados pelo capital inglês. De público o Reino Unido combatia o tráfico negreiro. Na Argentina, Manoel Rosas, um centauro da bestialidade humana, sobre cujos ombros reluzia estrelato de general, escancarou às ambições britânicas as portas da soberania argentina; a hidra imperial estendeu os seus tentáculos que ainda hoje estão fincados no Atlântico Sul. Máquina poderosa, sob a estratégia da alta inteligência britânica direcionada pelo British Foreign Office, lança as suas garras por todo o mundo e chega a Valparaíso, a etapa mais relevante da expedição, a descortinar as fabulosas riquezas do cobre, salitre, prata, ouro, estanho, carvão mineral, minérios que dormitavam nos contrafortes dos Andes e que, após a passagem de Darwin e Fitz Roy, serão saqueados por hordas de finórios capitalistas ingleses amparados no poderio da Armada Naval de Sua Majestade.

As tropas inglesas comandadas pelo general Ralph Abercromby conquistaram a Nicarágua, no Caribe, apenas com uma baixa. Darwin e Fitz Roy, sem nenhum disparo de canhão ou baixa, operaram perfeita invasão silenciosa, amparados no escudo da ciência e de "despretensioso levantamento cartográfico".

Que inteligentes agentes da Coroa britânica, o capitão e o naturalista! Retomemos os passos de Darwin em Valparaíso e nas regiões por ele visitadas. Matérias e assuntos envolvendo interesses da Coroa britânica, o naturalista os omitiu. A fim de embasar este ensaio, procuramos nos apoiar em dados esparsos e nas centenas de cartas que Darwin escreveu, aproximadamente umas 14 mil, em toda a sua vida. Que missivista compulsivo!

O Beagle atracou no porto de Valparaíso, em 23 de junho de 1834, e zarpou daquele porto em 10 de novembro, permanecendo, portanto, mais de cem dias ali, retornando depois, em março de 1835.

Já àquela época, como hoje, Valparaíso era o principal porto do Chile; situa-se numa larga baía, a 110 quilômetros de Santiago, clima subtropical, e inverno suave e verão seco. Nessa passagem, o naturalista transmudou-se num Perseu (da mitologia grega). Que miragem fantástica! Darwin conseguiu olhar, de onde se encontrava, em Valparaíso, o vulcão Aconcágua, localizado nos Andes argentinos, numa distância superior a 350 quilômetros. É impossível qualquer visualidade, mesmo de avião, como pude constatar quando o sobrevoei. Ventos tempestuosos de até 200 km/h fustigam aqueles cumes, a levantar enormes tufos de neves, a que se denominam neves eternas, envoltos num labirinto de cristas afiadas e vales profundos, a despontar alcantilados, como o Aconcágua, o mais alto das Américas, com 7.010 metros de altura. Da mesma forma que os beduínos do Saara, Darwin se impregnou de miragens ao contemplar a majestade soberba dos Andes, e soltou mais este despautério: "Medições tomadas pelos oficiais do Beagle comprovaram que o Aconcágua atinge a altura não inferior a 6.900 m". Isto em 1834. Com que aparelhos fizeram a medição? Nem atualmente, com modernas aferições por satélite, se consegue tal feito. Talvez só por telepatia.

Em um dos únicos contatos que disse ter tido em Valparaíso, Darwin cita o seu encontro com Mr. Richard Corfield, seu colega de turma, dando a entender com isso que o fez por motivo sentimental, "velho amigo e companheiro de colégio", quando na verdade ele escondia reservadas e constantes reuniões que manteve com grupos de mineradores e exportadores britânicos, articuladas através do embaixador inglês, no Chile, tenente-coronel John Walpole. Tudo isso foi abafado, mesmo porque seria contrário aos interesses do Império Britânico divulgar audiências envolvendo assuntos pertinentes à exploração e exportação de minérios, estratégicos ao desenvolvimento da economia inglesa.

Nisso, Darwin pautou-se por um silêncio sepulcral. Só de relance, o naturalista deixa transparecer os verdadeiros objetivos da viagem. Nas centenas de cartas que escreveu, e mesmo no diário de bordo que dissecamos, ele se derrama em descrever fatos de pouca importância e a fazer análise crítica de assuntos técnico-científicos sem nenhum embasamento. E, o mais grave, desanda a forjar fantasmagóricos acontecimentos; aí ele mergulha num quixotismo de quintal: "Eu abati um condor-dos-andes; eu escalei os Andes; eu atravessei o rio Bio-Bio; eu estava em Valparaíso e vi o Aconcágua; eu dizimei uma praga de gafanhotos em Mendonza." (Lembrei-me de Dom Quixote batalhando contra moinhos de vento, imaginando-se a vencer exércitos).

Analisem a busca frenética do naturalista por riquezas minerais. Darwin chegou a Valparaíso em 23 de julho de 1834, após seis dias de contatos com autoridades governamentais, exportadores e mineradores, ele viaja no dia 29, às pressas, à província de San Felipe, "bela cidade", como afirma, e vai conhecer as portentosas reservas de cobre e ouro de Jajuel, localizadas a cerca de 120 quilômetros ao norte de Santiago. Nessas regiões de alto potencial de minérios, permanece por cinco dias e conhece *in loco* as operações de extração do cobre, transportado a lombo de mulas para o porto de Valparaíso, e daí exportado para várias indústrias inglesas instaladas nos portos de Liverpool, Torbay, Brighton, Cardif e no de Swansea.

Qual a empresa britânica que explorava as jazidas de cobre de Jajuel e de Santa Berta, esta na província de Valparaíso? A Melbourne & Clark, da qual era sócio Josiah Wedgwood II. Empresas, muitas delas fantasmas e outras tantas destinadas a abrigar testas de ferro chilenos, surgiam da noite para o dia, tanto na Inglaterra como no Chile. Deixa Darwin a região das minas de Jajuel e retorna a Santiago. Nesta capital permanece uma semana, período em que mantém vários encontros com o embaixador inglês e grupos de empresários (destes encontros, uma vítima iria ser sangrada e saqueada por décadas e décadas: o povo chileno). Viaja para o sul do Chile, pernoitando na cidade de Rancagua, que dista da capital uns 140 quilômetros. No dia seguinte, ele atravessa o vale do rio Cachapual, logo depois vai conhecer as minas de ouro de Yaquil, exploradas por um tal de Mr. Nixon, na verdade um inexpressivo testa de ferro de exportadores britânicos.

Das falácias engendradas pelo navegador inglês, esta talvez seja uma das mais bem arquitetadas. As minas de Yaquil eram meras fachadas; nelas trabalhavam apenas quatro ou cinco operários chilenos, que se esfalfavam para extrair algumas pepitas de ouro ao fim de oito a dez dias de exaustivo esforço. Ele deixou no seu livro que ora focamos e em centenas de cartas enviadas à Europa que ia visitar aquelas minas de ouro. Minas, na verdade, sem nenhuma significação econômica para as ambições desmedidas da Coroa britânica. Para efeito de embair a opinião pública, correu, em Santiago e regiões adjacentes, e mesmo na Europa, a notícia de que Darwin fora visitar "as minas de ouro de Yaquil". Que embuste! O que visava na verdade? A Nova Potosí de cobre, as minas de El Teniente.

Que grande encenação urdida pelos estrategistas do Reino Unido!

Há quase dez anos a hidra britânica já lançara suas garras sobre as minas de cobre de El Teniente, situadas na província de Rancagua, a "Potosí do cobre", como os ingleses a chamavam. Prossegue a viagem o nosso andarilho.

Em certo amanhecer de setembro de 1834, Darwin viu reluzir no horizonte um vermelho incandescente, a refletir nas encostas dos Andes um clarão indescritível de assombro e beleza. Pasmo, inebriou-se; aquilo chegava aos seus olhares e ele se imaginou um novo Midas, detendo em suas mãos o condão de levar para o seu país toda a dimensão daquela montanha de libra esterlina.

O que impregnava com tamanha emoção o cavaleiro andante dos mares e das encostas andinas? As fabulosas minas de cobre de El Teniente; delas iriam partir do porto de Valparaíso, no decurso do século XIX, embarcações abarrotadas de cobre para portos e indústrias de fundição da Inglaterra em Liverpool, Plymouth, Portsmouth, Kingston e Sunderland, e aí nesses centros o minério seria industrializado e moldado em vários tipos de peças, e depois, exportado, a preços exorbitantes para o mercado mundial, do qual o Império Britânico detinha monopólio em torno de 80%. Alcançou-se este poder hegemônico sobre os costados do povo chileno, impiedosamente sangrado e saqueado.

Às centenas, trabalhadores chilenos morreriam infamemente, em inseguras e péssimas condições de trabalho, a que eram condenados pela voracidade de lucro da hidra britânica. Hábil e diplomata (não fora sem razão que o governo inglês incumbira um jovem de tamanha responsabilidade), com alto senso de persuasão, superdotado, às raias da genialidade, Charles Darwin conseguiu inteligentemente a consorciação de três grandes empresas inglesas, inclusive, uma delas, dona de navios, com o objetivo de extrair e transportar dos portos chilenos minérios para as fundições da Inglaterra. Apossado das jazidas de El Teniente, considerada a maior mina de cobre do mundo, e das de Chuquicamata, tida como a maior em céu aberto da Terra, a superpotência europeia iria, a partir da década de 1830, até o final da Primeira Guerra Mundial, dominar a extração, transporte e industrialização do cobre.

Em ligeiras pinceladas, de que forma podemos observar hoje a mina de El Teniente? Possui mais de 2.400 quilômetros de túneis que se estendem pelos subterrâneos dos Andes, a 2.700 metros de altura, acima do nível do mar; nela trabalham 12 mil operários, nos 7 dias da semana, com produção por dia de 110 mil toneladas de rocha bruta, das quais se extraem 1.200 toneladas de cobre puro. De minério acessório, aproveitam-se 6 mil toneladas anuais de molibdênio, de relevante importância na fabricação do aço. Para dimensionar as proporções gigantescas de El Teniente, basta que apontemos este dado: ela possui um elevador subterrâneo, com capacidade para 400 pessoas.

Na altura deste trabalho, estendemos olhares às primeiras décadas do século XIX, e uma conclusão nos sobrevém: de que maneira a Inglaterra dominou o mundo por tanto tempo, assente apenas numa pequena nesga de terra? Na inteligência e audácia de uma elite dirigente agressivamente dominadora.

> Pág. 253
> [Vale do Quillota, Valparaíso]
>
> Próximo ao Valle do Quillota, no monte Bell, viam-se palmeiras em alguns lugares, surprehendendo-me, porém, encontra uma que viçava numa elevação de pelo menos 1.350 metros. As palmeiras, como família, são arvores feias. O tronco é grande e de forma curiosa tendo o centro mais grosso que a base e o topo.
>
> São extremamente numerosas no Chile.

Da família das palmáceas, a palmeira compreende 220 gêneros e 3.480 espécies; planta de caule lenhoso, cilíndrico, na sua maioria alta, encimada por um tufo de grandes folhas, cuja lâmina parte-se em forma de leque. No mundo vegetal, as palmeiras oferecem um toque paisagístico de beleza, quer se apresentem nas cumeadas dos montes e montanhas ou nos vales e orlas marítimas.

O que Darwin viu e julgou feio? Ele não classificou que tipo de espécie viu, talvez tenha sido a arequeira (*Areca catecho*), originária de Cochinchina, ou porventura a cariota (*Orophana subinermus*), nativa da Ásia tropical, ou a jurupati (*Raphia vinifera*), natural da África.

Majestosas palmeiras imperiais ornam o Jardim Botânico do Rio de Janeiro.

Desde longínquas eras, milhões de palmáceas embelezam os caminhos do homem pelo mundo, e outras tantas lhe servem de nutriente. O que tocava e sensibilizava o nosso naturalista reluzia, decerto, na beleza do cobre.

> Pág. 254
>
> Via-se da Serra do Campanna [altura 600 metros], no extenso Valle do Quillota, como num mappa, todo o território chileno, limitado pelos Andes e pelo Pacifico.

Da estratosfera sobrepairava um vulto que projetou a sua visão e de lá contemplou, de uma pequena serra, todo o território chileno (mais de 4 mil quilômetros de extensão), limitado pelos Andes e Pacífico.

Cesse tudo o que a musa cante, o nosso Panúngio mergulhou fundo no mundo fantasmagórico e deixou à posteridade estes versos:

> Voei sobre os Andes, pouco a pouco varei turbilhantes nuvens [...] ate alcançar as amplidões dos espaços. De lá vi o Chile, entre os Andes e o Pacifico.
>
> Pág. 256
>
> Também observei, em dois lugares, o tamarindo, árvore majestosa [isto no vale de Quillota].

A exemplo do que disse sobre o arquipélago de Fernando de Noronha, quando o nosso "botânico" viu um loureiro, a árvore visualizada por Darwin não era um tamarindo, espécie nativa das regiões tropicais da África e da Ásia ocidental, de folhas pesadas, com pequenos folíolos, flores amarelas e pouco visíveis.

> Pág. 261
>
> Logo adiante desse ponto, o rio Cachapual dividia-se em duas tremendas barrocas que penetravam directamente na grande cadeia.
>
> Escalei uma montanha ponteaguda que provavelmente tinha mais de mil e oitocentos metros de altura.

É pura imaginação essa montanha próxima ao rio Cachapual, com 1.800 metros de altura. Que montanha é essa? Onde está localizada? Que nome tem? A realidade assim se delineia: na região por onde corre aquele rio, várias colinas se situam num nível de altura em torno de 250 a 300 metros. Darwin idealizou como se estivesse a escalar grande elevação. Que condições climáticas predominavam naquela região entre os meses de agosto e setembro, quando a temperatura caía de 8 a 10°C? Que meios e instrumentos o nosso destemido alpinista empregou e quem o acompanhava nessa desafiadora façanha? Emudece o montanhês do H. M. S. Beagle.

> Pág. 264
>
> A puma ou leão sul-americano, não é rara. Habita ampla extensão geográphica, encontrando-se desde as florestas equatoriais ao través dos desertos patagônicos. Tive ensejo de ver-lhe as pegadas na Cordillera central do Chile, a uma elevação de, no mínimo, 3.000 metros.

Que região dos Andes habita o puma, mamífero carnívoro da família dos felídeos? Realmente esse animal vive nas alturas dos 3 mil metros. Que atmosfera envolve aquelas paragens andinas, nas quais Darwin encontrou pegadas do puma? No alto da cadeia montanhosa, entre 3 e 4 mil metros, estendem-se, em algumas partes dos Andes, amplas pradarias da puna (espécie de savana). Lá vivem o puma, o guanaco e a vicunha. Circunstanciados à elevação das encostas, os ventos progressivamente resfriam-se. Nuvens condensam-se por intensa umidade a partir de 900 metros de altitude, variando a temperatura de um lugar para outro. No patamar de 3 mil a 3.500 metros de altura, a precipitação pluviométrica atinge 2 mil milímetros ou mais por ano.

Em 1987, escalei os Andes na altura de 2 mil a 2.500 metros. É algo fascinante e assombroso. A zona acima de 3 mil metros é conhecida como floresta de nuvens; nela a vegetação é encharcada com as copas das árvores mais baixas do que na floresta tropical. Para além dessas altitudes, fica a zona da puna fria, e, por fim, nos picos mais alcantilados, tempestuosos ventos revoluteiam neves eternas.

Darwin tresvariou; em sonhos ele viu pegadas do puma.

Que odisseia temerosa alcançar as paragens onde habita o puma! Poucos àquela época a abraçariam.

> Pág. 277
>
> Para o geólogo, granito é solo clássico [...] Geralmente o vemos constituindo a rocha fundamental e, onde quer que se forme, sabemos que é a camada mais profunda do crosta do globo.

Ao olhar a Terra, podemos descrevê-la como uma esfera dotada de crosta ou litosfera rochosa com a maior parte recoberta por água e envolta por uma camada conhecida por atmosfera. A crosta apresenta-se como a parte sólida externa do planeta, que, em alguns pontos, se expõe e, em outras partes, se oculta, através de variados tipos de rochas compostas destes elementos: granito, alumina e sílica, os quais perfazem aproximadamente 74% dos componentes da litosfera.

> Pág. 282
>
> Esses mares [refere-se ao Pacífico] do sul são freqüentados por várias espécies de procelária: a maior, a Procellaria gigantea dos espanhóis é ave commum nos canaes interiores e no mar aberto. Pelos hábitos e modo de voar, parece-se intimamente com o alcatraz.

Este nome, "procelária", originou-se pelo fato de que, quando essas aves formam bandos, prenuncia-se tempestade (os genes da comunhão ante as intempéries).

Procelárias, aves oceânicas como os albatrozes; em terra elas permanecem na época da reprodução. De vocação pelágica, são capazes de sobrevoar oceanos por dias e dias, em voo planado, graças aos ventos que cortam os espaços por elas atravessados. Distribuem-se predominantemente por terras e ilhas da costa meridional da América do Sul. Arrostam, com habilidade aerodinâmica, as vagas tempestuosas dos mares.

> Pág. 293
> [Valdivia, Chile]
>
> O dia de hoje tornou-se memorável nos annaes de Valdivia, com o terremoto mais violento que se fez sentir no local. Aconteci achar-me na praia, deitado no bosque a descansar. Chegou subitamente e durou dois minutos (dois minutos!) mas o tempo pareceu muito mais longo.
>
> ....
>
> Um forte terremoto destroe num instante as nossas mais arraigadas associações de idéias.
>
> ....
>
> Na floresta, como as árvores se agitassem ao sopro de uma brisa somente senti tremer a terra e não vi nenhum outro efeito.

Não olvidemos. A humanidade está a bordo de uma nave espacial, a Terra, de onde presenciamos a natureza emitir constantes sinais de que tudo é movimento, desde as profundezas terráqueas aos espaços siderais. No seu interior, o planeta encontra-se em erosão natural, cedendo e rompendo sob tensão. Este fenômeno provoca fraturas nas placas tectônicas, a liberar poderosas forças, os terremotos.

Charles Darwin, naturalista de causas surpreendentes, abateu um condor-dos-andes nos lhanos da Patagônia, encontrou nas praias dessa região fósseis de quadrúpedes pré-históricos, viu em Bahia Blanca, norte da Patagônia, três ou quatro avestruzes, esteve nas ilhas Malvinas três vezes e "displicentemente" nada descreveu sobre o arquipélago, desconhecendo os acontecimentos que lá ocorreram. Deveras, filósofo pré-socrático, muito além do tempo e do espaço. Surpreendentemente, na manhã de fevereiro de 1834, numa praia da cidade de Valdivia, no Chile, onde se encontrava, testemunhou as forças da natureza desencadearem um terremoto, que, segundo Darwin, foi o mais violento que eclodiu naquela região.

Superou Cerberus (da mitologia grega) em provocar forças malignas. Que devastação gerou naquela região fenômeno de intensidade tão violenta, a perdurar dois minutos. Ressalte-se, dois minutos!

Só terremotos terrivelmente devastadores, como o de Tóquio, em 1923, no qual morreram 140 mil pessoas; o do Vale do Mississipi, em 1811; o do Alasca, em 1859, tiveram tempo de duração superior à média (menos de um minuto), mas jamais dois minutos. Nas regiões vulcânicas, como é caso da costa do Pacífico sul-americano, ocorrem terremotos produzidos por explosões internas, geradas do escape de gases sob fortes pressões. Sua propagação é limitada. O que sucedeu na cidade de Valdivia caracteriza terremoto de fraca intensidade, a que se denomina microssismo.

Ademais, surpreende-nos o navegante do Beagle fazer-se um onipresente; no mesmo tempo ele se encontrava na praia e no meio de uma floresta.

> Pág. 300
>
> É de estranhar-se que Talcahuano e Callao, perto de Lima, situadas ambas ao fundo de bahias rasas e amplas, tenham sofrido o efeito das grandes ondas em todo o terremoto violento, ao passo que Valparaiso, localizada à beira de profundíssima água, nunca teve essa infelicidade.

Nas profundezas oceânicas, quase diariamente, centenas de terremotos de pequena intensidade provocam agitações nas ondas acima do normal. Da movimentação profunda no fundo dos mares, irrompe o maremoto, movimento largamente convulsivo em águas subterrâneas, gerando o tsunami, que ao se irromper num epicentro abissal oceânico, ascende forte deslocamento de águas, que provoca gigantescas ondas, a propagar-se a enormes distâncias, com velocidade que atinge até 700 km/h; revoluteiam em grande tamanho e força, a desencadear devastações ciclópicas. Quando as ondas se precipitam, deixam o fundo do mar a descoberto; ao retrocederem, eclodem tufões gigantes, a rebentar sobre a costa das orlas marítimas, algumas delas à altura de 30 metros. Poucos anos atrás, no Sudoeste Asiático, um tsunami, com epicentro no oceano Pacífico, causou indescritível devastação, com mortes de mais de 200 mil pessoas e prejuízos materiais incalculáveis.

O que Darwin procurou confusamente expor retrata a ocorrência de um tsunami, cujo epicentro ele julgava situar-se nas montanhas.

> Pág. 303
> Chegamos à entrada do porto de Concepcion, após uma permanência de três dias quando partimos rumo à Valparaiso.
> Pouco depois arpoou bem próximo a nosso costado um navio de baleias americano. Ouvimos o Yankee impor silêncio em língua blasphema a seus comandados [...] [navio baleeiro à época equivale, atualmente, a um petroleiro].

O encontro desse navio baleeiro americano patenteia, sem dúvida, a encarniçada disputa pelos cardumes de baleias, focas e tartarugas gigantes nos mares do mundo. Países como Espanha, Inglaterra, EUA, Holanda e França disputavam a primazia do mercado de óleo e de carne que esses peixes proporcionavam, destacadamente o óleo da baleia para iluminação.

> Pág. 306
> [7 de março de 1835. Volta a Valparaíso]
> Se assim for, e não posso duvidá-lo, a grande cadeia fragmentada da Cordillera em vez de ter sido levantada subitamente, como ate há pouco foi e continua ainda a ser a opinião commum dos geólogos, soffreu ascenção lenta em massa, pela mesma maneira gradual por que se elevaram dentro do período recente as costas do Atlântico e do Pacífico.

Os Andes situam-se a oeste da América do Sul, estendendo-se, desde o norte da Venezuela até o sul da Terra do Fogo; subdividem-se em duas cadeias, a Ocidental e a Oriental. Entre estas cadeias predomina um vasto planalto, com altitude média de 3.800 a 4 mil metros.

Com a palavra os geólogos. A formação da cadeia dos Andes ainda hoje é estudo de controversos debates (Darwin desandou-se numa análise pessoal e equivocada). De estrutura geológica monumental, os Andes apresentam o seu surgimento, que se aprofunda até o início do Paleozoico. Formaram-se por dobramento e elevação de espessas sequências de rochas acumuladas em antigas depressões marinhas, a que se denomina geossinclíneos, provocadas por fenômenos vulcânicos intensos, cujos efeitos ainda persistem até os dias atuais. Esses desdobramentos e falhas não ocorreram apenas uma vez, segundo a opinião de Charles Lyell, mas através de sucessivas épocas. Durante o período Cretáceo, oscilaram muito os limites dos fenômenos marítimos. No Pleistoceno, os Andes alcançaram altitude superior a 3 mil metros. Nesse período geológico, eles se cobriram por grandes glaciares. Região de assoberbantes contrastes, lá se encontravam reservas minerais, destacadamente o cobre, prata, salitre, ouro, diamante, estanho. Nos mares, imensos cardumes de baleias e focas, a se moverem por percursos migratórios através do Pacífico e têm como principais santuários a Terra do Fogo, as Malvinas, litoral do Chile e Peru e o arquipélago de Galápagos.[20]

Pág. 307

A casa onde dormimos estava situada no sopé de uma montanha, em cujo cimo se achavam localizadas as minas de S. Pedro de Nolasko. Admirou-se Sir F. Head [grande exportador de minérios de prata] de como se pudessem ter descoberto minas em posições tão extraordinárias como esta e tantas outras.

....

Nas grandes províncias mineiras de Coquinho, Copiapó, destaca-se a mina de Chanuncillo, cuja produção de prata em poucos annos attingiu o valor de muitas centenas de milhares de libras [...].

Pouco temos a acrescentar sobre o minério de prata do que aduzimos a respeito do cobre e de outros minérios. Destaquemos este fato. No seu relato acerca das províncias mineralógicas de S. Pedro de Nolasko, Coquimbo, Copiapó e Chanuncillo, Darwin não mentiu. Essas jazidas eram detentoras de grandes reservas de prata, as quais foram vorazmente exploradas e saqueadas por empresas inglesas consociadas a testas de ferro chilenos, do século XIX até a Segunda Guerra Mundial.

Ressalte-se este significativo acontecimento. Após a passagem de Charles Darwin por aquelas províncias mineralógicas, intensificou-se a exploração da prata, não se descartando, no entanto, a participação de membros da família Wedgwood, como integrante de uma daquelas empresas associadas na extração e exportação de minérios.

O Chile, durante o século XIX, através de poderosos grupos econômico-financeiros britânicos, situou-se como um dos maiores produtores mundiais de prata. No ano de 1960, apenas extraiu 140 toneladas desse minério. Atualmente, as suas jazidas estão quase extintas. A exploração predatória, voraz e selvagem pelas empresas inglesas e norte-americanas, aliada a governos chilenos corruptos, levaram ao esgotamento das enormes reservas de prata do país andino.

Devastaram tudo. Nas portentosas províncias de prata de Copiapó, Chanuncillo e Coquimbo, referidas descuidadamente por Darwin, atualmente o que podemos olhar? Montões de ruínas. Elas retratam bem que por ali passou o arrastão criminoso de deslavada exploração. Deixaram trágico legado ao povo chileno: miséria e fome.

Que levantamentos cartográficos e pesquisas científicas estes dois vultos, Charles Darwin e Fitz Roy, realizaram?

Págs. 307 e 308
[Darwin "escala" a cordilheira dos Andes.]

Na proporção que subíamos o valle a vegetação, com exceção de poucas bellas flores alpinas, tornava-se extraordinariamente escassa: quadrúpedes, aves, insectos, quasi não se viam.

....

> As características do scenário dos Andes que mais me impressionam relativamente ao contraste que faziam com outras cadeias de montanhas.
>
> ....
>
> Freqüentemente observei, tanto na Terra do Fogo como no meio dos Andes, que durante a maior parte do anno, a neve cobria as rochas, estas se apresentavam despedaçadas.
>
> ....
>
> Seja qual for à causa, é extremamente grande a quantidade de pedra miúda na Cordillera. Ocasionalmente na primavera, escorregam das montanhas grandes massas desses detritos.
>
> ....
>
> Passamos a noite em companhia de um grupo de homens que se empregavam em carregar mulas.
>
> ....
>
> Partindo bem cedo, até que chegamos ao sopé da serra que separa as águas que correm para o Pacífico e das que se dirigem ao Atlântico [segundo este relato, Darwin alcançou quase 6.000 metros de altura].
>
> ....
>
> A estrada transformou-se num ziguezague íngreme rumo ao alto da cadeia que divide as repúblicas do Chile e de Mendoza.

Esclareça-se. A província de Mendoza integra a Federação da República Argentina. Nunca foi república. Essa província sempre manteve forte ligação com o Chile, mesmo após 1776, quando se formou o vice-reinado do Prata. Na guerra da independência do Chile, erigiu-se aquela cidade quartel-general das forças revolucionárias de San Martín.

Aleluia! Aleluia! O destemido viajor transoceânico escalou os Andes. Transmudou-se no herói Teseu (da mitologia grega), voejando por terras e mares. Venceu precipícios, desfiladeiros, abismos, neves eternas, ventos tempestuosos que fustigam os picos alcantilados da andina cordilheira.

Que herói desafiador de novos mundos?!

Fernão Magalhães, em odisseia heroica, circum-navegou mares e oceanos. O neto de Erasmus Darwin escalou os Andes; ele só, na solidão do seu próprio eu. A história da ciência desconhecia tamanha coragem e audácia. Alexandre Humboldt, na renhida e penosa escalada do Chimborazo, não alcançou proeza tão épica.

Praza aos céus! Nem Homero, com seus personagens vivenciando a *Odisseia*, nenhum deles, nem Aquiles abraçou fenomenal feito, como o predestinado do Beagle. O século XIX embalou um venturoso. Cervantes criou Dom Quixote, Sancho Pança, Rocinante, e assim povoou a imaginação da humanidade com vultos e tipos impregnados de sonhos, utopias, loucuras, mentiras e glórias.

Onde encontrar, nessa seara da condição humana, o nosso cavaleiro andante, a desafiar e vencer, por sobre os penhascos nevados, a epopeia de escalar heroicamente os Andes? Que desígnio embalou o utópico e delirante andarilho, a transcender o próprio Cervantes na sua criação imaginária? Das mesetas castelhanas emergiram, da pena genial de Cervantes, personagens para a cena do mundo. Da Inglaterra, um vulto se projetou no mundo das ciências, e, por seu acendrado anticlericalismo, encontrou a glória.

Que cenário antevíamos? Darwin fez da ciência um monodrama; ele o único criador e ator. A viagem do Beagle bem o retrata. Todo fenômeno da ciência vem com ele próprio. De dedicados e despretensiosos cientistas, como Alfred Wallace, Henry Bates, Humboldt e tantos outros, Darwin plagiou o necessário à elaboração dos seus livros e de suas teorias. Toda ciência, julgava, vem da sua inteligência e dela se irradiava para o mundo. Logo nos primeiros meses de sua viagem, a partir de 1832, desentendeu-se com o médico Robert McCormick, que prestava assistência médica à tripulação do Beagle, coagindo-o a desembarcar no Brasil e retornar à Inglaterra. Darwin tinha por trás dele os cordéis do poder político e econômico. O bobo, que o assistiu com servis salamaleques durante a viagem, nominava-se William Snow Harris.

No seu íntimo, Darwin carregava solidão petrificada. Varou a vida numa constante embriaguez de si mesmo e nisso ele se fez imaginário na audácia. O que lemos na sua quixotesca escalada dos Andes carrega-se de mediocridade novelesca. De que forma retratou a sua epopeia pelos picos nevados dos Andes? Informes desencontrados acerca da existência de quadrúpedes, aves e insetos, até a áurea de transpor a cumeada da cordilheira nas alturas em que as águas dos rios se dividem entre o Pacífico e o Atlântico. O que divisamos, afinal? Um delirante, no afã de aplausos e glória.

Ante os majestosos Andes o homem se apequena. Fui envolto por esse êxtase, quando o escalei até 2.500 metros de altura. Darwin o desconheceu e o transpôs: fez-se um centauro da onipotência dos deuses.

Paredão monumental que emerge no norte da Venezuela e vara todo o continente sul-americano às bordas do Pacífico, desde a floresta tropical do Orinoco e Amazonas até mergulhar nas águas da Terra do Fogo, numa extensão de 7.500 quilômetros, e da qual irrompem centenas de ilhas, ilhotas, golfos, fiordes e geleiras.

Olhemos os Andes. Obra imponente a natureza ergueu, tendo a acompanhá-los fantásticos fenômenos, desde neves suaves, nos contrafortes venezuelanos, picos alcantilados envoltos por neves eternas, a revolutear a Avenida dos Vulcões, no Equador, frente ao qual Humboldt, estarrecido, exclamou: “Aqui a natureza abraça a eternidade”, até alcançar o Atacama, do deserto costeiro à claridade fria da Patagônia, com nuvens enoveladas e gélidas a cobrir desafiadores cumes.

Os Andes criam as suas próprias nuvens, a partir de uns 5 mil metros de altura; as montanhas obstruem a passagem dos ventos, forçando-os a subir para as camadas mais frias, onde a umidade se condensa. Com esses ventos, alguns picos, como o Aconcágua, criam os seus microclimas. No sopé das montanhas, formam-se neblinas, as quais, com o frio da noite, encrespam-se com a turbulência provocada pelo calor do sol da manhã. Essa neblina eleva-se em forma de extratos para além de mil metros; acima de 2.400 metros constituem nesgas de nuvens, provocando à noite temperatura de até 10ºC a 15ºC abaixo de zero.

Uma pausa. Relatemos a escalada dos Andes a partir de Santiago, Chile, até Mendonza, na Argentina, que eu próprio ouvi, em Santiago, ano 1963, de Miguel Alvarez, que, à frente de um grupo de homens, fez a travessia da cordilheira, na segunda década do século XX, no lombo de mulas, através do Passo de Portillo, conforme Charles Darwin imaginou.

São aproximadamente 350 quilômetros para serem vencidos em torno de oito a nove dias. Forma-se expedição, com nativos experimentados na travessia como guias. Mulas preparadas e sadias para suportar a escalada da cordilheira, algumas conduzem os viajantes, e outras, mantimentos, duas ou três de reserva. Planejam-se os locais de pernoite a fim de se enfrentar intensos frios, ventos tempestuosos e riscos de deslizamento em íngremes desfiladeiros. Organizam-se cavaleiros e mulas para a travessia Santiago-Mendonza, na Argentina. A estrada pelas encostas e cumeadas da cordilheira delineia-se por entre abismos; em alguns trechos, só passa um animal por vez.

O calendário marca 12 de agosto de 1914. Punhado de homens desafiadores de temeridade iria atravessar os Andes até bordejar o Aconcágua. Raia o dia no sopé da cordilheira soberba, frente à qual o viandante queda-se temeroso e inebriado. Na sua majestade, os Andes silenciosamente os contemplam. Cresce a solidão na alma daqueles homens logo nos seus primeiros passos. Encetam a escalada. Nos iniciais mil metros, a ascensão é relativamente fácil e gradual. A caminhada torna-se cada vez mais íngreme. Ao aproximar-se do patamar da linha de neves, cúmulos de nuvens se desatam nas primeiras nevascas revoluteadas, como tufões, por ventos açoitantes de 100 km/h. Um mulato tangedor de mulas sob o impacto de vertigens rola num abismal desfiladeiro. Atordoantes gritos ecoam: "Parem, parem, encostem-se no paredão", bradou Alvarez. Poucas horas depois, após a passagem da borrasca retomam as passadas vagarosamente; quase passo a passo, aqueles homens iam saltando gélidas fendas das encostas. Em certos trechos, a vereda por onde palmilhavam tinha largura em torno de 50 centímetros. Olhando-se aos lados, abismos temerosos rasgavam-se por colossais rochedos envoltos por intensos nevoeiros. Lá no fundo da montanha envolve sensação de vastidão indescritível. Próximo aos 3 mil metros, a escalada torna-se temerária e sombriamente perigosa. Divisam-se cumeadas e montanhas. Desafiadores perigos sobrevêm. Salteadores da natureza eles começam a sentir náuseas e vertigens. Dos lábios e das gengivas de dois deles, fios de sangue escorrem. De algumas minúsculas veiazinhas dos seus olhos, sangria rebenta deixando-os com visão embaçada e quase cegos. De Alvarez, o sangue cobria a sua boca.

Titãs da natureza de cujas têmperas irradiava-se a audácia dos fortes. Homens intimoratos desconheciam o medo.

Intensamente fatigados, eles alcançavam na escalada em torno de uns 5.200 metros de altura. Três noites se passaram; no dia anterior, um nativo teve um colapso e morreu, sob um frio de 20ºC abaixo de zero e ventos de 150 km/h.

Das cumeadas, olhando-se para baixo, assalta-nos uma aura de infinitude. É terrificante. Tudo nos deixa perplexos. Ali, a alma mergulha num insondável abismo. À medida que se escala a cordilheira, ela se torna mais gélida e a ascensão, dolorosamente difícil e temerosa. Um bobo, tipo Harris Raio Trovão, começa a sentir náuseas e vertigens, manando-lhe sangue dos lábios e das gengivas. Berrou, semitresloucado: “Estou no inferno. Jesus! Jesus! Jesus, me salve!” O grupo se aterroriza ante o quadro, em que a razão começa a sucumbir, enfraquecido por ventos cortantes a lhe fustigar os seus rostos.

À noite, no oitavo dia, já próximo de alcançar a enseada culminante que divisa as águas dos rios que deságuam no Pacífico e no Atlântico, Alvarez teve a antevisão de inebriada felicidade ao contemplar a constelação do Cruzeiro do Sul; ao seu lado esquerdo, o cabeço do Aconcágua coroado com diadema de neves eternas. Nesses cumes, conhecem-se as estepes frias e relvosas, ou punas a cobrir as encostas altas dos Andes entre 3.600 metros e a linha de neve, a 5 mil metros. Todos esses fenômenos atmosféricos, Darwin imaginou vivenciá-los. A puna tem a cobri-la paisagem assustadoramente triste, batida por ventos cortantes e fortes, sem chuva durante os nove meses do ano, extremamente fria à noite. No solo nada cresce, exceto alguns tufos de gramíneas grosseiras e amareladas, além de plantas anãs rentes ao chão; poucos animais de grande porte ali vivem, salvo o puma, o veado galheiro, o guanaco, a vicunha, o lhama e a alpaca.

Naquelas montanhas de neves eternas e de tempestuosos ventos um gigante as habita, o condor-dos-andes, a maior ave de rapina do mundo, encontrado apenas nas cordilheiras andinas, cuja envergadura das asas alcança mais de 3 metros e permite-lhe voar sem esforço a 5.500 metros de altitude. Vive solitário na solidão daqueles espaços montanhosos.

Nos altos cumes, a pressão atmosférica cai progressivamente, até que, a 5 mil metros, o oxigênio do ar é cerca da metade do existente ao nível do mar. Para quem vem de altitudes inferiores, Santiago, por exemplo, os efeitos da queda de pressão são devastadores: agudas dores de cabeça, como se o cérebro fosse se despedaçar, respiração ofegante, taquicardia, desmaios e enjoos. Estes sintomas são conhecidos pelo nome de soroche. Algumas vezes, dependendo da constituição biopsíquica de cada pessoa e dos próprios animais, acontece uma espécie de loucura, levando o indivíduo a lançar-se nos despenhadeiros. Surpreende-nos o naturalista britânico na travessia quixotesca que empreendeu. Ele não sofreu nenhum desses sintomas; criou o seu mundo de utopias. Fez-se um Bukhra, o cavalo de Maomé, voando pelos espaços andinos.

> Pág. 311
> [Darwin continua a "escalar" os Andes.]
>
> Quando nos avizinhamos do cume, o vento, como geralmente acontece, tornou-se impetuoso e extremamente frio. De cada lado da vertente [Esclareça-se; significa do Atlântico e do Pacífico, altitude em torno de 5.000 metros] tivemos que atravessar largas faixas de neves eternas. Da crista da montanha, olhando para trás, contemplamos o mais suntuoso panorama [ele quis dizer que estava contemplando o Chile, a "república" de Mendonza e a Argentina].
>
> Gostei de me achar a sós: era como se estivesse observando uma tempestade de trovão, ou escutando todo um côro orchestral do Messias.

Este relato nos traz à baila texto de Dostoievski em que ele se refere a certa passagem de Maomé no Corão, na qual o profeta declara que esteve no paraíso. Diz o escritor russo: "Maomé não mentiu, ele esteve realmente no paraíso, mas foi durante uma crise de epilepsia".

O nosso naturalista realmente escalou os Andes e alcançou as cumeadas. Darwin não mentiu; ele participou dessa odisseia, mas foi durante um surto de delírio de uma doença de que era portador, conhecida por "tabernáculo de Darwin", enfermidade que afeta os órgãos auditivos em surtos mentais. Joana D'Arc, a heroína francesa, era portadora dessa patologia.[21]

Darwin, em certos momentos – esta enfermidade acomete alguns seres humanos dotados de alta inteligência – dominava-se por loucura psicótica do grandiloquente e do homérico. Um dos símbolos dessa psicose, "a nau dos insensatos", a *stultifera navis*, retratou-a Michel Foucault.

É tênue a fronteira, nesses casos, entre o que se imagina e a razão, à medida que sucumbe a verdade das coisas e um mundo de desvairadas utopias irrompe. Tombou, enfim, vencida a verdade. Nesses estados psicóticos, os indivíduos deliram. Bruscas mudanças de clima, pressão atmosférica variada, a que Darwin estava vivenciando, podem provocar certos transtornos mentais. Ele veio de um clima altamente frio, atravessou a região equatorial da África e do Nordeste brasileiro, a subtropical do Sudeste do Brasil e a temperada da Argentina. Na Terra do Fogo, o clima é semiaustral. Depois, retorna a clima temperado e subtropical do Chile e Peru. Essas mudanças atmosféricas, para quem vivia em berço de veludo, desencadeou nele delírios a vivenciar e desafiar o imponderável.

Pág. 312
[Darwin continua a "escalar" os Andes.]

Depois de atravessarmos o Peuquenes, descemos a uma região montanhosa, intermediaria entre as duas principais cadeias e aí acampamos a noite. Estamos então na republica de Mendonza [nunca existiu essa república]. A elevação não era inferior a 3.300 metros.

O nosso alpinista delira psicoticamente. É tão arriscada a viagem à noite por aquela região que, mesmo atualmente, os governos do Chile e da Argentina proíbem o tráfego de veículos e de pedestres na fronteira entre esses países a partir das 18 horas, em virtude de a temperatura cair abaixo de 20°C, com intensas massas de neve fustigadas por ventos de 120 a 160 km/h. Darwin, por magia dos deuses, encilhado no seu Rocinante (a mula), atravessou tranquilamente as cumeadas dos Andes.

Pág. 313
[A "escalada" dos Andes continua.]

Tivemos daqui uma soberba vista da massa de montanhas chamada Tupungato, toda ella coberta por neve ininterrupta, vendo-se na parte central uma mancha azul, sem dúvida uma geleira.

Observe-se. O Tupungato, vulcão em atividade com altitude de 6.800 metros, localiza-se próximo às fronteiras do Chile e da Argentina. É de difícil escalada, como a do Aconcágua. Aquele vulcão enovela-se permanentemente por neves eternas. Só em pesadelo podemos visualizá-lo. Darwin imaginou que estava na Terra do Fogo. Ele viu, por força da refração da luz, uma mancha azul e supôs uma geleira. Envolveram-no constantes miragens. As geleiras se formam quando a acumulação de neves no inverno supera o seu derretimento no verão. Elas só ocorrem nas altas latitudes e nas elevadas montanhas acima dos limites das neves eternas. Naquela região, relatada por Darwin, não se formam geleiras.

Pág. 315

A descida da Cordillera pelo lado da Argentina é muito mais curta e íngreme do que sobre o lado do Pacifico; em outros termos, as montanhas erguem-se abruptamente das planícies do que da região andina do Chile.

Neste relato, o nosso geólogo inverteu a visão geofísica da cordilheira. Estando-se em Valparaíso (orla do Pacífico) até o sopé dos Andes dista em torno de 150 quilômetros. Desta localização, a escalada da cordilheira pela vertente ocidental é muito mais íngreme do que pelo lado do Atlântico. Toda a formação geológica dos Andes sofreu o impacto da vertente ocidental, portanto, do lado do Pacífico.

Págs. 317 e 318
[Darwin desafia uma praga de gafanhotos próxima a Mendonza.]

A distância é de dois longos dias de viagem. No próximo dia fizemos quatorze léguas ate Estacado, e, no segundo, dezessete, ate Luxan, próximo de Mendoza.

....

Logo antes de chegarmos ao hotel notamos a sul uma nuvem esphacelada de cor vermelho-pardacento. Pensamos a principio que fosse fumaça de alguma grande queimada na planície, mas cedo verificamos tratar-se de uma nuvem de gafanhotos. Estavam rumando para o norte, numa velocidade de quinze ou vinte kilómetros por hora. O corpo principal enchia o ar desde uma altura de seis metros até, como parecia, uma elevação de 600 ou 900 metros acima do solo.

....

Não estavam voando muito próximo uns dos outros, pois não os attingia a vara que agitei de um lado para o outro.

....

Descida a nuvem, os gafanhotos voavam isoladamente em todas as direcções.

Dia de trevas e de desalento, dia nublado e de denso negror [...].

....

fogo devorador [...].

....

Depois, um desolado deserto.

Flagelo da humanidade. Milhões de gafanhotos se agrupam formando nuvens a demandar por novas terras. A Bíblia descreve, no livro de Joel, uma nuvem negra desses insetos a devassar a Terra de Judá. Existem cerca de 5 mil espécies de acridódeos (gafanhotos), distribuídas pelos continentes. Quase todas têm hábitos solitários, com exceção de sete delas, que são capazes de deixar rastros de devastação e fome. Uma dessas pragas assolou a África oriental na década de 1960, com mais de 30 metros de altura, numa frente de largura aproximada de um quilômetro e meio. Desfile terrificante, cuja duração levou nove horas a uma velocidade de quase 10 km/h.

Que força transforma milhões de insetos em nuvens imensas, cada um deles a devorar diariamente o equivalente ao seu próprio peso? Os seus hormônios proporcionam a chave do enigma. A maturação dos ovos dos gafanhotos é regulada pela *corpora allata*, as mesmas glândulas que produzem o hormônio juvenil.

Na região próxima a Mendonza, onde Darwin disse que se encontrava, desconhece-se a existência de uma dessas sete espécies de gafanhotos, que podem produzir o fenômeno de nuvens, ou seja, pragas. E, ademais, ele confusamente declarou que a espessura da massa dos insetos tinha uma elevação de 600 até 900 metros acima do solo. No histórico dessas pragas, mesmo a partir dos relatos bíblicos, ignora-se esse tipo de formação.

Nosso *el ingenioso* fidalgo bretão transvestiu-se num heroico cavaleiro de façanhas guerreiras, que, encilhado no dorso do seu desvario, desafia assombrosa e devastadora peste de gafanhotos. Tamanha proeza, só Moisés à frente do povo judeu, pelas areias do deserto, a manejar as águas do mar Vermelho para a passagem dos "filhos de Deus", com destino à Terra da Promissão. Complete-se o cenário bíblico-quixotesco. O Rocinante do nosso imaginoso naturalista retrata-o velha e resistente mula vinda do deserto de Atacama. Arreado nela, esse cavaleiro de triste figura escalou os Andes e venceu heroicamente, com a magia de vara mortífera, milhões de insetos voadores, talvez os gafanhotos da praga do Egito dos tempos de Moisés. Ao final, Darwin nos deixa estas palavras: "Descida a nuvem, os gafanhotos voavam isoladamente em todas as direções". Na América Latina, não existe nenhuma das espécies de gafanhotos que podem irromper em pragas. Outra façanha lunática do naturalista. Em apenas um dia, numa região de neves e ventos tempestuosos, altamente acidentada por montanhas, ele cobriu um percurso de 96 quilômetros.

> Pág. 319
>
> A cadeia Uspallata acha-se separada da principal Cordillera, por uma estréia e comprida planície ou bacia [não entendi, planície ou bacia] como os que foram tão amiúde mencionados, no Chile, e situada a 1.800 metros acima do nível do mar. É serra que tem quasi a mesma posição geográphica que o gigantesco Portillo.

Desconhece-se este "gigantesco Portillo". Na região mencionada por Darwin, em torno de uns 100 quilômetros, existem vulcões e picos elevados, o Aconcágua, o mais alto das Américas, com 7.010 metros, o Tupungato, San José, Mercedário, Tingunrinca e outros menores, no entanto, nenhum com o nome de Portillo. Conhece-se atualmente pequena colina denominada Portillo, abaixo da qual existe um belíssimo vale, onde hoje se situa estação de inverno para a prática de esqui, na província de Aconcágua, Argentina.

> Pág. 320
>
> Observei na parte central da cadeia, numa altitude de cerca de 2.100 metros, algumas columnas brancas como neve que se projectavam de uma rampa descoberta. Eram arvores petrificadas, onze das quais silicificadas e de trinta a quarenta convertidas em espatho branco calcáreo toscamente crystallizado.

Acerca da descrição darwinista, me dispenso de fazer alguma observação. Ouvi alguns geólogos que me deixaram confuso pelas fórmulas contraditórias apresentadas. Criou-se uma babel mental no pensamento dos estudiosos de Geologia. Se não pude compreendê-los, desculpem-me.

Paremos um pouco. Tenhamos a humildade de olhar o fantástico mundo andino de contrastes desafiadores, onde a monumentalidade da natureza cala o sábio apressado e presunçoso. Naquele descortinar de grandezas, imensa quantidade de fenômenos naturais, os menores possíveis, interagem com incrível ordem, num constante nascer e fenecer, e não permite ao homem perguntar com o instrumental científico de hoje como tudo isto se originou.

Sábios de imponentes posturas se atropelam longe de alcançar a verdade. Só os Drs. Pangloss se aventuram a apontar as peças do fantástico labirinto, que são a vida e o fenômeno humano. Alguns gritam: foi o acaso e a necessidade. Eles possuem o condão da sabedoria; nós emudecemos.

Voltaire fez a humanidade rir dos cardeais, mulás, padres, rabinos e sacerdotes budistas; a natureza abarca todos, de Manoel Caixa D'água (poeta lunático da Paraíba) a Charles Darwin, o andarilho dos mares e o alpinista das escarpas andinas.

Quem detém, afinal, a verdade?

> Pág. 321
>
> A tarde, chegamos ao rio de las Vacas que se considera como o peor rio da Cordillera para se atravessar. Visto que estes rios têm curso rápido e curto, e se formam pelo derretimento da neve.

Quase todos os rios que nascem nos Andes e desembocam no Pacífico, inclusive os chilenos, têm pequeno curso, e, na maioria deles, o leito corre em acentuado declive para o oceano. Um dos principais rios do Chile é o Bio-Bio, cuja bacia hidrográfica fica na região central, da qual o rio Las Vacas, referido por Darwin, integra. Visão fantasmagórica sobre o diminuto curso d'água nominado Las Vacas. Recursos naturais não são fenômenos políticos ou sociais, que podemos dimensionar aleatoriamente.

> Pág. 322
>
> Não há dúvida de que existem muitos lugares onde se a mula tropeçasse, o cavalleiro seria lançado num vertiginoso abismo, mas é muito pequena [para ele como novelista] essa possibilidade. Na primavera, as estradas ou "laderas" se refazem ao través de pilhas de detritos caídos, são péssimas; mas tudo que vi o perigo é insignificante.

Transportemo-nos às primeiras décadas do século XIX. Que estradas ou *laderas* existiam? Eram meras e estreitas passagens por entre perigosos e abismais despenhadeiros através das escarpas andinas, construídas ainda ao tempo dos incas.

Nos tropéis das hostes libertárias de San Martín pelos penhascos dos Andes, nós podemos aquilatar os desafios de escalar aquela cordilheira, a mais extensa do mundo, o triplo do Himalaia. O "perigo é insignificante", exclamava Darwin, o El Cid das montanhas andinas. Nas altas altitudes tão estreitas, ladeadas por abismos assombrosos, as mulas caminhavam lentamente e nervosas, passo a passo, em fila indiana.

Fatalidades trágicas povoavam a história dos homens andinos a desafiar temeridades. Muitos deles rolaram em profundos despenhadeiros. Nesse pugilato de bravos, eles se alçaram ao mesmo patamar de heroísmo dos navegantes ibéricos dos séculos XV e XVI; de três que zarpavam para os mares do mundo, apenas um voltava. De quatro expedições que escalavam os Andes, uma delas desaparecia em ignotos abismos.

> Pág. 323
>
> Dia 8 de Abril. Deixamos o Valle do Aconcágua, pelo qual havíamos descido, e alcançávamos, à tarde, uma cabana próxima da Villa de St. Rosa. Era delicioso ver-se a fertilidade da planície.
>
> ....
>
> Os trabalhadores afanavam-se na secação de figos e pêssegos [...]. Era um quadro encantador.
>
> ....
>
> No dia 10 chegamos a Santiago [atenção! Dois dias do Aconcágua a Santiago] onde Mr. Caldelengh me fez bondosa e hospitaleira recepção [dono de uma empresa exportadora de prata, salitre e cobre].
>
> ....
>
> A excursão somente me custara vinte e quatro dias, e nunca me diverti tanto em igual espaço de tempo.
>
> Alguns dias depois, voltei a casa de Mr. Corgield, em Valparaiso.

Antes que me falem, marque-se esta revelação inusitada para os anais da história. Ninguém escalou os Andes vivenciando divertimento, isto nas primeiras décadas do século XIX. Em menos de dois dias, ele vence percurso de mais de 350 quilômetros, do vale do Aconcágua, na Argentina, a Santiago, no Chile, cavalgando mulas por penhascos montanhosos, à altitude em torno de 3 a 5 mil metros, por íngremes despenhadeiros, circunvalando precipícios aterrorizantes, de elevada pressão atmosférica, rarefação de oxigênio, ventos tempestuosos, intenso frio, cuja temperatura à noite caía de 15 a 20°C negativos. Ponto culminante dos Andes, o Aconcágua situa-se no norte do rio Vuevas. O que temos a divisar frente àquele desafiador dos Andes? Um centauro.

Darwin relata que viu "um belo Valle onde trabalhadores afanavam-se na secação de figos e pêssegos". Ele não mentiu. Realmente, ele viu essa paisagem encantadora, mas em miragem; esse fenômeno é chamado, em sânscrito, a sede da gazela. Objetos e seres parecem flutuar no ar, em cuja camada inferior se refletem. Essa ilusão ótica desespera em extremo os viajantes. Que estado atmosférico envolve o vale do Aconcágua, situado em torno de 3 a 4 mil metros de altura?

Naquelas solidões andinas predominavam dois conjuntos de condições climáticas, um, ao nascer do sol, e, o outro, ao pôr. Ao alvorecer, formam-se nuvens sobre os vales e montanhas, que aos poucos se transformam em chuvas de granizo. Durante todo o dia, ventos de até 150 km/h fustigam o pico do Aconcágua, provocando penachos de neves que se espalham por quilômetros. Que animais e plantas sobrevivem nessa atmosfera tempestuosa? Raríssimos.

Dissequemos este fato que, pela extensão e responsabilidade de quem o relata, o faz inusitado. Darwin atravessou os Andes cavalgando mulas, num percurso superior a 350 quilômetros, em menos de dois dias. Epopeia forjada por uma imaginação audaciosa, da qual irrompem, algumas décadas depois, os seus livros. Na criação dos seus personagens, Cervantes não chegou a tanto. As ideias e pensamentos de Darwin se atropelam e dançam numa verdadeira sarabanda. Às vezes, ele rebaixa a ciência a mero jogo charlatânico, valendo-se de devaneios e mentiras entremeados com passeios turísticos (ele disse: "nunca me diverti tanto"), com pesquisas científicas, e conseguiu, afinal, numa arte demoníaca, embair a opinião pública. Fez-se crer no grande descobridor da *origem das espécies pela seleção natural*.

No ocaso da existência, recolheu-se à sua propriedade, Down House, situada no condado de Kent, perto de Londres (esclareça-se: foi dote do seu sogro Josiah Wedgwood II), deixando-se aparentar um profeta do Velho Testamento. A barba tomou a forma de um *papai-noel*, o rosto ensombreou-se com um toque de mistério apocalíptico, o olhar plácido e profundo transluzia impressão de dor, ternura e humildade. Por baixo de uma fisionomia serena e pensativa (à la D. Pedro II), retratou-se para a posteridade um naturalista genial, revolucionário das ciências. A Caixa de Pandora, enfim, encontrou o seu descobridor. Ei-lo: Charles Robert Darwin.

> Págs. 324 e 326
> [Retorna a Valparaíso em 7 de abril de 1834; aí permanece até 27 de abril.]
>
> Parti em excusão a Coquimbo, para daí, passando por Guasco, dirigi-me a Copiapó, que numa distância em linha reta, seguindo a costa para o norte, é de apenas 665 kilometros.
>
> ....
>
> Achando a costa do Chile destituída de qualquer interesse que fosse voltamo-nos de novo para o interior, em direção ao distrito mineiro de Tlapel.
>
> ....
>
> Prosseguimos em direção a Los Hornos, outro districto de minas, onde a principal collina estava toda perfurada qual grande formigueiro.

Para o naturalista, a costa do Chile era destituída de qualquer interesse. Realmente, pelo aspecto econômico-mercantilista, escopo da sua viagem, sim. Entretanto, geológica e biologicamente aquela região é de alto interesse para estudos e pesquisas científicas, de vez que, a partir dali, começam a surgir fortes elementos naturais do deserto de Atacama.

Pelo que colhi dos dados citados, um fato sobreleva-se: o pesquisador de minérios e agente de Sua Majestade, ele próprio, rasga a sua máscara e deixa antever que a excursão que estava a fazer visava conhecer e articular um plano de exploração de recursos minerais. Os poderosos tentáculos originados de Londres já estavam cravados na exploração das jazidas de prata e cobre de Coquimbo, Copiapó e Los Hornos, segundo o próprio Darwin declara.

A rede dos grandes interesses mercantis do Império Britânico se estendia por todo o mundo; das jazidas dos países sul-americanos para as indústrias de fundição de Liverpool, Torbay, Brighton e Cardif. Nesse percurso, açambarcam-se as portentosas reservas de diamante, na África do Sul, com navios já carregados de óleo de baleia e carne de tartaruga das ilhas Galápagos.

Com inteligência e alto descortino, Darwin atuou em vários países, envolvendo dirigentes e povos na exploração e saque de suas riquezas. Para tanto, ao armar cortina de fumaça, ele procura abordar assuntos não atinentes a minérios e nem a riquezas naturais; aí resvala em erros infantis, e, em outros casos, forja histórias fantasmagóricas, entre as quais estas de ter escalado os Andes e dizimado uma praga de gafanhotos.

> Pág. 326
> [Darwin continua a procurar minas no norte do Chile.]
> A região era pouco habitada [...]. No dia 12, visitei umas minas.
> Não se considerava o minério ali especialmente bom, mas com ser abundante se suppunha que poderia a mina ser vendida por trinta ou quarenta mil dollares, entretanto fora comprada por uma associação inglesa, pelo preço di uma onça de ouro.

Darwin se encontrava ali, naquelas riquíssimas províncias de cobre, prata e ouro, transacionando compras de jazidas minerais em nome de quem e para quem? Para o seu sogro e tio Josiah Wedgwood II. Nas encostas e nos contrafortes dos Andes, o Chile iria ser sangrado em suas portentosas reservas minerais, saqueadas para o porto de Valparaíso e daí destinadas às indústrias de fundição da Inglaterra, abarrotadas de cobre e prata chilenos. A presença de Darwin e Fitz Roy naquelas regiões, além de articular a formação de empresas inglesas com testas de ferro chilenos, perpetrou devastadora usurpação de enormes jazidas, destacadamente as de Copiapó e Coquimbo, segundo declara o próprio naturalista.

Que conheciam os chilenos do potencial de reserva e do teor de qualidade de suas jazidas, eles, infortunadas vítimas da aliança espúria entre governos corruptamente indecentes e o voraz Império Britânico?

> Pág. 331
> [Norte do Chile – 1835]
> Em companhia de Dom José Edwards [bispo inglês e poderoso dono de minas de cobre e prata] dirigi-me à mina de prata de Arqueros, e daí subi pelo vale de Coquimbo.

> Depois de atravessarmos uma região montanhosa, chegamos à noite as minas de propriedade de Mr. Edwards [nome completo: John Edwards Belfort].

Na altura dessa viagem, 1835, podemos dimensionar os objetivos planejados estrategicamente para o longo périplo transoceânico, para o qual o governo inglês e grupos econômicos despenderam enormes recursos, ressaltando-se que o vaso de guerra britânico conduzia setenta marinheiros, entre oficiais e militares de patentes inferiores.

Acompanhamos os passos do naturalista, desde quando ele deixou o porto de Devonport, Inglaterra, e só o encontramos à procura de reservas minerais, centralizando-se com atenção redobrada a partir do momento em que desembarca em Valparaíso e passa a receber do presidente-fantoche do Chile, José Joaquin Prieto, todo o apoio às suas ações de definir a logística da exploração e domínio das fabulosas jazidas de minérios.

Dos mais variados tipos de pressão, manobrados com alta inteligência por Charles Darwin contra fragilizados e corruptos dirigentes chilenos, ele contou sempre com a cobertura do representante do governo britânico no Chile, tenente-coronel John Walpole.

Em quais suportes Charles Darwin montou a sua estratégia na América do Sul? Na Argentina, um centauro da bestialidade humana, Manoel Rosas, escancarou as portas da nação portenha aos interesses escusos do Reino Unido, inclusive se transvestiu um dos vendilhões das ilhas Malvinas. Nas paragens chilenas, nas quais se divisam fabulosas reservas mineralógicas, de quem o agente britânico recebeu apoio? De um subserviente dirigente do Chile, José Joaquin Prieto, *longa manus* da Coroa britânica, alçado ao poder pelas mãos do governo inglês na guerra civil de 1829, especialmente durante a batalha de Lircay, quando a "burra de ouro" britânica corrompeu os inimigos de José Prieto.

Resumidamente, deixemos este relato, colhido na época em que estive pesquisando no Chile.

> Págs. 333, 335 e 336
> [Deserto de Atacama]
>
> De Carizal a Sauce. Continuamos a cavalgar pelo deserto, logradouro di immensas manadas de guanacos [isto na imaginação de Darwin].
>
> ....
>
> Levava commigo uma carta de recomendação a Mr. Bingley [inglês exportador de minérios], que me fez muito bondosa recepção na Hacienda del Potrero Seco.
>
> ....
>
> Atravessamos o valle do Copiapó.
>
> ....

> A norte existe outro Valle miserável chamado Paposo [...]. A partir daí, estende-se o verdadeiro deserto do Atacama – uma varreira muitíssimo peor que o mais furioso oceano.

A essa altura da circum-navegação do Beagle, o que podemos depreender da trama estrategicamente bem urdida? Todos os dados trazidos à luz pelo naturalista com minudentes detalhes sobre banais aspectos da sua maratona pelos mares e terras, ele o fez com especial zelo de um observador atento aos circunstantes e às circunstâncias. Fugou, no entanto, e de muito, fazendo-se, em alguns momentos, até de simplório, quando a abordagem o levava a matérias que podiam desvendar o verdadeiro escopo da viagem.

Acompanhemos atentamente as pegadas do naturalista. Chegamos ao deserto do Atacama, o mais alto e seco do mundo e um dos mais instigantes fenômenos geológicos e atmosféricos do planeta Terra. Desperta-nos sensação as contrastantes forças da natureza. Suas paragens dão-nos a impressão de uma crosta lunar de um planeta devastado. À primeira vista, a natureza nos oferece desolada planície sem-fim, que imaginamos, em comparação com os desertos africanos e as estepes patagônicas, revoluteadas em certas épocas do ano por fortes e tempestuosos ventos.

Na verdade, aquele cenário retrata a vastidão desértica de um Saara, onde extrema oscilação térmica marca a noite, de 30 a 40ºC negativos, e, no período diurno, alcança o pico de calor para além de 45ºC.

O genial naturalista inglês, por estratégia política, fez-se indiferente àquelas terras desérticas e às águas oceânicas das costas do Chile e do Peru, nas quais dormitam riquezas fantásticas de reservas minerais e marinhas.

Olhemos, sob as vistas do século XIX, a costa do Pacífico, do norte do Chile ao Peru. Nela, situa-se o Atacama, delimitado a oeste pelo Pacífico e a leste pela cordilheira dos Andes. Atmosfera de beleza assombrosa: ela nos envolve uma sensação da Terra nas suas iniciais formações geológicas, na mais seca e árida região do mundo. Em certas partes, não chove há alguns milênios. Vastidão inóspita, difícil é a sobrevivência humana ali. Cortam aquele deserto os rios Loa e Copiapó, que divisamos numa altura média de 2 mil a 2.400 metros ao nível do mar. Em consequência das correntes de ventos do Pacífico não conseguirem alcançar o deserto, por sua altitude, as nuvens se evaporam, impossibilitando a formação de chuvas.

Vastos espaços desérticos, cujo fenômeno faz-se prenhe de singularidade: em essência, a natureza expulsa os seres daquele *habitat* e aí forma-se o deserto; a região perde a camada vegetal que a cobre, os mananciais de água se esgotam; a areia se torna movediça e a vida dos seres cessa lentamente. Apenas se veem lagartos que desenvolvem franjas nos pés, a facilitar a sua vida no solo frouxo, ratos salteadores de patas extremamente desenvolvidas, cobras que andam de lado, tudo, enfim, se move num mundo exótico, onde a mão da natureza forma uma atalaia de resistência. Animais cavadores vivem naquelas amplidões áridas, entre eles, os besouros e vários tipos de répteis. Em poucos locais, existe água debaixo de salientes pedras; nelas, aglomeram-se seres que se acobertam da intensidade do frio e onde se encontram insetos, miriápodes, aracnídeos, isópodes, lagartos, cobras e algumas poucas aves e mamíferos. Nesse ambiente, a luta pela vida faz-se dilaceradoramente extrema.

Nas cidades costeiras do Atacama, Copiapó, Antofagasta, Iquique, Camaná e a própria Lima só chove umas duas ou três vezes por século; o abastecimento de água se realiza por canalizações vindas das regiões nevadas.[22]

O viajor, naquelas estepes devassadas por clima abrasador, vê brilhar ao longe, muitas vezes, miragens florescentes: as salinas, semelhantes a líquens, desordenadamente esparsas cobrem o adusto solo, semelhante à neve a cair; solidão asfixiante e tétrica nos lembra os incas nas suas caravanas de lhamas; nenhum marco de sua passagem, nem simples escrito em alguma pedra ou árvore que nos deixasse a linguagem de suas histórias de vidas. Imensidão desértica, só o nomadismo abrigava os viandantes de desencontrados destinos.

Assim é a história dos povos.

Vasto pedaço de terra desértico, tudo se reduz apenas ao momento que passa, dando-nos a impressão de um teatro selvagem, onde se exibem por horas animais e aves, em passagem para as mais longínquas plagas. Greta-se o solo coberto por areal amarelo-branco; fortes ventos, em certas épocas do ano, sopram desencontrados pela vastidão dos plainos, provocando um fenômeno singular: a areia levanta-se a irromper da terra envolta num vapor denso, revoluteada por torvelinho que a sacode para o alto, gerando enormes pinhões a rodopiar sob o impulso de velozes ventos: é o tornado.

Enredados por espessas nuvens de pó, os animais, atormentados pela fúria atmosférica, desesperados, vagueiam e correm por todos os lados, a ecoar mugidos e relinchos pungentes; pressentem a tempestade assombrosa. Em certos momentos, assalta-nos sensação de que, naquele recanto da Terra, o mundo mergulha num caos apocalíptico. A este contraste a natureza se abre num cenário de fantástica polivalência. Partindo da costa do Pacífico em direção à cordilheira dos Andes, num percurso de 600 quilômetros, cinco ambientes se defrontam, desde as areias desérticas do Atacama até a exuberância da floresta amazônica. Contemple-se. É algo surpreendente. Promontórios à altitude de 2.500 metros acima do nível do mar projetam-se sobre o Pacífico como sentinelas avançadas de uma odisseia homérica. Ouve-se, ao longe, um tropel de bárbaros, vindo daqueles alcantilados penhascos, enorme ruído de milhões de aves, em torno de uns 40 milhões, de atobás, biguás, pelicanos e outros tipos de aves marinhas, a se unirem em fantásticas colônias nos rochedos, nos promontórios, atraídos por volumosos cardumes de enchovas, originados da corrente marítima Humboldt, vinda da Antártica.

À altura dessa transoceânica empreitada pelos mares do mundo e ignotas regiões, como retratar Charles Darwin? Dublê de gênio bastardo e oportunista, alçado a cientista, desconheceu a ciência na sua profundidade, e, assim, montado atrevidamente na posteridade, vê o desfile da história. A literatura das ciências, da física à botânica, da geologia à biologia, não plasmou um retrato com maior dimensão de audácia.

> Pág. 347
> [Iquique, Peru]
> De manha parti para as obras de salitre, a uma distancia de quatorze léguas. Após a subida íngreme das montanhas da costa por um caminho arenoso em ziguezague, logo avistamos as minas de Guantajaya e Sta. Rosa.

O que preocupava o naturalista durante toda a viagem, como podemos depreender dos seus relatos, era, decerto, a busca infrene e constante por reservas minerais, a fim de satisfazer a ambição da Coroa britânica, e, com isto, assegurar o seu hegemônico poderio, sobretudo depois da vitória sobre Bonaparte.

Desde o arquipélago de Chiboé, na costa do Chile, a uns trezentos quilômetros ao sul da cidade de Valdivia, até o porto de Callao, no Peru, a Grã-Bretanha lançou poderosa rede de exploração e saque das reservas mineralógicas destes países andinos, extraídas das jazidas de cobre, prata, ouro, salitre, estanho, transportadas para as fundições inglesas instaladas em Plymouth, Potsmouth, Cardif, Liverpool e Edimburgo. Vários estrategistas, altamente inteligentes, membros de influentes famílias britânicas, participaram ativamente desta operação de domínio. Ressalte-se, contudo, nenhum excedeu a genialidade precoce deste membro da família Darwin, Charles Robert. Jovem, altamente inteligente, com um alto senso de oportunidade e de envolvimento, forte poder de persuasão sobre fragilizados e subservientes governos sul-americanos, tendo atrás dele os canhões do Beagle e as burras de ouro escancaradas do tesouro britânico, Darwin projetou-se como exímio diplomata e inexcedível dramaturgo.

Quantos acreditam, e são centenas, inclusive homens inteligentes, no dramalhão oceânico que Darwin tão bem encenou, direcionado a levantamentos cartográficos e pesquisas científicas.

Nesses relatos esboçados pelo naturalista-viajante, ele se perfila um excelente estrategista no lusco-fusco de joguetear com dupla face; numa delas é o dedicado cientista, expondo com detalhadas minúcias certas descobertas, e, mais além, sensível paisagista de plantas, pessoas e animais; na outra face, atua sombriamente sob os cordéis das antessalas palacianas, manietado por Londres, através dos quais manipula os interesses mais escusos.

Analisem este fato. Darwin deixa Valparaíso, e, durante longa cavalgada, nomina as vilas, vales e cidades por onde vai passando: S. Felipe, Coquimbo, La

Serena, Copiapó, Chanaral, Tocopitalo, e, finalmente, desembarca em Iquique, Peru. Este fato me chamou atenção. Por que ele não fez nenhuma referência à cidade de Antofagasta, capital da província de Atacama e porto de alta importância na exportação de minérios, ressaltando, ademais, que o Beagle ancorou naquela capital e ali permaneceu por mais de dez dias?

Esta omissão proposital do nome de Antofagasta nos instigou. Por quê? A pouco mais de cem quilômetros desta cidade, ao norte, localizam-se as jazidas de cobre de Chuquicamata, a maior mina de cobre a céu aberto do mundo, cuja exploração esteve no controle total da superpotência inglesa durante o século XIX e parte do século XX.

Charles Darwin e outros membros das altas esferas palacianas do governo britânico fizeram-se os principais ideólogos e artífices da rede de dominação que a Inglaterra estendeu pelo mundo, destacadamente sobre as recém-libertas colônias espanholas da América do Sul. Destaque-se este fato. Da viagem do Beagle por quatro anos e nove meses, quatro anos a tripulação desse navio esteve navegando em águas oceânicas da América do Sul ou percorrendo regiões litorâneas possuidoras de recursos minerais.

Interrogue-se. E o restante da viagem realizada em apenas oito meses, de Galápagos a Londres? A humanidade engolfou-se num enorme embuste. O governo inglês demonstrou total desinteresse pelas regiões por onde o Beagle navegou na última etapa da viagem, com exceção da África do Sul.

> Págs. 348, 349 e 350
> [Porto de Callao, Peru] – 19 de julho de 1835
>
> Ancoramos na Bahia de Callao, o porto marítimo de Lima, Peru. Demoramo-nos aí seis semanas.
>
> ....
>
> Sobre a região constantemente se estendia denso manto de nuvens.
>
> ....
>
> Já é quasi proverbial que nunca chove na parte inferior do Peru, entretanto não se poderia dizer fosse isto correcto, haja visto o cerrado nevoeiro durante quasi todos os dias na nossa visita, bastou para humedecer a roupa.
>
> A planície que circunda os arredores de Callao acha-se coberta de relva grosseira, vendo-se em alguns lugares, poças de água estagnada. Provavelmente são essas poças, que dão origem às emanações mephiticas.
>
> Nem sempre se produz miasma por uma vegetação exuberante num clima ardente, mesmo onde há brejos e vegetação viçosa, são muito sadias que esta estéril costa peruana.
>
> ....
>
> Callao é um pequeno porto immundo e mal construído. Os habitantes, tanto ai, como em Lima, apresentam todas as gradações imagináveis de mis-

> tura entre europeus, negros e índios. Parece um punhado de gente depravada e embriagada.
>
> ....
>
> A atmosphera anda carregada de odores abomináveis, destacando-se ali o cheiro forte peculiar a quasi toda cidade dos trópicos.

El ingenoso Dom Charles imaginou-se cavalgando por mais de 3 mil quilômetros em lombo de mulas pelas paragens desérticas do Atacama e adjacentes regiões semiáridas. Partindo de Coquimbo, no Chile, no dia 14 de maio de 1835, e desafiando temerosas adversidades, o cavaleiro andarengo desembarca no porto de Callao, Peru, em 19 de julho. Tudo imaginação. Ele fez este percurso pelos mares, no Beagle. Paragens de inóspitas condições geoatmosféricas o naturalista fantasiou. Ele criou o seu próprio mundo à la Marco Polo, talvez de maior grandeza épica do que o aventureiro veneziano. O cavaleiro errante devotou-se a pesquisas científicas, desafiou e venceu duas epopeias; escalaram os Andes, ele e a sua mula Rocinante com o seu fiel escudeiro, Harris Raio Trovão, em dois dias, e esta outra, maior do que a andina, em apenas 55 dias; encilhando burras e empunhando o bastão de gênio das ciências, ele venceu o abrasador deserto do Atacama, o mais seco e árido do mundo, galgou promontórios projetados sobre o Pacífico a mais de 2 mil metros de altura, atravessou desembestados rios desatados em leitos infrenes provocados pelas neves dos Andes, conheceu noites em que a temperatura caía a 30ºC abaixo de zero, alimentou-se de carne de lagartos e cobras e partilhou peixes mortos com urubus, nas orlas praieiras. A odisseia de Ulisses não ultrapassou o fantástico mundo que Charles Darwin visualizou desafiar.

Os estrategistas do Império Britânico arquitetaram uma cena histórica com genial interpretação, que iria se desenrolar através de um dramalhão oceânico, cujo ator principal transvestiram-no de cientista. E ele se desincumbiu com genialidade, num espetáculo com toda a dramatologia shakespeariana, tendo como palco águas oceânicas, florestas tropicais, geleiras enormes de ressonantes estrondos e a cordilheira dos Andes, e, como instante extremo, a travessia desafiadora do deserto de Atacama.

Que genial ator, este Charles Darwin! Teve apenas a contracenar com ele o zeloso comandante do Beagle, capitão Fitz Roy, e o fiel escudeiro, Harris Raio Trovão. Esta armação com toque cinematográfico (um navio de guerra destinado a usurpar riquezas minerais de países recém-libertos, e conduzindo a bordo um naturalista cuja tarefa era lançar cortina de fumaça a fim de encobrir os verdadeiros objetivos da viagem) lembra-me a peça *O navio Tenacity*, do dramaturgo francês Charles Vildrac, na qual certo personagem se apresenta experimentado marinheiro e é acolhido, durante viagem transoceânica, na cabine do navio ao lado do comandante; após alguns dias, descobre-se que este "homem dos mares", como se autointitulava, era agente de uma potência estrangeira que visava adquirir o controle de jazidas de diamante e ouro na África do Sul.

De que forma armaram a viagem do Beagle? Investiram o jovem Charles num homem das ciências (ele ingressou em alguns cursos e não terminou nenhum), e lançaram-no a bordo de um navio de guerra. A partir daí, vivenciando odisseia oceânica, o jovem e oportunista neto de Erasmus iria desincumbir-se com alto descortino, como dublê de personalidade.

A verdadeira missão, Darwin atuou com alta inteligência, a persuadir, pela diplomacia ou medo (o navio de guerra Beagle era um forte elemento), governos fragilizados e povos oprimidos.

Esse dramalhão por mares e terras ignotos encontra na genialidade de Bertolt Brecht fiel intérprete. Talvez inspirado no teatrão marítimo representado por Charles Darwin, Brecht criou o teatro histórico com fins políticos, para o qual o ator traz a si o paradoxismo do mundo em que ele vive um cenário, mas, na realidade, os verdadeiros objetivos são outros, totalmente contraditórios. Foi contra a catarse aristotélica que Brecht se insurge, investindo o ator no papel de ocultar os verdadeiros objetivos (neste caso, Darwin pautou-se com genialidade) e, ao mesmo tempo, convencer o espectador (a opinião pública) de que os propósitos eram científicos. Brecht deixa esta ideia: "Cada cena deve ter o seu *gestus*", em torno dela atores coadjuvantes são chamados a encenar. Quando Darwin trouxe para o seu teatrão oceânico Manoel Rosas, Fitz Roy, Harris Raio Trovão, José Joaquin Prieto, Mr. Caldeleugh, Richard Corfield, Michael Lumb, John Walpoll, Dom José Edwards, Luis José de Orbegoso e o embaixador Henry S. Fox, cada um integrou-se aos objetivos do Império Britânico. A partir daí ele se projeta com genialidade na cena política, e depois alça a sua visão para atingir em cheio o misticismo fanático.

O homem só conhece uma realidade: a que ele traz consigo intimamente; o resto é o jogo das aparências sociopolíticas. Foi um espetáculo de dimensão épica, superior à *Orestíada*, de Ésquilo, e ao *Jean Christophe*, de Romain Roland, o que os estrategistas da Grã-Bretanha montaram. Muitos, inclusive homens inteligentes, julgam a viagem do navio da Armada Britânica direcionada para fins científicos e estudos cartográficos; inclusive incautos professores de uma universidade do Rio de Janeiro. Em 2009, eles prestaram homenagem à passagem de Darwin pelo Brasil, e, ademais, estão a reconstruir a "trilha por onde o pesquisador passou", mas, por boa-fé, se esqueceram de apontar os verdadeiros objetivos da sua viagem até Macaé, pelo litoral fluminense.

Algumas vezes, Charles Darwin chega a assumir postura molieresca ao negar os dogmas católicos sobre a origem do homem, na cena bíblica de Adão e Eva. Ideologicamente, trouxe para si a força das suas ideias, ao se antepor ao arcabouço milenar a que se condenara o homem, desde antigas civilizações, com deuses a lhe definir os seus passos na Terra, e, posteriormente, com Abraão, David, Moisés, a lhe impor um Deus. No momento em que o navegante britânico lança a "sopa primordial", causa da origem da vida, e o chimpanzé, a espécie da qual o ser humano é subespécie, desta descoberta em diante as vestes dos papas, dos cardeais, dos mulás, dos rabinos e dos sacerdotes budistas são rasgadas, e o altar, envolto pela essência divina em que se santifica e se glorifica o Deus do Gólgota, com "hosanas nas alturas", é impregnado pelo bafo dos primatas vindo das savanas africanas, nova visão teológico-filosófica se descortina. Surge outro tipo de fanatismo: o cientificismo doentio e cego.

Ao acompanhar as epopeias de Charles Darwin, escalando os Andes em dois dias, e depois cavalgando pelo deserto de Atacama por quase dois meses, num percurso superior a 3 mil quilômetros, chegam-me lembranças de um quadro da mitologia grega, em que o nosso naturalista metamorfoseia-se no herói Belerofonte, o qual, encilhado no cavalo Pégasus, a mando do rei Iobates, sobrevoa paragens andinas e desérticas à procura de riquezas mineralógicas.

Que grande dramaturgo a ciência pariu!

No enigmático anfiteatro do fenômeno humano e as suas circunstâncias, como podemos olhar Charles Darwin de corpo inteiro? Inteligente, às raias da genialidade, audacioso, oportunista, obsequioso interlocutor de quem espera favores, cultura mediana, investiu-se numa enorme capacidade de se informar, e, assim, esse Poseidon dos mares varou o mundo e alçou os píncaros da glória.

Em agosto de 1989, deputado constituinte, eu chego a Lima, Peru, juntamente com o senador Aluízio Bezerra, a fim de participarmos do Congresso Pan-Americano em defesa das reservas naturais da região amazônica. Sobrevoando os Andes, vi aquele enorme cenário da natureza que sempre tocou a minha imaginação, desde a juventude. Que painel de fascinante beleza! A monumental cordilheira a se estender por toda a América do Sul.

Nuvens pairam sobre os céus de Lima; há mais de um século não chove nessa capital. Corrente marítima denominada Humboldt bordeja as costas da América do Sul, desde a Antártica, e na altura do Cabo Branco, direciona-se às ilhas Galápagos.

Por momentos de solidão, ali naquelas paragens, vinham-me ao pensamento cânticos e odes de Castro Alves e Pablo Neruda:

> Eu, que a pobreza de meus pobres cantos.
> Dei aos heróis - aos miseráveis grandes
> Eu, que sou cego - mas só peço luzes
> Que sou pequeno - mas só fito os Andes
> Canto nesta hora, como o bardo antigo
> Das priscas eras que bem longe vão
> O grande nada dos heróis que dormem
> Do vasto pampa no funéreo chão [...]
>
> Castro Alves

A terra é uma catedral de pálpebras pálidas,
eternamente úmidas e agregadas em um
vendaval de segmentos, em um sol de abóbadas,
sob cor final de outono perdoando [...]

Pablo Neruda

De onde venho? Venho de todas as matérias e
dos espaços infinitos.
Que idiotas! Sabidões deles mesmos,
procuram desvendar o meu mistério.

Poeta anônimo

Contemplo a paisagem, para mim um pouco familiar pelo que a leitura de grandes naturalistas me despertara. Li obras de Buffon, naturalista francês; Tavares Bastos, atilado pensador brasileiro do século XIX, publicista e estudioso da floresta amazônica; Richard Bustamante, cientista de alto estofo (estava em Valparaíso em 7 de abril de 1834 e Darwin não o procurou ao passar por aquela cidade); Auguste Saint-Hilaire, naturalista francês, encontrava-se entre as províncias de Minas Gerais e Rio de Janeiro nos anos de 1832 (Darwin não desejou encontrá-lo); Herbert Spencer sustentou com inteligência a teoria da evolução das espécies; Alfred Wallace, o verdadeiro criador da teoria da evolução; Henry Bates, pesquisou no Amazonas por 11 anos.

Logo que cheguei ao hotel, em Lima, interrogações me vieram à mente, constantemente. A um senhor próximo aos umbrais dos 90 anos, indaguei: Aqui, não chove? Respondeu-me: "Não! Há mais de um século". Olho para os Andes; domina-me melancólica sensação a contemplar aquela cadeia de montanhas em face deste paradoxo: região de intensa aridez a costa do Pacífico, e, ao mesmo tempo, os céus carregados de nuvens. Perguntei-me: o que provoca esse contrastante fenômeno atmosférico? Fria corrente marítima varre o litoral sul-americano desde a Antártica, causando diferença de nível nas águas do mar, com a singular baixa temperatura (14 a 19°C) atribuída à subida da água fria do fundo do oceano. De fraca salinidade, sua cor verde contrasta com o azul da massa oceânica. Aquela corrente marca forte influência no clima da região, gerando baixa temperatura das águas, que impede precipitações de chuvas, tornando, assim, essas áreas áridas. Esse fenômeno marítimo, descoberto por Alexandre Humboldt durante a sua expedição à América Latina, nos anos iniciais do século XIX, tem o seu nome, *Corrente Marítima Humboldt*.

Fui até o porto de Callao, próximo a Lima, onde Alexandre Humboldt esteve fazendo minuciosos estudos sobre a temperatura da água.[23] Comprovei esse fato pessoalmente. A temperatura da água é de 15.5ºC, ao passo que no ar é de 23.1ºC, conforme atestava o termômetro. Ocorre neste caso uma inversão térmica: o ar que vem do oceano sopra na Terra, causando alta temperatura, quando deveria baixar. Assim, em vez da condensação, desencadeia-se a absorção, impedindo a chuva de se precipitar.

Fiquei intrigado com aquele céu cinzento de Lima (Darwin, preocupado em descobrir minérios e santuários de baleias, não tomou conhecimento desse fenômeno); de atmosfera fria e enevoada, contudo sem chuvas. Normalmente, o vento oceânico é quente e úmido. Resfria-se sobre a terra, condensa-se e libera a chuva. Nessa orla costeira ocorre o contrário, o vento marítimo resfria-se ao passar nas águas gélidas da corrente Humboldt; ao soprar sobre a faixa costeira, ele se aquece no contato com a terra; como o ar quente pode conter mais umidade do que o frio, o vento efetivamente suga a umidade existente na terra. Daí, o inusitado paradoxo: um deserto coberto de nuvens.

Em Callao, Darwin verbera: "Esta atmosfera anda carregada de odores abomináveis".

Nos livros *Cosmo* e *Quadros da natureza*, de Humboldt, comecei a compreender "aquela atmosfera de odores abomináveis". Assim ocorre o fenômeno: milhões de aves marinhas, biguás, atobás, pelicanos, lançavam seus excrementos nos rochedos, penhascos, promontórios e ilhas que, por anos e anos, foram se acumulando numa massa que alcança espessura de 40 a 50 metros.

Naquelas regiões litorâneas se desconhecem chuvas há séculos, não ocorrendo, portanto, a lixiviação, gerando daí um fedor nauseabundo, a se estender por dezenas de quilômetros. Humboldt declarou que era a maior podridão do mundo.

Façamos esta pergunta. Por que, mesmo pseudamente assumindo a missão de pesquisador, Charles Darwin não procurou se inteirar a respeito de um fenômeno de tamanho impacto ambiental?

Em Lima, em visita que fiz ao Departamento de Antropologia e Biologia da Universidade Nacional Maior de São Marcos, um dos temas para o qual procurei esclarecimento foi a "podridão" referida por Humboldt. Segundo o antropólogo Ernandez, hoje esse fedor não existe, desde a década de 50 do século XX, devido a navios pesqueiros japoneses e americanos, em pescas predatórias, terem dizimado volumosos cardumes de peixes que seguiam a corrente marítima Humboldt, provocando, consequentemente, a morte por inanição de milhões de aves.

O guano produz-se pelo excremento de aves marinhas que, pelo clima seco e sem chuva, permite a secagem sem ter os seus nutrientes lixiviados. Com o propósito de manter cortina de fumaça acerca do guano, revolucionário fertilizante para o qual Humboldt despertara os olhares do mundo, Darwin adotara postura diversionista, desdobrando-se em descrever, no seu livro de viagem e através de centenas de cartas, que aquelas enormes massas embranquecidas nos penhascos e promontórios do Pacífico eram de conchas; com isto, procurava confundir os governos estrangeiros e a própria opinião pública.

Desde a década de 1820, a Inglaterra já importava esse fertilizante do Peru a preços aviltantes. Contudo, estrategicamente Darwin não faz nenhuma menção sobre esse fato em cartas ou no livro que ora focamos, procurando evitar a abordagem da matéria.

> Págs. 349 e 350
>
> Desde a declaração da independência, nenhum Estado sul americano soffreu mais, devido a anarchia, que o Perú. Por ocasião da nossa visita havia quatro chefes em armas, disputando a supremacia do governo.
>
> ....
>
> Outro dia, comemorando o anniversário da Independência foi celebrada missa solemne, o Presidente tomando parte na cerimônia; durante o "Te Deum laudamus", ao invés de cada regimento exibir o pavilhão peruano, foi desfraldada uma bandeira preta com uma caveira no centro.
>
> ....
>
> Mas o Presidente, durante a nossa permanência, vendeu os canhões de bronze, e começou a desmantelar parte do forte. O motivo allegado fora que elle não dispunha de oficial.
>
> ....
>
> Ele tinha pessoalmente ótimas razões para pensar desse modo, pois apoderara-se da presidência por um ato de rebelião. Após nossa partida da América do Sul, pagou ele a costumeira penalidade, sendo derrotado, aprisionado e fuzilado.

Lancemos luzes sobre os passos de Charles Darwin em Lima. No dia 19 de julho de 1835, ele desembarca no porto de Callao (dista de Lima aproximadamente 11 quilômetros) e zarpa da capital em 15 de setembro. Que trabalho executou o naturalista nesses quase sessenta dias em que esteve naquela região? De que forma exercitou a sua atilada inteligência ante os homens e os fatos?

Com extraordinária argúcia, Darwin sabia compreender os seres humanos e as circunstâncias em torno das quais atuava. Na ribalta, movia-se num cenário sheakespeariano. O governo britânico lhe ofereceu os instrumentos da força militar instrumentalizada num vaso de guerra, apoio para jogos diplomáticos, ilimitados recursos financeiros, e, finalmente, um enorme anfiteatro nos oceanos e terras do mundo, onde ele operou como exímio prestidigitador, ao impulso da precocidade de um gênio audacioso. Ele não concluiu nenhuma carreira científica que abraçou, mas se autointitulou senhor e conhecedor de todas elas. O cientificismo o alçou seu guru. Com quem Darwin contracenou para solapar o governo peruano e derrubá-lo do poder em 1836? O cônsul-geral da Inglaterra no Peru, Wilson Belfort

Hinton, agente de precedentes ações ignominiosas nas antecâmaras da diplomacia e nos porões do poder, onde tramava golpes para a derrubada de chefes militares, governadores e presidentes, com o objetivo de servir aos interesses econômico-financeiros do seu país.

Nos relatos, Darwin procura desqualificar destemida liderança, que se destacou como libertador do povo peruano dos sórdidos grilhões do Reino Unido, cujas garras saqueavam e sangravam as riquezas do Peru. Ele lançou estes ápodos sobre o jovem presidente da república peruana: "Colocou uma caveira numa bandeira preta [...]; vendeu os canhões de bronze e, finalmente, apoderou-se da presidência num ato de rebelião e pagou ele a costumeira penalidade, sendo derrotado, aprisionado e fuzilado". Quem era esse presidente a que a *longa manus* do poderio inglês, instrumentalizado por Charles Darwin, procurava desfigurar? Felipe Santiago Salaverry del Solar, presidente do Peru de 1835 a 36, jovem com 28 anos, tendo a aureolá-lo uma vocação à la Simon Bolívar, o Libertador, com quem esteve ao seu lado em várias batalhas.

Nas antessalas do poder britânico se articulou a formação da Confederação Bolívia-Chile-Peru, sob a chefia dos fantoches-presidentes: Andrés de Santa Cruz, da Bolívia, José Joaquin Prieto, do Chile, e Luis José de Orbegoso, do Peru. Contra a trama urdida nos porões dos quartéis e nos bastidores do imperialismo britânico, um jovem patriota se levantava e, à frente de um movimento revolucionário, derrubava do governo peruano esse sátrapa, general Luis José Orbegoso.

Quem era o jovem libertador? Felipe Santiago Salaverry del Solar. Ele assume a presidência do Peru, em 1835, e logo toma enérgicas medidas em defesa dos interesses do país, sangrado pelas aves de rapina. Nesta passagem, lembro-me da carta-testamento deixada por Getúlio Vargas ao povo brasileiro, momento antes do seu suicídio, em 1954. Trindade comandada pelos agentes britânicos, Wilson Belfort Hinton, capitão Fitz Roy e Charles Darwin, começa a se articular junto a chefes militares peruanos e ao fantoche-presidente da Bolívia, Andrés de Santa Cruz, para a derrubada do governo do jovem e promissor presidente Salaverry del Solar.

Desfecha-se o golpe contra o presidente peruano a partir dos gabinetes de comando do navio H. M. S. Beagle, fundeado no porto de Callao. Arma-se a traição. Na batalha em Arequipa, em 18 de fevereiro de 1836, Salaverry del Solar é baleado na Praça das Armas e covardemente assassinado. Darwin inveridicamente declara: "sendo derrotado, aprisionado e fuzilado".

Morto este lidador de Simón Bolívar, a Confederação Peru-Bolívia-Chile consolida-se. Fatos históricos perfilam-se idênticos. Nas ilhas Malvinas, em 1834, trama-se a tomada dessas ilhas; no ano de 1836, em Arequipa, Peru, abate-se covardemente um libertador.

Pág. 355
[Arquipélago de Galápagos – 15 de setembro de 1835]
O Archipélago de Galápagos consiste de dez ilhas principaes, cinco das quais excedem em tamanhos as demais. Acham-se situadas sob o equador, e entre quinhentas e seiscentas milhas a oeste da costa da América. São todas formadas por rochas vulcânicas. Algumas das crateras que encimam as ilhas maiores são de imenso tamanho, e elevam-se à altura de 900 a 1200 metros.

Um fato nos sobressalta, ao acompanhar as pegadas do naturalista através do seu ensaio narrativo escrito a bordo, publicado alguns anos depois de sua volta à Inglaterra, em 1836, quando Darwin, recolhido na sua propriedade, Down House, condado de Kent, às expensas do seu poderoso sogro, poderia ter retificado, ouvindo a opinião de especialistas, muitos dos erros e omissões contidos no seu diário, ora analisado.

Dizendo-se com o curso em geologia e discípulo de Charles Lyell, Darwin resvala em erro crasso ao declarar: "As ilhas Galápagos são de origem vulcânica".

Não são. Esclareçamos. Em certo ponto das águas do Pacífico, origina-se cadeia de montanhas submarinas, a oeste da América do Sul, que contorna a Austrália em direção ao oceano Índico e se une à cordilheira do meio do oceano, formando, em seus 60 mil quilômetros de extensão, a maior cordilheira submarina do mundo. Ao largo da América do Sul, os picos da elevação do Pacífico leste ficam 3 mil metros abaixo do nível do mar, à exceção dos pontos onde se elevam para formar as ilhas Galápagos.[24]

De onde nasce a corrente marítima Humboldt e qual a sua importância para a flora e fauna das ilhas Galápagos? Ela vem das águas frígidas da Antártica e se desloca pela costa da América do Sul, desviando-se, à altura do Peru, em direção ao arquipélago de Galápagos. À medida que avança ao longo da orla litorânea, leva consigo enorme carga de adubo, fazendo vir à superfície das águas fosfatos e outros fertilizantes, que alimentam uma das mais ricas faunas marinhas da Terra; ela sustenta, destacadamente, milhões de aves, como atobás, biguás, pelicanos, gaivotas etc., cujo excremento, o guano, é a base de vasta indústria pesqueira e de fertilizantes. Ressalte-se: o movimento das águas profundas oceânicas governa-se por dois fatores: temperatura e teor de sal. Na superfície, a temperatura do oceano pode variar entre os 30°C no Mediterrâneo até o mínimo de 0°C no Ártico e na Antártica.

O intercâmbio de águas equatoriais aquecidas e águas frias polares se apresenta o mais importante dos movimentos nos oceanos. A rotação da Terra a 1.600 km/h exerce importante efeito sobre os ventos e as águas, e, consequentemente, em relação a todos os objetos em movimento, de um barco a um míssil balístico.

Formam o arquipélago dos Galápagos 6 ilhas principais: Santa Cruz, Isabela, Floreana, San Cristóbal, Santiago e Fernandina; 14 pequenas e cerca de 38 ilhotas e alguns rochedos. Dista do continente sul-americano 970 quilômetros, destacando-se a ilha Isabela como a maior e a segunda reserva marinha do mundo, perdendo apenas para a Grande Barreira de Corais, na Austrália. Esclareçamos. Não fica o Galápagos situado "sob", ou seja, abaixo da linha do Equador, segundo assevera Darwin, mas por esta linha é atravessado. De 900 a 1.200 metros não é o ponto mais alto, segundo o viajante do Beagle destaca. O pico mais elevado do arquipélago é o vulcão Wolf com 1.660 metros, situado na ilha Isabela (Observe-se: durante os 35 dias que Darwin permaneceu naquele arquipélago, ele conheceu apenas 4 ilhas: as de San Cristóbal, Floreana, Isabela e Santiago. Esses dias como ele os preenchia? Pescando e levantando dados e elementos sobre as riquezas naturais do arquipélago a fim de enviar ao Reino Unido.)

> Pág. 356
> Considerando-se que as ilhas se acham directamente sob o equador [ressalte-se "sob"] o clima está longe de ser excessivamente quente, devido principalmente à temperatura singularmente baixa da água contérmina, aqui trazida pela grande corrente polar do sul [que sul é esse?]. Com excepção de uma estação muito breve, raramente chove e mesmo assim irregularmente, entretanto as nuvens pairam a pouca altura.

Deste texto, o que podemos deduzir? Ao se referir Darwin à "grande corrente polar do sul", ele desconheceu, por ignorância ou má-fé, o nome do descobridor desse fenômeno marítimo, o consagrado naturalista Alexandre Humboldt.

Na sua obra, *Quadros da natureza,*[25] publicada em 1820, Humboldt faz clara e expressa referência acerca desta corrente oceânica:

De volta à Inglaterra, Darwin propalava que Humboldt era o seu supremo inspirador. Isto só no palavrório. Das correntes marítimas relevante influência recebe o clima. O que são esses fenômenos oceânicos? Volumosas quantidades de água, bilhões de metros cúbicos se deslocam pelos oceanos, apresentando salinidade, temperatura, pressão e velocidade próprias, resultado de diversos fatores, principalmente ventos, movimento de rotação da Terra, temperatura das águas e conformação das bacias oceânicas. Em que condições atuam as correntes marítimas, inclusive a de Humboldt, que passam pelas ilhas Galápagos? Impulsionadas pelo calor do planeta, elas movem massas de água das regiões equatoriais às gélidas águas polares e vice-versa; na superfície oceânica, são movidas pelos ventos, e, nas profundezas abissais, propelidas por diferenças de densidade. A água fria e salgada é mais densa e pesada do que a água doce aquecida, e tende a afundar. Da Antártica se origina a corrente marítima conhecida por Humboldt; ela margeia as costas do Chile e do Peru, e depois se direciona às águas do arquipélago Galápagos.

Darwin nada esclareceu sobre o nome do descobridor dessa corrente oceânica; apenas fez este comentário: "A água trazida pela grande corrente polar do sul".

Ressalte-se: Humboldt já descobrira esse fenômeno na década de 1810. Pelas ilhas Galápagos passam as correntes marítimas da Califórnia, vindas das Antilhas, e a corrente sul-equatorial, além da de Humboldt, razão da exuberante riqueza da flora, fauna e vida marítima daquele arquipélago, cujas águas frias explicam a existência de animais do frio e a enorme abundância da vida oceânica. Estas correntes trazem nutrientes abundantes, a possibilitar a proliferação das algas microscópicas, chamadas fitoplânctons, capazes de transformar a energia da forte insolação em matéria orgânica, através da fotossíntese. Daí advêm as enormes quantidades de alguns tipos de peixes, mamíferos, répteis, aves, inclusive pinguins, focas e baleias.

> Págs. 356 e 357
> [Ilhas de Chatham, Galápagos]
>
> Na manhã do dia 17 descemos na ilha Chatham.
>
> ....
>
> A superfície seca e ardente sob os raios do sol do meio-dia comunicava ao ar uma sensação abafadiça e sufocante.
>
> ....
>
> Aquelle mato de aspecto tão calamitoso estaria mais em harmonia com uma flora ártica do que com uma região equatorial.
>
> ....
>
> A ilha vulcânica de Fernando de Noronha, collocada em muitos aspectos sob condições idênticas, é o único outro território onde eu tivesse visto vegetação semelhante à das ilhas Galápagos.
>
> ....
>
> O dia estava abrasador. Quando prosseguia no meu caminho encontrei duas grandes tartarugas, cada qual não devendo pesar menos de cem kilos.

Quando o naturalista aportou na ilha Chatham, hoje San Cristóbal, e conheceu apenas quatro ilhas, de um total de mais de quarenta, ele não conseguiu ter uma visão geológica, geográfica, climática, fáunica e florística do arquipélago de Galápagos, cujas dezenas de ilhas se espalham ao longo de 7.880 km^2 de terra numa área de 45 mil km^2. Para se ter uma ideia da amplitude daquele arquipélago, basta destacar que a ilha Genovesa, situada ao norte, dista da ilha Fernandina mais de 200 quilômetros. Assim localiza-se a maioria delas, razão por que, em face da formação geográfica, não podemos, conhecendo apenas quatro ilhas, ter uma visão completa do arquipélago. Mesmo localizadas por entre a linha do Equador que por elas passa, portanto, em zona tropical, as ilhas Galápagos possuem clima temperado, determinado pela fria corrente Humboldt, com precipitações moderadas, exceto nas regiões altas.

O Galápagos, amplamente disperso e retalhado por dezenas de ilhas e ilhotas, recebe a influência de uma série de fatores, entre os quais, a sobressair: domínios físicos, estrutura geológica, relevo, correntes de vento, além da corrente marinha referida, regular índice pluviométrico, solo, vegetação e fauna, cujos fatores e elementos se influenciam mutuamente, e do entrelaçamento de uns e outros podemos ter uma visão bem definida daquele bioma.

Da ilha Chatham, a primeira a visitar, Darwin destacou apenas uma zona, a parte baixa. Devido à sua localização geográfica e às condições e fatores ecológicos singulares, cada ilha possui um microclima próprio, daí as diferenças na fauna e vegetação, e irregular pluviosidade, razão por que as zonas baixas são do tipo agreste (por exemplo, região do Nordeste do Brasil, entre a Mata Atlântica e a Caatinga). Contudo, nas áreas acima de 300 metros tem diferente vegetação e fauna variada. Este é o caso das encostas a barlavento, as quais recebem e condensam a umidade do ar.

Na ilha Chatham, a vegetação varia de acordo com o aumento da altitude. O cerro San Joaquín apresenta-se como o ponto mais alto, com quase 750 metros. Na cratera do vulcão El Junco, inativo, há uma lacuna de água doce, a única nas ilhas Galápagos. Nessa zona, chove regularmente; lá se construiu o primeiro engenho de açúcar do Peru e do Equador. Ao norte da ilha, divisa-se um conjunto de cones vulcânicos com vegetação rarefeita e cores variadas, ambiente que oferece apoio a diversas categorias de espécies, como iguanas marinhas, pelicanos e diversos tipos de aves, fragatas, lobos marinhos etc. Naquela ilha, nunca habitaram tartarugas gigantes, segundo Darwin diz que viu. Talvez ele, por equívoco, tenha anotado errado. Numa praia ao sul, de nome Lobería, vive uma grande colônia de lobos-marinhos, onde descansam e se reproduzem.

Nos seus relatos, Darwin identificou a vegetação do arquipélago de Fernando de Noronha semelhante à das ilhas Galápagos, comparação despropositada em face de o arquipélago brasileiro possuir peculiaridades insulares próprias, quais sejam, clima tropical parecido com o do agreste do Nordeste do Brasil, duas estações, uma seca, que alcança dos meses de setembro a janeiro, e a outra chuvosa, de fevereiro a agosto, com precipitação média anual de 1.400 milímetros. No período de estiagem, a vegetação dá a impressão de pré-combustão desértica, com incessantes ventos, a revolutear poeira por entre trepadeiras esturricadas e esgalhadas em árvores ressequidas. Durante a estação chuvosa, a natureza, num passe de mágica, irrompe das terras adustas vegetação exuberantemente bela, prenhe em absorver nutrientes que o hidrogênio e o oxigênio oferecem em chuvas torrenciais e rápidas. Em linhas gerais, a visão ecológica das ilhas do Atlântico, agrupadas no arquipélago de Fernando de Noronha, nada tem que a identifique com o painel faunístico e florístico, inclusive a vida marinha das ilhas Galápagos.

Na ilha Chatham, onde Darwin primeiramente desembarcou, ele apenas percorreu pequeno trecho.

Págs. 357 e 358

Seguiu o Beagle para a ilha de Charles. De há muito tem sido o archipélago frequentado, primeiramente, pelos piratas, depois pelos caçadores de baleias [ele se incluía nesta segunda categoria].

....

Os habitantes contam-se em número de duzentos ou trezentos.

....

Vivem nos bosques muitos porcos selvagens e cabras; mas o principal artigo di alimentação consiste das tartarugas.

....

Dizem que antigamente alguns navios carregavam cada um nada menos de setecentas tartarugas.

Um dos objetivos da viagem do navio da Armada Naval do Reino Unido era detectar o roteiro marítimo, a migração das baleias e estudar o volume do fertilizante guano (Darwin se fez desconhecedor desse assunto), o potencial mineralógico da América do Sul, os governos e grupos econômicos que o Império Britânico poderia atrelar ao seu domínio.

Reencontremos as pegadas do naturalista. De Chatham, o Beagle zarpou para a ilha Charles, hoje, Floreana, singrando mais de 100 quilômetros, onde Darwin desembarcou numa praia conhecida por Punta Carmorant, *habitat* de colônias de lobos-marinhos, flamingos, patos-selvagens e aves migratórias. Ao norte, encontra-se um sítio de reprodução de tartarugas-gigantes. Mais ao sul, por 2 quilômetros, depara-se com quatro rochas que formam algo à semelhança de uma coroa, a que se dá o nome de Corona del Diablo, onde vivem peixes e arraias. Aquela ilha tem 180 km^2 com um cume de 650 metros.

Como caracterizar este réptil, chamado tartaruga, uma das espécies dos quelônios? Distingue-se a tartaruga dos outros répteis por ter o corpo encaixado numa concha formada por duas partes: uma delas, dorsal, convexa (a carapaça); a outra, ventral e plana (o plastrão). Existem espécies aquáticas, semiaquáticas e terrestres. Habitam as regiões mais cálidas do mundo, mas também são encontradas no sul da Europa.

A ordem dos quelônios existe desde o Jurássico e possui aproximadamente 350 espécies. Emitem sons que lembram os do javali. As tartarugas-gigantes de Galápagos originam-se, sem dúvida, das sul-americanas jabutitinga, jabutipiranga e tartaruga do charco. Acredita-se que essas espécies de tartarugas poderiam ter sido transportadas por balsas, troncos de árvores ou outros tipos de vegetais flutuantes, do continente para as ilhas Galápagos.

Nos séculos passados, até o XIX, esta ilha, como outras do arquipélago, era local de encontro de navegantes e piratas que singravam os oceanos. Nesse cenário, destaca-se belíssima praia, conhecida como Bahia del Correo, da qual se visualiza magnífica paisagem, e foi entreposto de correspondências entre navegantes das mais diversas partes do mundo, que ali deixavam as suas cartas.

> Págs. 358 e 359
> [Dia 29 de setembro]
>
> Dobramos a ponta sudoeste da ilha Albemarle [hoje Isabela, a maior do arquipélago] e, no dia seguinte, estávamos quasi serenados entre esta ilha e a de Narborough [hoje Fernandina]. Ambas se acham cobertas de immensos dilúvios de lava negra e nua.
>
> ....
>
> Em ambas as ilhas houve, como se sabe, erupções [...] Entre as rochas da costa havia abundancia de grandes lagartos pretos, medindo em geral um metro aproximadamente.
>
> ....
>
> O conjunto desta parte norte da ilha Albemarle é de uma impressionante esterilidade.

Que análise faremos deste texto? Que descrição fez o naturalista acerca da ilha Albemarle, hoje Isabela, a maior do arquipélago, com 4.588 km^2? Superficial e despretensioso relato.

Relativamente ao tamanho dessa ilha, ela possui a maior concentração de vulcões do mundo, com seis deles ativos, destacando-se o Cerro Azul, com 1.689 metros, além do Wolf, Darwin, Alcedo e Serra Negra. Humboldt denominou uma rede de vulcões no Equador, período em que ele escalou o Chimborazo, de "avenida dos vulcões", e nós, a esta ilha, podemos cognominá-la de "ninho de vulcões". Ao norte da ilha, elevados rochedos, conhecidos por Caleta Tagus, nos quais podemos divisar inscrições feitas por piratas que por ali passaram. Ao redor da enseada, encontram-se colônias de pinguins, pelicanos e diversos tipos de aves marinhas. Mais uns 4 quilômetros ao norte, vemos Bahia Elizabeth, formada pela junção dos vulcões Sierra Negra e Alcedo. Vegetação viçosa, com característica florestal.

Darwin, sem percorrer aquela ilha, soltou esta aleivosia: "Esta ilha é de impressionante esterilidade".

Outro fenômeno, destaquemo-lo. No interior da cratera do vulcão Alcedo vivem tartarugas-gigantes, uma das doze variedades que habitam o Galápagos. Acerca da ilha Narborough, hoje Fernandina, o naturalista não fez nenhuma observação, desconhecendo que ali se localiza um vulcão (não lembramos o nome), um dos mais ativos do mundo. Talvez, por estratégia política, em face de no litoral daquela ilha existir um santuário de baleias, Darwin se omitiu de maiores detalhes.

> Pág. 359
>
> Chegamos à ilha James [hoje Santiago]... Aqui fomos deixados uma semana Mr. Bynoe [um dono de navio que transportava baleias], eu e outros criados, com provisões, e uma barraca, enquanto o Beagle ia abastecer-se de água.
>
> ....

> Havia pouco tempo, os marinheiros de um navio de phocas tinham assassinado o seu capitão.
>
> ....
>
> Em dois dias, o thermómetro dentro da barraca estacionou em 34°C, e o calor tornava-se insuportável sempre que cessasse por uma hora a corrente dos alizeos.
>
> ....
>
> A areia estava abrasada, o thermometro, collocado em qualquer ponto imediatamente subia a 58°C.

Os ventos que sopram na ilha James, hoje Santiago, não são os alísios, equivocadamente referidos por Darwin. A Terra gira em torno do seu eixo; os oceanos, os continentes e as ilhas recebem diferentes porções de calor solar, cujos fatores regem os movimentos do ar que provocam a circulação dos ventos. O aquecimento desigual do planeta caracteriza-se como a principal causa de diferença na pressão atmosférica. Com o nome de alísios são conhecidos os ventos que sopram na zona tórrida, com inclinação NE e SE, de acordo com o hemisfério. Chamam-se montantes os ventos que alternativamente correm do mar para a terra e vice-versa. A região norte do Chile encontra-se no círculo dos ventos alísios que reinam durante todo o ano, e este elemento, combinado com outros fatores, geraram o deserto de Atacama. Os alísios ocorrem nas regiões tropicais, resultados da ascensão de massas de ar que convergem das zonas de alta pressão nos trópicos para zonas de baixa pressão no Equador formando um ciclo.

O Chile central experimenta ventos úmidos do oeste durante o inverno do Hemisfério Meridional.[26] Darwin falou que o seu termômetro marcava em qualquer ponto da ilha 58°C. Admitamos que essa temperatura fosse aferida a sol a pino, no mês de setembro. É temperatura patamar de deserto. O que deduzimos? Seu termômetro estava defeituoso. Já àquela época usava-se o termômetro de platina, metal cuja condutibilidade elétrica aumenta à medida que a temperatura sobe.

> Pág. 360
>
> De maneira que, tanto no tempo como no espaço, parecemos ter-nos aproximado desse grande facto – mysterio dos mysterios – a primeira apparição de novas creaturas no planeta.

Parodiemos Camões: "Um valor mais alto se levanta". Basta. Cessemos um pouco os nossos pensamentos. Ouçamos o ressoar destas palavras expressas neste vaticínio audacioso: "Aproximo-me desse grande facto – o mystério dos mysterios". Darwin bradou ao mundo estupefato: "Eu descobri a origem do homem".

Ninguém alcançou tamanha temeridade, só Américo Vespúcio, que há quase cinco séculos lançou no seu livro *Mundus Novus*, resumido em 36 páginas, que fora o descobridor das Américas. Que grandes prestidigitadores a humanidade conheceu!

No imprevisível jogo das forças da história, não nos cabe desvendar as condições em que ambos conseguiram se perfilar perante o mundo. O viajante do Beagle, inteligente e audacioso, atirou ao olvido sábios e autênticos cientistas. A glória, pelas mãos do destino e dos seus poderosos familiares, o sepultou na abadia de Westminster. Para Américo Vespúcio, a posteridade reservou-lhe o nome de três continentes, as Américas do Norte, do Sul e Central. Darwin, em certa altura da vida, conhecendo-se homem de pouca cultura, assustou-se com a glória. Recolheu-se à sua propriedade, Down House, no condado de Kent, deixando aos seus seguidores e ao seu círculo familiar a informação de que iria se dedicar a profundas pesquisas sobre a origem das espécies e do próprio homem (sobre a origem do homem ele publicou uma desencontrada obra).[27] Predestinou-se a descobrir *o* "mistério dos mistérios", e assim Darwin mistificou-se um novo deus das ciências. Certa humanidade genuflexa o glorifica.

> Pág. 361
>
> As outras vinte e cinco aves que apanhamos consistem primeiramente, de um falcão.
>
> ....
>
> Em segundo lugar, duas corujas, que representam os mochos brancos e de orelhas curtas que freqüentam os celleiros europeus.
>
> ....
>
> Em terceiro lugar, uma carriça, três apanha-moscas [...].

Heureca! Heureca! Darwin, com sua percuciente inteligência e capacidade para mergulhar nos detalhes dos fatos e na anatomia dos seres, inebria-se com o mundo de fascinante beleza e multivariedade das espécies. Reconheçamos como um testemunho à justiça a sua vocação nata para encontrar nos seres vivos suas diferenças, e, ainda, a coragem de apontar, mesmo com os rugidos do misticismo fanático, a liberdade de pensar. Ele abraçou a glória com a avidez de um beduíno sequioso por água no deserto. Cometeu erros crassos e disparates, mas saibamos compreendê-lo.

Chamemos à verdade esses desvarios: ele afirma que abateu um condor-dos-andes nas estepes patagônicas, e, aqui, neste texto, diz que caçou um falcão. O falcão autêntico divide-se em três subordens: o *Falcones*, o *Sagitário* e o *Catthatae*, encontrados em regiões montanhosas da Ásia Central e da Europa. É ave de rapina tremendamente arisca. O que o nosso naturalista apanhou? Um gavião-caranho (*Micrastur ruficollis*), da família do carcará, gavião comum encontrado em sítios e fazendas por toda a América do Sul, inclusive no Brasil. É tipo de ave muito mansa.

A pega das duas corujas é grotesca. Essas aves, as corujas, pertencem à ordem dos estrigiformes, de hábito essencialmente noturno e com regime alimentar das aves de rapina. Esta ordem compõe-se de duas famílias: a dos titonídeos e a dos estrigídeos.

Realmente Darwin pegou, não devemos usar a palavra "caçou", um caburé, facilmente identificável pelo canto característico, e que se deixa apanhar em plena luz do dia e em qualquer lugar. Ressalte-se ainda: a "coruja" que ele pegou frequenta os celeiros europeus, e, assim, se confirma implicitamente que foi um caburé. Ave comum, vagabundeia por toda a América do Sul, inclusive nas regiões semiáridas do Nordeste brasileiro.

> Pág. 362
>
> Da mesma forma, poder-se-ia ainda imaginar que um pássaro, primitivamente, um bútio.
>
> ....
>
> Considerando os hábitos errantes das gaivotas, surprehendi-me de verificar que a espécie que habita as ilhas é peculiar, entretanto alliada a uma pertencente às regiões sul da América.

A gaivota pertence à ordem das caradriformes. 42 espécies de gaivotas verdadeiras distribuem-se por todo o planeta. A espécie *E. dominicanos*, conhecida por gaivotão, branca de asas negras, habita as costas do Chile, Argentina e parte da África Ocidental. As legítimas possuem tamanho entre 40 a 80 centímetros. Certas espécies dessas aves, conhecidas por trinta-réis, às vezes se confundem com gaivotas, gritam muito, vivem em constantes brigas e são facilmente capturadas.

Que tipo de ave o naturalista britânico apanhou? Um trinta-réis ou uma gaivota autêntica? Se ele não definiu os seus traços característicos, como podemos analisá-la? Ele diz que essa espécie de gaivota tem hábitos errantes e ao mesmo tempo a declara peculiar daquelas ilhas.

> Pág. 363
>
> Com excepção de uma carriça de peito amarelo, de um apanha-moscas de peito e topete encarnados, nenhuma das aves possue cores brilhantes, como seria de esperar-se num distrito equatorial.
>
> ....
>
> Parecia, portanto, que a causa que aqui torna menores os immigrantes de algumas espécies, diminue também as espécies mais peculiares de Galápagos, como ainda geralmente mais escuras na cor. Todas as plantas, têm aspecto grosseiro e damninho, não tendo podido encontrar uma só flor bonita. As aves, plantas e insectos têm todas um caráter de deserto e não possuem cores brilhantes como se vê no sul da Patagônia; podemos concluir que o usual colorido festivo das produções intertropicais não se acha relacionado com o calor e luz dessas zonas.

Que texto do livro estamos focando à página 363? Um amontoado de contradições, em que a ciência e a própria realidade são negadas.

O Galápagos se localiza na área de maior insolação do planeta, a Linha do Equador, que o atravessa causando intensa luminosidade solar, a acelerar o processo de fotossíntese nos vegetais, gerando-lhes singular brilho. A corrente Humboldt explica, num clima de zona equatorial, a presença de aves e peixes do frio com abundância de vida na região. Fatores os mais diversos, pressão atmosférica, correntes de ventos, temperatura, índice pluviométrico regular, correntes marinhas, relevos, encostas, fazem predominar um clima quente, úmido e oceânico, com temperatura a oscilar de 17 a 26°C, daí advindo riquezas botânicas e zoológicas, registrando-se aproximadamente 5 mil espécies distribuídas de acordo com a altitude e outros fatores naturais.

Que olhares caolhos olharam como de natureza desértica aquelas dezenas de ilhas? Já transcorriam quatro anos da temerosa empresa oceânica (ressalte-se: quatro anos só na América do Sul)[28], para a qual foi lançado jovem aristocrata cuja vida se embalara num berço de veludo. Ali em Galápagos, as suas resistências mentais e físicas estavam fragilizadas.

Como falar em plantas e animais de tamanho diminuto, de pele sem brilho e de organismos pequenos às fronteiras do raquítico? E o mundo dos seres vivos das regiões frias do Hemisfério Norte, sobretudo norte dos EUA, destacando-se a Inglaterra, de onde o naturalista melancólico zarpou? Em Galápagos, habitam tartarugas-gigantes de até 300 quilos, lagartos de quase 2 metros de comprimento (no século XX, na década de 50, foi encontrado um lagarto com quase 3 metros), iguanas marinhas, leões marinhos, maiores do que os da costa do continente, pelicanos, lobos-marinhos, gaivotas-real, golfinhos, fragatas. Na ilha Floreana, podemos encontrar flamingos, patos-selvagens e várias espécies de aves migratórias e até tubarões, focas e baleias (Darwin fora proibido de falar sobre estes cetáceos). Só um viajor exausto desfaleceria o olhar frente àquele fantástico mundo de vidas e vidas, isolado na imensidão do Pacífico.

O naturalista falou em plantas e animais de cores sem brilho. No mundo vivo, a cor é produzida de duas maneiras: as moléculas de pigmentos são encontradas em todos os animais, os quais absorvem a luz de determinado comprimento de onda e refletem esta, que, não absorvida, produz a cor. De que forma se explica, em uma região como a de Galápagos, cortada pela Linha do Equador, e não sob, conforme dissera Darwin, na qual incide intensa luminosidade solar sobre vegetais e animais, suas folhagens e peles serem destituídas de brilho? O naturalista Alfred Wallace expôs em trabalho teoria acerca de coloração das espécies, no qual destaca por que na região equatorial os organismos vivos se apresentam com inusitado brilho, superior às demais regiões.

> Págs. 365 e 366
>
> Durante a estação da cria, quando se juntam machos e fêmeas de tartarugas, o macho produz um som rouco que se pode ouvir, dizem, a mais de cem metros de distância.
>
> ....
>
> Acreditam os nativos que esses animaes sejam completamente surdos; certo é que não pressentem os passos de que lhes anda immediatamente atrás.

Observe-se. Os animais vertebrados, inclusive a tartaruga, dotam-se de audição, órgão próprio para a recepção das ondas sonoras. Quase todos os seres machos gritam ou emitem ruídos; as fêmeas, só algumas espécies.

Das aves, só 5% dos machos cantam. Ressalte-se: os ouvidos não são órgãos exclusivos para ouvir; a eles, outra função se destina, a de controlar o sentido do equilíbrio do corpo de acordo com a gravidade. Neste relato de Darwin, há uma contradição. Ele diz que "a tartaruga macho produz um som rouco que se pode ouvir a cem metros de distância". Ora, lancemos mão desta lógica: quem produz som é porque o outro animal, seu semelhante, da mesma espécie, o ouve.

Acrescentou o naturalista, informado por nativos: "Acreditam que esses animaes são completamente surdos".

O som é recepcionado pelo sistema auditivo de cada animal, de acordo com a membrana basiliar e o seu aparelho auditivo. O som, por não ter sido recepcionado pelo outro animal, não significa, com isto, que ele é surdo.

> Pág. 366
>
> É fora de dúvida que essas tartarugas sejam aborígines das Galápagos, porquanto se encontram senão em quasi todas as ilhas mesmo nas mais diminutas e desprovidas de água. Se se tratasse de espécie importada quasi não poderia admitir o caso num grupo que tem sido pouco visitado [como pouco visitado se o arquipélago era passagem de piratas e navegantes que ali paravam para se alimentarem de carne de tartaruga e também se abastecerem de água potável?].

As tartarugas referidas por Darwin pertencem à ordem dos quelônios, da qual existem atualmente 340 espécies, divididas em duas subordens, a do *Atheca* e a do *Tecophora*. Tipos de quelônios, os cágados e jabutis diferenciam-se dos outros répteis por terem o corpo encaixado numa concha formada de duas partes: a carapaça e o plastrão. Existem espécies aquáticas, semiaquáticas e terrestres. Quando da descoberta das ilhas de Galápagos pelo frei Tomás de Berlanga, ali viviam 14 subespécies; hoje sobrevivem 11.

Caso Darwin se encontrasse na ilha Santiago, as tartarugas a que ele se referiu eram da espécie *Chelonoidis nigra porteri*, a qual afirma serem aborígines de Galápagos, revelação um tanto temerária, de vez que se desconhece que espécie originária foi lá aportada e transportada por vegetais ou madeiras flutuantes, e, porventura, se não derivam de uma subespécie de tartaruga aquática. Enfim, por vários ângulos podemos analisar de onde vieram aqueles primitivos quelônios.

> Pág. 366
>
> O Amblyrhynchus, extraordinário gênero de lagarto, é adstricto ao archipélago: existem duas espécies, muito parecidas, na forma geral, uma terrestre e outra aquática.
>
> ....
>
> Os seus hábitos de vida provariam ser muito peculiares e differentes das do seu aliado mais próximo, a iguana [...]. O comprimento usual do individuo adulto é de cerca de um metro.

O réptil nominado por Darwin de *Amblyrhynchus*, único gênero de lagarto marinho que se conhece, realmente é endêmico das ilhas Galápagos. Da ordem dos escamados, da família dos iguanídeos e da espécie iguana, esses répteis possuem 65 gêneros, subdivididos em mais de 700 espécies, conhecidas popularmente por lagartos; variam de tamanho, desde as pequenas lagartixas até as iguanas gigantes, como as 4 espécies que vivem nas ilhas Galápagos, as quais atingem mais de 2 metros de comprimento, da cabeça ao fim da cauda. A iguana, confusamente chamada por Darwin de lagarto, o seu nome científico é *Amblyrhynchus cristatus bel*; ela se alimenta de algas no fundo do mar e possui glândulas através das quais o sal é excretado por um orifício nasal; quando está em terra, esse animal espirra, eliminando o sal do seu corpo.

No processo evolutivo dos répteis, podemos assim classificá-los: os quelônios: tartarugas, cágados e jabutis; os escamados: lagartos e cobras; os crocodilianos: crocodilos, jacarés, caimães e gaviais.

> Págs. 371 e 372
>
> Colhi dezesseis espécies de conchas terrestres [...] são todas peculiares ao archipélago.
>
> ....
>
> Mr. Cuming [inglês, dono de navio caçador e transportador de baleias, focas e tartarugas] conseguiu noventa espécies de conchas terrestres.
>
> ....
>
> O facto de occorrer aqui a presença de conchas provenientes de ilhas de partes centrais do Pacífico merece attenção. [...]
>
> ....
>
> Poderei accrescentar que depois da comparação feita por Mr. Cuming e Mr. Hinds de cerca de 2.000 conchas das costas occidental e oriental da América, somente uma concha foi encontrada [...]..
>
> ....
>
> Temos, conseguintemente, nesta parte do mundo três grandes províncias conchyliológicas [ele só não falou acerca do guano, fertilizante que surpreendeu o mundo àquela época].

O que podemos observar desse enorme palco adredemente armado nas antessalas do Império Britânico?

O novelista bretão fez-se um ator bem preparado: o que ele procurava encobrir discorrendo páginas e páginas sobre conchas? O fertilizante guano.

Os camarins do poder o lançaram, e ele se fez a prima-dona sobre a qual se iluminariam as luzes da ribalta. Charles Chaplin não alcançaria tamanha genialidade. A desatenção do viajante quedou-se bárbara com a ciência. O grave, e aí desvendamos esta ópera bufa, é Charles não ter corrigido os erros e omissões contidos no livro que ora focamos, ouvindo geólogos, zoólogos, botânicos, biólogos etc.

Fala de conchas... conchas... repetidamente.

Lá atrás, quando ele esteve nas litorâneas costas do Peru, especialmente no porto de Callao, desandou a pontificar sobre conchas, cortina de fumaça atrás da qual procurava esconder as fantásticas riquezas do guano. Que peça bem urdida se assiste, armada pelos estrategistas do Reino Unido!

Para a Inglaterra, à época, a inconteste guardiã dos mares e das riquezas universais, o naturalista fez-se um muezim dessa opereta oceânica.

A glória e o destino de Darwin consistiam em ele ter permanecido num plano de oportuna postura, absorvendo o que os outros produziam com enorme sacrifício e risco. Interrelacionou-se com personalidades eminentes do seu tempo, destacadamente altas autoridades do governo inglês. Assim, varou com sapiência e humildade os acontecimentos numa atitude comovente de saber ouvir, cuja trama armou o melodrama para o seu *pantheon* e se transformou em dublê de cientista e agente britânico. Aterra-nos a armação dessa farsa para embair a opinião pública. O cavaleiro dos mares ultrapassou aquele que Cervantes lançou nas mesetas espanholas: o famoso Dom Quixote de la Mancha. Já em Galápagos, ele repetia a sua catedrática sabedoria sobre conchas, enquanto tocava-lhe completa cegueira (certa cegueira tão bem retratada por José Saramago, a quem relatei esta matéria que ora exponho) acerca dos enormes santuários de baleias, focas, tartarugas-gigantes e depósitos de guano.

> Pág. 372
>
> Tive grande zelo em collecionar insectos, no entanto, com exepção da Terra do Fogo, nunca vi região mais pobre a tal respeito. Mesmo nas regiões húmidas superiores somente consegui muito poucos, exceptuando-se alguns minúsculos. Díptera e Hymenoptera.
>
> Como ficou dito antes, os insectos, para uma região tropical, são de tamanho muito pequeno e de cor muito escura.

Deste relato assalta-nos uma lógica aberrante. A formação geológica daquelas ilhas, isoladas na imensidão do Pacífico durante milhões de anos, propiciou condições para que a vida evoluísse de forma singular. Conflui naquele arquipélago, polivalente santuário ecológico, embasado num bioma de nidificação, alimentação e procriação, onde centenas de seres interagem, oferecendo à natureza inusitado espetáculo, como a segunda maior reserva marinha do planeta, atrás apenas da Grande Barreira de Corais da Austrália.

Fantástico e surpreendente ecossistema insular, o de Galápagos; aves, às centenas, constroem seus ninhos. São atobás, fragatas, albatrozes, pelicanos, gaivotas, garças, flamingos, patos-selvagens, marrecos, pinguins e centenas de tipos de aves marinhas e outros tantos pássaros de migração. Mais de 5 mil espécies, 1.500 das quais endêmicas da região. Analisem estes dados: 30% das plantas, 35% das aves, 20% dos peixes e répteis só existem em Galápagos.

Olhemos o universo dos insetos. Há por volta de quase um milhão de espécies conhecidas no mundo, das quais em Galápagos vivem quase 2 mil espécies. De ecossistema tão vivificante, os insetos são parte imanente. Nesse aspecto, o naturalista foi um desatento. Darwin, carregando uma lomba de quatro anos de viagem, soltou este disparate: "Tive grande zelo em colecionar insetos, no entanto, nunca vi uma região mais pobre a tal respeito".

Que pesquisas realizava o naturalista? Simples dados acerca de insetos, ele desanda nestes desatinos.

> Pág. 373
>
> É provável que as ilhas do grupo do Cabo Verde se assemelham muitíssimo mais em todas as condições physicas às ilhas Galápagos, do que estas se assemelham physicamente à América; entretanto são absolutamente desiguais os aborigines dos dois grupos, os das ilhas de Cabo Verde apresentando impressões da África, do mesmo modo como os habitantes do archipélago de Galápagos evidenciam impressões de América.

Reafirmo, repetindo Isaac Newton, vi mais longe porque me apoiei nos ombros de grandes estudiosos da biologia, da botânica, da zoologia e da própria natureza, *mater et magistra*, para a construção desta obra, *O fenômeno humano*.

De pesquisadores de alto descortino muito aprendi, notadamente daqueles vultos que, nos séculos XVIII e XIX, lançaram-se a expedições científicas pelas Américas e mares do mundo. De todos, Alexandre Humboldt projetou-se numa visão condoreira diante do fenômeno da vida. No afã de encontrar as raízes científicas de alguns elementos da natureza, Humboldt abraçou odisseias, navegou mares e rios, até então ignotos, escalou picos nevados de altaneiras montanhas, como o vulcão Chimborazo, no Equador, e, sobretudo, adentrou por luxuriantes florestas. Tudo isso faz raiar em cada um de nós um sentimento de eternidade. Ele mergulhou em quase todos os abismos das ciências.

Goethe, olhando-o, exclamou: "A humanidade produziu um gênio que irá se projetar pelos séculos afora [...]". Atormentava Humboldt desvendar este enigma, enorme e insondável, que paira sobre o homem – seu destino na Terra.

Paremos um pouco. Olhemos esse vulto, Alexandre Humboldt; ele abraçou o século XIX como legendário da ciência.

E agora leio, aí atrás, esse texto de Darwin, às páginas 373 do livro que ora focamos. Sentimento de pequenez dominava-o. Perco-me. Procuro encontrar que vulto? Um naturalista ardiloso, agente de Sua Majestade britânica, ou um turista despreocupado com os fatos e os fenômenos naturais. O navegante do Beagle se fez um tridimensional. O texto que transcrevemos nos constrange pela falta de seriedade dos dados comparativos entre os arquipélagos de Cabo Verde e Galápagos.

O arquipélago de Galápagos configura-se diferente dos ecossistemas do continente sul-americano, apenas alguns elementos o identificam. Muito já falamos sobre as ilhas Galápagos. O arquipélago do Cabo Verde, em linhas gerais, descrevemo-lo.

Integra-o dez ilhas, das quais nove são habitadas, com uma superfície de 4.033 km^2, distando da costa africana (Senegal) cerca de 490 quilômetros. De relevo muito acidentado, aspecto ressequido e árido, as partes montanhosas quase se despem de vegetação. Na orla litorânea, elevadas escarpas se projetam, exceção das ilhas do Sal, Boavista e Maio, cujas praias são planas com água verde-esmeralda. Clima tropical e seco, média de temperatura anual em torno de 22°C a 26°C. Situadas na zona sudano-saareana, as ilhas do Cabo Verde sofrem influência dos ventos que sopram do deserto do Saara, conhecidos por harmattan e simum, os quais carregam densas massas de fina areia, espécie de pó muito seco e quente, que reduz a visibilidade e prejudica a navegação naquela região, em alguns meses do ano. Quando o Beagle lançou âncora naquele arquipélago, na ilha de Santo Iago, em 1832, Charles Darwin e o capitão Fitz Roy ignoravam totalmente esse fenômeno.

> Pág. 378
>
> A espingarda aqui é quasi supérflua, pois com um cano apenas derrubei, de um galho, um falcão.

Existem duas espécies de falcão: o peregrino e o pescador. Ambas habitam altas montanhas, os Alpes, Andes e as da Ásia Central. O falcão-peregrino atinge a velocidade de 300 km/h, e, com isso, a sua presa é abatida com a colisão de suas asas. O fantasioso naturalista "abateu" um falcão? Sim, mas o que ele derrubou com o cano da espingarda? Um carcará, abutre velho conhecido que vagueia pelas caatingas do Nordeste do Brasil, pelos plainos do Orinoco e nos cerrados do planalto goiano; ou talvez ele tenha abatido um urubu-rei, ave de rapina comum que vive em quase todos os continentes.

Como descrever o falcão-peregrino, ave do imaginário de Darwin? Vigoroso, altamente arisco, pescoço curto e corpo fusiforme, asas afiadas que se movem a alta velocidade, a produzir ligeiro ruído. No seu voo vertical, as suas garras são recolhidas debaixo da cauda, e as asas fechadas desfecham verdadeiro projétil sobre a presa, estraçalhando-a.

> Págs. 397, 398 e 399
>
> Seria baldado procurar-se em toda a Nova Zelândia uma pessoa que possuísse o semblante e a atitude do velho chefe tahitiano utamne.[29]
>
> ....
>
> Mas não há dúvida alguma de que o modo extraordinário por que se pratica a tatuagem [em Nova Zelândia] dá ao aspecto physionomico um ar muito desagradável.
>
> ....
>
> Tanto as suas habitações como as suas próprias pessoas são immundas e mal cheirosas.
>
> ....
>
> Ao aproximarmo-nos de uma cabana, muito me diverti em assistir à cerimônia de enfregar, ou como seria melhor dizer-se, empurrar o nariz.
>
> ....
>
> Meu companheiro [Harris Raio Trovão, o Sancho Pança] inclinando-se sobre ellas, uma por uma, collocou o nariz em ângulo recto contra o dellas e empurrou-o.
>
> ....
>
> Durante o processo deixaram escapar grunhidos de satisfação, exatamente como dois porcos que amistosamente se esfregam um contra o outro.

Esta cena do esfregão de narizes, por ato libidinoso de Harris Raio Trovão, o fiel escudeiro de Darwin, com simples mulheres, retratada pelo naturalista como um grunhido de porcos, depõe, sem dúvida, um quadro burlesco e cínico. Não acontecera entre aquelas pessoas, visitantes e nativas, comunhão de afetividade respeitosa. Não! Ali, humildes seres humanos "gruniam como porcos", na expressão de Darwin, a vivenciarem meras peças de uma ópera bufa de quintal para o riso nauseabundo dos visitantes. Eles desconheciam que o ser humano, qualquer que seja a sua cultura, nas tabas indígenas no Xingu, Brasil, ou nos edifícios da 5ª Avenida, Nova York, é detentor de direitos e condutor de destinos.

O estruturalismo de Lévi-Strauss descreve bem e define o homem no seu perfil antropológico. Imaginem este cenário. Que peça grotesca Molière não encenaria. Da pandemônica comédia da condição humana, ele faria desatar o riso, a melancolia e o boçal. Nos caricatos trejeitos de roçar as narinas, o Sancho Pança de Darwin se contorce sobre as mulheres, à vista do amo, que se diverte, a ouvir grunhidos de suínos, num espetáculo de insensatez em que o naturalista inebria-se. O tom rabelaisiano do ridículo não cabia naqueles casebres, onde uma comunidade de pescadores simples desafiava as intempéries do mundo.

Basta! Talvez a divertida comédia do dramaturgo francês, Molière, *As artimanhas de Escapíno*, fosse mais bem encenada nos palcos de Londres, se o saltimbamco Escapíno se fizesse representar pelo naturalista-viajante.

> Pág. 400
>
> O solo é de natureza vulcânica; [ilhas de nova Zelândia] em vários lugares passamos por lava escoriada, e as crateras podiam distinguir-se nitidamente em muitas das collinas adjacentes. Apesar da paisagem não ser bonita [...].

Analisem. As ilhas da Nova Zelândia, como as de Nova Guiné, não são de origem vulcânica, segundo afirmou Darwin; elas emergiram da plataforma gerada por movimento tectônico e dos atóis de origem coralina. Os viandantes britânicos não passaram por lavas; mesmo se elas existissem, foram cobertas. Impossível divisar crateras vulcânicas à distância, mesmo porque estão ocultas por vegetação ou enoveladas por nuvens.

A Nova Zelândia emergiu de um desdobramento submarino, no que alcança a fossa de Hikurangi e se alonga na direção nordeste, até as fossas de Kermadec e Tonga, no oceano Pacífico.

Ouvi geólogos competentes que me esclareceram sobre esta matéria.

> Págs. 406, 407, 415 e 416
> [Austrália]
>
> Fundeamos, finalmente, em Sydney Cove, na Austrália. Encontrámos a pequena bacia occupada por muitos navios de grande tonelagem.
>
> ....
>
> Aqui, numa terra menos promissora, vinte annos operaram muitíssimo mais do que fizeram outros tantos séculos na América do Sul. O meu primeiro impulso foi congratular-me commigo mesmo de ter nascido inglês.
>
> ....
>
> Longo dia de jornada a caminhos de Bathurst. Antes de entrar na estrada principal, seguimos por uma picada através da floresta.
>
> ....
>
> Sentimos hoje o siroco australiano que provem dos desertos ardentes do interior. Nuvens de poeira tomaram todas as direcções e o vento parecia ter atravessado uma fogueira.

Desembarca o naturalista em Sidney, na Austrália, no dia 12 de janeiro de 1836. É de pouco interesse político-mercantil para a Coroa britânica o restante da viagem, com distância superior ao percurso já realizado da Inglaterra a Galápagos, com quatro anos de duração. A travessia final perfez-se em apenas nove meses, de Nova Zelândia à Grã-Bretanha. Conclua-se, daí, o enorme interesse do Reino Unido pelas riquezas da América do Sul. E a expedição destinada a levantamento cartográfico, como se explica?

Em Sidney, Darwin inebriou-se com a cidade, desandando em louvores à colonização inglesa, chegando até as raias do narcisismo, congratular-se consigo próprio pela dádiva de ter nascido britânico.

Ante esses fatos, ele resvalou em dois encontrões: um, por ignorância, e, o outro, por vaidade. A partir das descobertas marítimas de novos mundos, nos séculos XV e XVI, irrompe o que se denominaria de colonialismo, ação política de dominação a envolver fatores políticos, econômicos e sociais, com a liberação de forças mercantis de poderosas nações na subjugação e exploração dos povos conquistados.

Portugal foi, decerto, num momento fugaz e épico da história, o condutor da humanidade, construindo um império de Celta, norte da África, a Nagasaki, no Japão; de Dakar, na África, aos contrafortes dos Andes, fronteira com a Bolívia.

Miragens fantasmagóricas assaltam outra vez a mente do viandante britânico. Ele diz que cavalgou para Bathurst, pequena vila ao norte de Sidney, a uma distância de aproximadamente 200 quilômetros desta capital, cuja região encontra-se numa altitude de 600 a 800 metros, conhecida por Montanhas Azuis, constituídas por planaltos areníticos.

Imaginaram-se, ele e Harris Raio Trovão, vencendo desafiadoras façanhas: a de escalar os paredões escarpados dos rochedos São Paulo e São Pedro, no Atlântico; imaginaram-se adentrando a Mata Atlântica, no Rio de Janeiro (a permanência de mais de 100 dias nesta capital, voltou-se unicamente a uma viagem a Macaé, porto de embarque clandestino de minérios); imaginaram-se abatendo um condor-dos-andes, na Patagônia; imaginaram-se caçando avestruzes, nas estepes patagônicas; imaginaram-se em Valdivia, Chile, alcançados por um terremoto de dois minutos de duração; imaginaram-se escalando os Andes, em dois dias.

Nessa viagem transoceânica, Charles Darwin viveu o mundo dos Pantagruel, dos Dom Quixote e dos Pangloss, quando não estava engendrando os cordéis do poder britânico à procura de riquezas naturais ou na derrubada de governantes contrários aos interesses da poderosa superpotência. Na Austrália, estado de Nova Gales do Sul, a uma distância de aproximadamente 30 quilômetros da capital, ele diz que percebeu o vento "siroco australiano, que provém dos desertos ardentes do interior".

Este país tem três desertos: o do Norte, o de Vitória e o de Gibson, localizados na região ocidental. Desconhecem-se ventos desses desertos em direção à região onde se localiza Sidney. Na visão do naturalista, ele resvala neste equívoco: leve reflexo do vento *southerey burster*, em formação nas áreas da Tasmânia e do estado de Vitória, corredor de baixa pressão, desloca-se para o sul e leste em direção ao oceano. Darwin confundiu-se. O siroco, vento quente sueste, sopra sobre o Mediterrâneo, alcançando todo o norte da África, as costas da Argélia, depois de atravessar os montes Atlas; como o vento harmattan, desloca-se do Saara à África Ocidental; e o vento khamsin ocorre no verão, através da Grécia, mar Egeu e norte do Egito.

> Pág. 464
> [De volta da viagem, escala na Bahia.]
>
> Deixando Ascension, tomámos rumo da Bahia, na costa do Brasil, afim de completar as mediações chronométricas do mundo [que medições fizeram?].
>
> ....
>
> São tão simples os elementos do scenário que não são dignos de menção, afim de provar-se de quão insignificantes circunstâncias.
>
> ....
>
> Exceptuando-se esses fortes, o scenário é extremamente limitado.
>
> ....
>
> Desta forma, somente poucos são os lugares em que o vermelho brilhante de terra faz contraste vigoroso com o manto de verdura geral.

Agosto de 1836. Charles Darwin, retornando da viagem, chega a Salvador, Bahia. Todo o exuberante e pujante cenário, com o recôncavo a se desenhar naquela baía – braço oceânico no coração da Mata Atlântica – emoldurada por intenso verde-escuro, cortinado soberbo próprio das regiões tropicais. Darwin quedava-se com uma visão empalidecida e trôpega: "exceptuando-se esses portos, o scenário é extremamente limitado".

Olhemos aquele pedaço da Mata Atlântica, circundado pela baía de Todos os Santos, na década de 30, do século XIX. Contemplemo-lo.

Ali estava Salvador, erguida pelas mãos de Tomé de Sousa, a despertar como menina-moça para a Revolução Industrial.

Manhã de certo dia de agosto de 1836; o termômetro marca, à sombra, 31°C, a poucos quilômetros da massa granítica que se levanta dos rochedos escarpados da ilha de Itaparica. Via-se, sob a reflexão solar da miragem, flutuar os contornos do recôncavo da baía de Todos os Santos, como sombras que se perdiam por entre as fímbrias do horizonte. Nenhuma aragem agitava aquelas miríades de seres. O sol alcançava o zênite; os seus raios se derramam sobre a plácida baía, cujas águas refletiam, abrasadoras, fazendo sobressair mais ainda os vapores que pairavam no ar.

Ao longe, olha-se a gigante árvore a se descortinar naquela floresta equatorial, o jequitibá. Ela se estende majestosa por sobre o mundo clorofiláceo que um dia o gênio de Martius descreveu na sua obra *Flora Brasiliensis*,[30] com maestria inexcedível, deixando-nos a sensação de que ali a natureza pincelou a sua última e bela construção.

Por que Darwin não soube olhar a beleza esfuziante daquela floresta tropical? Ele vinha das regiões frias, onde as formações arbóreas carregam-se de uma uniformidade melancólica de pinheiros, carvalhos, bétulas, faias, bordos, oliveiras, enfim, determinadas espécies cobrindo a mesma área.

Nas florestas equatoriais, exsurge por toda a parte e a cada instante a beleza da multidiversidade das espécies, cuja massa vegetal impregna-se de imensidão espantosa, onde tudo é gigantesco – rios caudalosos, montanhas soberbamente cobertas de um manto verde-escuro e miríades de seres.

Que cenário! Ele pulsa com uma força de majestática inebriez, na qual mal podemos divisar o silêncio das solidões profundas ou o jogo dos contrastes da imensa quantidade de plantas que sofregamente se enlaçam.

Abruptamente, abre-se um clarão no meio daquele mundo arborescente. Descortina-se uma planície. Solitária, frondosa árvore ergue-se no meio do descampado. Milhares de insetos a povoam; nenhuma de suas partes escapa ilesa. Das raízes até a copa, eles sugam a sua seiva. Cigarras e afídios perfuram as suas folhas para retirar-lhe o sumo, lagartas a remoem por toda parte, frutos são crivados de furos e subtraídos o néctar e o pólen das flores. Formigas-carpinteiras abrem fundas cavidades nos troncos a fim de fazer os seus ninhos. Hordas de insetos alimentam-se no emaranhado das raízes ocultas debaixo do solo. Outros ainda depositam seus ovos no âmago das sementes que estão amadurecendo. Quase a metade das espécies dos insetos conhecidos alimenta-se dos tecidos vivos das plantas. Que fantástico e contrastante painel a natureza gerou!

> Págs. 465, 466 e 467
> [De volta da viagem o Beagle faz âncora em Recife.]
>
> 6 de agosto de 1836. À tarde pusemo-nos ao largo, com a intenção de tomar rumo directo às ilhas do Cabo Verde. Ventos contrários, porém, detiveram-nos, e, no dia 12, aportamos em Pernambuco [a capital pernambucana era Recife].
>
> ....
>
> As três partes da cidade estão ligadas entre si por meio de duas compridas pontes sobre pilares de madeira. A cidade é por toda a parte detestável, as ruas estreitas e immundas...
>
> ....
>
> O canal pelo qual fomos e voltamos de Olinda, ladeava-se de mangue que surgia como floresta em miniatura, das margens lamacentas e gordurosas.
>
> ....
>
> O verde brilhante desses arbustos sempre me fez lembrar do mato viçoso de um cemitério; ambos se nutrem das exhalações pútridas; um fala da morte que passou, outro, a miúde, da morte que virá.
>
> ....
>
> No dia 19 de agosto, deixamos finalmente as costas do Brasil. Dou graças a Deus e espero nunca mais visitar um país de escravos.

Por condições adversas do tempo, ventos contrários redirecionaram os rumos do Beagle, a aportar forçosamente em Recife. Quando Darwin desembarcou naquela cidade, viu e não procurou saber a formação dos chamados recifes, se era de construção calcária de esqueletos de corais irmanados a crostas de algas, ou de arenitos formados por bancos de areia consolidados.

Das Caraíbas e da região setentrional do continente sul-americano desenvolvem-se os recifes de corais do Atlântico, a se estenderem ao longo das costas. No Brasil, os recifes são de arenitos solidificados por carbonato de cálcio ou também originados, principalmente, de algas calcárias, os quais deram nome à cidade do Recife.

Perdeu-se o viajante inglês a olhar Recife, que confundiu com o nome do estado. É a Veneza brasileira, navegada e cruzada pelos rios Capibaribe, Beberibe e Tejipió, cuja origem e crescimento se fez numa baixada aluvial entremeada de ilhas, alagados e mangues envolvidos por esses rios. De onde vinha o naturalista requintado, embalado em formação burguesa? Das terras britânicas, com quase 3 mil anos de história, e das quais partia a *longa manus* do tráfego negreiro pelos mares do mundo. Quem falava de escravidão em terras do Brasil negava-se hipocritamente a olhar o seu país, financiador máximo da traficância de carne humana nos tumbeiros, a singrar as infames rotas oceânicas da morte, que não possuía o "verde brilhante do mangue, cor da morte", mas sim a tragédia dos escravos, a ensanguentar as águas dos mares. Mais este logro do Reino Unido. Gritava ao mundo que combatia o tráfico negreiro e, ao mesmo tempo, financiava sorrateiramente o mercado humano de escravos.

Paremos um pouco. Façamos esta reflexão para a qual não pretendia me direcionar. Não trago comigo prêmios universais para a consagração da grande mídia. Não trafego nos altos templos da sapiência, pelos páramos europeus e norte-americanos. O eco das palavras de Darwin sobre "o país dos escravos" nos obriga a definir o perfil desse vulto que, encilhado num navio de guerra britânico, se vestia de cientista. Naturalista, ele foi um *fugitivus errans* da ciência. Procurou sempre se colocar à espreita dos acontecimentos, no aguardo de oportunidades para melhor se situar.

Enquanto dezenas de naturalistas nos séculos XVIII e XIX se lançavam em expedições científicas temerárias, nas quais vários deles sucumbiam, no Amazonas, Andes, Terra do Fogo, plainos do Orinoco, ele, com a esperteza de um cigano, navegava num vaso de guerra da Armada Naval Britânica, amparado num couraçado bélico, sem expor a sua vida a nenhum risco. Sabidão! Durante quase cinco anos na excursão pelos oceanos, ele jamais atravessou um pequeno rio, escalou alguma montanha ou enfrentou qualquer adversidade. Não! Só na imaginação quixotesca.

Na sua passagem pelo Rio de Janeiro (este é apenas um exemplo), por mais de noventa dias, apenas cinco dedicou à pesquisa de campo nas proximidades do

Jardim Botânico; no entanto, cobriu-se de dedicação extrema em se adentrar pela estrada que o levaria a Macaé, porto de escoamento clandestino das reservas mineralógicas do estado de Minas Gerais para a Inglaterra. Darwin olhava a ciência não como forma de captar conhecimento. Não! Desejava dela se apoderar com a volúpia de um amante, no afã de alcançar a glória.

No desejo insano por criação de teorias e descobertas, ele embalou a ciência como mero objeto de suas paixões.

Recatado, aparentemente humilde, sabia jogar com a vaidade dos homens. No curso de sua viagem, envolveu as grandes personalidades da época e os estudiosos das várias ciências, com cartas (escreveu centenas de cartas durante a viagem) relatando a sua odisseia pelos mares. Um Ulisses dos novos tempos, deixando sempre para cada destinatário laivos de exaltados elogios.

Fez-se assim um aguardado messias das ciências – o genial libertador da opressão clerical. O mundo desconhecia tamanha audácia. Nem Lamarck, no momento em que apresentava a Napoleão o seu livro *Sistema dos animais vertebrados*, e ouviu do imperador esta pergunta: "Onde está Deus nesta sua obra?" "Não precisei trabalhar com esta hipótese, senhor", respondeu o cientista francês. Darwin colocou-se sempre numa tranquilidade e desprezo olímpicos. Ao receber de Alfred Wallace, enviada da Nova Zelândia, carta em que o devotado pesquisador relatava os seus conclusivos trabalhos sobre a evolução das espécies, Darwin, numa falsa postura de indiferença, respondeu: "Não estou tratando deste assunto".[31]

Enquanto isso, ele recebia deste seu conterrâneo um vasto e minucioso trabalho, tanto do Amazonas (três anos Wallace ali permaneceu) quanto da Nova Zelândia (onde esteve onze anos), acerca da origem das espécies. De que forma Darwin procedeu? Apropriou-se de todas as conclusões importantes de Wallace, e, através do seu amigo, Henry Huxley, apressou-se em apresentar as conclusões dele perante a Linnean Society of London, tendo as de Wallace como peça secundária, quando, ressalte-se, é este cientista o verdadeiro descobridor da evolução das espécies. Wallace, cientista sério, não admitia nominar os seus estudos com a terminologia "origem das espécies", em que Darwin nada abordou sobre origem.

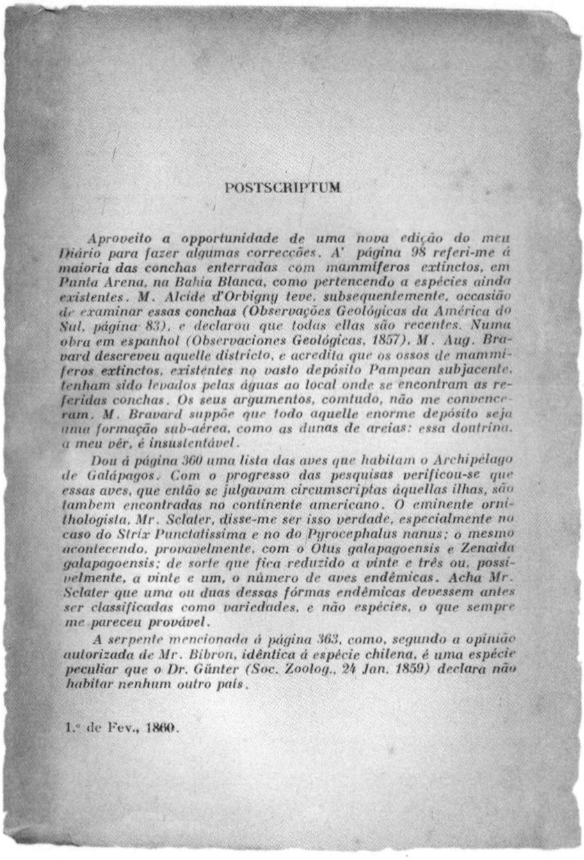

POSTSCRIPTUM

Aproveito a opportunidade de uma nova edição do meu Diário para fazer algumas correcções. A' página 98 referi-me á maioria das conchas enterradas com mammiferos extinctos, em Punta Arena, na Bahia Blanca, como pertencendo a espécies ainda existentes. M. Alcide d'Orbigny teve, subsequentemente, occasião de examinar essas conchas (Observações Geológicas da América do Sul, página 83), e declarou que todas ellas são recentes. Numa obra em espanhol (Observaciones Geológicas, 1857), M. Aug. Bravard descreveu aquelle districto, e acredita que os ossos de mammiferos extinctos, existentes no vasto depósito Pampean subjacente, tenham sido levados pelas águas ao local onde se encontram as referidas conchas. Os seus argumentos, comtudo, não me convenceram. M. Bravard suppõe que todo aquelle enorme depósito seja uma formação sub-aérea, como as dunas de areias: essa doutrina, a meu vêr, é insustentável.

Dou á página 360 uma lista das aves que habitam o Archipélago de Galápagos. Com o progresso das pesquisas verificou-se que essas aves, que então se julgavam circumscriptas áquellas ilhas, são tambem encontradas no continente americano. O eminente ornithologista, Mr. Sclater, disse-me ser isso verdade, especialmente no caso do Strix Punctatissima e no do Pyrocephalus nanus; o mesmo acontecendo, provavelmente, com o Otus galapagoensis e Zenaida galapagoensis; de sorte que fica reduzido a vinte e três ou, possivelmente, a vinte e um, o número de aves endêmicas. Acha Mr. Sclater que uma ou duas dessas fórmas endêmicas devessem antes ser classificadas como variedades, e não espécies, o que sempre me pareceu provável.

A serpente mencionada á página 363, como, segundo a opinião autorizada de Mr. Bibron, idêntica á espécie chilena, é uma espécie peculiar que o Dr. Günter (Soc. Zoolog., 24 Jan. 1859) declara não habitar nenhum outro país.

1.º de Fev., 1860.

Neste "*Postscriptum*" do livro *Viagem de um naturalista ao redor do mundo* pode-se observar o trabalho de Charles Darwin.

Para o naturalista do Beagle, o segredo das ciências está em todas elas e em nenhuma delas. Nunca mergulhou fundo nos estudos científicos. À história da evolução das espécies, Darwin deixou o seu nome. Por quê? Pela audácia e oportunismo.

Em tempos em que a opressão clerical reduzia a humanidade a um enorme templo de rezas e preces, um vulto catapultado por uma audácia às raias da temeridade lançou à face do misticismo caolho uma bofetada e berrou ao mundo: "Eu desvendei o mistério da vida".

Grande bazófia! Mesmo assim, legiões de seguidores o aplaudem.

Postscriptum

Encerramos a maratona de acompanhar as pegadas de Charles Darwin deixadas nos seus livros *Viagem de um naturalista ao redor do mundo* e A *origem do homem*, aos quais dedicamos longas pesquisas e estudos.

Repetindo Isaac Newton, vi mais longe porque me apoiei nos ombros de gigantes da biologia, da antropologia, da física, da genética, e, principalmente, naqueles que catalisaram o pensamento humano.

Na América do Sul, analisei especialmente algumas regiões por onde o naturalista britânico passou: Fernando de Noronha, Rio de Janeiro, Buenos Aires, Santiago, Lima e ilhas Galápagos.

Notas

1 Imaginem o quanto este professor entendia de botânica e de geologia.

2 Qual lei?

3 Darwin quis dizer "físicas".

4 Que montanha?!

5 "Horas", vejam o interesse!

6 Darwin não desembarcou em Fernando de Noronha por estas razões. Lá, àquela época, 1832, não existia ancoradouro que possibilitasse o desembarque da tripulação nas costas praieiras, em face da baixa profundidade do oceano em quase todo o perímetro do arquipélago. O Beagle, navio de calado pesado, com todo o reforço necessário a um vaso de guerra, conduzia canhões de alta potência e calibre, obrigando, portanto, que a âncora fosse realizada a várias dezenas de quilômetros da costa, e, com isto, os passageiros seriam transportados em pequenos barcos. Quando do desfecho do Golpe Militar de 1964, no Brasil, logo em abril, fui desterrado àquele arquipélago. Conheci as condições portuárias de embarque e desembarque. Não nego que Darwin esteve em Fernando de Noronha, mas posso asseverar que foi em delírio ou pesadelo.

7 Quem foi este embaixador britânico? Descrevemo-lo em ligeiras pinceladas. Dos quadros diplomáticos da Grã-Bretanha que serviram no Brasil, Henry Fox deixou uma história entremeada de um viciado jogador do "pano verde" e um oportunista manipulador dos interesses ingleses em nosso país. Antes de ocupar a embaixada britânica no Brasil, ele servira como primeiro-ministro plenipotenciário em Buenos Aires, mancomunado com o caudilhão dos pampas argentinos, general Manuel Rosas. Foi esse embaixador um dos principais artífices da viagem do H. M. S. Beagle pelas orlas litorâneas e terras da América do Sul. Partiam dele, decerto, as principais informações que Darwin recebeu no seu périplo pelos países sul-americanos. Por intervenção sua, Darwin se hospedou numa aprazível residência em Botafogo, próximo ao Corcovado e à embaixada inglesa, onde o diplomata e o viajante do Beagle se derramavam em noites de folguedos. Nos anos de 1814-18, participando de uma missão na França, Henry Fox foi preso por dívidas de jogo. Ressaltamos esse fato. Logo após Charles Darwin deixar o Rio de Janeiro, o padre Diogo Feijó, ministro, renunciou a este cargo em 26 de julho de 1832. A ação de Feijó, destaque-se, à frente do Ministério da Justiça, sempre despertou reações de insatisfação junto ao governo do Reino Unido. O que tramaram certos personagens nas antessalas do Poder permanece sigiloso nas noites dos tempos.

8 Que lugar é esse? Seria Macaé? Não conseguimos situá-lo nos dias atuais. Em Macaé, Darwin passou quatro dias.

9 Nota: Não fomos nós que deslocamos o curso das pegadas do naturalista para a Terra do Fogo. Foi o próprio Darwin, no seu livro ora analisado, que intempestivamente focou estes dados sobre as ilhas Malvinas.

10 Frederick Burkhardt, *Cartas de Charles Darwin*, São Paulo, Ed. Unesp, 1992.

11 Agassiz Almeida, *A ditadura dos generais*, Rio de Janeiro, Bertrand Brasil, 2007.

12 Idem.

13 F. M. Dostoievski, *O idiota*, Rio de Janeiro, José Olympio, 1960.

14 General Paulo Queiroz Duarte, *Guerra das Malvinas*, Rio de Janeiro, Bibliex, 1986.

15 Roberto Russell, *Guerra Del Atlântico Sul*, Buenos Aires, Belgrano, 1984.

16 Em 1987, eu estava em Santiago, no Chile, com Fernando Gasparian, Carlos Duplé, assistindo conferência da qual participava Humberto Maturana, na Universidade Mayor do Chile, quando certo professor, contraditando a minha intervenção no debate, gritou apoplético: "Mentira, mentira, a viagem de Darwin não foi uma farsa. Forasteiro! Você quer destruir a verdade".

17 Louis Agassiz e Elizabeth Agassiz, *Viagem ao Brasil*, Rio de Janeiro, Companhia Editora Nacional, 1938.

18 Alfred Wallace, *Viagens pelo Amazonas e rio Negro*, Rio de Janeiro, Companhia Editora Nacional, 1938.

19 Henry Bates, *O naturalista no rio Amazonas*, Rio de Janeiro, Companhia Editora Nacional, 1938.

20 O navio H. S. M. Beagle zarpou do porto de Devonport no dia 27 de dezembro de 1831; retornou em 2 de outubro de 1836, numa viagem de quatro anos e dez meses. Analisem este fato. Em 7 de março a 1835, Charles Darwin estava em Valparaíso. Antes, bordejou as costas marítimas da América do Sul e se adentrou por regiões de ricos recursos minerais do Brasil, Argentina, Chile, onde permaneceu três anos e dois meses, para chegar a Valparaíso. Por aí se patenteia mais um elemento do caráter político-mercantilista desta viagem.

21 Lyons Jones Kenneth, *Padrões reconhecíveis de malformações congênitas*, São Paulo, Manole, 1998.

22 Em 1989, juntamente com o senador Aluízio Bezerra, estive na cidade de Lima, Peru, representando o governo do Brasil no Congresso Pan-Amazônico, do qual participaram representantes dos países amazônicos. Aproveitando o ensejo da minha estadia na região, realizei trabalhos de pesquisa e estudos em toda a região de Antofagasta a ilhas Galápagos.

23 Alexandre Humboldt, *Quadros da natureza*, Rio de Janeiro, Ed. W. M. Jackson INC, 1964, v. I.

24 Leonard Engel, *O mar*, Rio de Janeiro, José Olympio, 1969.

25 Alexandre Humboldt, op. cit. v. II.

26 De vários e conceituados meteorologistas, eu ouvi relatos sobre correntes de vento e a sua influência na formação de chuvas, pressão atmosférica, clima e outros fatores naturais. Quando eu expresso estas análises, sou um discípulo atento das lições que recebo. Agradeço, sensibilizado, toda a colaboração que me foi dada; talvez sem ela esta obra não tivesse sido elaborada. Deixo de citar nomes para não cometer, por omissão, alguma injustiça.

27 Aos críticos apressados. Charles Darwin embarcou no porto de Devonport, Inglaterra, no navio Beagle, em dezembro de 1831. Tinha 22 anos de idade. Depois de uma viagem transoceânica de quase cinco anos, retorna à Inglaterra, em 1836. Só em 1848 ele publicou o livro *Viagem de um naturalista ao redor do mundo*. Portanto, ele teve dez anos para proceder às devidas correções dos erros contidos neste diário.

28 Esclareça-se: durante quatro anos, o Beagle permaneceu nos mares e países da América do Sul, até alcançar o arquipélago de Galápagos; o restante do percurso, deste arquipélago à Inglaterra, foi coberto em menos de um ano, ressaltando-se que esta distância é muito superior àquela em que o Beagle bordejou o continente sul-americano. Conclua-se: este e outros dados esclarecem a natureza não científica da expedição do Beagle.

29 Em 20 de outubro de 1835, o Beagle deixa o arquipélago de Galápagos e zarpa de volta à Inglaterra, após quatro anos em águas e terras do Brasil, Argentina, Chile e Peru. O restante do percurso, compreendendo o Sudoeste da Ásia, oceano Índico, África Ocidental, até o ponto de desembarque na Inglaterra, ele cobriu em apenas oito meses, incluindo a permanência na Bahia e em Pernambuco, na volta.

30 *Flora Brasiliensis* é uma obra em 15 volumes que trata das plantas brasileiras. Foi elaborada na Alemanha, a partir de 1840, pelos editores Carl Friedrich von Martius, August Wilhelm Eichler e Ignatz Urban, com a participação de 65 especialistas de vários países, cujo patrocínio coube aos imperadores da Áustria e do Brasil e ao rei da Baviera.

31 Alfred Wallace, op. cit.

Olhemos o fenômeno humano

Não podemos olhar o fenômeno humano despido de nenhum sentido cósmico; tudo reduzido ao limite do espaço terráqueo. Salta-nos a sensação de que somos habitantes de um planeta que não pertence ao universo, e os seus efeitos de luz, calor, água, energia, clima, pressão atmosférica, elementos químicos e físicos, mudanças de temperatura e outros tantos fatores geraram-se *motu proprio* na Terra.

Admitia-se este raciocínio reducionista e mecanicista, no século XIX, como resposta da humanidade a milênios de anos de opressão clerical, em que o homem condenava-se a padecer ante a tirania absolutista dos místicos de todas as religiões e seitas. Contra esse misticismo, todo um pensamento da inteligência livre se levantou.

Na longa noite dos tempos, em que o fanatismo religioso sombreava a inteligência humana, o mundo, a partir da Revolução Francesa, começou a ouvir o ruído dos espíritos independentes, alcançando o cume com a obra audaciosamente desafiadora de Charles Darwin.

A humanidade de então buscava caminhos, mesmo errôneos, direcionados à independência de crer, pensar, criar, escolher seus deuses ou um Deus, ou não acreditar em nenhum. O crepitar das fogueiras da Inquisição ressoava monstruosamente cruel, e os passos dos sambenitos ainda se ouviam. Sufocava a condição humana a tirania cega do messianismo.

Volvemos ao pensamento de que a vida originou-se de um jogo de moléculas a se formar em células, por força de um processo bioquímico próprio, ou seja, delas próprias. Uma reflexão nos ocorre. Será que todo este profundo enigma de complexa diversidade surgiu por um mero passo de magia alquimista? O homem veio à Terra na condição de padecente na busca de decifrar este enigma: por que estamos aqui? Como chegamos ao planeta terráqueo?

Correntes de pensadores debatem, com acirradas posições acerca desses temas. Uma delas, a evolucionista, de natureza niilista, baseia-se no pressuposto de que o universo não teve um determinismo, a sua origem e o seu fim não obedecem a nenhum ditame. As leis físicas e químicas não se ordenam para um fim, a vida e a mente humana fazem parte de um processo surgido no curso da evolução, sem maior significado, idêntico a outro fenômeno qualquer. A vida originou-se por condições físicas, químicas e biológicas adequadas à sua existência.

A outra corrente situa-se a partir de uma visão diametralmente oposta. O universo originou-se por força de um Criador supremo de infinito poder, onisciente, onipotente e onipresente, que fez nascer todo o cosmos e os fenômenos a ele adstritos, inclusive o ser humano. A vida tem um destino que se encontra nas mãos do Altíssimo; está escrito nas cartas religiosas.

A terceira corrente apoia-se num contexto de perplexidade diante deste fantástico enigma: a vida e o próprio universo no qual ela está inserida. De acordo com esta lógica, pressupõe-se a vida, notadamente o fenômeno humano, tendo a embasá-la e direcioná-la operação de alto descortino gerada por uma inteligência da qual desconhecemos seu poder. Apoiado neste raciocínio a vida não poderia ter se originado de elementos exclusivamente inorgânicos a produzir seres inteligentes.

"Somos todos seres humanos, meros elementos de um acaso bioquímico sem nenhuma razão final". Assim falou Jacques Monod. "Tudo na natureza é produto de dois fatores fundamentais: o acaso e a necessidade. A gênese da vida é apenas um capricho do destino, resultado de forças cegas".

Dos biólogos, a maioria se incorpora a esta conceituação de Monod.

Por outro aspecto, correntes de cientistas acreditam que a Terra se fez enorme receptáculo para a vida, como resultado das próprias leis da natureza. O fenômeno existir carrega-se de forças deterministas a lhe direcionar um desígnio.

Como explicar? Olhemos o homem no seu já longo cajado pelos *seculum seculorum*. Houve sempre – esta é a autêntica evolução – um afã permanente do ser humano em busca de novas descobertas. Desde o instante – isso milhões de anos atrás – em que o homem se pensou ante o mundo e lançou o primeiro "por que das coisas", uma força pensante começou a erigir este monumento de vida a que chamamos *humanitas*. Em que circunstâncias poderiam a vida e a inteligência surgir de acasos cegos?

Ora, se por trás do fenômeno da vida existem leis, elas, certamente, foram criadas por forças inteligentes que organizaram o caos.

Desde já alertamos: não nos domina a síndrome do divino e nem tememos o cientificismo, que tanto quanto o misticismo quer impor suas verdades absolutas. Esta obra chega ao leitor livre de quaisquer peias de religiosidade ou jungido às ideias de cientistas de TV. Observamos o fenômeno da vida sob uma estruturação bioquímica, de acordo com regras e leis que ordenam sua complexa organização.

O ser humano sempre teve o olhar fixo no futuro e em novas descobertas. Por um momento, olhemos para trás. Que fantástica viagem já fizemos! Procuramos nas leis fundamentais respostas para o surgimento no universo do fenômeno humano. Que perturbadora incógnita! Chegamos para a vida sem sabermos como; dela somos arrancados desconhecendo o porquê. Isto nos provoca sentimento de angústia. Com ingente esforço começamos a compreender a profundidade do imenso drama humano. Um dia, lá para alguns séculos à frente, o ser humano poderá entender por que está aqui na Terra.

Busca-se o que nos espera o porvir. A trajetória do homem projeta-se como a escalada de uma cordilheira. Cada nova geração apoia-se no legado da precedente; cada uma, ao partir da vida, vai deixando as suas marcas nas areias do tempo. Alcançado o cume, o homem se libertará do corpo, esta massa orgânica com trilhões de células, e, aí, ele contemplará a vastidão do universo e navegará nos espaços siderais, segundo vaticínio de Albert Einstein.

Falta-nos hoje instrumental científico a fim de definir a ideia plena acerca do princípio do universo, e, da mesma forma, para a origem do fenômeno humano.

Interrogações e respostas pelos tempos afora o homem irá fazer e ouvir. Muitas e muitas! Por que as leis do universo são como são? A resposta não está com a física, a química, a biologia ou qualquer outra ciência. Ela mergulha nas realidades profundas da meta-história das quais a vida emergiu. É o mundo da metafísica e da metaquímica.

Como nos situamos hoje? Alguns séculos atrás, Copérnico, Galileu, Kepler e outros cientistas debatiam acerca de qual dos astros girava em torno da Terra. Hoje, estamos ordenando naves espaciais produzidas com materiais e elementos terráqueos. E num amanhã não muito distante, alguns séculos à frente, o que nos impulsionará? A energia mental se libertará do corpo e ganhará os espaços cósmicos? Quem poderá responder?

Na teoria do campo unificado, tão sonhada por Einstein, ele se debateu por quase trinta anos à procura da resposta. Com as descobertas das teorias da relatividade geral e especial, nos anos de 1905 e 1915, abriu-se nova visão do universo, deixando caminho para esta pergunta. Quem opera toda a máquina a gerir o fenômeno humano, através de trilhões de células (aproximadamente dez trilhões)? O código genético. É dele que parte a função de sustentação da própria existência dos organismos vivos, os quais estão ligados à principal fonte de energia, o Sol. Deste astro são lançadas radiações, luz, calor, energia ultravioleta, as quais se propagam no espaço vazio à velocidade de 300 mil quilômetros por segundo, através da energia contida em partículas conhecidas por fótons, ao fazerem suas ligações bioquímicas e produzirem o elemento denominado glucose, principal produto da fotossíntese. Chama-se a essa operação fotossíntese, ou seja, processo de captação da energia do Sol pelas plantas. Por esse fenômeno, compreendemos a razão dos animais e plantas não poderem viver uns sem os outros: a planta libera oxigênio, elemento relevante da vida; por outro lado, o animal fornece o dióxido de carbono, com o qual a planta opera os compostos orgânicos necessários à sua subsistência.

Que balé inteligente a vida revoluteia! Plantas, animais, atmosfera, Sol, energia, oxigênio, dióxido de carbono, calor, água etc., tudo obedecendo a uma simetria absolutamente perfeita. Qualquer erro ou deficiência em algum dos milhares de operações químicas, físicas e biológicas, que ocorrem constantemente em todas as partes da Terra e no próprio universo (diminuição da energia solar, por exemplo), por menor que seja, o fenômeno da vida se desfaleceria.

Neste cenário, olhemos o fenômeno humano.

Perfila-se de natureza física e mental, profunda e essencialmente mental. Se a ciência, no processo de expansão em que se encontra, alcançou, nas últimas décadas, desenvolvimento fantástico, foge de qualquer lógica científica a mente humana permanecer atrelada ao corpo *ad infinitum*, condenada a todas as mazelas do organismo físico.

Na sua genialidade, Descartes, já no século XVII, anteviu esta projeção fenomenológica. O corpo físico – matéria e substância – está envolto por fatores jungidos a elementos terráqueos: químico, carbono, hidrogênio, oxigênio, nitrogênio, selênio etc. A energia mental da qual promanam a inteligência e a consciência origina-se de uma realidade subjacente profunda. Por que, argumenta um biólogo, trazer à discussão esta postura cartesiana: mente e corpo?

A consciência fundamental atrela-se à matéria, mas é dela independente. Poderão ocorrer, lá para alguns séculos à frente, transplantes de cérebros humanos para certos tipos de mamíferos, com sangue e oxigênio adaptados ao receptor, ou mesmo para máquinas, contanto que não falte o suprimento bioquímico. Sim, este fenômeno poderá ocorrer se olharmos a ciência numa visão expansionista.

Retrocedamos cem anos. Efêmero tempo na história da humanidade. Em que condições vivia o homem de então?

A medicina, apenas para mencionar esta ciência, engatinhava os primeiros passos com as descobertas sobre micróbios por Louis Pasteur, químico francês; a anestesia começava a esboçar as suas iniciais aplicações. E hoje, como olhar o ser humano que vive nesses dias atuais e para o qual se abre esse fantástico e crescente desenvolvimento nos vastos campos da ciência e da tecnologia, a nos surpreender com extraordinários feitos?

Sob este descortino podemos dimensionar o fenômeno humano impulsionado por sua energia. A física quântica nos indica que o vácuo contém enorme quantidade de energia, base principal da sua dinâmica no processo fundamental da própria existência no universo.

Que singularidade o fenômeno humano!

Neste universo de 46 bilhões de anos-luz de diâmetro, composto por bilhões de estrelas, a existência humana, por sua complexidade e mistério, é, sem dúvida, um especial fenômeno. Face aos profundos enigmas que nos rodeiam e interrogam, queda apequenado estreitar a visão a um reducionismo e mecanismo tacanhos, e proclamar que a vida e o próprio fenômeno humano se originaram do acaso e da necessidade. Como olhar esta matéria sob um aspecto exclusivamente bioquímico, resultado fortuito de milhares de acasos desencadeados e encadeados por um processo evolutivo?

Por trás do reducionismo bioquímico, algo se projeta inexplicável, para além desta fronteira, a levar o homem, ser pensante, a ter consciência de si, do próprio universo e do seu papel na cena do mundo.

Não podemos supor que milhões de anos atrás, entre milhares de eventos mínimos e incomensuráveis, a gerar resultados e causas divergentes e de profundas complexidades, deles irrompesse, por acaso, o fenômeno da vida, direcionado a viver num organismo assentado em trilhões de células, cada uma a trazer no seu DNA a função a desempenhar, destacadamente: a luta pela sobrevivência, a replicação (reprodução), a auto-organização e, a mais impressionante delas, a capacidade de programar a sua própria morte, e, ao mesmo tempo, o apego à vida.

Investe-se a vida de incontáveis elementos com características previsíveis, de acordo com as leis da natureza a que todos obedecem, desde as bactérias *E. coli* e *Synechococcus* a um elefante, de uma gramínea à sequoia, a árvore mais alta do mundo. Leis governam comunidades de trilhões de seres, que se estruturam em organismos que ordenam o fluxo de energias termodinâmicas, da gravidade e do eletromagnetismo. Algum ser vivo fugiu deste contingenciamento? Nenhum.

Não podemos olhar o fenômeno da vida apenas sob o prisma da evolução biológica, defendida pelos darwinistas. Não! Como explicar a condição dos microorganismos, as bactérias, que permaneceram até hoje no mesmo patamar bioquímico de bilhões de anos atrás? Por esta lógica evolucionista, elas não seriam esses trilhões e trilhões de seres microscópicos que hoje povoam a Terra. Teriam evoluído.

Podemos fazer milhares de interrogações. Esta entre tantas: por que os insetos (mais de um milhão de espécies) dominam a natureza e não os vertebrados? É o equilíbrio, que a natureza, de forma inteligente, impõe.

Charles Darwin nos deixou este desencontrão com a lógica: "A seleção natural trabalha para o bem de todos". Diga-se o correto: em vez de ser a seleção natural, fale-se a *natureza*, que não opera e nem trabalha para o mal ou bem de qualquer ser vivo.

Coloquemo-nos 20 mil anos atrás numa floresta da África. Bilhões de fetos abortavam de cadelas, zebras, raposas, inclusive de mulheres. Todos vão servir de pasto universal à sobrevivência de centenas de outras espécies, chacais, insetos, abutres e roedores. É, decerto, a contribuição de todos os seres para o equilíbrio geral. De outra forma, o que seria da ordem natural?

Ao predispor-nos a escrever este livro, tocou-nos certo temor ante os pseudocientistas e os donos da fé. Dominados e obcecados por dogmatismos cegos, eles vêm atravessando décadas, tangidos por caolha visão de mundo em que a razão cede lugar à irracionalidade. Como encontrá-los e identificá-los? Uns apregoam o Gênesis da criação, decantado na Bíblia; outros, no Alcorão; tantos outros, no Pentateuco; e aí, na interface, emergem os olímpicos detentores das verdades científicas – a verdade absoluta, irrefutavelmente absoluta –, a bradarem: o homem vem de um processo de longa evolução, do qual se originou como termo final de uma subespécie do símio, especificamente do chimpanzé.

Na fé daqueles que se fazem portadores de revelações sobrenaturais, algo vamos descobrir, um pouco de infantilismo e muito de obsessão mental. É o anelo dos seres vivos nesse debater a fim de encontrar e vencer os dilemas que pesam como enigmas universais sobre a raça humana.

Na angústia dos seus dias, o homem se interroga, buscando nas religiões explicação para o seu destino, sua origem e seu fim, a própria morte. Caminhante solitário na amplidão sideral, debaixo de dúvidas e perplexidades, ele se fez padecente de dores e interrogações. Aquele que não consegue olhar o ser humano numa dimensão cósmica queda-se condenado a uma visão terráquea de que a vida tem a direcioná-la um bestial e catastrófico nada.

Essa imensa, complexa e fantástica máquina, o universo e o fenômeno humano, não podem parir uma excrescência – o nada. Tudo encerrado; apenas a se ouvir, talvez, de outros universos, tênues ruídos a ecoarem lá do fundo de milênios passados, pelos espaços siderais, que existiu um observador, o homem, e ele também desapareceu. Conceituação materialista. Só a matéria, e nada além da matéria.

Fechemos o capítulo. Olhemos para trás; a vida não pertence mais ao indivíduo que a viveu. Tornou-se algo que já se foi. É impossível reconstituí-la.

E lá pelos séculos adiante, onde se encontrará o homem? Profundo enigma. Hoje, me reconheço dentro de uma instantaneidade; assim me deparo. Não há exceção. Todos nós estamos jungidos a um tempo presente. Lá, no amanhã dos séculos que hão de vir, o homem, como força mental, vencerá este tempo. O futuro diante de nós tem uma história acumulada nos passados anos e naqueles que hão de vir.

O místico e o sentimento do mundo

Lá nas priscas eras de milhões de anos atrás, em algum lugar da Terra, nas savanas africanas ou às margens do Ganges, na Índia, em alguma caverna no Afeganistão, o homem olhou nas fímbrias do horizonte e presenciou um raio de luz a irromper e se desatar das nuvens em direção ao solo. Alguns segundos após, um estrondo ecoa nas montanhas, forte ruído abafado, deixando-o numa sensação de medo e pasmo. Ele se perguntou: Que luz é aquela e de onde vem? Por que surgiu? A partir daquele instante, expresso neste "porquê", o interrogante começou a ter domínio de si e a impor a sua vontade sobre centenas de seres vivos.

De onde vinha aquele ser que fez a si próprio a enigmática indagação? Ali nascia a consciência, o maior fator que distingue o homem dos demais seres; nela, estão imanentes a percepção e a capacidade de julgar coisas, homens, o mundo e a natureza, transformando-a, quando possível.

O animal se faz ente de si mesmo; ele tem uma vida, apenas repetitiva de si própria. O homem tem a impeli-lo força intrínseca a lançá-lo para o futuro. Na busca por respostas às suas interrogações, o homem despertou ante a faísca do fogo que o relâmpago produziu ao atingir uma árvore.

A segunda indagação saltou-lhe à mente, e o perturba como um indecifrável enigma até os dias de hoje. De onde venho? Quem sou eu? Para onde vou? Quem me lançou na Terra, a mim e a meus companheiros? Um deles respondeu: pergunte ao destino.

Ante estes dilemas, o interrogante não teve resposta. Domina-o profundo mistério, povoando-lhe a mente pelos anos de sua vida. O homem não procura o imponderável: este se manifesta. Aí está a razão do ser. É uma experiência do sentido. O temor do além-túmulo aponta longínqua resposta: o homem, por sua força intelectiva, vencerá a morte não morrendo? Deste momento em diante, o tempo presente faz-se tempo constante.

Perguntemo-nos: sob qualquer visão que se tenha do fenômeno humano e do seu expansionismo permanente, ele irá se desmoronar em um nada? Não creio. A construção do universo, com todos os seus fenômenos, inclusive o fenômeno humano, não pode ter se originado por acaso e o desfecho final ser um imenso e trágico absurdo.

Caso tudo se desate num ciclópico nada, como se explica a organização da matéria primitiva? Se era o caos, a desordem, por que tudo se ordenou? Não temos a resposta; contudo, descreio do acaso e do nada.

A transcendência no indivíduo tem base originária numa realidade anterior. O ser humano percebe-se a si e reconhece que existe algo além do temporal; ele perscruta na consciência a presença do transcendente a marcá-lo de perplexidades, dúvidas, agonias, dores; os enigmas da existência fazem o caldeirão da vida, lançando o indivíduo na direção de um *plus* constante por algo que ultrapasse a finitude.

Os seres humanos pré-históricos, nossos ancestrais, deixaram, nas areias do tempo, seus marcos, nas pedras, nos dólmens e sítios arqueológicos em terras da África, Ásia, nos monumentos de Stonehenge, nas pinturas das cavernas de Lascaux, na Dordonha, França, datadas de 18 mil anos a.C. onde se veem touros, veados e rinocerontes; nas pedras de Ingá, PB. Salta-nos à vista a existência de um significado religioso naqueles desenhos. Michael Jordan, autor de *Os deuses da terra*, descreve esses painéis como as primeiras catedrais da humanidade. Elas desafiam as normas da arquitetura, e, em face delas, o espírito humano tomba diminuto e, não obstante, elevado. São os locais dos deuses.

No deserto de Atacama, na América do Sul, lá está esculpida, há muitos séculos, *a Candebara*, uma espécie de reverência mística dos índios ao deus Sol. Ante o sobrenatural, o homem sempre se fez perplexo, do mais ignorante ao sábio.

Nos meados do século XX, Marcel Griaule e Germaine Dieterlen, antropólogos franceses que viveram alguns anos entre os dogons, tribo do sul do Saara, descobriram que estes nativos adoravam a estrela Sirius B, e a consideravam muito pesada (realmente, esta estrela possui uma enorme densidade, cerca de 200 mil toneladas por m^2); concluíram também, esses pesquisadores, que os desenhos nas areias do deserto retratam o fato de que os nativos sabiam que a órbita daquela estrela era elíptica e não circular, e adoravam-na como a deusa da paz.

Na busca por respostas, o homem apega-se a todos os meios para encontrar ou compreender o mundo invisível, repleto de forças que estão fora do seu controle. É na religião, receptadora e organizadora das angústias e perplexidades espirituais, que os homens são acolhidos e irmanados por um mesmo sentimento do mundo, a entoar: "Hosana nas alturas e paz na terra aos homens de boa vontade".

Foquemos, em ligeiras pinceladas, a procura do homem a fim de desvendar este enigma que o angustia: o seu destino *post mortem*. Nas Américas, durante a colonização espanhola, os astecas, incas e maias adoravam as suas divindades, e para elas ofereciam sacrifícios, como forma de decifrar os mistérios do eterno ou aplacar a ira dos deuses. Em 1487, o imperador asteca, Ahuitzotl, sacrificou 18 mil prisioneiros em apenas quatro dias, e os consagrou à reconstrução do templo Huitzilopochtli, México. Sacerdotisas gritavam, acompanhando e reverenciando, em meio aos clamores dos condenados ao sacrifício, estas palavras: "Salvem Coatlicue, a deusa da Lua e mãe de Quetzalcoatl; salvem Tlaloc, o deus da chuva; salvem Tonatiuh, o deus do Sol".

No curso dos tempos, o homem sempre se debateu temeroso e irrequieto, diante desses profundos desígnios: sua origem, seu destino *post mortem* e a fronteira que divisa o terráqueo do eterno. Hipocrisia é negar que o ser humano não está condenado a esses mistérios. Frágil e dominado pelo primeiro sabidão, que, pela força ou artimanha, se faz de oráculo de deuses ou de um Deus, o homem quedou-se a suportar, desde milênios, o fardo dessas inquietações.

Observemos a civilização egípcia de 3 a 4 mil anos atrás. O que encontramos? Faraós mumificados, convertidos em deuses, levando milhares de seres humanos a satisfazer as suas vaidades homéricas, ao preço de mortes e dores de multidões de escravos, condenados à fome e sede nas areias escaldantes dos desertos ou esmagados nas construções de pirâmides babilônicas. Toda essa hecatombe de tragédias destinava-se a erguer templos monumentais, onde jaziam corpos de faraós que se autoglorificavam eternos.

Quão incalculável o número daqueles que perderam a vida ou se acidentaram para que esta glória se fizesse imortal. Quantos?! Milhares e milhares. O que aspiravam aqueles deuses, os faraós? Eternizarem-se. Como alcançaram? Primeiro, imbecilizaram multidões, fazendo-as venerar crocodilos, serpentes, bodes e eles próprios; o macaco de rabo longo simbolizou-se divino e o que mais brilhava. Citemos este fato emblemático da civilização egípcia, como outros tantos que o sucederam. A grande pirâmide dedicada a Quéops ocupa aproximadamente 53 mil m^2 e contém 2,3 milhões de blocos de calcário, cada um com o peso médio de 2,5 toneladas. É pedra suficiente para construir uma parede com 30 centímetros de altura ao longo de dois terços da linha do Equador, ou seja, 26.803 km.

Olhemos nos séculos passados as construções suntuosas dos templos religiosos, basílicas, capelas, catedrais, mesquitas, sinagogas, igrejas, mosteiros e escolas sacerdotais, erguidas nos ermos dos rochedos, penhascos e orlas oceânicas, suntuosamente envoltas por ostentações de luxo, a inebriar o crente como cultor do fausto, do belo e do soberbo.

Reflitamos um pouco ante esse mundo babilônico. Que fanática a crendice de multidões carregadas de fé, sob o penoso sacrifício e morte de milhares de condenados sem culpas a erigirem monumentais templos, construídos sobre seus ombros combalidos.

Lancemos nossos olhares extasiados sobre a Basílica de São Pedro, no Vaticano. Nela, legiões e legiões de fiéis dormitam a sua fé, entremeada de enlevo e assombro. Algo de grandiosa majestade nos envolve e transporta aos páramos da mente. O homem queda atônito frente à beleza daquele painel, cinzelado por pincéis geniais.

Obra monumental. Descortina-se num espaço de 2 hectares e pode abrigar em sua nave multidão de aproximadamente 50 mil fiéis. Ao nos aproximarmos, logo na fachada vê-se um amplo pórtico central, com uma série de 9 balcões, entre os quais, o mediano, denominado Loggia delle Benedizioni. É daquela janela que o Sumo Pontífice esparge sobre os fiéis apinhados na Piazza San Pietro a bênção *Urbi et Orbi*.

Cérebros superdotados dedicaram ingentes esforços à construção daquele monumento por quase 100 anos, desde o final do século XV até o início do século XVII. Eles deixaram a grandiosidade na arte: Miguel Ângelo, Rafael, Bernini, Sangallo e Bramante. Tudo se ajustou na elaboração daquele projeto; belíssimo mármore de Carrara, painéis de dourados bronzes se alteiam à abóbada e completam linhas arquitetônicas de inefável beleza.

Olhando-se o túmulo de São Pedro, salta-nos à vista magnífico dossel de bronze, ricamente dourado com traços de ouro, a se projetar peça dominante. Colunas magnificamente ornadas, verdadeira aleia de palmeiras, erguem-se, numa sensação de infinitude, a sobrepairar nos seus vértices um painel no qual se divisa belíssima formação de cinco abelhas.

Que significado tem esse painel?

Um cardeal, de face aterradoramente pálida, responde: "É o brasão da família Barberini". Essa família viveu entre Florença e Nápoles nos séculos XV e XVI; durante esse período, acumulou enormes riquezas e exerceu forte influência junto ao papa Urbano VIII, pontificado no qual a Basílica de São Pedro concluiu-se. Ao largo de toda a estrutura arquitetônica, está lá o nome de Urbano, que se fez esculturar, numa imensa peça em bronze, monumental estátua, onde se vê, mesmo à distância, o seu braço direito erguido, numa postura em que a sua cabeça se distende para o alto, irradiando-se da face olhares que se dilatam ao infinito, em gestos de santidade a espargir bênçãos a todos os homens. Que ciclópico engodo! Urbano VIII exerceu o seu pontificado mergulhado num reinado de ostentação, corrupção e nepotismo, e a testemunhar a grandiosidade desse semideus de bronze, duas figuras o aureolam: a caridade e a justiça.

Que desvairado mundo de vaidade, corrupção e libidinosidade pululava nas alcovas de papas, cardeais, bispos, padres, arrastando a Igreja Apostólica de Roma a negar Cristo e São Paulo! Ante a devassidão escancarada, soluço infinito estremeceu a humanidade e a fé dos apóstolos do Deus do Gólgota. Indignados contra este cenário sombrio, irromperam, bradando por reformas na Igreja, os vultos de Lutero e Calvino. Alguns séculos depois, encilhado numa viagem de quase cinco anos pelos mares, desata-se Charles Robert Darwin, antepondo-se ao misticismo fanático.

No curso dos milênios, a raça humana suportou e carregou em seus ombros o doloroso fardo que a fez condenada a obedecer a fantasmagóricos deuses, de Zeus a Vênus, de Urbano VIII ao Padre Cícero Romão Batista, de Maomé ao beato Ageu (beato que viveu em Barra de Santana, PB, terra da minha mãe). O homem sempre caminhou pelos séculos, carregando o cajado de forças sobrenaturais a direcionar o seu destino. Calejou-se assim, na aventura da vida, padecente de supremas e implacáveis circunstâncias. Joguete das eternidades, a do nascer e a do morrer, nas quais o lançaram sem ele saber por quê. Vencido por deuses que o atordoavam, ele se vê aos pés de um onisciente, onipresente e onipotente Deus e por umas tantas centenas de profetas e pitonisas. Nesse caldeirão, o messianismo produziu o Deus supremo de todas as religiões e seitas, e a humanidade perplexa se condena a segui-lo e adorá-lo.

Os tempos trazem os séculos e homens a uma nova visão de mundo e da própria fronteira para o além-vida. Eclode no século XVIII a Revolução Francesa, furacão político-revolucionário que, inspirado no Iluminismo, revoluteou a humanidade, conduzindo-a a novos e surpreendentes caminhos. O ser humano começou a olhar o mundo a partir de si e não de um Deus todo-poderoso.

Batera a poeira do caminhante pecador, deixara a sandália do pescador e vestira, sob o pálio da "igualdade, liberdade e fraternidade", a armadura dos novos tempos. Egresso do caldeirão revolucionário, o homem se transvestiu em cidadão de direitos, e, mais tarde, no ávido mercantilista forjado na Revolução Industrial para os embates econômicos, financeiros e culturais.

Que novo cidadão é este, lançado na cena do mundo e que teve a impeli-lo independência e liberdade irrefreáveis? Ele olhou para trás. Viu desfilar à sua mente mosteiros, igrejas, catedrais, sinagogas, mesquitas e capelas. E ouvia, em cada esquina e por toda parte, o coro soluçante e plangente dos benditos, penitentes, ave-marias, credos, cânticos de aleluia, preces a Alá, e o ruído dos passos dos monges budistas no Tibet.

Embalado pelo crepitar das chamas revolucionárias e ao estremecer dos tropéis napoleônicos, o homem parou. Parou e jogou fora toda uma carga milenar de misticismo e de condicionamento ao sobrenatural. Liberto, procurou um novo deus. Achou-o. Onde? Como o encontrou? No revolucionário darwinista. A partir deste instante, domina-o a síndrome do divino. Hoje ele se faz servo de um cientificismo de proveta.

Há mais de 4 mil anos, a vaca sagrada na Índia, em Bombaim, tem a adorá-la o bramanismo. Nos dias atuais, os profetas do cientificismo, espargidos em centenas de publicações, defenestraram todos os místicos, do sagrado bovino ao profeta Maomé, com o seu cavalo Bukhra, e eles próprios, os sábios da inteligência, se autoungiram nos novos deuses.

Onde está a verdade? Na vaca sagrada que sacia a sede no Ganges ou no cientista de TV a vomitar conhecimento? A humanidade sempre se preocupou com as divergências entre ciência e religião. De que forma perfilar espiritualidade e matéria? Experiências e fatos ocorreram, na sucessão dos tempos, envoltos na religiosidade, cuja dimensão está oculta; ela surge na força mediadora da realidade e utopia, num certo lugar e tempo.

Místicos, detentores do condão de falar com a divindade, levam orientação espiritual a pessoas e multidões, a buscar o embalo e o amplexo da fé. Na espiritualidade, há um relacionamento singular entre o ser humano e o sobrenatural, momento em que um bafejo de eternidade domina o padecente, o suplicante de caridade ou um comungante de alguma penitência. "Paguei minha promessa", balbuciou um crente, em êxtase. Outro fala: "Estou em dívida com São Jorge, a minha promessa eu vou pagar subindo as escadas da igreja da Penha, no Rio de Janeiro". Nordestino, dos velhos cariris, resistente às secas, deixou estas palavras: "Vou pedir ao meu padim padre Cícero, em Juazeiro, para chover no meu cariri. Aleluia! Aleluia! Que Nosso Senhor seja louvado", exclamou um fiel da Igreja Universal.

Os criadores das grandes religiões e até mesmo de seitas assumiram certa aura, especial sacralização de que se cingem os messias, apóstolos, profetas, santos, anjos, sacerdotes, mulás, xamãs, rabinos, enfim, místicos de todo jaez. Eles oferecem aos seus fiéis (aqueles que fazem peregrinações a Santiago de Compostela ou a Juazeiro do Norte) cenários visionários e sobrenaturais, ou, mesmo, terráqueos, ungidos de utopias celestiais. As escrituras evangélicas ordenadoras das grandes religiões, o Alcorão, a Bíblia, a Torá, os Vedas, o Livro dos Mórmons e algumas outras, baseiam-se em revelações de passagens e estados sobrenaturais. Na atividade comunitária, a religião se organiza em bases institucionais (na maioria dos países são isentas de tributos) e exercita o seu labor em algum local, igreja, mesquita, sinagoga, pagode, tendo a envolvê-la rede de oráculos a divulgar as suas mensagens proféticas, sempre a invocar forças divinas.

O que ocorre hoje? Logo que a religião se fortalece, ela começa a formar uma espécie de hierarquização, distanciando os seus dirigentes das necessidades espirituais dos seus fiéis. Que nababos corifeus! Erguem templos de suntuosa ostentação para deleite das classes sociais, alta e média; aos miseráveis cabe apenas ouvir os ecos frenéticos de coros esfuziantes. Aleluia! Aleluia! Aleluia!

A que assistimos? As fontes espirituais inspiradoras das tradicionais religiões se esvaem. Cristo, o crucificado, evangelizando no monte das Oliveiras, o caminho da salvação aos pobres, é renegado. Hoje, ele habita suntuosas catedrais e basílicas e abençoa, em festivas comemorações, poderosos empresários e homens de negócios.

O Cristo da Galileia, cravado na cruz com o peito sangrando, enrubesce, chora e pranteia as suas dores ao lado de frei Beto, Leonardo Boff, Pe. Comblin, e, na eternidade, frei Caneca, D. Helder Câmara, Pe. Vieira, Pe. Malagrida. Os Lucas, os Pedros, os Mateus de hoje se apostolizam oportunistas de todas as ocasiões. Jesus de Nazaré soluça; a sua Igreja transformou-se num sistema hierárquico direcionado à conquista do poder, ao controle das comunicações, da mídia, da política, enfim, os hosanas nas alturas não alcançam os corações dos famintos e dos infortunados. Para estes, estenda-se a mão à caridade pública. Por longos milênios, a humanidade carregou o fardo do clericalismo obscuro, povoado de fantasmagóricos deuses e santos. Isso deixou um legado de neurose obsessiva acerca de tudo que se refere ou envolve religiosidade.

A inteligência humana pagou pesado tributo a um feroz e selvagem clericalismo, a partir do século IV, quando o convertido imperador Constantino, por seu poder olímpico, fez vergar povos e governantes ao peso de sua crença no cristianismo.

Centenas de místicos, em nome de um Deus onisciente e onipresente, vararam, dos rios Eufrates e Jordão às savanas africanas, atravessando as vastas areias dos desertos para o encontro da salvação divina até se abeberarem nas águas do Ganges, na Índia. Aí buscaram o encontro com o Eterno. Terras de desafiadores contrastes atmosféricos, noites de temperaturas austrais; ao dia, canícula solar abrasadora; lá estavam os apóstolos, carregados de fé e de sequiosa vontade de doutrinar fiéis e converter nativos.

Deixemos os místicos com as suas orações. Qual a importância da obra de Charles Darwin na cena do mundo? Olhando-a desapaixonadamente, sem resvalar no cientificismo, na síndrome do divino ou numa religiosidade fanática, podemos encontrar a resposta. A obra darwinista carregou-se de uma força político-ideológica fulminante. No aspecto científico, alcançou o mediano, chegando, em algumas passagens, ao medíocre.

Lançados na segunda metade do século XIX, os livros de Charles Darwin rompem a couraça e a opressão milenar do clericalismo, onde ainda se ouvia o crepitar das fogueiras da Inquisição. Desperta a humanidade do tacão de um misticismo sanguinário e bárbaro. A par com essa atmosfera forma-se, na esfera dos homens inteligentes, a síndrome do divino, uma espécie de pânico acerca de qualquer tipo de religião cuja história trouxesse o signo da servidão clerical. Depois da publicação da obra darwinista, quando se falava no Supremo Criador, logo saltava à mente da humanidade pensante o imaginário de uma igreja supliciadora, que, em nome de uma fé doentia, condenava povos a intermináveis e angustiantes orações, rezas, penitências, procissões, peregrinações, novenas, comunhões, batismos, excomunhões, enfim, dízimos arrancados a todo custo de fiéis atemorizados, e indulgências "espontâneas", em troca de largas doações aos corifeus, sacerdotes e mensageiros divinos.

Nos finais do século XVII, imensa rede de templos religiosos, em torno de uns 20 mil, de capelas a basílicas, inundava e asfixiava a Europa; em lugares alcantilados e ermos, erguiam-se mosteiros e conventos, às centenas. Severa liturgia espiritual marcava a vida dos povos. Corriam os dias, de terça a domingo, os fiéis eram despertos ao alvorecer por gritos altissonantes de vultos a caminhar ao peso de negras batinas.

Padres, monges, freiras, sacristães, coroinhas e outros tantos tipos egressos de sombrias paróquias, igrejas, mosteiros, a ressoarem ladainhas em melancólicos cânticos: "Jesus para sempre seja louvado. Amém, amém...", repetia um coro uníssono de milhares de rouquentas e abafadiças vozes. Quem são esses caminhantes? Pergunta uma voz anônima. Um barrigudo e irritado prelado, exausto ao peso de uma convexa barriga suína, fala: "Não vê, homem de pouca fé, são peregrinos indo pagar promessas a São Benedito".

Por toda parte e a todo instante, ouvem-se preces, vozes melancólicas de orações e cânticos de aleluia; todos carregam um constante toque de submissão e resignação místicas. Numa igreja próxima, ecoa quase o dia todo este refrão, que se repete monotonamente: "Louvado seja o nome do Nosso Senhor Jesus Cristo". Som uníssono responde: "Para sempre seja louvado".

Depois de Constantino, imperador romano do século IV, a Igreja apoia-se na força do poder para expandir o cristianismo. Soberanos investiam-se no comando do Estado ungidos do Senhor, cujo ministério celebrava as *laudes regiae*, a conciliação dos dois mundos, o visível e o invisível. Carlos Magno, imperador francês, consolidou esse desiderato monárquico.

Os reis se autoconsideravam cristos. Os bispos, pastores do povo e sucessores dos apóstolos, eram eleitos por intervenção do Espírito Santo, aclamados numa catedral por multidão reunida de clérigos e guerreiros.

Certos escribas informam que a primeira decisão dos reis ao assumirem o trono consistia em rezar para o seu povo. O rei D. Luís XI, da França, tinha tanta veneração pela Escritura Sagrada que todo dia ele lia os salmos e dirigia ao Altíssimo as orações do santo Davi. O rei D. Henrique IV, da França, era venerado pelos camponeses que se precipitavam em sua direção, a fim de tocar-lhe as vestes no afã de melhores colheitas. Sacralizado por forças sobrenaturais, o rei reunia em torno de si funções sacerdotais e militares, detendo poder na ordem temporal e divina; assumia, assim, responsabilidades coletivas em face do eterno. Formava-se a simbiose entre os poderes terráqueo e divino. Os reis na alta Idade Média se consideravam partes de Deus. Protegiam a Igreja. Evitavam explorá-la de maneira visível. Os bispos dos grandes mosteiros recebiam cartas de privilégios; eles não pagavam tributos. Por outro lado, os duques, os condes, os castelãos exploravam os habitantes dos seus feudos que não fossem cavaleiros ou não estivessem dependentes da Igreja. Certos príncipes se arrogavam nas prerrogativas dos soberanos e se faziam guardiões e patronos de catedrais e de mosteiros, e até, em alguns casos, nomeavam bispos e abades.

Da Igreja, uma das grandes dádivas oferecidas aos seus fiéis era a peregrinação, a busca pelos sagrados santuários da fé. Venciam-se longas distâncias em exaustivas caminhadas, muitas delas alcançavam meses e meses. Despojar-se dos seus confortos e bens (na maioria dos casos doados à Igreja), deixar a sua gleba familiar e a sua casa e se arrostar nas temeridades de peregrinar por terras desconhecidas e de ignotas gentes, o peregrino se acometia numa empreitada sob a bênção do divino. Ausentar-se por longo tempo dos seus familiares, atravessar regiões desconhecidas, como no caso das Cruzadas, enfrentar inimigos poderosos... poder-se-ia então conceber mais valorosa oferenda ao Senhor e aos seus santos? A peregrinação se glorificava numa perfeita forma de ascese a qual o cristianismo heroicizado dos séculos medievais e da Idade Média propunha aos cavaleiros obcecados por aventuras e salvação eterna. Faltou a Dom Quixote, nas suas tresloucadas aventuras, a unção do divino.

Em muitos casos, a longa romaria fazia-se penitência aos pecadores sobre quem recaíam as culpas excepcionais; a ira bispal impunha esse instrumento de purificação. Tudo era ordenado, do poder terráqueo ao divino e vice-versa. O peregrino mergulhava numa espécie de simbologia de amor e devoção aos apóstolos da fé, momento em que ele se aureolava num devotado caminhante, a fitar misticamente, na sua marcha, os lugares sagrados: o Santo Sepulcro, em Jerusalém; Santiago de Compostela, na Espanha; Canudos, na Bahia; e até os romeiros de Padre Cícero Romão, na sua cruzada para Juazeiro do Norte, no Ceará. Para muitos, no caso dos cavaleiros andantes, fidalgos arrebatados por aventuras, a peregrinação carregava-se de glorificação e poder. Vários deles conduziam numeroso séquito, numa época em que viajar se fazia passatempo prazeroso.[1] Vassalos acorriam ao apelo do seu senhor para a empreitada, e aí eles realizavam serviços de corte. Um personagem iria compor o cenário dos viandantes por terras ignotas: o monge. Sacerdote da fé, ele se debruçava, incansável, em constantes rezas. Peregrinos mundanos, ele os cobria de uma respeitosa e sacrossanta obediência. Até os mais truculentos aventureiros curvavam-se a esse vulto, sereno e conscrito nas suas longas e negras vestes sacerdotais. Lances surpreendentes e temerosos ocorriam nessas romarias místicas.

D. Sebastião, rei de Portugal, na sua aventura desastrosa de conquistar o norte da África dos mulçumanos, abismou-se num desaparecimento messiânico em Alcácer-Quibir, no ano de 1579. O rei D. Luiz XIV, da França, ao pressentir a morte, partiu com a sua corte, a prestar homenagens a santos e a outros tipos santificados, através de um longo périplo que o levou a várias cidades, entre elas, Leon, Marselha, Toulouse, e daí deslocou-se aos Pirineus, onde instalou uma tenda, em glorificação a Santiago, lá erguendo uma cruz. Destas peregrinações, originara-se a formação das Cruzadas, que iriam, em certos momentos da história, abalar e comover a cristandade, por trás das quais este se tornou o principal objetivo – o saque desenfreado às riquezas dos países mulçumanos.

Olhemos, por uma serena crítica, a história destes acontecimentos: as Cruzadas "religiosas", a viagem de Charles Darwin no H. M. S Beagle para "pesquisas", o "heroísmo" de Joana D'Arc, as "descobertas" marítimas de Américo Vespúcio (como Darwin, escreveu Vespúcio centenas de cartas), a "santidade" de Pio XI (o papa de Hitler) na Segunda Guerra Mundial, o "pacto" de Stalin-Hitler na década de 30, do século XX, a "defesa" da Coroa portuguesa contra os invasores holandeses, no Nordeste do Brasil, no século XVII, a carta de Pero Vaz de Caminha "escrita" após 44 dias de viagem Portugal-Brasil, e outras grandes e pequenas farsas.[2]

Àquela época, aura de intensidade mística envolvia a vida dos povos. Nas romarias, os cristãos procuravam encontrar a clemência divina, pela qual sonhavam alcançar a aspiração suprema, um dia orar ajoelhados perante o Santo Sepulcro. Como milhares de fanáticos, o duque de Aquitânia, na França, nos finais do século X, peregrinava a pé de Paris a Roma; os romeiros do Padre Cícero Romão e os de Aparecida do Norte, no Brasil, nos séculos XX e XXI.

Quase todas as religiões, com exceção do budismo, embalam a sua pregação sob o império do medo e do terror, contra aqueles que contrariam os seus dogmas ou renegam o seu Deus. Nada, ou mesmo nenhum elemento, une tanto os homens quanto o medo, sobretudo do desconhecido; temor de ser arrastado para o ignoto, esfinge a sobrepairar a humanidade, diante da qual o homem silencia.

Por séculos, ondas de terror sobressaltavam os povos e aterrorizavam mentes incautas, impelindo-os ao amparo e à procura dos templos religiosos. Profetas do apocalipse bradavam: "O fim dos tempos está próximo". Outros tantos chegavam a antever e marcar dia e ano do fim trágico da humanidade.

Em Campina Grande, Paraíba, na década de 1970, uma seita conhecida por Borboletas Azuis chegou a anunciar o dia e ano do Juízo Final. Seus fiéis, algumas centenas, se preparam para o desenlace fatal. Após longos e barulhentos coros e gritos de devoção ao Altíssimo, o profeta deixou mensagem, enviada pelo Misericordioso: "Em nome do Pai Eterno, transmito aos meus fiéis e a todos os homens de boa vontade uma mensagem do Supremo Arquiteto do Universo: ele adiou o fim do mundo".

Essas antevisões apocalípticas propagavam-se pelas mais diversas partes do mundo, lançadas pelos profetas da eucaristia, que arrastavam, por vezes, multidões como as das Cruzadas. Oportunistas, entre eles o papa Pio XI, conhecido como o papa de Hitler, se fizeram artífices dessa indústria a que a cegueira do fanatismo conduzia: o medo.

Os messias do irremediável gritavam: o anticristo sobreviverá ao fim dos tempos. Nações levantar-se-ão umas contra as outras e reinos se destruirão, ocorrerão pestes, fomes e tremores de terra. Um dia tudo cessará para os bons e fiéis discípulos. Restará só o reino da cegueira. Não, não, não, gritou uma voz angelical vinda do celeste. O rosto imaculado de Jesus Cristo descerá dos céus para julgar os justos e pecadores. O Filho de Deus defrontar-se-á com monstros que surgiram dos mares. Tubarões, semelhantes a pequenas ilhas, serão vistos nas orlas marítimas, e deles se ouvirão urros terríveis, análogos a estrondos de trovões. Enormes e destruidoras erupções vulcânicas cobrirão partes da Terra, por meio de dragões que cuspirão fogo sobre multidões de homens aterrados. Em certo mês do ano de 1045, habitantes, às bordas do mar Mediterrâneo, sobressaltam-se por um eclipse. Eco se distendeu dos mosteiros e templos religiosos, do norte da África ao Oriente Médio, da Europa à Ásia e a milhares de fiéis: "Os tempos mandaram um sinal, o mundo vai se acabar".

Que implacável terrorismo se desencadeava! Povos angustiados consagravam suas vidas a rezar, num enorme "vale de lágrimas", segundo vitupério de Santo Agostinho. Aos sacerdotes da fé as multidões recorriam, a suplicar salvação eterna. Papas, cardeais, rabinos, mulás, padres, monges, imãs, até certos califas, ouviam preces desesperadoras. Esses arautos da fé, com os quais Deus dialogava, detinham o passaporte para a eternidade; a alma salva do fogo do inferno. Monges, mais do que qualquer outro sacerdote, tinham o poder de desarmar a ira do Senhor. Mestres do sagrado, eles se convertiam em mensageiros do Eterno, para quem a salvação dos seus irmãos devia se albergar em algum mosteiro, para o qual eles faziam afluir esmolas.

Escatológicos bradam: marcha o mundo inexoravelmente para o seu fim. O Juízo Final não tardará. A humanidade conscrita e prosternada vive à espera do *ultimatum* final, a passagem desta vida para a eclosão apocalíptica.

Aos místicos da fé, aqueles que comungam diretamente com Deus, cabe indicar o caminho da salvação e aplaná-lo. Os últimos instantes descobrem-se na Escritura Sagrada. A cristandade obstina-se a imaginar o fim da aventura humana e a descoberta da vida gloriosa ao lado dos santos, dos apóstolos, dos anjos e do próprio Deus; ela mergulhava absorta nessas meditações.

Cada dia marca um lance no caminho que leva à santificação eterna. Pregadores e profetas, de Maomé a Padre Cícero Romão, investem-se no dom das premonições, a alardear que ouviam vozes ecoando de grutas dos mares, dos espaços siderais, por mensagens do invisível. Isto impregnava tresloucadamente os fanáticos.

Um pregador, Antônio Conselheiro, lá nos sertões da Bahia, em Canudos, pregava nos finais do século XIX: "Só os justos e pobres entrarão no reino de Deus". O exército, após três fracassadas expedições, dizimou num verdadeiro genocídio centenas de fanáticos. Oitenta anos depois, na floresta amazônica, no Araguaia, esse mesmo exército, imbuído de um doentio fanatismo anticomunista, em nome do deus Pentágono, trucidou setenta jovens.

O mundo sufoca-se. Procura-se fugir, às apalpadelas, para regiões recônditas de ermos mosteiros, onde uma paz divinal irá acolher almas sequiosas de eternidade. Sonham milhões de indigentes da fé e notórios espertalhões, ontem como hoje, com o grande festival do embuste, anfiteatro onde desfilam cientistas de TV doutrinando na grande mídia a indústria do ateísmo; *mutatis mutandis*, os pregadores da salvação eterna oram nos púlpitos de babilônicas catedrais. Alimentam-se da miragem sonhadora. Miram-se em fantasias mirabolantes na épica diáspora ao lado de Moisés, nas areias do deserto, contemplando o Sinai. Devaneiam a Terra da Promissão.

Mergulham nos templos religiosos, em rezas que se estendem, por horas e horas, em constantes ladainhas, a ressoar estridentes coros. Confiam-se nos ascetas, aureolam-nos divinos. Veneravam-se os eremitas que iam para os recessos das florestas para viver de ervas e raízes.

Um vulto povoava, além do monge solitário, as épocas de obscurantismo: o cavaleiro andante que emergia sob a flama da sua bravura e de sua insensata coragem, para o anfiteatro das Cruzadas religiosas. Pincelado na magistral pena de Cervantes, o aventuroso conquistador tem a retratá-lo todo um mundo em que nos custa delimitar as fronteiras entre os sonhos de triunfo e a esquizofrenia.

Fugir deste "vale de lágrimas", conforme apregoava S. Agostinho, era salvar almas. Vestir o hábito de S. Bento e retirar-se para recônditas florestas, eis a suprema glória. Este ambiente de doentio misticismo e até, em muitos aspectos, de caráter fetichista, o pontífice romano expandia o poder com inteligência estratégica. Dobrara os imperadores à sua vontade. Forjou-se doutrina teocrática através da qual a autoridade papal projetava-se superior a qualquer poder temporal. Investia-se, assim, na condição de *auctoritas*. Eleito papa em 1198, aos 40 anos, Inocêncio III levou esta empreitada a bom termo. Aspirava ter jurisdição espiritual e política sobre a Terra inteira. Essa estratégia ele exercitou com audaciosa desenvoltura.

Nobre romano, carregado de ambições desvairadas, Inocêncio julgava-se um intelectual de alto estofo. Estudou direito em Bolonha, depois teologia em Paris. Num rompante de vaidade mascarada por falsa humildade, dizia que não era tão-somente sucessor de S. Pedro, mas lugar-tenente de Jesus Cristo. Bradava aos fiéis: "Foi a mim que Jesus disse, dar-te-ei as chaves do reino do céu, e tudo o que tu ligares na Terra será ligado no céu". Um passo a mais, e Inocêncio falaria com o próprio Deus.

Conduzida pelas mãos de ambiciosos, como certos vultos tipo Inocêncio III, a Igreja dos papas desata-se neste plano. Organizam-se Cruzadas, estruturadas em doentia fé; elas iriam resgatar dos infiéis mulçumanos, o Santo Sepulcro, em Jerusalém. Por trás desta cortina de fé e religiosidade aparentemente nobre, o que irrompeu foram enormes saques às riquezas dos países islâmicos.

Este fato lembrou-me, diferenciando-se as motivações e os cenários em que se desenrolou, a viagem do navio H. M. S. Beagle, por quase cinco anos, ao redor do mundo. Muitos acreditam, e são milhões, nos nobres escopos de ambos os acontecimentos, como fizeram crer os inteligentes estrategistas que os forjaram.

Paremos um pouco. Chamemos a estas páginas um vulto de religiosidade singular. Nasceu no Nepal, na Ásia, cerca de 500 a.C. De quem falamos? Siddhartha Gautama, conhecido por Buda. Vasta literatura enche os passos desse místico que não se apresentava de origem divina. Dele, retrata-se uma figura em que o exótico marca a sua característica, numa serenidade e paz de expressão a estampar o sorriso de um enigmático indefinido, cabelo encaracolado, corpo roliço, atarracado e curvado sob a infinitude de um olhar contemplativo e meditativo, sobre pernas transpassadas. Esse vulto encheu o Sudoeste Asiático. Em Bangkok, tem uma aleia com estátuas suas; em Kamakura, ergue-se a mais famosa estátua dele, fundida em 1345. Naquele olhar vazio e melancólico, Buda povoa as vastidões populacionais da Ásia. Na solidão da sua prece, transmite a sensação de que ele é o próprio eterno, um deus monologando consigo próprio. Salta-nos, logo à primeira vista, a impressão de que aquele corpo roliço e atarracado quer falar a linguagem de todos os deuses. Assim, o budismo é uma religião sem um deus. De Buda nasceram todos os deuses. Na sua infinita meditação e saga sideral pelo seu mundo, Siddhartha não procura encontrar um deus, mas o êxtase; e aí a sua doutrina tem um pouco de filosofia e muito de fetiche e crença. Impregnado de silêncio e solidão, Buda diferencia-se de todos os profetas.

Notas

[1] Relato aqui esta passagem, aliança da fé com a aventura. Em 2005, certo amigo meu, peregrino de longas caminhadas pelas mesetas ibéricas, realizara peregrinação do sul de Portugal para o santuário da fé, Santiago de Compostela, na Espanha. Ele relatava a um grupo de amigos a sua epopeia religiosa. Um circunstante, Artur Gonçalves, nosso comum amigo, soltou esta pergunta: "Quantos ônibus você tomou na sua peregrinação?". O peregrino constrito ofendeu-se. Nossa conclusão: a grande aventura é a vida; chegar ao seu fim desconhecemos como e quando. Quase toda peregrinação religiosa tem um misto de fé e de aventura.

[2] Agassiz Almeida, *500 anos do povo brasileiro*, São Paulo, Paz e Terra, 2000.

O impacto da obra de Darwin

O ser humano – após caminhar milênios e milênios e desafiar predadores de poderosas forças, possuidores de garras, com alta capacidade de correr e de escalar montes e árvores, cobertos por resistentes pelagens, mandíbulas fortes e desafiadoras –, trazia consigo uma ínfima e portentosa arma: a inteligência. É a partir dela que o homem se fez condutor do seu destino, manipulador e modificador das forças da natureza. Lá, milhões de anos atrás, esse interrogante do mundo descobriu o fogo e começou a instrumentalizar as primeiras armas à própria sobrevivência e defesa contra seus inimigos. Certo dia, nas longínquas noites dos tempos, ele se perguntou, após prantear a morte de um ente querido: de onde venho? Por que estou aqui na Terra e qual o meu destino?

Solitariamente só, ele se debate há milhares de anos ante estas interrogações, dele para consigo próprio. Perguntas se alternam, numa obsessão constante. Nas noites lhe assaltam horrendos pesadelos, nos quais animais monstruosos se entredevoravam, entre eles um macaco chimpanzé, com quase dois metros de altura.

Em algum entardecer nas savanas africanas, um vulto de andar trôpego e olhares de profunda ternura, cabelos e barba brancos anelados, a emoldurar um rosto do qual se irradiava melancólica paz que só uma longa vida de anos vividos coroa, sentado numa pedra contemplava o mundo. Quem é esse caminhante? Um oráculo. Ele falou de diversas divindades, do bem e do mal que elas fazem aos homens; falou de colheitas perdidas pela condenação dos deuses, sobretudo do deus Sol. Falou que os mortos iriam voltar, só aqueles que durante as suas existências tivessem praticado o bem na Terra.

Daquele momento em diante, o eco das suas palavras ali proferidas abrirá aos homens as primeiras respostas às suas angustiantes e perturbadoras perplexidades sobre o destino. Os séculos passaram-se, alcançando milênios; a pequena humanidade de longínquas épocas se expande na pujança de civilizações: bizantina, mesopotâmica, persa, egípcia, hebraica, grega, romana e cada uma delas a se situar na sua territorialidade assentada em forma de cultura e leis próprias.

E aquele oráculo vindo do Sinai trazendo às mãos um bastão de peregrino, a pregar, por onde andou e onde se encontra? Varou anos. Venceu pelejas quase invencíveis e escalou cordilheiras, adentrou o reino dos simples e fundou grandes religiões – o budismo, o judaísmo, o cristianismo, o islamismo – e depois, os seus seguidores, perdendo os escrúpulos, investiram-se em reis, príncipes, papas, cardeais, mulás, a conduzir peregrinos, enfim, avocando para eles, em nome do Senhor, ostentação, riquezas, corrupções e libidinosidade. Isto numa aliança medonha da fé com o poder do Estado.

Correm os anos. Os povos se situaram em territórios férteis e formaram civilizações. Por volta de 4 a 6 mil anos a.C., às margens do baixo e médio Nilo, região de alta fertilidade, ergue-se a civilização egípcia, comandada por semideuses de terras e de águas (as melhores terras às margens do Nilo eram deles), oráculos que se transvestem em faraós e eles próprios se autoproclamaram deuses.

De posse absoluta do poder terráqueo e divinizados senhores de forças sobrenaturais das quais detinham o comando, os novos deuses do Egito, os faraós, lançaram sobre os ombros esquálidos do povo o fardo mais pesado que a história humana registra. Bestializaram multidões ao preço de milhares de mortes e de enormes sacrifícios nas construções de monumentais obras, entre elas as pirâmides, sob o condão de que eles eram deuses e precisavam se eternizar em mumificações a fim de que pairasse a paz sobre os homens. Um deles, Ramsés II, durante a construção da monumental pirâmide à sua glória (milhões de toneladas de pedras foram transportadas e multidões de trabalhadores morreram), onde deveria ser erguida a sua tumba, soltou este vaticínio: "Eu estarei lá na eternidade zelando pelo meu povo".

Os faraós se autoproclamavam divinizados. Suportaram as multidões por séculos, esforços sobre-humanos de obras babilônicas, construídas, não se escolhiam as distâncias. Templos erguiam-se ao peso de milhares de trabalhadores compelidos pelos deuses faraós, transvestidos de imortais.

Que pesadas cargas os povos carregaram de desvairadas vaidades, de déspotas que se queriam eternizados e santificados! Pirâmides, basílicas, catedrais, palácios ricamente luxuosos, à semelhança de tantos Versalhes, mosteiros erguidos em ermos rochedos, castelos de príncipes e senhores feudais, muralhas enormes, como a chinesa, de centenas de quilômetros, e milhares de tantas obras construídas sobre os ombros combalidos de milhões de infortunados, arrastados, pelo terror do medo terráqueo e celestial, a fim de satisfazer a vaidade homérica dos senhores do poder.

Na construção de suntuosos monumentos, a raça humana sofreu pesadas adversidades. Eles estão aí, por todos os países, sobretudo nos ricos, resistentes às intempéries do tempo e expostos à curiosidade dos turistas e ao interesse cultural de historiadores e pesquisadores, às centenas, obras monumentais, construídas ao trágico preço de milhares de vidas humanas.

Voltemos ao Egito. Grandes pirâmides constroem-se. As de Saggarah, rodeada de um complexo de templos, Gizah, Zawiyat, Al Arvan, Meidun. Em Abusir, são erguidas pirâmides com templos solares e obeliscos dedicados a Rá. A pirâmide de Khafre ou Quéfren, templo da rainha Hatshepsut, em Deir el-Bahari. Estátua de Amenófis III, com quase 13 metros de altura, outra de Ramsés II, com mais de 20 metros de altura. A esfinge de Gizeh alcança mais de 20 metros de altura e, a se destacar como a maior de todas, a pirâmide de Quéops.

Deixemos a Antiguidade e cheguemos à Era Cristã.

Com o nascimento de Jesus Cristo, a humanidade iria conhecer uma nova era, destacando-se esse acontecimento entre um dos mais importantes na história do homem. Deuses e deusas que povoaram até então a adoração e o culto dos povos são renegados por um cidadão nascido numa manjedoura em Belém, o enviado, divinizado até hoje por milhões de pessoas, cuja palavra se fez verbo, e fundou uma nova religião, expressa numa carta evangélica a que se denomina Bíblia Sagrada. Seu nome: Jesus Cristo.

Grandes Impérios, destacadamente o Romano, precisavam apoiar-se em algo transcendental, para além das fronteiras terrestres, a fim de legitimar as suas desvairadas corrupções, violências, selvagerias, em face da desilusão dos povos com os seus deuses. Sob o signo do desprendimento, o cristianismo empunhava em seus dogmas a renúncia às riquezas e aos poderes terráqueos. Esta aura despertou multidões. Quem capitalizou aqueles supremos instantes? O profeta da Galileia, autointitulado Filho de Deus. Nele, os dirigentes de Estados e Impérios encontraram o caminho para oferecer aos povos uma forma de mitigar os seus sofrimentos, na esperança do reino eterno.

O papa Urbano VII, durante a construção da Basílica de São Pedro, e ante a morte de quase cinquenta operários, esmagados por um bloco de mármore, deixou estas bíblicas palavras: "Que Deus esteja convosco, São Pedro os espera no reino celestial". Simbolizado e envolto pelo mistério, a começar pelo seu divinizado imolado, Jesus Cristo, o cristianismo iria encher a história, no curso dos tempos, com o sangue dos seus mártires e santos, e assim essa religião trouxe para o seu seio as dores da humanidade, e o sentimento do mundo que povoa a mente dos homens de incertezas, dúvidas e desditas. O degolado de Herodíades, João Batista, fez-se o protomártir a oferecer a sua vida em holocausto à fé cristã.

Em que doutrina se fundamentava o cristianismo, a exercer forte influência nas camadas dirigentes e cultas dos vários países? No pensamento aristotélico baseia-se a formação dessa religião, destacando-se as lições de renúncia ministradas por Sócrates, a ideia da imortalidade da alma exposta por Platão e a chama divina ou "essência das coisas", fonte universal da vida, segundo Aristóteles.

Era este, em linhas gerais, o pensamento cristão, inteiramente distorcido na ação prática pelos corifeus do cristianismo, a partir do século IV, quando o imperador romano Constantino abraçou essa religião. Rastro de sangue a Igreja dos papas vai deixando no curso dos séculos, pela ação do obscurantismo, da intolerância e de doentio fanatismo da maioria dos seus sacerdotes, principalmente dos seus dirigentes superiores, papas, cardeais e bispos. A humanidade iria conhecer e mergulhar em noites sombrias desencadeadas pelo tribunal do Santo Ofício, em que milhares e milhares de condenados foram lançados às fogueiras da Inquisição. No trágico e macabro deste anfiteatro, as dores e os gritos dos supliciados ao fogo faziam-se peças monstruosamente terríveis, onde os tipos mais sórdidos iam satisfazer as suas deformações morais. Página negra da história humana, só ultrapassada pela sanha tenebrosa do Holocausto e pelo genocídio silencioso e covarde perpetrado pelo nazimilitarismo sul-americano, na última metade do século XX.

Chega-se ao século XIX. O mundo ainda ouvia os passos dos sambenitos e o eco dos gritos dos calcinados pelas chamas da Inquisição. Arrastando o enorme fardo de séculos e séculos de fanático misticismo, doentiamente gritava-se: "Fora da Bíblia não há salvação. Jesus é o nosso Salvador". Lá pelas bandas do norte da África e do Oriente Médio, estrugiam os fanáticos do islamismo, a bradar do alto do minarete das mesquitas, que iam de Meca a Istambul, encilhados no cavalo Bukhra, de Maomé, em coro: "Alá, Alá, Alá; Maomé é o profeta".

Em meio à intensa efervescência político-religiosa, a humanidade clamava por um libertador de mentes. Napoleão decepou, pelas armas, a divindade dos reis; Simón Bolívar arrancou das garras do colonialismo espanhol os povos sul-americanos. Aura de liberdade sacudia o mundo.

Quem poderia vitoriar contra o pesado fardo lançado pelo clericalismo intolerante nos ombros da humanidade por milênios? O ser humano lírico e herói que emergia da Revolução Francesa clamava pela quebra dos grilhões impostos pelo fanatismo místico, promanado de milhares de mosteiros, conventos, catedrais, mesquitas, basílicas, sinagogas, igrejas, capelas e pagodes budistas. O mundo fizera-se um grande e angustiante convento. A vida consistia exclusivamente em rezas, procissões, comunhões e coros nas naves das igrejas. Em cada fazenda ou sítio erguia-se uma capela; em cada quarteirão via-se uma igreja. E lá para o mundo dos mulçumanos, do alto das mesquitas, em sons melancólicos, os muezins chamavam os fiéis às preces acontecidas cinco vezes ao dia. O deus de cada crente ditava os passos de seus fiéis; as orações expressavam constante forma de vida, a ressoar em doces e tocantes salmos o chamado imperioso para a evangelização. De alguns evangelizados desatava-se desvairado fundamentalismo. Ninguém poderia vaticinar que caminhos eles iriam trilhar, se para um hospício ou algum templo religioso.

Em meio a um intenso e explosivo processo revolucionário, eclodido a partir do Furacão Francês de 1789, a se projetar na Revolução Industrial, um vulto assomou a cena do mundo empunhando singular bastão. Oportunista, membro de tradicional família britânica, alma impetuosa de aventureiro cigano, audacioso às fronteiras da temeridade, esta personalidade golpeou de frente o secular e doentio clericalismo. Seu nome: Charles Robert Darwin. O que falava esse demolidor das catacumbas cardinalícias e da divindade papal? Que o homem era produto final de um processo evolutivo e subproduto da espécie simiesca. Desconheceu o ato criador de Adão, Eva, Abraão etc.

Um basta ecoou pelo mundo. Parou de se construirem pensamentos ancorados na Bíblia, no Alcorão, na Torá, nos Vedas. Em 1881, o cardeal Meignan escreve ao papa Leão XIII:[1]

> É necessário reconhecer que o clero em geral, e particularmente na França, não está preparado para combater com armas iguais os nossos erros que nos devoram [...].

Teólogos de vastos conhecimentos são convocados, entre eles, Begonen, Maisonneuve e Lapparent. Por toda parte, do anglicanismo inglês às savanas africanas e às estepes no Oriente Médio, com os fiéis do profeta Maomé, até o padroado negro de Inácio de Loyola, em legiões de catequizadores, da Roma dos papas às catedrais dos ensandecidos inquisidores, a teoria evolucionista de Darwin desabou como uma explosão nuclear. O mundo dos mulás, xamãs, cardeais, papas, monges, brâmanes, sobressalta-se, aterrorizado, desesperado e irascível, a proclamar o horror ao darwinismo.

Lá, no miranete de uma mesquita em Meca, um muezim deita oração de indignada prece, olhares furibundos e fixos em Kaaba (pedra sagrada do islamismo situada em Meca, Arábia Saudita), e desata um berro, como um homem-bomba no instante fatal do seu dilaceramento: "Não! Não! Não! Hereges de todo o mundo, Alá não pode ser traído. O ser humano não vem do macaco". No púlpito da Catedral de Notre-Dame, em Paris, o padre J. M. Monsatre nos deixa estas palavras, carregadas de dogmatismo: "O mundo vem de Deus. Desafio a ciência a encontrar nele um só ponto que possa fazer-nos duvidar de sua origem divina". Na primeira década do século XX, em 1907, foi publicada a encíclica *Pascendi Dominici Gregis*, que, em última análise, visou condenar a tendência da Igreja à teoria evolucionista. Em nenhuma base científica, esta mensagem papal se fundamenta. Procura embasar-se em raízes da tradição católica, a partir do Concílio de Trento.

O teólogo M. D. Leroy, autor do livro *L' Évolution des espéces organiques*, em vez de trazer ao debate dados científicos, faz âncora no fundamentalismo monoteísta que começa com Adão e termina em Moisés. Assim ele articulou seu raciocínio: "Nossos primeiros pais foram criados por Deus. Por isso declaramos absolutamente contrário à Sagrada Escritura e à fé cristã a opinião daqueles que não se pejam de afirmar que o homem descende do macaco".

O que representa a obra de Charles Darwin? Ela trouxe à humanidade o maior do seu apanágio: abriu as consciências ao inalienável direito de romper e discordar de dogmas filosóficos ou teológicos. Aí se assenta a sua importante contribuição aos povos; enorme sensação de livre pensar de que a oração do padre, a prece do mulá e a palavra de fé do rabino poderiam ser expostas ao debate e à crítica. Golpeia-se o obscurantismo fulminantemente. Venceu-se o medo da excomunhão. Descreu-se das pedras lançadas em Kaaba pelos fiéis do profeta do Alcorão. Os rabinos fogem dos guetos mentais. A ideia trazida a lume por Darwin é demoníaca; ela nos chega não como fato científico a desvendar descobertas. Não! Nada disto. Nela, a audácia, aliada a uma enorme capacidade de manipulação, explode com força reveladora e dinamitadora.

Que genial prestidigitador!

Fez-se o alquimista da evolução das espécies. Numa alucinação de dados coletados desordenadamente como provas científicas, o polivalente das ciências explora a longa opressão que vem abafando e comprimindo a humanidade por séculos. Num paradigma com as Cruzadas que saquearam Jerusalém, Darwin vestiu a armadura de um cruzado e devastou o mundo do fanatismo místico, onde mourejava o obscurantismo, e fez despertar o livre pensar da inteligência humana. Novo homem emergia da longa noite da tirania sacerdotal. Pouco importa o acerto ou não da sua teoria, Darwin teve uma visão fáustica (admirava muito Goethe) de que a humanidade estava prestes a rebentar os grilhões do misticismo fundamentalista.

Gritaram os libertados do mundo: "Que grande naturalista a humanidade pariu, este Charles Darwin, descobridor da origem das espécies e da origem do homem!"

Ninguém afrontou mais o reino dos deuses e do próprio Deus do monoteísmo do que o navegador do Beagle. As mais altas faculdades do oportunismo e da inteligência, aliadas ao poder de um visionário ambicioso, Darwin investe e lança a inusitada decisão que a humanidade aguarda: a ciência liberta do clericalismo doentio. Eis a sua inexcedível obra.

Nenhum cientista, naturalista ou mesmo pensador, antes nem depois de Darwin, assumira tamanha audácia. Podemos encontrar, mesmo sobre quaisquer aspectos, algum capítulo ou mesmo período, em toda a obra do viajante do H. M. S. Beagle, algo que exponha cientificamente as origens dos seres? Nada. Voltaire satirizou o Deus das religiões, Marx e Lênin e toda a doutrina marxista assentaram, sob um materialismo dialético, a visão do mundo. Pensadores da época contemporânea, Sartre, Daniel Dennett e Camus descreram do divino Criador. Ressalte-se que nenhum se investiu de tão forte iconoclastia do que o neto de Erasmus Darwin. Ele expôs o espiritualismo aos entrechoques das ideias. Fez pior do que Friedrich Nietzsche, ao proclamar que Deus estava morto. Em torno da seleção natural, montou toda a construção da sua obra.

Eclodiu no mundo das ciências, predominantemente na biologia, zoologia e botânica e mesmo na antropologia, a ideia renovadora da evolução das espécies defendida por grandes pensadores e abraçada com desenvoltura, audácia e temeridade por Charles Darwin (onde podemos encontrar estudos científicos sobre a origem das espécies? Evolução, certo; mas "origem" é irresponsabilidade científica). Ele afastou as intervenções milagrosas e pessoais de um poder criador. Mas como explicar as primeiras manifestações e formas de vida orgânica nos iniciais momentos, há bilhões de anos?

Foi, por certo, estonteante o impacto da obra de Darwin. Fatos imprevisíveis ocorreram, mormente entre místicos fanáticos, cujas vidas dedicavam a uma total reclusão espiritual. Entre centenas, relatamos este. Um monge budista se encontrava em Londres, nos anos iniciais da década de 60 do século XIX, e logo após participar de um culto em um pagode leu a obra *A origem do homem* de Darwin, e aí gritou, desvairado: "Ô! Ô! Ô! Meu Buda de infinita bondade, tu não és descendente do macaco". E se contorcendo apopleticamente, aos berros, se autoimolou, tocando fogo em suas vestes, e, envolto em labaredas, soltou este urro lancinante: "Morro no reino do meu infinito Buda. Ô Buda! Ô Buda! Me ouça!".

Rompe-se, sem dúvida, a interminável noite da milenar opressão clerical, com a publicação da obra de Charles Darwin. Ele mitifica-se gênio libertador da mente humana, o circum-navegador de mares e o golpeador do sobrenatural. Certo biólogo, Steve Jones, como tantos outros, com indigente e medíocre capacidade de análise, desanda-se nessa glorificação quixotesca: "Darwin mudou sozinho a ciência da biologia, transformando uma coleção de fatos disparatados num sistema de conhecimentos". E, assim, fizeram o novo Cristo da ciência, faltando apenas marcar o tempo cronológico, antes e depois de Darwin. Que figuraços! Emergiram do torpor clerical e mergulharam num cientificismo doentio; alguns foram além, criaram a indústria do ateísmo.

Séculos e séculos de opressão clerical, a palavra da Igreja de Roma fazia-se o verbo do medo e do terror, arrastando as comunidades humanas dos mais diversos países a se recolherem a mais terrível das prisões: a prisão mental e espiritual. O terror religioso condenava o ser humano que não fosse um cego obediente aos corifeus religiosos. "A Bíblia é o livro sagrado de Deus". Este bordão retumbava altissonante por todos os recantos do mundo e explodia com força de verdade inconteste. Em meio a este engolfar de medo, um libertador se lança na cena do mundo. Despontou como um grito de independência das consciências, em todos os campos do saber humano, do político ao teológico. Sua obra rompeu o hegemônico e atordoante poder esmagador que as cartas evangélicas impunham à humanidade. Tímido e aparentemente despretensioso, soube romper, com alto tirocínio de desafiadora audácia, os grilhões seculares com os quais a Igreja dos papas jugulava os homens.

Nominemo-lo: Charles Darwin.

Nota

[1] Fortunato de Almeida, *História da Igreja em Portugal*, Porto, Portucalense, 1967.

Expedições às Américas no século XIX ou A grandeza de Humboldt

Ao entreabrir dos séculos XVIII e XIX, as principais potências europeias iriam disputar uma nova era de descobertas: a dos recursos naturais. A primeira fora nos séculos XV e XVI, pela qual a humanidade divisou novos mundos, desbravados por audaciosos navegadores ibéricos: Cristóvão Colombo, Vasco da Gama, Bartolomeu Gusmão, Pedro Álvares Cabral e Fernão Magalhães. Eles deixaram legado de valentia ao desafiar oceanos e mares desconhecidos.

O século XIX de Bolívar, Bonaparte, Goethe, Victor Hugo, apontou ao homem a grande aventura das descobertas científicas, dos recursos naturais e até o do joguetear dos interesses mercantilistas, lançados no grande anfiteatro das Américas, destacadamente a do Sul.

Pugilato de bravos, não importa que fins almejam, iria conhecer o século XIX, tendo por palco a bacia amazônica, a cordilheira dos Andes, os plainos do Orinoco, as estepes patagônicas, a Mata Atlântica, os recursos auríferos das Minas Gerais, os santuários de baleias e focas das ilhas Galápagos.[1]

Neste enorme cenário da natureza, não perguntamos por que aqueles homens estavam ali, a se despojarem de tudo nos seus países de origem, riquezas, aconchegos familiares, confortos citadinos; por fim, lançaram-se no imponderável e dramaticamente abraçaram destinos; muitos deles foram tragados nesta aventura.

O que almejavam?

Devassar a natureza à procura de riquezas, mergulhar nos seus mistérios e trazer ao encontro da ciência, para os países e grupos econômicos que a financiavam, conhecimentos sobre miríades de seres vegetais, animais e recursos minerais. Navegaram por rios caudalosos e quase indevassáveis (Humboldt, no Orinoco); vararam florestas exuberantes e luxuriantes, em cujos recessos ressoavam cânticos, gritos, urros, miados, grunhidos e coaxares de multidões de vidas; escalaram montanhas nos cumes das quais conheceram o condor-dos-andes, a maior ave do mundo.

O século XIX encheu-se de dezenas e dezenas de expedições direcionadas na sua maioria à América do Sul. Todas se diziam movidas por fins científicos e algumas chegavam ao disparate de afirmar que buscavam no recesso das florestas descobertas de ervas medicinais.

Destaquemos algumas dessas expedições, ressaltando que as conduziam fins de estudos e pesquisas científicas.

Renato Desfontaines (1750-1833), botânico francês. Escreveu *Flora atlântica*, em dois volumes, sobre a flora na América do Sul.

Carlos Frederico Martius (1794-1868). Um dos grandes naturalistas do século XIX.

Pedro Bouguer (1698-1758), físico francês. Viajou com La Condamine ao Peru, a fim de determinar a forma da Terra.

Johann Baptist von Spix (1781-1826), naturalista holandês. Trabalhou com Martius. Esteve pesquisando na América do Sul durante 18 anos.

Hermanos Burmeister (1807-92), naturalista alemão. Esteve no Brasil, na região mineira. Publicou a primeira obra descritiva sobre as aves brasileiras. Estava no Rio de Janeiro quando Darwin por lá passou e não o procurou.

Pierre Delande (1794-1854), naturalista francês. Esteve na Amazônia.

Charles-Marie de La Condamine (1701-74), sábio francês. Fez pesquisas por quase 20 anos na América do Sul, principalmente no Amazonas.

José Jacó Tschudi (1818-1864), naturalista suíço. Estava em Valparaíso em 1835 e Darwin não se interessou encontrá-lo.

Nicolau Francisco Gay Lussac (1778-1850), companheiro de Humboldt entre os anos 1805 e 1806. Deixou diversas publicações.

Cláudio Gay (1800-73), botânico francês. Percorreu durante 15 anos a América do Sul, destacadamente o Chile. Publicou vasta obra citada por Humboldt. Quando Darwin referiu-se ao seu nome numa publicação, o fez erradamente.

Antônio Lourenço Lavoisier (1743-94), célebre químico francês. Revolucionário, morreu guilhotinado.

Augusto de Saint-Hilaire (1779-1853), botânico. Esteve no Brasil em viagens de estudos. Estava no Rio de Janeiro na época em que Darwin passou por essa cidade e não o procurou.

L. A. Foster (1725-92). Nasceu na Prússia. Fez uma volta ao mundo com Cook. Deixou o livro *Observações sobre uma viagem em volta do mundo.*

Claude Louis Berthollet (1748-1822), químico francês, amigo de Humboldt. Fundou com Laplace a Sociedade de Arcueil, Paris, que reunia os maiores sábios da época. Darwin encheu esta sociedade de cartas, relatando a sua odisseia pelos mares.

Jean Baptiste Boussi (1802-87). Representou uma companhia inglesa na exploração de minérios na América do Sul, da qual o sogro de Darwin, Josiah Wedgwood II, integrava a diretoria. Participou do Estado-maior de Bolívar; estudou as regiões entre Cartagena e a desembocadura do Orinoco.

Johann Wolfgang Goethe (1749-1832), um dos mais célebres poetas da humanidade. Estudou botânica e história natural. Publicou o livro *Metamorfose das plantas*.

René Lesson (1794-1848), naturalista francês. Realizou na corveta Coquille uma volta ao mundo em pesquisas científicas. Publicou obra sobre mamíferos e aves. Ressalte-se. Não precisou de um vaso de guerra, como o Beagle, para fazer viagem de "pesquisas" e levantamento cartográfico.

As expedições elencadas empreenderam as suas viagens obedecendo a fins exclusivamente científicos. Dezenas de outras se moveram por escopos inconfessáveis, sobretudo de usurpação das riquezas naturais de países recém-libertos.

O que nos norteou na construção desta obra foi, decerto, mensurar a verdadeira dimensão dos eventos científicos, políticos ou religiosos impulsionadores do carrilhão da história. Para tanto, não olhamos o tamanho das personalidades e nem como elas se posicionaram no curso dos tempos. Não nos conduz propósito de polemizar, mas sim de expor a verdade de corpo inteiro.

Das dezenas de expedições que vararam os mares e terras, uma delas se projetou no século XIX, direcionada por objetivos de estudos e pesquisas: aquela abraçada por Alexandre Humboldt e o seu companheiro Bonpland.

A fascinante epopeia desse jovem naturalista inebriou a Europa. Vindo da Prússia, ele carregava a vocação dos predestinados a desafiar temeridades. Embalava-o berço de família aristocrática. Com a morte dos pais, herdou boa fortuna. Nada o fascinava mais do que o exuberante e ignoto mundo que a natureza, com multidiversidade e beleza, ergueu nas terras do Novo Mundo.

Quem era aquele naturalista-navegante? Detentor de forte personalidade e de intelecto penetrante, Humboldt alçou-se de imensa erudição, aliada a uma efetiva capacidade de se comunicar e de se doar. Aos primeiros contatos pessoais, este descobridor de mundos deixava no interlocutor profunda impressão de admiração e simpatia. Dos palácios imperiais, em Madri, Paris, Londres, às tocas indígenas no Orinoco, em uns e outras, ele se relacionava com a mesma altiva simplicidade, acreditando no ser humano como um fenômeno que emergia à vida inter-relacionado a fatores cósmicos e terráqueos. Humboldt descreu de quaisquer teorias ou doutrinas que não trouxessem ao seu campo de estudo o fenômeno humano sob uma visão tridimensional–matéria, energia mental e universo. Desde a forma mais simples de vida, uma bactéria anã (*Mycoplama genitalium*), aos maiores, baleia, elefante, leão, até alcançar o homem, todos estão ligados por ampla rede de elementos, muitos ainda totalmente desconhecidos das ciências.

Retratemos Alexandre Humboldt, numa manhã de certo dia de junho de 1802, no Equador, ele e o seu amigo Bonpland. Neste dia, deixam Quito, com olhos fitos nas cumeadas que se estendiam ao longe, e sobre as quais se assentava o Chimborazo, o pico mais alto do mundo àquela época. No sopé da montanha, tocado de êxtase indecifrável, Humboldt olhava aturdido aquela majestosa montanha a se descortinar à sua frente. Soluçou. Viu o seu sonho de criança prestes a se realizar, com a escalada daquele magnífico cume, solenemente alcantilado, o mais alto da Terra. Até a altura de 1.800 metros a subida se fez relativamente tranquila; depois, por cada metro avançado, perigos desafiadores atemorizavam aqueles montanhistas.

A escalada serpenteava-se por escarpas e estreitas passagens; em alguns locais, a largura era de quatro a cinco palmos, tendo a delimitá-las profundos abismos, dos quais se projetavam pontiagudos penhascos. A crescente subida agravava a náusea, a rodopiar as mentes dos desbravadores. Era o soroche. Mais uns cem metros, irrompe um sangramento dos vasos nasais e bocais de Bonpland. Esta epopeia alcançou 5.878 metros, calculada por Humboldt; mais 400 metros e eles alcançariam o pico.

Os Andes ofereciam a Humboldt um laboratório ideal, diante do qual estudou a influência dos fatores físicos, incluindo altitudes, nível em relação à altura do mar, índice pluviométrico, tipo de solo, quantidade de oxigênio etc. A esse estudo ele chamou a "geografia das plantas".

Relatemos os fatos. Na perigosa travessia dos Andes, à altura de Passo Quindio, altitude em torno de 4 mil metros, no Equador, Humboldt é recebido por um grupo de *cargueros*.[2] Ele recusou a forma de transporte, de reduzir o homem a uma degradante condição animalesca. Indignava-o fazer do ser humano um cavalo ou mula. Diferente de Darwin, que tratou os fueguinos da Terra do Fogo como animais, confundindo óleo de foca com suor humano.

Napoleão tinha por Humboldt olímpica inveja. Quando os dois se encontraram num baile nas Tulherias, após a coroação de Napoleão, em 2 de dezembro de 1804, o imperador lhe faz esta pergunta com ares de indiferença: "Entendo que coleciona plantas, monsieur". "Sim", confirmou Humboldt. Bonaparte respondeu: "Minha mulher, também", e deu-lhe as costas.

Charles Darwin, na sua autobiografia, deixou este relato acerca de um encontro que teve com Humboldt:

> Uma vez, encontrei no café-da-manhã em casa do Sir Roderick Murchinson com o ilustre Humboldt, que me deixou honrado ao manifestar seu desejo de me ver. Não me lembro distintamente de nada da nossa entrevista, salvo a de que ele era muito alegre e comunicativo.

Que avaliação caolha acerca de uma personalidade que despertou o mundo às novas visões da ciência. Apequenado, Darwin não soube dissimular a inveja. Escritores como Balzac, Victor Hugo, Byron, Flaubert e René de Chateaubriand manifestaram admiração pela gigantesca odisseia de Humboldt, cujo esforço ofereceu ao mundo novas descobertas científicas. Seus livros *Aspectos da natureza* e o monumental *Cosmos* dimensionam a sua genialidade.

Cientista de altura épica, Humboldt jamais se fez instrumento de grupos econômicos ou de governos. Vulto que encheu o século XIX de grandeza.

Volvamos às expedições marítimas.[3] Mesmo quando se organizavam com caráter científico, elas, em parte, estruturavam-se com mínimas bases administrativas. A de Charles-Marie de La Condamine, para citar um exemplo, partiu de Paris, em 1735, com destino à América do Sul, e tinha a compô-la estes membros: Jean Godin, matemático, Pierre Bouguer, astrônomo, Louis Godin, botânico e, entre outros integrantes, Couplet, da Academia de Ciências da França.

Notas

1 Abrem-se, àquela época, expedições das mais diversas naturezas, comerciais, científicas, políticas, algumas até intervindo e derrubando governos, como a do H. M. S. Beagle, comandada pelo capitão Fitz Roy e Charles Darwin. Descobrem-se monumentais reservas de minerais, sobretudo nos contrafortes dos Andes, de cobre, prata, ouro, salitre, estanho e até fertilizante na orla do Pacífico peruano. Perpetra-se verdadeiro saque aos recursos naturais das nações sul-americanas recém-libertas do jugo espanhol. Potencial de óleo das baleias rasteia-se por rotas oceânicas, onde santuários deste valioso cetáceo (hoje equivalente a bacias petrolíferas) eram disputados palmo a palmo. Grandes "bacias" de baleias e focas descobrem-se em Salvador, Abrolhos, Terra do Fogo, Callao, Peru, Galápagos. Daí o interesse de Darwin de viajar até esse arquipélago.
Não podemos divisar que fins as expedições almejavam; no entanto, um fato sobreleva-nos destacar: todas proclamavam que visavam pesquisas científicas, forma de não despertar as potências concorrentes e nem os grupos mercantis. Como a do Beagle, a qual lançara inteligente cortina de fumaça, encobrindo os seus verdadeiros objetivos.

2 Índios que carregavam pessoas amarradas numa cadeira às costas e caminhavam apoiados numa bengala.

3 Auguste de Saint-Hilaire, *Segunda viagem ao interior do Brasil*, São Paulo, Companhia Editora Nacional, 1936; Major Frederico Rondon, *Pelo Brasil Central*, São Paulo, Companhia Editora Nacional, 1938; V. Correa Filho, *Alexandre Rodrigues Ferreira*, São Paulo, Companhia Editora Nacional, 1939.

O homem e a evolução das espécies

Que tipo de evolução devemos analisar, a fim de não confundir transformismo com processo de adaptação. Evoluir, sob o aspecto bioquímico, é, por exemplo, o crescimento de uma célula até alcançar o ser vivo integral. No evoluir, desenvolve-se determinado estado biológico (embrião) para um organismo completo. No evoluir, o cérebro humano, desde os seus iniciais momentos da Idade da Pedra até os dias atuais, alcançou enorme patamar de inteligência. No evoluir, cresce-se de um determinado nível a outro superior.

Mesmo que certa espécie, qualquer que seja a razão, migração, doenças, mudanças atmosféricas, condições mesológicas, se diferencie da originária, esse fenômeno não se conceitua como evolução, e, sim, processo transformativo.

O que pseudocientistas do delírio articularam? Definiram este fenômeno como evolução, e, ao primeiro ensejo, logo após a publicação da obra de Charles Darwin, gritaram: surgiram novas espécies. Afigura-se tão forte a força do cientificismo que atualmente o emprego desta terminologia não se discute; o "certo", a se nominar, é evolução.

Ao olharmos o homem no seu caminhar pelos milênios, um fato nos vem à mente com significativa impressão. O que divisamos? Analisar a evolução do fenômeno humano por vários planos, sem resvalarmos no maniqueísmo das correntes de pensamento.

Faltam-nos, ainda, nesta altura dos tempos, instrumentos científicos que possam definir o que está por trás das realidades profundas da origem das espécies, ou seja, o momento inicial do surgimento da vida e do fenômeno humano. Fazemos apenas conjecturas; os sábios catedralícios se arvoram donos da verdade e lançam as suas teorias. Compreendemos a vaidade e a estupidez humanas.

Bradou um evolucionista darwinista: "A espécie humana é um sucesso extraordinário". Redarguimos o ufanismo do biólogo. Desde milhões de anos, quando o *homo*, espécie própria (a teoria da descendência simiesca não nos convence) deixou as cavernas, já fazendo uso do fogo e de algumas ferramentas, e partiu para a sua caminhada pelos séculos, qual o processo evolutivo que ele sofreu na sua estrutura biofísica e química (ressalte-se, no corpo), desde longínquos tempos até os dias atuais? Analisemos sem medo da síndrome do divino: o cérebro do homem há 3 milhões de anos tinha um tamanho aproximado de 450 cm^3 e hoje alcança em torno de 1.300 a 1.500 cm^3. Houve, decerto, um crescimento natural, próprio de qualquer espécie; o golfinho tem um cérebro maior do que o homem. Um dos argumentos dos darwinistas sobre a inteligência humana: ela se expandiu em virtude do aumento do cérebro. Contrastantemente, observando-se o ser humano, o que evolui e avança em ritmo constante? A energia mental; ela abarca e alcança todos os ramos da ciência. Pela inteligência, a natureza e o próprio mundo são decodificados. Defrontamo-nos com esta aberrante dicotomia: o corpo humano, semelhante ao de um mamífero qualquer, se alimenta, excreta resíduos, metaboliza alimentos, copula, replica-se etc., a fim de sustentar sua poderosa mente, que evolui e se desenvolve numa escala geométrica. A estrutura humana de hoje perfila-se idêntica, salvo ligeiras modificações anatomofisiológicas, à de milhares de anos atrás.

No universo, desconhece-se tamanha dicotomia: o corpo humano, igual ao de um animal e, contrastantemente, um cérebro gerador de fantástica e ilimitada inteligência. Abraço o pensamento de Descartes; aquém e além da mente humana, tudo se reduz a coisa. *Cogito ergo sum* – "Penso, logo existo".

A cultura, a ciência e a técnica são elementos com os quais a inteligência vem gerando o seu acervo de desenvolvimento, enquanto o homem queda-se com a mente atrelada ao corpo. A suprema vitória do ser humano é a de vencer esse condicionamento físico e se desprender do corpo, inclusive, do mais grave, das patologias da matéria. Livre e liberto do fardo corpóreo, vencendo a morte, não morrendo, o homem navegará nas ondas cósmicas, segundo o vaticínio de Albert Einstein.

Prefiro acreditar na genialidade de Einstein que nas vãs teorias do cientificismo. Ao trazer a lume esta matéria, nominemos importantes correntes de pensamento, assentadas nas teorias saltacionista, teológica, lamarckista, *design* inteligente e darwinista. É do pensamento de Buffon, Rousseau, Kant etc., a partir do século XVIII, que surgiu teoria posteriormente esposada por T. H. Huxley, Kölliker, Bateson, De Vries, Johannsen, de que cada espécie, entre bilhões de seus indivíduos, traz algum gene mutante imanente à própria natureza na sua contínua diversidade.

Paul Berg, bioquímico norte-americano, dividiu com Warter Gilbert e Frederick Sanger, em 1980, o Prêmio Nobel de Química por seus estudos sobre os ácidos nucleicos. Os organismos se transformam lentamente durante a evolução, por uma herança de caracteres adquiridos.

De umas décadas para os dias atuais, abre-se amplo debate acerca da teoria do *design* inteligente, simpatizada por vultos da genialidade de um Albert Einstein. Ela parte do pressuposto de que toda a organização da natureza, desde a formação que originou os seres vivos, no momento em que moléculas se congregam para a criação da célula, algo inteligente interveio nesse processo original; por outro lado, descrê da ação divina na vida da humanidade.

Atualmente, falece-nos instrumental científico que possibilite aprofundar o estudo desta matéria de alta complexidade. Desloquemos a análise, desdobrando em ligeiro esboço nosso raciocínio. Se o fenômeno humano surgiu na Terra e teve início num determinado tempo, "numa sopa primordial", segundo os darwinistas, não existe energia mental e sim mente, e, assim, tudo perecerá, como efêmera passagem temporária. Deste finito, a vida surgida na Terra não poderá desprender energia ilimitada. Translademos esta premissa para o universo. Se o universo teve um início, e, com ele, o tempo e o espaço (ressalte-se, tempo e espaço), então existe uma finitude em todas as coisas, matéria, energia, espaço e tempo. Partindo do pressuposto de que o fenômeno humano emergiu exclusivamente na Terra e de que o universo tem um início, com tempo e espaço finitos, toda a construção universal, inclusive a terráquea, será, em algum tempo, extinta. Sob este pressuposto, a vida humana é uma aventura. Frente a esta tese, levantemos uma antítese.

No imenso e constante desenvolvimento do processo técnico-científico, a crescer em progressão geométrica, com o homem a concentrar em suas mãos avanços impressionantes e imprevisíveis, a surpreender o mundo com constantes descobertas, perguntamos: lá para alguns séculos à frente, onde se encontrará o ser humano e quem será ele? Estará integrado ao corpo ou dele a energia mental se desvencilhará? O binômio corpo-mente não poderá se estender por tempo ilimitado, com a matéria, ou seja, o corpo, aprisionando a energia mental. Diante de tais circunstâncias, esta se desprenderá do corpo e tornar-se-á imortal. Aí dois fenômenos de profunda complexidade devem ser analisados: a) a energia humana (mente) não surgiu na Terra; b) se esta energia veio de um fenômeno cósmico, semelhante ao tempo e espaço infinitos, independente de ter ou não se originado na Terra, então ela existiu sempre.

A que assistimos hoje? A incomensurável distância entre o corpo humano e a energia mental de hoje, em comparação à existente entre o homem das cavernas (Idade da Pedra) e a mente dele. Perguntamos aos adeptos do evolucionismo: que modificação ocorreu no corpo humano no curso dos tempos, salvo alguns traços anatômicos, independentemente das circunstâncias que deram origem ao homem? Caso o homem tenha se originado de um quadrúpede e se tornado um caminhante sobre duas pernas, para a energia mental isto tem pouca significação; se as mandíbulas do homem das cavernas, em comparação ao *homo sapiens*, diminuíram; se os pelos se tornaram rarefeitos; se ele adquiriu contornos de uma estética melhor na sua posição de bípede, tudo isto se torna secundário em face da enorme disparidade entre mente e corpo. Enquanto o corpo bioanatomicamente permanece imobilizado no tempo, a energia intelectiva move-se em fantástico e constante desenvolvimento. Qual a diferença biológica (abstraindo-se a parte cerebral) do organismo humano e o de um animal mamífero e vertebrado?

Certa feita, um professor da Universidade do Chile, em 1987, indagou: "Mas, afinal, qual será o destino do homem?" Se duas forças conjugadas, mente-corpo, uma delas em constante desenvolvimento e a outra estacionária, qual será o resultado final? Ocorrerá, decerto, em algum momento, séculos à frente, uma ruptura, com a força maior a destruir ou absorver a inferior. A progressiva força mental do homem não poderá permanecer aprisionada no corpo *ad infinitum*. A lógica nos ajuda a chegar a esta conclusão.

A partir dessas premissas, como negar que o ser humano não se libertará do fardo corpóreo? Ele veio das priscas eras das cavernas – pouco importa se originado de algum animal – e chegou no cajado dos milênios até os primórdios do século XXI, carregando consigo surpreendentes avanços científicos e tecnológicos. Trilhões de seres vivos o acompanham nessa longa e indefinida caminhada pelos tempos, enquanto nenhum deles despertou para esta saga, impulsionado por um mínimo de inteligência. Elementos geneticamente os conduziram e os fizeram condicionados num milenar processo evolutivo-adaptativo. Por que só este ser a quem chamamos homem detém o fenômeno da inteligência? É caolha a visão de certos cientistas se arvorarem com os instrumentos científicos de hoje e concluírem que o poderoso fenômeno da energia mental do homem veio de alguma espécie de símio.

Relembro alguns fatos. Só poucas décadas atrás chegamos a conhecer o fantástico mundo da cibernética e da genética; o DNA abriu-se à ciência há algumas dezenas de anos. Se o ser humano veio de uma subespécie de símio e se transformou num bípede, ele diminui a sua agilidade em relação aos outros animais. Neste caso, ocorreu uma involução biológica, pois a estrutura de quatro membros suporta melhor a distribuição do corpo. Caso o homem possuísse apenas o processo geneticamente direcionado, como os outros animais, a espécie humana teria sido extinta. A postura bípede antepõe-se à gravidade; dela ocorrem dezenas de doenças ergométricas.

A natureza concedeu ao hominídeo a inteligência e o fez detentor da própria consciência de si e de sua morte, e, ao mesmo tempo, o nivelou biologicamente aos demais animais vertebrados.

Por que o ser humano, só ele entre todos os animais, possui um cérebro inteligente, sempre numa escala progressiva de desenvolvimento? Para chegar a que lugar?

Na eventualidade de que a vida humana se encerrasse num ciclópico nada, e com ela todo o patrimônio cultural, científico e tecnológico que se argamassou por milênios, o que isto retrataria? Enorme engodo se imporia ao homem, pois ele é o único observador do mundo. Einstein disse: "Deus não joga dados". Parodiando-o, digo: a natureza não arma peças ou armadilhas e nem trouxe o homem à Terra para puni-lo. Todo ser vivo carrega consigo os genes de preservar a vida e de se replicar, envoltos na acendrada vontade de viver.

Relatemos estes exemplos: uma ninhada de pintinhos – este fato eu presenciei – com três dias de vida é sobressaltada, com espanto e medo face à presença de um predador, um gavião. Instantaneamente, os pintos buscam a proteção da galinha-mãe. Os filhotes da tartaruga, logo que se desprendem dos ovos nas areias da praia, encaminham-se para o mar. Como toda esta força genética se originou e vem se mantendo por milhares de gerações?

Idealizemos este cenário: há 20 mil anos, numa floresta da Índia, dois bebês humanos perderam os seus pais por morte em combate. Abandonados, eles foram criados por um casal de macacos. Um deles, já adolescente, com idade em torno de 20 anos, vê a faísca de um relâmpago cair uns 200 metros à sua frente, e provocar fogo, ao atingir uma árvore. Ele despertou para aquele fato. Começa a se indagar por que surgiu a chama. À noite, ao caminhar, tropeça numa pedra que, em atrito com outra, produziu faísca. A partir daí, ele aprendeu a produzir o fogo e se investiu no mais forte dos animais. Mesmo bípede, com pequena força física e pouca mobilidade diante de milhares de animais, ele, o homem, tornou-se superior a todos, pois detinha consigo a inteligência. A grande interrogação: por que só ele, o homem, teve aquele despertar diante do atrito das pedras e do raio de um relâmpago, e nenhum outro ser vivo?

Trabalhamos as nossas pesquisas de acordo com a lógica dialética. É incongruente o homem que detém consigo a autoconsciência e uma visão constante, inquietante e indagadora do mundo, inclusive a consciência da morte, ter se originado de ancestrais irracionais. Aberrante contrassenso. Tão gritante quanto é admitir o tempo e o espaço como finitos produzirem fenômenos infinitos. O finito não gera o infinito. Ora, admitamos que a teoria darwinista esteja correta. Não foram encontrados, até o momento, na cadeia evolutiva, fósseis ou mesmo, em algumas populações ou grupos humanos, traços anatomofisiológicos entre o símio e o homem, o *erectus*, o *sapiens sapiens* (por exemplo, homens com rabos, mandíbulas avantajadas, garras em alguns dos membros, ou mesmo alguns quadrúpedes).

O que nos lega hoje um cientificismo cego e fundamentalista? Radicalismo insano, tanto quanto aquele outro, provocado pela Igreja dos papas, no curso de quase dois milênios, em que o cristianismo dogmatizou: o homem veio de Adão e Eva. Dezoito séculos depois, o darwinismo bradou: o homem se originou de uma subespécie do macaco.

Assim olhamos a organização da vida: todo ser vivo, de uma ameba (unicelular) ao homem (multicelular), de uma gramínea a um carvalho, a natureza investiu, todos eles, de uma razão de ser, da qual surgem as suas existências. Complexo, profundo e multifacetado sistema preside e ordena a todos. Nenhum ente orgânico emerge para a vida e dela sai ilogicamente desaparecendo. Todos se atrelam a uma intrincada e inteligente cadeia, interligando uns aos outros, mesmo aqueles seres que habitam abissais oceânicos ou outros tantos que mourejam nos subsolos profundos da Terra.

Antes de encerrarmos este capítulo, trago à baila o disparate cometido por um cientista de TV, desses tantos que estão por aí a povoar as mentes humanas com a indústria do ateísmo, da qual extraem enormes lucros, através de verbas públicas e largas vendagens de livros.

> Em 2005, uma equipe de pesquisadores da Universidade de Chicago realizou um trabalho em dois genes conhecidos por microcefalia: bebês que nascem com esta condição tem um córtex cerebral reduzido, muito provavelmente vestígio da época em que o cérebro humano era muito menor que hoje. Com isto, comprova-se que ocorreu a evolução.[1]

Ressalte-se: não aconteceu evolução nenhuma. A microcefalia é uma doença genética entre as 9 mil patologias congênitas (detectadas atualmente) que marcam, desde milênios, o ser humano. Que evolução ocorreu? Só numa mente lunática. Essa doença persiste até hoje, como milhares de outras enfermidades.

Num capítulo mais à frente, trarei à baila como a seleção natural se insere num processo evolutivo.

Descobertas recentes, principalmente resultantes da aplicação da tecnologia molecular, atestam os princípios esboçados por Mendel, a sobreviverem ao desafio dos tempos, o que hoje se denomina dogma central da genética, e, aliado ao estudo do genoma humano, abriu-se fascinante visão, um *insight*, sobre o sistema genético molecular, comprovando-se, assim, o processo de mutação.

O ser humano adulto possui aproximadamente 75 trilhões de células. As mutações genéticas ocorrem em qualquer *locus* gênico, numa frequência média de uma vez em cada milhão de divisões celulares. A ciência é a natureza decodificada em certas áreas, com repetidos e idênticos elementos. O biólogo Stephen Jay Gould soltou esta: "O ser humano é o *homo sapiens sapiens demes*. Os homens não são nada mais do que animais que aprendem". Perguntamos. Que significa *demes*? Louco, descomedido, lúbrico e lascivo.

Esse biólogo, autor de tais conceitos, resvalou numa análise desencontrada. São esses contrastes, louco e normal, gênio e idiota, uno e múltiplo, universal e particular, ódio e amor, ordem e caos, global e local, que impulsionam o fenômeno humano para algo muito além do presente, um *plus*, uma busca constante por novas criações e descobertas. É essa força expansiva e constantemente mobilizada pela inteligência humana que faz do ser pensante uma singularidade, muito além de um olhar caolho.

Eis desafiante contradição: o ser humano habita um corpo finito e se olha numa dimensão infinita. Este paradoxo nos coloca sob dois aspectos: aparentemente a vida é um absurdo; contudo, se mergulharmos na essência dos genomas, vamos nos deparar com uma profunda razão de ser. Como assim? O infinito em que ele se vê é a sua própria mente; através dela o homem alcança a plenitude existencial, razão por que queda desconstruída a conceituação sartreana de que a vida é um absurdo.

Por trás do aparente absurdo estão as realidades profundas. Analisemos mais um aspecto da evolução, de um especialista condicionado a determinada ciência. Acompanhemos o raciocínio do físico Richard P. Feynman, Prêmio Nobel.[2]

> O olho humano é um instrumento muito bom. São apenas necessários cinco ou seis fótons – partículas de luz – para ativar uma célula nervosa e enviar uma mensagem ao cérebro. Se tivéssemos evoluído um pouco mais, de forma a podermos ver dez vezes com mais sensibilidade, não precisaríamos desta discussão.

Que lógica deste cientista! Se ocorresse a evolução da visão, segundo Feynman, o que teria acontecido? O ser humano mergulharia numa verdadeira loucura. Iria olhar, estarrecido, o mundo invisível de trilhões de bactérias, fungos, vírus, insetos etc. Não podemos conceituar o processo da evolução das espécies dentro de uma visão reducionista, mas projetá-lo como elemento inter-relacionado e integrado a um todo universal.

De que forma admite-se a conceituação de certos cientistas de que a vida emergiu de "uma sopa primordial", lá por alguns bilhões de anos atrás? Entretanto, é ilógico desconhecer, no longo processo de evolução, que algo acima e para além desse mecanismo integra-se e é parte do fenômeno da vida. Quando um ser nasce em qualquer parte da Terra, há um novo despertar de vida, acompanhado da força genética daqueles que o procriaram.

Olhemos as sementes das plantas. Na sua quase totalidade, elas se revestem de uma casca protetora, em muitas delas, o fruto. Tal fenômeno está nos genes, no âmago de todo ser que adentra a vida. Os genes são os determinantes exclusivos do funcionamento do organismo tal como a engrenagem a movimentar um relógio. Integram-se a um todo ordenado de acordo com uma organização sistêmica. Quando certo biólogo falou em "genes egoístas" não perscrutou que, por trás desta fenomenologia tão complexa, tem a comandá-la a inteligência.[3]

Notas

1 Christopher Hitchens, *Deus não é grande*, Rio de Janeiro, Ediouro, 2007.

2 Richard P. Feynman, *QED: a estranha teoria da luz e da matéria*, Lisboa, Gradiva, 2002.

3 Com o comentário que fizemos acerca da análise do físico Richard Feynman sobre evolução, não pretendemos desqualificar as pesquisas e estudos daqueles que, mergulhados em laboratórios, centros de pesquisas e máquinas de alta tecnologia, dedicam suas vidas aos mais vastos ramos do saber. Compreendemos a complexidade deste mundo. Estamos todos um pouco perdidos nessa vastidão que se chama natureza, abarcada pelo universo.

Jesus, Voltaire e os cientistas de TV

Duas personalidades viveram algumas dezenas de séculos separadas: Jesus Cristo, no Gólgota, chorou; Voltaire, no *pantheon* dos heróis, em Paris, sorriu. Ambas se perguntam e olham, aflitas e angustiadas, os sabidões da fé e da ciência confundirem e lograrem os povos, uns, em nome do eterno, e outros, do poder.

Estão por aí, arrastando e iludindo milhões de incautos, nas catedrais, sinagogas, mesquitas, pagodes budistas, nos laboratórios das empresas públicas e privadas, nas universidades e centros de estudo, grandes jornais, revistas e nos poderosos meios de comunicação. Transvestem-se em cientistas de TV, a espargir suas verdades esfarrapadas. Arautos da indústria do ateísmo.

Assim prega um místico da fé na grande Mesquita Azul, de Istambul: "Oh, Alá! Oh, Alá! Faça o padecente caminhar e aquele outro salvar-se de um câncer".

Arrotando sabedoria catedralícia, um senhorio da ciência esturra o seu eco nestas palavras: "O fenômeno da vida originou-se do acaso e da necessidade". Outro, um famoso cientista de TV, em devaneios proclama as suas certezas: "Deus, um delírio". Desfilam como saltimbancos dos novos tempos, a inebriar auditórios e templos, senhores da mística e da ciência, atraídos por holofotes, à semelhança das mariposas pela luz.

Místicos da fé. Eles se dizem interlocutores privilegiados e íntimos de Jesus Cristo, alguns falam até com Deus. Lunáticos e oportunistas cientistas formam uma nova categoria do saber. Estão por aí, sempre a criar fórmulas, descobertas, modelos, teorias e livros, com os refrãos: *Deus não existe*; *Deus não é grande*; *Eu, um primata.*

Em 1759, Voltaire produziu *Cândido*, sátira poderosa contra o pensamento dominante do século XVIII, as injustiças sociais e o fanatismo religioso, as guerras, a distinção das classes sociais, e, finalmente, a filosofia leibniziana. "Cândido" é o herói desta história; Dr. Pangloss, discípulo de Leibniz, filósofo alemão. Assim Voltaire satiriza:

> Depois do Dr. Pangloss errar todas as fórmulas para salvar o mundo, ele termina com esta conclusão inteligente e fulminante: tudo é para melhor, neste melhor de todos os mundos possíveis.[1]

Leibniz, segundo Voltaire, aloucado filósofo do otimismo, aceitava o mundo como o melhor dos mundos possíveis; ele e os seus seguidores extasiavam-se com o *status quo* em que viviam, mesmo com a humilhante servidão ao poder.

Por suas desafiadoras lutas contra as injustiças sociais, discriminações humanas e políticas, Voltaire se projetou perante a consciência dos povos, embalado no Iluminismo e com o sentimento das liberdades. Ele fez a Europa rir das palavras de Leibniz: "O melhor dos mundos possíveis".

Bradava Voltaire: "Que enxurrada de livrescos inundava livrarias, intoxicando a mente de milhões de idiotas, com fórmulas e assertivas arrimadas num evolucionismo baseado no princípio de uma 'sopa primordial num lago tépido'". Mesmo decorridos mais de duzentos anos, estas palavras calham bem no dealbar de um novo milênio.

Espertalhões de todo jaez, místicos carregados de fé a exorcizar demônios, senhores de verdades absolutas, "do acaso e da necessidade", estão por aí a arrotar sabedoria. Estes Drs. Pangloss, como tantos, alçam-se às mentes dos incautos como altas inteligências. Isaac Newton dizia: "Ergueu-se alto porque se apoiou nos ombros de gingantes". E esses falastrões da ciência se apoiam em quem? Nos medíocres, que, ao primeiro berro de um cientista de encomenda, gritam bem alto nas resenhas culturais de conceituadas revistas e jornais: eis um grande gênio, glorifiquemo-lo.

Certos cientistas vivem por aí a derramar suas fórmulas e teorias. Um deles assevera que a vida originou-se de um caldo de carneiro e grãos de trigo; outros, do leite da mãe preta com azeite de oliva, centenas deles se enfileiram na fórmula de Charles Darwin de que a vida surgiu "numa sopa primordial num lago tépido", e o ser humano originou-se de uma subespécie simiesca, o chimpanzé. E tudo isto se desata inconsequentemente nas universidades, nos centros de estudos, por toda parte e a todo o momento, neste linguajar: "Nossos longínquos antepassados os macacos, nosso primo o chimpanzé". Que sarabanda! Sem uma mínima lógica este cientista, John Turberville Needham, dispara: "Nesses níveis inferiores da vida, a matéria inorgânica pode realmente converter-se em criaturas vivas organizadas".

Uma pausa. Quando me deparo com leituras e entrevistas de cientistas de TV, lembro-me da personagem de Voltaire, Dr. Pangloss, inebriado com o seu otimismo ridículo. Um deles, o do *Deus, um delírio*, traz-me à mente um obcecado patologista, sempre numa posição fradesca, aquela em que o indivíduo fica com os quadris para o alto e a cabeça à procura de micróbios. Esses cientificistas agacham-se na busca dos aplausos da mídia, e aí eles expõem as suas ideias, como pavões empoleirados. Aquele de *Deus, um delírio* criou uma teoria a que denominou *menes*, um tipo de replicador, plagiando Maturana.

Por que esses alquimistas da ciência desfilam nos palcos do mundo empanturrados de sabedoria? Por quê? Egressa de uma longa noite de opressão clerical de quase 2 mil anos, a humanidade do século XIX se olhou liberta dos grilhões místicos com a publicação dos desafiadores livros de Charles Darwin *A origem das espécies pela seleção natural* e *A origem do homem*. Sensação de libertação e um grito de *heureka! heureka!* distendeu-se pelo mundo. Livres debates abrem-se, impulsionados por sábios pensadores e autênticos cientistas, acerca de matérias de tanta profundidade e perplexidade. Nessa enxurrada, vindos dos vários e desconhecidos centros de estudo, lá estão eles na crista das ondas, os cientistas de TV.

O século XIX iria conhecer um novo Davi da ciência, diferente do outro da passagem bíblica. Após a viagem transoceânica do naturalista inglês, vestiram-no de glória, e os seus seguidores, verdadeiros apóstolos, gritaram ao mundo: "Fomos libertos da Igreja dos papas".

Daquela época até os dias atuais, vem se sucedendo, entremeada por entre sérios estudiosos das ciências do homem e do universo, uma chusma de aventureiros e oportunistas, num delírio infrene de aplausos e riquezas fáceis, escancarada de cinismo: *Deus, um delírio*; *Deus não é grande*; *A perigosa ideia de Darwin*; *Da busca por Deus*; *O Deus que nunca existiu* e outras tantas publicações.

Nos séculos da Idade Média, a Igreja de Roma articulou a indústria das prebendas, das indulgências, das excomunhões, abrindo assim o caminho para um céu eterno com paz celestial; hoje os corifeus do cientificismo criaram a "indústria do ateísmo". Ideias e pensamentos dos messiânicos da ciência se atropelam e dançam verdadeira roda-viva. Às vezes, eles se rebaixam a um jogo charlatânico, misturando água, azeite, fogo, passeio turístico com pesquisa científica, e conseguem, afinal, numa arte demoníaca, embair a opinião pública e se fazem defensores e criadores de teorias.

Urdiram a "indústria do antideísmo", e erigiram o seu guru no vulto de Charles Darwin, retratado como um verdadeiro profeta do Velho Testamento; a barba tomou a forma de um "papai-noel", o rosto sombreou-se com um toque de mistério apocalíptico, no olhar plácido e profundo transluz impressão de dor, ternura e humildade. Assim, por trás de uma fisionomia serena e pensativa, o viajante do H. M. S. Beagle revelou-se um naturalista genial a revolucionar a ciência.

O surgimento de oportunistas criadores de teorias e fórmulas acerca desta complexa matéria, destacadamente o fenômeno humano, embasou-se neste fato. Ninguém contracena com eles o jogo ou o debate das grandes ideias. Qualquer contestador deles resvala desacreditado pelo ridículo ou julgado um ultrapassado.

Toda ciência, assim eles definem, vem das suas inteligências e delas se irradia para o mundo. Apresentam-se como pensadores de vastos conhecimentos. Abordados por alguém sobre a origem da vida, repetem Goethe e disfarçadamente dizem: "A vida, qualquer que seja, é bela". Imaginam-se sábios e alguns deles são glorificados com o Nobel, galardão com o qual se investem com poderes de inteligência de criar ou forjar suas idiossincrasias acerca da origem das espécies e do fenômeno da vida. Arrotam, nos palcos do mundo, sobretudo em cadeias de TV, conceituados jornais e revistas, suas teorias, fórmulas, equações, conceitos (de certo tempo para cá, biólogos categorizaram o termo "conceito" como fórmula para substituir "leis biológicas" e assim eles julgam a biologia ciência única) e aí se imaginam nos novos Aladins da sabedoria humana.

Desde quando Charles Darwin, em 1859, sobressaltou o mundo com a sua audácia, lançando o livro *A origem das espécies*, a desafiar místicos e crentes de todas as religiões e seitas, com a revelação de que a espécie humana nada tem de singular em relação aos milhões de seres vivos e que ela descende do macaco, como subespécie do chimpanzé, que a literatura mundial vem recebendo nas áreas da Biologia, da Genética, e mesmo nos vastos campos do saber, enxurrada de livros, artigos e publicações as mais disparatadas.

Nessa empreitada de se anteporem aos dogmas e preceitos do misticismo fanático que jugulou a humanidade por milênios, os arautos da ciência ungiram Charles Darwin o novo deus do "acaso" e da "sopa primordial". Aí forjaram esta doutrina – verdadeiro dogma evangélico – o cientificismo.

Assim, falam do alto dos seus montes das Oliveiras e da pedra Kaaba, em Meca: "A vida originou-se de uma 'sopa primordial em um lago tépido' através de matérias inorgânicas, por impulsos de elementos químicos gerando a vida". Bradam bem alto: "O ser humano é uma subespécie do macaco". Outro cientista desanda-se acerca da história de quando éramos peixes. Ridicularizam o criacionismo como um devaneio do messianismo; de soslaio, descreem do *design* inteligente.

Nessa avalanche dominante do pensamento humano, para eles tudo irrompe das forças cegas das matérias inorgânicas, inclusive o fenômeno humano, cuja origem equiparam-no a qualquer outro ser vivo. Não há de se negar, todos os seres estão integrados num mesmo e grande ecossistema do planeta Terra.

Procuremos entender algumas idiossincrasias de certos cientistas. Deste vem este condão de alta sapiência:

> O ser humano originou-se na água e de um peixe.
> No caso do cordão espermático as gônadas humanas iniciam seu desenvolvimento da mesma forma que os tubarões.
> As gônadas – os ovários nas fêmeas e os testículos nos machos – se formam na cavidade abdominal alta do corpo, próximo ao fígado, provavelmente por que as interações entre os tecidos que dão origem ás gônadas ocorrem ali.
> Herdamos dos peixes os nervos principais usados na respiração. Um destes conjuntos de nervos chamados nervos frênico.
> O projeto arquitetônico do corpo humano não é plenamente racional. Poderia ter se colocado o início dos nervos frênico em local mais próximo do diafragma e não no pescoço.[2]

Na visão desse cientista lunático, e são muitos desse tipo, ele construiria um ser humano mais perfeito, e por esta desvairada lógica deixou-nos isto aí: "O ser humano foi estruturado com alguns erros; infelizmente herdamos esse projeto de nossos ancestrais aquáticos". Ressalte-se: esse vulto revela-se um dos gênios do darwinismo.

O cientificismo criou a mística: não se debate, impõe-se. A dialética subsume-se abrindo espaço às ideias prontas, a se desatarem de privilegiados cérebros que se autointitulam detentores de verdades absolutas. Contra os dogmas bíblicos eles contrapõem as certezas do evolucionismo sob o pálio da seleção natural, e bradam: "O século XIX não deveria ter numeração cardinal, ele podia ser chamado de 'o século de Darwin'".

Até onde chega tamanha excrescência? Napoleão, Bolívar, Pasteur, Hegel, Goethe, Einstein são meros figurantes na concepção doentia do cientificismo fanático.

O filósofo John Dewey, em seu ensaio *The Influence of Darwin on Philosophy*,[3] nos deixou o conceito:

> Não existem ciências atuais, atitudes humanas ou poderes institucionais que permaneçam não afetadas pelas ideias que foram cataliticamente liberadas pelo trabalho de Darwin, que estendem aos seres vivos e à própria espécie humana a conclusão de que a mutabilidade não poderia ser estática, e sim um resultado da ordem natural.

Que infantilismo! A mutabilidade é incompatível com o extático.

Vamos pontuando o que estes cientistas expargem de suas mentes. Alguns deles dizem que o condor-dos-andes possui uma visão setenta vezes superior à do ser humano, e com isto o homem não pode ser considerado o mais elevado no reino animal. Esse abutre, a maior ave do mundo, possui envergadura de asas com três metros de largura, pertence à espécie *Vultorgryphus* da ordem dos *Falconiformes* e habita elevados cumes da cordilheira dos Andes. O processo evolutivo levou-o a um campo de visão muito potente.

Nós já redarguimos, em páginas anteriores, as conceituações sobre esta matéria. Façamos a pergunta: se o homem possuísse uma visão, digamos, de um simples microscópio, sabe o que ocorreria? Nós iríamos ver o terrível mundo dos seres invisíveis que nos envolve de bactérias, fungos, vírus, insetos etc. a penetrar em nossas bocas, narinas, ouvidos, olhos. São trilhões de micro-organismos ao nosso redor. A humanidade mergulharia numa loucura coletiva.

Quantos "cientistas" estão por aí a superestimar as suas obras e a se julgarem detentores de suprema inteligência? O mundo abarrota-se desses tipos. Eles conjecturam: As descobertas científicas, ou mesmo a verdade última das coisas, estão com eles. Um deles lançou este livro *Deus que nunca existiu*, no qual, em capítulos inteiros, alguns com mais de trinta páginas, desanda a relatar estórias de trouxas e sabidos, de recompensas e perdas, e até de loucos travestis, para afinal expor em dezenas de páginas certa criação teórica, que se baseia no processo cultural.

Paremos um pouco. Ouçamos este sábio geneticista, criador da mágica teoria *O acaso e a necessidade*, Jacques Monod, conceituando o acaso como origem e criação de todo o fenômeno da vida: "O acaso é a única hipótese concebível". Pela irresponsável sapiência de um cientificismo arrebatado, ele desatou-se no dogmatismo a apregoar o deus "Acaso". O que pretendem alcançar os corifeus do "Acaso"? Uma dialética radical, de vez em que não aceitam a negatividade, o oposto da lógica. Todo pensamento carrega-se do contraditório. O que eles impõem? Pensamento conceitual sob uma visão na qual se busca transcender os limites da razão possível.

Na biologia, não existem leis e sim "conceitos", sentenciam esses caudilhos do saber. Tudo se resume no primado unilateral de um pensamento soberano, contraditando o misticismo que se apoia nas cartas evangélicas e nelas proclama os seus dogmas. E o cientificismo esposa o conceitualismo de um materialismo exclusivo como forma de visão do mundo, sustentado, entre tanto nomes, por Ernst Mayr que se autointitulava o "Darwin do século XX".

Contestar esta visão leva a negar o primado da unilateralidade e, consequentemente, condena-se a este axioma: *Nec plus ultra* (não mais além). O que isto significa? Para mais além, os radicais do saber soberano não admitem. *Biologia, ciência única*, título de um livro deste dogmático, Ernst Mayr.

Maomé, após se retirar da pedra Kaaba, em Meca, santuário do islamismo, contrito em oração, falava: "Eu ouvi Alá pela voz do anjo Gabriel". Ante estes dois personagens, o do cientificismo e do islamismo, onde se encontra a razão? Dostoievski, sobre certos vultos, descreveu que eles vivem num paraíso terráqueo, criado por alguma obsessão mental. O cerne do modo de pensar dos soberanos da razão está no exercício sustentado de uma "afirmação determinada", segundo Theodor Adorno.

Afinal, se a razão não se basear numa lógica, ela leva o pensamento a visões doentias e fanáticas, e até a crimes como os do Holocausto, provocados pelo nazismo e os do nazimilitarismo sul-americano na última metade do século XX. Onde está a razão? Em Auschwitz, em Tutoia, São Paulo, em Calama, Chile, ou, por fim, no Araguaia, região da floresta amazônica.

Após longas pesquisas e estudos, vi o desfile insólito de balofas vaidades. Aí eu cheguei à conclusão: o grande livro está aberto diante de nós, difícil é saber decodificá-lo com humildade – o da natureza. Interpretá-la é acreditar que antes de procurar entendê-la ela já tem escrito as suas leis.

As questões fundamentais do homem, diante do transfísico, promanam do porquê de sua existência e do seu destino. Existe, decerto, uma força transfísica, isto é inegável, a nos empurrar em direção à razão última sobre a origem, natureza e destino do mundo e da vida humana, infundindo constantemente informações e conhecimentos em nossas mentes. Este fenômeno ocorre em todos os ramos e áreas das ciências.

Certo biólogo da Universidade da Califórnia, EUA, se autointitulando cientista, como tantos indigentes mentais que vegetam à sombra dos seus messias, soltou este disparate:[4]

> Ser biólogo evolucionista é viver às sombras das realizações de Charles Darwin. Foi ele que ofereceu à ciência biológica rumos científicos e abriu à consciência da humanidade uma nova visão.

Infelizes condenados a um pensamento servil. Nem os apóstolos de Jesus Cristo nem os seguidores do profeta Maomé se transvestiram de tamanha inebriez. Eles estão por aí infestando universidades, centros de estudos e estúdios de TV com suas ideias estapafúrdias, disseminando ideias desencontradas.

Notas

1 François Marie Voltaire, *Cândido*, São Paulo, Martins Fontes, 1994.
2 Neil Shubin, *A história de quando éramos peixes*, Rio de Janeiro, Campos, 2008.
3 John Dewey, *The influence of Darwin on Philosophy*, Nova York, Oxford University Press, 1998.
4 R. Michael Rose, *O espectro de Darwin*, Rio de Janeiro, Jorge Zahar, 2000.

No homem, que evolução anatomobiológica ocorreu?

Olhemos por um microscópico eletrônico uma célula no seu desenvolvimento como máquina embrionária do ser vivo. Ocorreu alguma evolução ou modificação, salvo processo de adaptação mesológico, nessa operação orgânica de milhões de anos pra cá? Absolutamente não.

Na primeira célula fecundada, ovócito, dando origem ao zigoto, encontra-se o programa genético de todo ser vivo, do inseto a um elefante; inicia-se o processo de mitose, com a célula a se dividir em duas e a partir daí a se multiplicar em trilhões, alcançando no adulto aproximadamente 75 trilhões de células.

Um indivíduo, hoje, nos Andes chilenos ou nas savanas africanas, é o mesmo bioanatomicamente do que aquele que viveu há milhões de anos nessas regiões; eles possuem idênticas organizações anatomoantropológicas, e os mesmos sistemas cardíaco, respiratório, sanguíneo e cerebral. Uns 800 mil anos atrás, aproximadamente, os fósseis hominídeos apresentam características tão modernas que podemos considerá-los *homo sapiens*. Durante esse período, as arcadas supraciliares ficaram menores, a mandíbula evidenciou-se e a capacidade craniana aumentou de 1.100 cm^3 para 1.400 cm^3, aproximadamente.

Que grande evolução ocorreu nesse espaço de tempo tão longo? Nenhuma.

Sob dois aspectos devemos conceituar o *homo sapiens* no seu longo caminhar pelo planeta Terra, através de milhares de anos. Que longa, penosa e fascinante evolução mental nos trouxe até esta primeira década do século XXI! Existe uma inevitabilidade no processo evolutivo pelo qual nos tornamos o que somos.

Sobrelevamos o nosso pensamento, embasado em constantes interrogações, sem nos dominarmos pela síndrome do divino ou por qualquer outra forma de condicionamento. Não tememos apontar que por trás do dogmatismo religioso há sempre algo de fanatismo. Não nos faltou empenho em desmistificar certo cientificismo que pretende impor as suas verdades.

Operamos com os dados e elementos que a natureza nos oferece, sob uma visão cósmica, seguindo as conceituações deste gênio, Albert Einstein.

Que evolução biológica, ressalte-se biológica, ocorreu de alguns milhões de anos até o presente, na espécie humana? Aumento de cérebro? Mudança na postura corporal: se era quadrúpede (na visão dos darwinistas) ou bípede? Tamanho dos membros inferiores e superiores? Sucederam, decerto, ligeiras modificações anatômicas, sem nenhuma peculiaridade essencial que pudesse desfigurar o perfil do hominídeo de milhões de anos atrás ao dos dias correntes.

O que propagam, desde a publicação do livro A *origem das espécies pela seleção natural*, de Charles Darwin, em 1859? Que a evolução pela seleção natural se fez fundamental à própria origem do ser e do seu desenvolvimento. Que grande evolução! Gritam tão alto às mentes dos incautos e despreparados que hoje eles se quedam condicionados a bordões a infestarem universidades, centros de estudos etc. como estes cunhados em livros, *Deus, um delírio*; *Deus não é grande*; A *religião é um engodo*; O *fim das incertezas*; O *acaso e a necessidade*; A *origem do homem*, O *deus que nunca existiu* e centenas de publicações que inundam o mundo com as suas idiossincrasias.

Houve evolução bioanatômica na estrutura do *homo erectus* para o *homo sapiens* em qualquer período? Muito pouca. Aconteceu alguma transformação no seu sistema cardiorrespiratório, na hipótese de o homem não mais depender do oxigênio e passar a absorver hélio ou hidrogênio? Nenhuma. O ser humano sempre se postulou um bípede e poderia ter evoluído para alcançar o patamar de um ser voador. Neste caso, biologicamente teria sucedido a evolução.

Deixemos patente este fato, direcionado, notadamente, aos pregoeiros das verdades supremas. Não sucedeu no sistema bioquímico-anatômico humano nenhuma evolução, salvo pequenas modificações referentes ao tamanho de membros e órgãos. O resto é só o ruído de um cientificismo que sob o ensurdecedor e repetitivo eco de suas ideias quer nos fazer curvar às suas verdades.

Neste contexto de estudos e análises, admitimos que o ser humano veio de uma espécie própria, como tantas outras. Durante longos e tormentosos milênios, o homem conheceu o fardo de incontestáveis verdades encenadas nos palcos do mundo sob o império de forças sobrenaturais, na palavra de profetas que se fizeram interlocutores privilegiados do Criador, de Moisés, no Sinai, Jesus Cristo, no Monte das Oliveiras, de Buda, lá nas fraldas do Himalaia, do Padre Cícero Romão Batista, no Juazeiro do Norte, Ceará, e até este místico de catedrais babilônicas, Edir Macedo.

Argumentam que foi o aumento gradativo do cérebro que tornou possível o desenvolvimento da inteligência humana. Que simplismo! O *homo neanderthal*, que viveu há alguns milhares de anos, era dotado de um cérebro com tamanho aproximado ao do homem atual. Especialistas em evolução do cérebro encontram dificuldades em identificar qualquer característica na superfície externa do cérebro que possa apontar diferenciação entre o do *neanderthal* e o do *homo sapiens sapiens*, exceto o tamanho da caixa craniana.

Sabemos muito pouco acerca do mecanismo operacional do cérebro humano e sobre quais e em torno de que componentes e elementos ela opera as variadas funções e órgãos. Que ideia temos da forma pela qual o sistema neurológico converte uma massa encaixada e envolta numa estrutura cerebral em sinais elétricos, para o funcionamento dos neurônios, a própria razão de ser do fenômeno humano?

Séculos à frente poderemos compreender por que somos este ser pensante que somos. Mesmo debaixo de desafiadores atropelos, a evolução do homem, o fez sempre em busca de algo mais.

Quem era o homem de *neanderthal*? Baixo e atarracado, ossos maciços, cabeça grande, encefálico entre 1.200 e 1.600 cm^3, em média, região facial muito desenvolvida em comparação à caixa craniana, testa retraída, supercílios carregados, mandíbula forte e pequeno queixo, dentes alvos e resistentes. Vivia em cavernas, familiarizado com o emprego do fogo; na luta pela sobrevivência fez-se caçador, coletor de frutos e comedor de carne.

E o hominídeo, como podemos defini-lo? Em qualquer época que tenha surgido, ele veio ao mundo como espécie própria e gênero único, aos fins do Pleistoceno, provavelmente. Nômade cosmopolita, diferente das outras espécies de vertebrados e mamíferos. Ele poderia ter aparecido na África, na Ásia ou mesmo nas Américas. O ser humano vem de realidades profundas e, como fenômeno, jugula-se a desafiadores enigmas, frente aos quais não possuímos atualmente instrumental científico para desvendá-los. Operamos com a realidade dos fatos. Os superinteligentes trabalham com certezas; nós emudecemos diante deles e algumas vezes nos indignamos ante as suas idiossincrasias.

Admita-se que em algum momento da Terra primitiva moléculas se jungiram para formar células por meio de um processo inteligente. Certa corrente de cientistas contradiz esta teoria e aí eles lançam mão da autogênese. Tudo se organizou e evoluiu por geração espontânea ao impulso "do acaso e da necessidade". As moléculas se atomizam e formam as células, e depois estas se auto-organizam.

Remontemos com Teilhard de Chardin, lá para os instantes iniciais da Terra primitiva, milhões de anos atrás, a célula emergindo pela união de moléculas e, a partir desse instante, ela carrega dentro de si a formação do ser vivo e os elementos necessários ao seu desenvolvimento. Que longa e enigmática história evolutiva se nos descortina, frente à qual queda-se limitada a ciência.

O que está por trás de todo este formidável fenômeno? Naqueles primeiros vagidos de vida, invisíveis corpúsculos já tinham a marcá-los o condão da carga genética que não se desordenou mesmo atravessando milhões de anos, de geração a geração, num evolucionismo ordenado e direcionado a algo, que ainda não podemos discernir para onde.

Mergulhemos no abismo dos tempos, nos passados de indefinidas fronteiras. O que podemos divisar no imaginário da nossa mente a nos sobressaltar com esta interrogação: como tudo isto se determinou para a criação da vida? Que movimento se desprendeu, após milhões de anos, para o surgimento deste insondável fenômeno humano?

Lancemos nosso raciocínio nas premissas arguidas pelo bioquímico russo A. I. Oparin, a nos possibilitar uma visão biológica do fenômeno da vida. Como ela surgiu? Originou-se da matéria inanimada ou nasceu a partir de organismos vivos? A vida promanada da matéria inorgânica nos leva a este dilema: o ovo ou a galinha? Se a galinha vem do ovo, de onde surgiu o ovo? Ou quem primeiro o pôs?

Esta e outras tantas interrogações desafiam a inteligência humana. Nestes últimos cem anos, a humanidade avançou muito mais do que todos os passados milênios. Mesmo assim ainda temos um longo caminho a percorrer, alguns séculos à frente, a fim de desvendarmos os enigmas da origem da vida e do próprio fenômeno humano.

Acompanhemos o raciocínio de A. I. Oparin:

> Os compostos orgânicos fundamentais à vida como o açúcar, as proteínas, os ácidos nucléicos etc. são produzidos por organismos vivos. Sem estes elementos os seres vivos não podem subsistir e nem podem ter nascido.[1]

O que deduzimos deste raciocínio do bioquímico russo? Ora, se estes elementos formadores do fenômeno da vida procederam de organismos vivos, logo se conclui que da matéria inorgânica a vida não se originou. Após a junção dos elementos referidos por Oparin, como operaram os fatores eletromagnéticos?

Na catalisação das moléculas que lastreiam a base da matéria viva, é fundamental a energia, metabolizada na fonte universal: a adenosina trifosfato (ATP), produto de atividade fabricado no interior da célula, processos altamente complexos como a via glicolítica do ciclo do ácido cítrico ou tricarboxílico (antigo ciclo de Krebs).

Oparin esclareceu que as enzimas extraem as informações dos ácidos nucleicos, e que na primitiva atmosfera do planeta Terra não existiam oxigênio, dióxido de carbono e azoto, mas uma mistura de hidrogênio, metano, amoníaco e vapor de água. Estes elementos, ao sofrer bombardeamento de radiações energéticas muito intensas de raios solares, teriam provocado a formação de moléculas orgânicas. Abre-se, sem dúvida, com este pensamento de Oparin, a formação bioquímica das primeiras moléculas na Terra primitiva.

Sob este aspecto, existe uma lógica científica. Formadas as moléculas, elas irão se direcionar a fim de constituir a célula, núcleo do próprio fenômeno da vida. De que forma estas moléculas traziam os primeiros genes da organização da vida, carregados de um profundo e complexo sistema?

Nesta premissa, encontra-se o desafiante enigma. Mais adiante, exporemos a fantástica máquina contida no invisível micro-organismo, a célula. Saibamos olhar, desvencilhados de quaisquer influências doutrinárias, ideológicas ou teológicas, a evolução da molécula como um organismo bioquímico, mas também reconhecer que o fantástico fenômeno da vida projeta-se muito além de um mero mecanismo terráqueo.

Observemos o homem na sua escalada pelos milênios, desde priscas eras. Que diferença sucedeu no seu perfil anatomofisiológico desde os *australopithecus*, que viveram há três milhões de anos do homem globalizado de hoje? Muito pouca.

A primitiva célula da vida, surgida há 3,5 bilhões de anos, no começo do período pré-cambriano, admite-se que foram células procariontes, por faltar membrana nuclear.

Eis o lampejo deste biólogo:

> O assunto da origem da vida é extremamente complexo, mas não é mais o mistério que um dia foi, no período imediatamente posterior a Darwin. Com efeito não há mais nenhum obstáculo fundamental para explicar, com base nas leis da química e da física, como a vida surge a partir da matéria inanimada.[2]

Heureca! Heureca! Afinal o profundo e complexo mistério da vida desvendou-se.

Que enorme bazófia! Como certo gênio se julga condutor de verdades e arrosta pelo mundo, nos grandes jornais, revistas, na mídia televisiva, nas universidades e centros de estudos, as suas formulações afrontando toda lógica científica! O que o conduz? Criar impacto com suas ideias, mesmo as mais insensatas, que sempre encontram plateias.

No anfiteatro do mundo existem milhares de incautos a aplaudir e aceitar ideias dos saltimbancos da ciência. A formulação deste biólogo, considerado um nome abalizado, perde-se pela ilógica.

Se me fizerem transportar às naves da grande Mesquita Azul de Istambul e ouvir um mulá apregoar, lá dos minaretes, as venturas celestiais do Alcorão, propaladas pelo profeta Maomé, e por outro lado, ler ou ouvir cientistas alardearem as suas verdades absolutas, eu não sei sinceramente me situar entre estes dois reinos, o do islamismo ou o do darwinismo.

Repelimos qualquer forma de policiamento religioso, político, científico, ideológico etc. Registre-se este fato. Ao folhearmos livros, trabalhos e publicações as mais diversas sobre biologia, antropologia, paleontologia ou qualquer ciência referente ao estudo do homem, sua origem e evolução, lá estão, sobretudo nos livros didáticos, repetidos clichês de ensinação reapresentando uma escalada da progressiva evolução do ser humano. Primeiro, a figura de um macaco (chimpanzé), em andar quadrúpede; depois, na segunda figuração, o símio já apresenta postura meio curva sobre a viga vertebral e os braços menores; em seguida, um dublê de macaco-homem. Por fim, na última etapa, da ascensão da espécie simiesca à condição de hominídeo, já caminhando eretamente, o perfil de um vulto, a que os antropólogos chamam de *homo sapiens* e, posteriormente, o *homo sapiens sapiens*, o homem atual.

Admita-se a conclusão de certa corrente de cientistas a alardear que o ser humano surgiu de uma subespécie do macaco. Queda-se irrelevante se o homem veio de um cachorro, um tigre, um touro ou de uma linhagem própria. Caso, porventura, o homem tenha se originado do macaco, qual evolução no processo biológico ocorreu, a não ser ligeiras modificações anatomofisiológicas? Que metamorfose aconteceu na espécie simiesca, destacadamente no chimpanzé?

Visualizemos este cenário sob a ótica darwinista. Lá, pelos milhões de anos atrás, o símio, tipo de mamífero, despe-se da sua pelagem, diminui o tamanho das mãos, perde as garras dos membros superiores e inferiores, os seus caninos que tinham força de presas perdem esta função, desce das árvores nas quais subia velozmente, contrastantemente às suas condições atuais, e num passe de magia metamorfoseia-se bípede, abandonando, assim, a sua segura estrutura esquelética de quadrúpede.

Este novo ser, o *homo erectus*, originado do chimpanzé, olhou-se num espelho d'água de alguma lagoa e optou pela estética, mesmo padecendo dores provocadas pela coluna vertebral. Esta subespécie do símio tornou-se fragilizada, não mais subia nas árvores e rochedos com a agilidade dos seus antepassados, sua corrida se fez de reduzida velocidade, ganhando apenas da preguiça e da tartaruga, e, por fim, perdeu a condição preênsil, aquela de se segurar nos ramos das árvores com o rabo, ou seja, um quinto membro.

Não podemos admitir este fenômeno anatomofisiológico como evolução, numa acepção verdadeira da palavra. Pergunta-se: entre bilhões de humanos que povoaram a Terra e alguns milhões de macacos que por aqui viveram identificou-se algum espécime que fizesse o elo da cadeia genealógica do macaco ao homem ou vice-versa? Nenhum.

Permanece a interrogação: desprovido das mínimas condições bioanatômicas para resistir às adversidades, sem possuir qualquer forma de inteligência perscrutadora, como o *homo* sobreviveu aos predadores, desde milhões de anos?

Notas

1 A. I. Oparin, *A origem da vida*, São Paulo, Global, 1982.

2 Ernst Mayr, *Biologia, ciência única*, São Paulo, Companhia das Letras, 2005.

A condição humana e a identidade do Eu

Que contrastantes são os fenômenos da natureza! É o melancólico e belo espetáculo da inteligência muda. Ali, é um cão agonizante que se contorce em meio a pulgas; acolá, descortinam-se numa florescente planície, num toque de magia, milhares de orquídeas na beleza prodigiosa e terna de suas flores. Lá longe, com passos trêmulos e sob o peso de um corpo alquebrado pelos anos, envolto em profundas angústias, caminha um genocida sul-americano, egresso ninguém sabe de onde, se de Córdoba, de Tutoia ou do Araguaia. Nesta atmosfera, ventos uivantes fazem bailar, numa ondulação ritmada, florido tapete de relva a resplandecer raios solares.

Mudo e altaneiro, um jequitibá alberga em suas folhagens dezenas de pássaros e assiste ao alvorecer dos primeiros instantes da natureza primaveril. Permeada pela beleza e a fealdade, o trágico e o plácido, a alimária na noite infinda tem a embalar o canto suave e nostálgico da asa-branca, nos chapadões ressequidos do Nordeste brasileiro; mais além, a contorcer-se debaixo de centenária árvore, um canino nauseabundo uiva gemidos assustadores.

Que obra contrastante e fantástica a da natureza!

Homens, flores, animais vêm para a vida e oferecem um mundo de contradições, entremeado pelo belo e o sinistro. Para penetrar-se neste contrastante universo basta que a alma abarque o fenômeno da vida com a sua grandeza e contradições; não emudeça ante a injustiça, ou cesse a revolta frente à covardia.

Ao olharmos a natureza nas suas multifacetadas formas, chegam-me pensamentos de Teilhard de Chardin a nos despertar para o fenômeno de que no universo não existe matéria inerte, e na própria contradição a vida marca o seu equilíbrio.

Não há distinção, de essência, entre matéria e energia. Einstein concepciona a matéria e a energia expressa na sua famosa equação de campo $E=mc^2$ (testada a sua validade pelo Instituto de Tecnologia de Massachusetts, MIT), enquanto Chardin admite a energia como força ascensional da evolução. Até onde chega a energia? A partir deste pressuposto, o teólogo/paleontólogo norteia a sua visão no ponto ômega, ou seja, na espiritualidade cristológica, na qual encontramos em Kant pensamentos acerca da força ascensional da inteligência humana, e na fenomenologia de Hegel.

Segundo estes pensadores, uma força cognoscível opera em todo o universo visando ao equilíbrio natural dos fenômenos físicos, químicos, biológicos etc. inclusive do próprio fenômeno da vida, do qual se irradiam bilhões e bilhões de seres. Fenômeno fantástico, a vida com suas multidiversificadas vias (avenidas principais, a veia aorta, por exemplo) e milhares de vielas (os vasos capilares) atuando de forma metodizada e altamente inteligente, através de trilhões de células, cada uma obedecendo e exercendo a sua função, desde aquelas defensoras do organismo dos ataques de quaisquer tipos de patologia aos neurônios, as que comandam o organismo nas suas diversificadas reações, do metabólico ao pensar, do caminhar ao defecar.

Cada ser vivo integra-se numa unidade de metódico e perfeito funcionamento, cuja fenomenal máquina bioquímica move-se microscopicamente a garantir todo o sistema, que se organiza e se alimenta por si mesmo, dependendo, no entanto, de sua interação com o meio ambiente, e cujo funcionamento se executa com absoluta perfeição, assentado em trilhões de células.

Este sistema que impulsiona a vida só atua na sua plenitude, destacadamente na parte cerebral, quando todos os seus trilhões de peças (células) microscópicas interagem entre si com precisão sincrônica. Simples anomalia em uma molécula de proteína, que gerou o DNA, acarreta a todo o organismo falha que perturbará o seu funcionamento, e, dependendo do grau de deficiência, a sua própria morte. Da capacidade cognitiva das células de se reconhecerem umas as outras e as funções de cada uma, entre trilhões de unidades celulares, promana o processo de funcionamento biopsíquico do organismo.

Ressalte-se, por outro lado, que, além desta fantástica capacidade das células, elas também reconhecem a presença de corpos estranhos no organismo; daí, a rejeição nos transplantes de órgãos. E neste complexo funcionamento das células, dois sistemas se destacam: o neurovegetativo e o endócrino. Deles parte e se assenta toda a coordenação dos órgãos, membros e tecidos. O núcleo de cada célula, rede perfeita e de profunda complexidade, garante a operosidade do fenômeno da vida. Certa feita, na sua genialidade perscrutadora, Albert Einstein se interrogou: "Eu queria saber como tudo isto foi montado com tão absoluta perfeição".

Os cientistas de sabedorias catedralícias da "sopa primordial" e do "acaso e da necessidade" têm a resposta. Nós preferimos ficar com o gênio interrogativo de Einstein. Sejamos claros. Quão longe estamos de alcançar a verdade que dormita por trás deste profundo enigma: o fenômeno humano, sua origem e destino.

Kant, certa vez, declarou que o homem jamais alcançaria a essência do fenômeno da vida. Discordamos. Mais de dois séculos nos separam do pensador alemão. Ele viveu no século XVIII. Estamos na segunda década do século XXI. Mais alguns séculos, uns 500 anos, o homem desvendará os desafiadores mistérios que envolvem a sua razão de ser na Terra, quiçá no universo. Direciono-me pela razão de ser de uma "razão pura" do fenômeno humano, inadmitindo, destarte, que esse imenso acervo técnico-científico e cultural que a humanidade conquistou se desmorone na "razão do não ser" e o destino humano mergulhe num apocalipse de ciclópico e bestial nada. Se do caos da Terra primitiva emergiu e se organizou o ser vivo, originado de uma célula que se autoadministrou, se autorreplicou, se autolimitou e ela mesma programou a sua própria morte (ciclo biológico), como predizer um vaticínio fatal de um trágico e indefinido nada?

Ao analisar o sistema bioquímico no qual se desenvolvem e operam trilhões e trilhões de moléculas e células, sobressalta-nos esta conclusão: estamos longe de alcançar uma visão completa do mundo das células, sua origem, multiplicação e cada uma delas detendo o seu código genético.

Na formação e desenvolvimento dos organismos vivos, destacamos este fenômeno: as células isoladas de um mesmo tecido ou órgão possuem capacidade de reconhecer-se entre si e de se reunir. Caso uma célula perca a condução do seu código genético, todo o organismo sofre perturbação e põe em alerta o sistema. Por outro lado, não podemos analisar se um gene é egoísta, bom, mau (certo autor situou-o "egoísta"), altruísta ou ignóbil. A natureza, na sua multifacetada ação de se diversificar, possibilita a todas as espécies mutação genética. É por aí que se encontra o equilíbrio da ordem natural.

Admitamos: caso todos os seres humanos fossem bons, caridosamente bons, como São Francisco de Assis, Madre Tereza de Calcutá, São Pedro etc., o que seria da humanidade? Grande convento de almas bondosas. Os Saddam Hussein, os Hitler, os Médici, os Pinochet chegam para a vida como a banda podre, e na contradição dos paradoxos, do bem que é o progresso da humanidade e o mal que eles provocam, novas conquistas acontecem em todos os campos das ciências.

Sem embasamento científico e falta de visão da condição humana, os pregoeiros da descrença geral (forma de se fazerem distintos e diferentes) propagam que o homem não tem necessidade de se reunir todos os dias ou a cada sete dias da semana em alguma igreja de Cristo, assembleia de Deus, sinagoga, mesquita, pagode budista, para proclamar a sua crença religiosa.

A natureza humana, por todos os aspectos, vastamente se diversifica. Uns nascem com forte capacidade de independência para enfrentar os desafios do mundo, impor as suas ideias e vontade, personificados nos Júlio César, nos Napoleão, nos Bolívar; outros tantos se voltam para a genialidade das artes; certos tipos carregam a alma de lacaio, desfibrados sabugos morais. Bilhões de seres humanos – aí, o processo místico se faz necessário – avocam a si as esperanças e embalos espirituais, em face do além-túmulo.

Só os loucos – não é preciso ser religioso – são alheios e indiferentes ao indecifrável enigma da vida eterna. O mundo integra-se num todo por multivariados elementos. Ele não é uma soma de coisas e nem o acúmulo de fatos. Não se pode analisar o ser humano apenas por ele buscar um templo religioso, sem antes visualizá-lo no seu todo. Urge observá-lo na sua personalidade onde possamos encontrar os seus meandros, e o que se move por trás de cada um, seja ele físico, químico, biólogo, ou mesmo um teólogo. Nos 25 mil genes que integram o organismo humano, quanto de segredo e mistério a se desvendar, desde o inter-relacionamento de trilhões de células entre si e delas com órgãos, sentidos, tecidos e funções!

As ciências deixaram de ser apenas memorizadoras de elementos, hoje se integram numa mudança profunda desde o momento em que Isaac Newton se impactou com a queda da maçã e Einstein descobriu a velocidade da luz. Com as vertiginosas descobertas científicas, sobretudo no até então insondável mundo da mente, vai se chegando à conclusão de que o corpo é apenas um mero sustentáculo da energia mental. Hoje, se encaixa numa pessoa que perdeu um braço prótese substituindo este membro. Avança a ciência para num futuro não muito distante conectar chips diretamente nos neurônios e deles receber e transmitir informações e comandos independentes do corpo.

Se a vida nos é imposta para ser vivida e se exercite o viver nas fronteiras do sistema solar (estamos visualizando o presente), fenômeno de que não podemos fugir salvo pela autodestruição, fato desfechado em circunstâncias extremas, tudo é ordenado por fatores determinantes, dos quais não podemos fugir.

O que espera o homem ao final da atribulada caminhada pelos chãos dos milênios vividos e os que hão de vir? Quando René Descartes lançou este bordão: *Cogito ergo sum* – "Penso, logo existo" –, ele perfilou o ser humano vindo ao mundo como gênero próprio e espécie única.

Por quê? Os genes ordenam as espécies e as dirigem a fim de não se perderem ou se extinguirem; o hominídeo já trazia o seu gene, sintetizado na genial expressão cartesiana.

A partir deste *penso*, o homem descobriu o fogo e fabricou as primeiras ferramentas, impondo-se às outras espécies por sua inteligência cujo desenvolvimento se faz em escala geométrica, até alcançar o terceiro milênio em que navega em naves espaciais.

Bípede, com pouca capacidade de correr e de escalar árvores e rochedos por falta de condições dos seus membros, mandíbulas sem um forte sistema de dentição (principalmente o canino) que o fortaleça na luta contra os outros animais, o hominídeo, despossuído deste mínimo *penso*, teria sido devorado pelo primeiro predador. Sartre levantou esta fórmula em relação ao homem como um "ser-em-si". Aduzimos: o homem é em si, para si e além de si. Por que além de si? Projetemos o ser humano séculos à frente, a se desvencilhar do corpo e através da energia mental navegar nas ondas cósmicas.

Conceituar a inteligência como jungida a mero processo mecanicista é reduzir a condição humana e a própria identidade do Eu.

O que impulsiona o ser humano neste afã constante de si mesmo e de algo mais a ser alcançado tem a determiná-lo uma força que se move por trás de realidades profundas, até o momento, indefinidas e insondáveis.

Mentalizemos em algum recanto da Terra um homem milhares de anos atrás a contemplar o pôr do sol a reluzir numa esplêndida aurora boreal por sobre as fímbrias do horizonte. Ele interrogou-se admirado diante do espetáculo que a natureza lhe oferecia.

Quis compreender toda a fenomenologia daqueles céus e paisagens que lhe envolviam. Inebriou-se. Interrogações de si para consigo sucederam-se. Emergia, sem entender, daquela sua inércia mental. Não quis acreditar quem ele era algumas horas antes. A tarde crepuscular ensombreava a natureza e o fazia engolfado numa indefinida e terna melancolia. A partir daquele instante, descobrira a "sua condição humana e a identidade do seu Eu". Isto ocorreu há milhares de anos, quando a espécie humana se fez um fenômeno singular e o pensar a conduziu. Como sobreviveria o homem sem um mínimo de inteligência, transvestido num corpo anatomofisiológico fragilíssimo?

É este afã obsessivo num constante expandir que faz do ser humano na sua aventura ainda indefinida na vida um fenômeno desafiador, frente ao qual quedamos impotentes. Apequena-se reduzir a condição humana a um mero processo de evolução anatomobiológica.

Renegue-se qualquer misticismo ou religiosidade em conceituar a origem do homem vinda de uma magia bíblica, budista ou islâmica, mas também, por outro aspecto, é incongruente admitir-se lançar o destino final do homem num ciclópico nada, e que a sua inteligência se desenvolveu em razão do tamanho do cérebro, é reduzir o fantástico fenômeno da energia mental, que produz a inteligência, a uma mensuração volumétrica. Retratar que o *homo habilis* possuía um cérebro menor do que o *homo sapiens* e este inferior ao *homo sapiens sapiens* (o homem atual) é uma fancaria. Esta mensuração dimensiona-se de acordo com diversos elementos: altura do indivíduo; tamanho da caixa craniana. Muitas vezes um indivíduo pequeno tem cabeça grande. No Brasil, Rui Barbosa, um dos maiores juristas do país, tornou-se emblemático. Altura em torno de 1.60 metros e a cabeça grande com o cérebro abaixo de 1.400 cm^3.

Exames realizados em cérebros não retratam o tamanho como grau equivalente da inteligência. Por exemplo, o cérebro de Anatole France tinha apenas 1.200 cm^3; o de Leon Tolstoi, um dos maiores romancistas da história, 1.300 cm^3.

Agora estes dados. Colhi em centros de estudos de anatomia do país cérebros de homens simples, em que alguns alcançaram em torno de 1.600 cm^3. De um retardado mental, Gaspar, fui informado no Instituto de Criminalística de São Paulo que o seu cérebro era de 1.730 cm^3. Desdobrando e ampliando a análise desta matéria para "indivíduos mais dotados", eis o pensamento de Charles Darwin: "Leva-nos a pensar que os indivíduos mais dotados deixam mais descendentes e que as tribos que contam com o maior número de homens dotados podem crescer e suplantar as outras tribos."[1]

O que este raciocínio nos aponta? Na hipótese de que os mais aptos, ou seja, os mais dotados, vitoriosos na disputa com outras tribos, deixassem os seus genes aos descendentes, e tudo se reduzisse à seleção natural, a espécie humana, como todas as espécies, alcançaria, no processo evolutivo, um alto grau de perfeição incompatível com a ordem natural. Não são os indivíduos mais dotados que transferem os seus genes, mas a soma genética de seus ancestrais. Pais bem dotados podem gerar deformados físicos ou mentais.

Por trás dos genótipos (dos vitoriosos) existem elementos que perfilam o ser humano e todos os seres vivos ao equilíbrio da ordem natural, atrelados à mutação genética. Há um determinismo genético, independentemente de quem seja o vitorioso no processo evolutivo. O apto vencedor pode ser um indivíduo inferior ao vencido, levado ao sucesso por um contingencial do acaso ou provocado por imprevisíveis fatores.

Quem poderá descartar que o mais apto, no processo evolutivo, não traz genes de longínquos antepassados portadores de doenças congênitas? Existe, sem dúvida, um condicionamento genético. Não se pode desconsiderar este fenômeno que se perpetua de indivíduo a indivíduo, de geração a geração.

Desdobrando este raciocínio, não existe desigualdade entre os seres humanos anatômica e bioquimicamente. Para se julgar que determinado indivíduo é mais capaz do que outro, urge submeter ambos a uma gama de ambientes e circunstâncias e fazer o balanço vocacional de suas capacidades. Os organismos vivos são de multifacetadas variações, fenômeno imanente da própria evolução.

Eis a conclusão deste biólogo:

> Enorme volume cerebral do homem talvez seja uma conseqüência indireta de uma preferência arbitraria por parceiros sexuais [...].
>
> ....
>
> Todas as particularidades mais fundamentais do homem talvez derivem do fato de que de algum modo o homem é um macaco que parou de envelhecer.[2]

Assim o "sábio" da biologia fechou com alta sapiência o seu raciocínio. Pobres condenados a varar o mundo sob o peso de desencontrados pensamentos. Quando operamos com o estudo da evolução das espécies, não podemos deixar de projetar uma ampla visão sobre o ser humano que tem a impulsioná-lo uma constante ascensão de sua inteligência. Em algum momento *ad futurum* o homem vencerá a morte não morrendo.

Isto não é futurismo; está na própria evolução intelectiva. A teoria da evolução esposada pelo darwinismo se ressente desta falha científica e até filosófica em não visualizar para qual destino o ser humano se direciona. Tudo a se desmoronar num grande nada.

Os textos lamarckistas perfilados por P. P. Grasse, Cuenot e Teilhard de Chardin projetam o fenômeno humano norteando-se a um fim, não se fazendo joguete do indeterminismo.

Lá para alguns milhões de anos atrás, quiçá bilhões, originou-se o fenômeno da vida, que se organizou e evoluiu. Sob esta lógica, independentemente de qualquer conceituação metafísica ou bioquímica, temos que admitir que o caos da Terra primitiva organizou-se numa forma de vida. Desconhecem-se as circunstâncias, contudo desfechou-se um processo evolutivo que possibilitou o desenvolvimento de bilhões de seres.

Transportemo-nos para o atual momento em que vivemos. Existem outros seres pensantes no universo? Por que em face de bilhões e bilhões de sistemas planetários, até o momento, somente a Terra, minúsculo grão de areia na amplidão sideral, se faz detentora do fenômeno da vida e cujo processo físico-químico está ligado à química do carbono?

Olhemos o mundo darwiniano. Ele abre fendas por todas as partes. Não se sabe como a seleção natural norteia a evolução do homem na sua condição de ser pensante. Ora, a energia mental persegue objetivos, vence obstáculos, direcionada pela inteligência, que ordena a condição humana. Este cenário tem a marcar, entre milhões de seres, processo de extrema diferenciação intelectiva entre alguns poucos geniais e outros tantos milhões com limitado poder pensante. Exposta por Niles

Eldrege e Stephen Gould, a teoria do equilíbrio pontuado das espécies baseou-se nesta visão.

Sem a diferenciação intelectiva, como a humanidade progrediria?

Que mundo se descortinaria caso todos os seres humanos fossem possuídos de geniais inteligências?

O gênio descobre as forças e elementos que dormitam no seio da natureza ou enlevam a vida com as suas criações. Superdotados. Eles estão nos laboratórios mergulhados em horas e horas de estudos, nos centros de pesquisas, nos lugares inóspitos, nos mares e florestas, como um Alfred Wallace, um Darcy Ribeiro (conheci o trabalho de Darcy Ribeiro com os índios Nambikwara e Tupi-Kawahib, no Xingu), um Pasteur, um Lévi-Strauss e tantos outros na busca de um encontro por algo sempre além da condição humana através de descobertas científicas, técnicas ou mesmo fórmulas político-sociais. Alguns poucos procuram desvendar o núcleo do último limite do universo subatômico. E os bilhões de seres humanos que povoam a Terra anonimamente, o que representam na expectante saga da aventura da vida? Quase tudo. Sem eles as forças produtivas da humanidade se desfaleceriam.

Notas

1 Charles Darwin, *A origem do homem*, Belo Horizonte, Itatiaia, 2004.

2 Marc Maillet, *Biologia celular*, Rio de Janeiro, Masson do Brasil, 1982.

O Eu e a busca por algo mais

O Eu, a identidade que habita dentro de cada um de nós, a consciência que aspira sempre olhar além do hoje, o outro homem com quem entrecruzamos e com quem interagimos nesta ainda indefinida aventura da vida, tudo isto forma e perfila o observador e partícipe do mundo, o ser humano.

Muitos pensadores observam o universo e o próprio fenômeno humano sob uma visão reducionista, materializada num exíguo espaço-tempo terráqueo. Jorge Borges, escritor argentino, disse que a história do universo é um instante entre o hoje e o que passou. Visão mecanicista. O hoje, do que somos, como poderemos projetar nos futuros séculos? O imortal no amanhã. A esta predição fazemos perplexa interrogação: onde se encontrará o homem nestes quinhentos anos à frente? Atordoava o escritor portenho o mundo sombrio e febril da sua cegueira. Ele só ouvia o ruído das botas dos genocidas argentinos nas noites trevosas da tirania militar. Surdo ele se fez ao grito de dor do povo platino.

De que maneira podemos ver ou ouvir um instante? Mensurá-lo eterno no indeterminismo do tempo ou quedar-se perdido e engolfado no não ser. No universo e no uno Ernesto Sábato encontrou a identidade do Eu, a qual define a própria condição humana.

Caso olhe-se a vida num plano exclusivamente bioquímico, de um evolucionismo vindo de uma "sopa primordial num lago tépido", somos catapultados como Palmérides, Camus, Sartre, Heidegger a julgá-la um absurdo neste cenário de horror: decadência física, dores, doenças, sofrimentos físicos e morais, tragédias, por fim o envelhecimento e o trágico epílogo, a morte.

Estes pensadores retratam um absurdo a incongruência da vida, situando-a como efêmera passagem a resvalar num grande vazio. Aparentemente, observando-se, a vida revela-se um absurdo. Analise-se com profundidade. No absurdo se baseia a própria meta-fim do fenômeno humano. É no caldeirão das mais excrescentes e trágicas contradições, desfechadas pelo Holocausto, o nazimilitarismo sul-americano, o stalinismo, que a humanidade impulsiona-se em busca de um constante *plus*.

O que a energia nuclear oferece hoje ao desenvolvimento do homem? Algo fantástico. Ela eclodiu numa assombrosa destruição de Hiroshima e Nagasaki.

A existência humana, como tudo que se integra no universo, carrega-se da matéria e da antimatéria. O nascer e o morrer marcam a individualidade de cada ser humano. Chegamos à vida sem sabermos como, e dela somos arrancados, desconhecendo-se a razão. O primeiro vagido da vida chega com temor, e a partir desse instante tudo tem a acompanhar o indivíduo; amor e ódio, esperança e angústia, destemor e medo, paz e guerra. Por estes constantes e surpreendentes choques e entrechoques a humanidade caminha.

Afastemo-nos um pouco deste doutrinar; procuremos o Eu na literatura universal com Sófocles, Homero e Ésquilo.

Antígona, personagem que Sófocles tornou imortal e retratou frágil, dolente, sem lar, abandonada e condenada a ser lançada num espaço sob o qual impera silêncio eterno, ignorante diante do mundo, ela que até então nunca havia vivido e nem sabia olhar a si mesma, desperta do seu sonho de criança. Por culpa do seu genitor, vê-se obrigada a viver como guia do pai cego; ré-mendiga, inocente-culpada, reencontra a sua consciência e, a partir desse momento, vai tateando a sua história trágica, arrastando consigo dezenas de personagens para um *desideratum* do qual desconhece as causas.

Antígona não pode morrer. Destino imperativo marca a sua vida como a de todos nós. Ela quer encontrar a liberdade e depois superar e transcender a sua própria tragédia. Precisa de tempo.

Ninguém conheceu radicalização tão profunda da arte à altura dos gregos. No anfiteatro do mundo, na dramaturgia da dor e do horror, a arte helênica situa-se insuperável. No infortúnio encontra a metáfora do seu existencial. A condição humana e a identidade do Eu de cada um de nós, com todas as facetas da dor, os gregos transladaram para o palco da vida e se fizeram gênios no drama das tragédias. Conheciam a si mesmos através do outro.

Hannah Arendt lê nesse sentido os poemas de Homero e Virgílio; exalta a paixão do grego Homero pelos heróis troianos. Na resistência de 70 jovens imolados nas florestas do Araguaia, no Brasil, contra um exército furioso de 10 mil homens, na década de 70, do século XX, eu revi o heroísmo de Leônidas no desfiladeiro das Termópilas.

Cada ser humano, mesmo reconditamente, carrega a sua paixão. “Possa eu nunca ser um destruidor de cidades”, exclama o coro no *Agamenon*, de Ésquilo.

Que força dialética separa o uno do ser? O que povoa o espaço entre o "eu" e o "tu"? Quem? Quem é o nosso interlocutor que questionamos? Sabemos? Pensamos que sabemos. Cada homem traz consigo o seu mundo insondável.

Assim a história da humanidade se escreve. Um pouco de mito e certa verdade transfigurada em lenda.

Adão, Eva e os seus filhos, Caim e Abel, em que condições vieram ao mundo? Perguntem aos profetas das cartas evangélicas. De "uma sopa primordial" originou-se a vida, segundo os evolucionistas darwinistas. Só eles entendem e interpretam as suas verdades absolutas.

O caminhar das ciências pelos milênios ainda não nos oferece instrumental para apontar e desvendar os profundos enigmas que envolvem o mundo. Quedamo-nos nessa busca.

Nos épicos de Homero, os heróis retornam à sua pátria. Na *Odisseia*, o mais importante são as histórias, os desafios que Ulisses vence na viagem; um Ulisses investido num imperativo de lutar, de arriscar, desinteressado na construção do seu futuro.

O que o faz forte? Pensar no seu povo. Ele vê o mar que o transcende de um mundo limitado para um universo infinito. Acredita no destino e com ele jogueteia os dados sem temer as circunstâncias e nem as armadilhas advindas do amanhã. Move-o um sentimento de solidariedade aos companheiros, mas não incondicional, mesmo porque nem por ele próprio carrega responsabilidade ilimitada. Neste cenário, lembro-me do martirológio de Tiradentes que avocou a si a culpabilidade pela Inconfidência Mineira. Diferente do herói homérico, o mártir da Inconfidência assumiu incondicionalmente para si todo o mundo de ódio e de desdita que desabou sobre os seus companheiros inconfidentes.

O que o herói de Homero mais nos ensina? A instabilidade de si mesmo; o seu constante transfigurar-se no joguetear da vida, a embalar uma aventura da qual emergiu o mito do guerreiro homérico aureolado por este sentimento: voltar à pátria do seu povo. E para tanto, o herói precisa vencer milhas oceânicas e cumprir o destino para o qual fora predestinado. Assim é o destino do homem. Aonde chegará? Como chegará? Vencerá o corpo e se transfigurará numa energia mental a navegar em ondas cósmicas. Einstein nos deixou este vaticínio. Por esta visão, incorporo-me ao gênio.

Os navegadores dos mares dos séculos XV e XVI fizeram-se heróis homéricos, e esta aventura alimentou aqueles transoceânicos desafiadores, à mesma altura das gerações revolucionárias das décadas de 60 e 70, do século XX, que se transfiguraram em mártires na instigante utopia de projetar para a humanidade uma democracia igualitária. Pagaram com trágico preço o sonho andino.

Navegar, navegar, navegar, sem olhar o retorno, eis a grande saga dos povos ibéricos nos séculos das descobertas. Aventureiros da imensa aventura da vida, heróis dos tempos, tinham a norteá-los como fim o oceano, e depois, o nada. Ulisses não é um mítico, nem Leônidas no desfiladeiro das Termópilas e nem Carlos Lamarca nos sertões dos Buritis, na Bahia. Diferentes de Prometeu que desafia conscientemente a ira de Zeus e aceita as consequências da sua escolha libertária. Acorrentado nos rochedos ele se questiona, mas não responde. Ao desafiar o exército, Lamarca é executado após um cerco de 3 mil soldados quando dormia. Ulisses não olha o tempo que vai passando na jornada que abraçou e nem procura saber quanto lhe resta para chegar à Ítaca.

Prometeu, Leônidas e Lamarca arcaram com o peso das suas ousadias. Ulisses navega, navega até o fim do mundo para além dos confins das colunas de Hércules. O oceano é o seu infinito. Lamarca caminha, caminha pelos ressequidos sertões da Bahia até encontrar a morte. Assim, arroja-se o potentoso magma da condição humana, que sempre quer ir mais além, nas ciências, nas artes, e até no sentimento do mundo, como se transvestiram os revolucionários de todos os tempos.

Hoje, alcançam-se espaços siderais e, no amanhã dos séculos que hão de vir, onde estará este navegante, o Ulisses de cada um de nós, sempre presente na alma aventurosa do homem?

Os navegantes dos mares e os revolucionários dos povos criaram os seus mundos. Sem eles o que seria da condição humana? Pobre humanidade de paspalhões e pusilânimes comandada por tiranos. O homem não pode ser condenado a um destino prometeico, reduzido a uma miserável condição exclusivamente biológica, norteado por um mecanismo que veio de uma junção bioquímica para mergulhar num ciclópico e idiota nada.

Será que a humanidade está condenada a este fim?

Para o fenômeno humano na sua dimensão cósmica a Terra mensura-se a um pedaço restrito. Liberto o homem das amarras corporais, a energia mental o conduzirá à imortalidade. Quem era o ser humano há cem anos? Pouco conhecia de energia hidráulica e elétrica, água potável, biologia (Louis Pasteur descobrira o micróbio no século XIX), desconhecia o avião, a medicina ainda tateava com a bactéria da tuberculose (meu tio, José Amorim, médico, morreu em 1940, vítima de uma infecção porque à época o antibiótico não chegara ao Brasil). Epidemias viróticas dizimavam vastos contingentes populacionais. A assombrosa gripe espanhola, em 1919, de enorme devastação, provocou mortandade de 20 milhões de pessoas.

Quem será o homem nos próximos 300 ou 500 anos? Um condenado a padecer melancólico e trágico destino, sob o fardo deste precário e fragilizado corpo? Toda a lógica da inteligência nos aponta que não. Na física, cem anos atrás, o que conhecia o homem sobre o espaço, tempo e velocidade da luz? Einstein rasgou na sua genialidade, através da teoria da relatividade, a geral e a especial, o mundo do espaço, do tempo, da luz, e mergulhou no universo subatômico da mecânica quântica.

Não podemos acreditar que esta passagem terráquea do homem seja apenas uma mera aventura a se dilacerar num esforço de viver e na tragicidade de morrer; a humanidade a engolfar-se num ciclópico ignoto e todo o enorme acervo científico e cultural a se desmoronar num catastrófico nada. Sabemos que houve um ponto de partida do homem, desconhecemos a sua origem e o seu destino.[1] Não podemos olhar o fenômeno humano na ótica de um mero objeto de estudos bioquímico e antropológico.

Diante da imensa e contrastante complexidade, o fenômeno da vida carrega-se do belo, do horror, do amor, do ódio, do frio nas nevascas dos polos austrais e nas cumeadas das cordilheiras, do calor abrasante nos desertos e tudo em meio de duas eternidades, a do nascer e a do morrer. O que significa o existencial, afinal? É um destino, ainda, enigmático para o qual o ser humano marcha, ou uma mera aventura surgida de um acaso a ser tragado num fim inapelável?

Que condição humana de contrastes extremados! Jesus Cristo no Monte das Oliveiras, Nero, em Roma, a se espargir em orgasmos assiste à cidade ardendo em chamas. Homero retrata no herói Ulisses a saga do homem na permanente busca de se afirmar. Ítaca simboliza o retorno a si, às suas origens. Em Herodes, a servidão dos sátrapas ao poder é ilimitada. O genocídio de crianças com menos de dois anos assassinadas por ordem superior, aí o sátrapa apodrece na monstruosidade do terror. O tempo na sua voracidade engole milênios. Chegamos ao século XX. Um poeta soluçou a última canção de ninar nas noites trevosas. Um grito ecoou de Córdoba ao Araguaia: sangue dos mortos desaparecidos derramou-se na floresta ensanguentando militares genocidas, servos do deus Pentágono. Monstrualizaram-se em crimes de lesa-humanidade.

Rasga-se a eternidade nas espirais geniais de Dante Alighieri, na *Divina comédia*; os mundos eternais revoluteiam no purgatório, céu e inferno. Virgílio aponta ao vate florentino os caminhos da eternidade e ali ele pranteia melancólicos cânticos. Nas noites dos tempos, Castro Alves brada contra os traficantes de escravos nos tumbeiros dos mares. Ouvem-se coros angelicais dos mártires cristãos nas catacumbas de Roma; o apóstolo Paulo entoa a última prece. Urra a multidão infrene no Coliseu, cristãos são lançados na arena em meio ao frenesi de uma massa humana delirante. Do alto de pomposa arquibancada, entre ruídos e risos nauseabundos de cortesãos, uma mão se estende no ar, um vulto com o polegar distendido se ergue a desenhar uma tragédia do horror, e bufa bem alto: "Mate! Mate! Mate!", Calígula berrou. Quase dois milênios depois, no Maracanã, Rio de Janeiro, um tipo fardado riu; o ditador Médici se inebriava na obra-prima do genocídio matando infantes sonhadores.

Com menos de quatro séculos do drama dos cristãos, nas enxovias do Império Romano, Constantino, o imperador, temendo os bárbaros, pretextando visões que salvariam a sua mulher de insidiosa doença, estatiza a fé.

Daquela conversão em diante, a Igreja dos papas iria conhecer o apogeu e a ostentação do poder; a humildade e a simplicidade de Jesus de Nazaré, o pregador da Galileia, foram renegadas. Os papas encilhados no poder do Estado forjaram esta farsa, com o fim de bajular os imperadores: os verdadeiros assassinos de Jesus Cristo foram os hebreus, e assim libertaram os romanos da chaga que pesa sobre os judeus, *seculum seculorum*. Desta forma, o povo hebraico iria ser penalizado por crime de lesa-divindade, absorvendo-se o poderoso Império de Roma, à sombra do qual o cristianismo desfilou e fez crescer a sua Igreja.

Paremos um pouco. Ouçamos um crítico apressado. Que relato de conotação histórica tem esta obra? Tem muito. Nela, a condição humana perfila o seu significado. Marca-se, assim, a própria razão de ser deste livro.

Na genialidade da arte, destacadamente na pintura e na escultura, o ser humano deixa, ao partir nas areias dos tempos, as suas pegadas. É o constante retorno de si mesmo.

Olhemos as telas magníficas de Hogarth, pintor inglês do século XVII/XVIII, e as de Goya, o pincel genial que nasceu na Espanha, no final do século XVIII. O que contemplamos? O riso cínico, as exibições festivas dos cortesões a ostentar as futilidades do disse não disse, a ociosidade satisfeita num mundo de luxo e riqueza, onde os bobos e os "heróis" de conquistas fantasmagóricas fazem desfilar o ridículo e o grotesco para o gozo de fidalgos desocupados e néscios. Em Goya, o trágico destino do homem a debater-se na dor e em profundas angústias diante do mistério da vida, da consciência de sua transitoriedade e da morte. Nas telas pinceladas a face da morte retrata o absurdo da condição humana ante o seu epílogo fatal e inexorável. O homem chega à vida condenado a um destino de dor e sofrimento. Observa-se no seu rosto melancólico o escárnio alienante.

Se os vultos humanos retratados nas telas destes magníficos pincéis falassem entre si, a dúvida rir-se-ia do trágico e o riso do fidalgo sucumbiria no grotesco. A dor que nega o festivo esconde o trágico, cujo painel o pintor espanhol expõe nas faces sinistras dos condenados da história retratados em crimes que arrastaram a humanidade a pesadelos monstruosos, no nazismo, no nazimilitarismo sul-americano e no stalinismo.

Nas noites dos tempos, os mortos desaparecidos emergem para a História. O genocida fardado fugou. O fútil ostentador e cínico nas telas de Hogarth chega à época presente na corrida abestalhada por um consumismo infrene em que o homem se metamorfoseia em massa delirante por irrefreáveis conquistas materiais.

Nota

1 O que Ésquilo retratou na tragédia de Prometeu? O herói rouba o fogo dos deuses para trazê-lo à Terra, desobedecendo a Zeus. Ele toma uma decisão consciente em favor dos homens. Por isso, é acorrentado à rocha caucasiana, exposto aos ventos e ao sol, para depois ser precipitado no Tártaro, onde uma águia, de dia, devora seu fígado e à noite ele se reconstitui para que seu tormento seja reaceso.
Obs.: Esta condição humana marcou sempre a vida dos povos. O homem se libertará desta condição físico-corporal lá para alguns séculos à frente.

O fenômeno da vida e a seleção natural

Que falem os cientistas darwinistas cujos pensamentos abordam o estudo da evolução das espécies e a própria origem da vida.

Temas de alta complexidade não devem condicionar-se a dogmas do misticismo ou do cientificismo (forma de conceber o mundo sobre bases científicas irreais). O biólogo Dawkins, investido de sapiência catedralística, desata este raciocínio:

> A descoberta da seleção natural por Darwin precisa ser contada como um avanço filosófico extraordinário. O princípio permaneceu desconhecido por mais de dois mil anos de história da filosofia, indo dos gregos a Hume, Kant e à era vitoriana [...].
>
> ....
>
> Por causa da variação a seleção natural deve ser considerada um processo em duas etapas: a produção da variação abundante seguido pela eliminação dos indivíduos inferiores. Esse último passo é direcional [...].
>
> ....
>
> O feito realmente incrível da seleção natural é que ele torna desnecessária a invocação de "causas finais". Na verdade nada é predeterminado.[1]

De início, patenteamos este fato. O biólogo, do qual transcrevemos o texto acima, não escondeu que tem a dominá-lo a síndrome do divino, ao fazer desnecessária referência a "causas finais".

Citemos este fenômeno como tantos a fim de pontuarmos o equilíbrio das espécies.

É inegável que uma ordem natural age. Centenas de peixes e animais se alimentam dos filhotes das tartarugas. Sem esse alimento como iriam sobreviver dezenas de outras espécies? Este caldeirão da vida proporciona o equilíbrio dos ecossistemas, que se sobrepõe e determina o processo. Como explicá-lo? Só os corifeus das ciências ou os místicos da fé poderão responder. Nós emudecemos, aguardando as lições dos tempos, sem temor da síndrome do *design* inteligente.

O que os sábios das ciências bradaram logo após a publicação do livro *A origem das espécies pela seleção natural*? Somos livres para criar e pensar as nossas teorias, ideias, projetos, equações, enfim, cada um criou a sua própria concepção do mundo, frente à qual Charles Darwin se fez novo guru, o deus do materialismo. Encilhados na evolução das espécies, ele e seus seguidores proclamavam as certezas absolutas das suas verdades. Pensadores, muitos deles geniais, desfilam suas ideias, em meio a oportunistas de todo jaez.

A seleção natural transvestiu-se num "abre-te sézamo" de todas as dúvidas sobre a evolução das espécies e da própria origem da vida; a porta pela qual a verdade se adentrou. Quem se julgava inteligente assomava com empáfia que o misticismo quedava-se enfermo. Um deles gritou de sua sapiência filosófica: "Deus está morto". A teoria da seleção natural tornou qualquer invocação sobrenatural desnecessária.

Quando certos cientistas quiseram reduzir todo o processo da origem da vida a um mero sistema terráqueo, Einstein nos deixou desafiador bordão: "Deus não joga dados". O que o genial sábio quis dizer com isto? A inteligência, qualquer que seja o nível, não joga com a sorte e nem faz do acaso a razão da sua lógica.

O fenômeno da vida – não podemos negar – faz-se uma constante de determinismo e probabilidade. Por exemplo: não sabemos as circunstâncias como o ser humano chegou à Terra, e qual o seu destino. Aí opera o ignoto. Por outro lado, todos os seres vivos estão determinantemente dentro de um ciclo biológico de vida. O genótipo humano carrega-se de 25 mil genes (dados levantados pelo Projeto Genoma Humano). Eles ordenam a nossa genética. A vida é competição e comunhão de acordo com a ordem natural. Dizem certos biólogos que não existem leis a governar a biologia, e sugerem que elas sejam consideradas probabilísticas.

Charles Darwin, no último capítulo do seu livro *A origem das espécies pela seleção natural*, expressou este conceito: "Como a seleção natural trabalha unicamente por e para o bem da cada ser, todos os dons físicos e mentais tenderão a progredir na direção da perfeição. Ela trabalha em silêncio."[2]

Analisemos. A seleção natural não se direciona a trabalhar para o bem ou mal de qualquer ser vivo. Por este ângulo o naturalista situa a seleção natural como uma verdadeira mãe. Desconstitua-se esta ótica; ela perfila-se, decerto, como o braço adaptador das espécies ao meio ambiente. Orienta-se a ordem natural no equilíbrio das espécies. Este fato faz-me lembrar de certo biólogo a asseverar que "o gene é egoísta".

Grande bazófia! O gene não é egoísta e nem altruísta, ele é inteligente; dele parte toda a organização do fenômeno da vida. Neste ponto, a natureza exercita uma forma de mecânica quântica biológica. Exemplifiquemos. De um acasalamento de seres humanos, gerou-se certo indivíduo retardado mental e um ano depois no mesmo ambiente geofísico, na cidade de Ulm, Alemanha, em 14 de março de 1879, nasce outro ser humano a que se nominou Albert Einstein. A natureza oferece, por estas contradições, o seu equilíbrio.

Expressa Darwin: "Todos os dons físicos e mentais tenderão a progredir na direção da perfeição".

Que contradição!

Quais os progressos que ocorreram nos órgãos e sistemas físicos e mentais do ser humano desde milhões de anos? Deixou a postura quadrúpede e se fez bípede, e assim posicionou-se contra a gravidade. Abandonou as garras (próprias dos macacos) e passou a usar as mãos e pés desprovidos de garras. "Educou-se".

O ser humano se tornou imune aos efeitos de bactérias, fungos ou vírus, alcançou condições metabólicas perfeitas e deixou de excretar resíduos?

A natureza, sob um contingenciamento que a ciência ainda não conseguiu desvendar, preserva a espécie e não o indivíduo, e na linguagem do silêncio ela fala ao mundo das bactérias, fungos e vírus. Reina algo ainda indefinido neste universo de trilhões e trilhões de seres em que a vida marca-se por dias e até horas. Órgãos sensoriais do homem desconhecem estas miríades de seres invisíveis. Erra o naturalista britânico em afirmar que a seleção natural instrumentaliza-se em silêncio pelo bem das espécies, através do mais apto. Sob esta espiral crescente do mais apto, sempre do mais apto e só do mais apto, todos os seres vivos atingiriam a perfeição, e a vida terráquea se transformaria num Éden. O próprio homem, vivente aqui na Terra há alguns milhões de anos, no raciocínio de Darwin, teria encontrado a perfeição e vencido as 9 mil doenças congênitas que lhe pesam como doloroso fardo.

O que visam as forças da natureza? O equilíbrio da ordem natural.

Seres deformados, físicos e mentais, irão sempre nascer, para que se mantenha o equilíbrio das espécies. Caso as gramíneas e as plantas em geral adquirissem alta resistência nos seus caules, nas folhas e na casca dos seus frutos, de que forma iriam sobreviver os animais herbívoros? Transportemos este raciocínio para a espécie humana. Na hipótese de que todos os homens fossem portadores de uma mesma inteligência, quem iria descer nas profundidades das jazidas minerais para a extração de minérios? Quem penetraria nos esgotos de Paris, São Paulo, Nova York, em épocas passadas, sem nenhuma segurança e proteção?

Darwin falou: "Em restos de seres mortos e partidos a cobrir a superfície". Todos os entes na natureza se movimentam. O que perece transmite o seu DNA ao seu descendente. Dois átomos de hidrogênio a jungir-se com um de oxigênio,

H_2O, geram a água; eles estão em constante movimento. No mundo dos seres vivos, o principal objetivo dos genes: salvaguardar as espécies e equilibrá-las de acordo com a ordem geral.

Certo cientista soltou este besteirol: "O mundo vivo é darwiniano".

Serenamente olhemos a natureza, despida da síndrome do divino (o medo que supostas inteligências possuem de reconhecer que uma força inteligente ordena o universo e o próprio fenômeno da vida), e o que encontramos? Entrelaçamento de todos os seres numa estabilidade geral. No momento em que algumas centenas de tartarugas põem milhares de ovos e deles apenas quatro ou cinco atingem a vida adulta, o que tal fenômeno significa? A sustentação da ordem natural.

Citemos este fato. Há quarenta anos ocorreu no arquipélago dos Abrolhos, próximo ao Espírito Santo, Brasil, incêndio que se alastrou com fulminante rapidez. Centenas de aves que chocavam os seus ovos ou amparavam os filhotes não os abandonaram. Pereceram queimadas nos seus ninhos. Praticaram *kamikaze* para salvar os filhotes. O que podemos inferir deste fenômeno? Por trás das realidades profundas dos genes, a natureza procura salvaguardar a espécie.

Existe, decerto, uma ordem natural a se sobrepor determinantemente. Analise-se este fato. Na eventualidade do ser humano ter se originado de uma subespécie de símio, prevalecentemente, do chimpanzé, tipificado no seu genótipo atual, ele não teria sobrevivido aos predadores. Desprovido de garras para se defender, sem condições de escalar árvores e montes com rapidez, reduzida mobilidade para correr em face da sua postura bípede, longa dependência dos filhos aos pais mediando entre 8 e 10 anos (isto há alguns milhares de anos na vida *in natura*), pelagem inexistente que pudesse oferecer condições de suportar intempéries de frio ou calor. Neste cenário, como retratar o ser humano? Um dos mais frágeis seres da natureza, biologicamente. Certa corrente de pensadores vê o homem como a última espécie a surgir na Terra. Isto nos leva a um patamar bíblico. Assim, o homem nos chega na condição e semelhança de um Deus e no evangelho evolucionista projeta-se no final da Grande Escalada, através de um processo de seleção natural.

Façamos este raciocínio. Numa escala geométrica, caso os seres vivos fossem se aprimorando numa constante sucessão do mais apto, alcançando certo patamar, eles se extinguiriam. Por quê? Entremeada na perfeição e imperfeição entre o mais fraco e o mais forte, as espécies se equilibram e sobrevivem. A perfeição, termo final arguida por Darwin, é ilusória e desconstituída de embasamento cientifico.

Desloquemos o raciocínio para a espécie humana. Ao cabo de algumas centenas de gerações, a humanidade teria a compô-la apenas indivíduos da genialidade dos Aristóteles, Miguel Ângelo, Leonardo da Vinci, Dante, Jesus Cristo (não divinizado), Maomé (não divinizado), Copérnico, Isaac Newton, Einstein etc., eliminados, consequentemente, os doentes congênitos, idiotas e esquizofrênicos.

Interrogue-se. Nos milhões de anos de história de vidas e vidas na Terra, algum indivíduo acasalou com outro de gênero diferente e gerou outro ser? Por exemplo, um roedor *Hydrochoerus hydrochaeris* cruzou com um canídeo? Jamais. O que a natureza determina? A ordem natural assentada na organização das espécies obedece a um processo racional.

Observemos estas correntes do pensamento. O plano ômega de Teilhard de Chardin esteia-se em a humanidade alcançar a perfeição com a cristologia; a de Buda baseia-se na fenomenologia celestial do nirvana, lugar de infinita paz; a do profeta Maomé, no paraíso do Alcorão, com Alá; a do darwinismo, na seleção natural, com a vitória do mais apto, de geração a geração, até chegar ao apuro total.

Descreio dos vaticínios do misticismo e do cientificismo; inspiro-me na própria ordenação da natureza, a verdadeira *mater et magistra*. Decodifiquemo-la. As árvores florescem em determinados meses do ano de acordo com as estações, frutificam obedecendo a certo tempo e condições mesológicas. Cada vegetal está adstrito a um ciclo botânico, desde uma gramínea até a sequoia.

Desdobremos este pensamento. Gesta-se um ente vivo através de processo complexo. Nele, combinam e recombinam constantes ações por meio de milhões de células a se expandirem até alcançar trilhões. Cada uma ou o feixe delas se direcionam na formação e organização de órgãos, pele, sistemas cardiovascular, respiratório e neurológico, justapostos numa massa de nervos e músculos dentro de uma estrutura óssea. Isto nos vertebrados.

A fim de que o que formulamos neste ensaio não enseje de críticos apressados verberações de que o autor impôs uma posição unipessoal em face de matéria de tão alta complexidade, abrimos espaços aos pensadores de várias correntes que estudam esta matéria. Eis um deles, o biólogo Ernst Mayr:

> A cada geração, apenas uma porcentagem muito pequena dos indivíduos na maioria das espécies sobreviverá, e, alguns indivíduos, devido à sua constituição genética, terão maior probabilidade de sobreviver. Mesmo no caso de espécies nas quais os dois pais produzem milhões de crias durante sua vida fértil, como as ostras e outros organismos marinhos, somente dois deles, na média, são necessário para manter a população em sua frequência vegetativa.[3]

A conclusão do biólogo estreitou-se neste raciocínio: "para manter a população em sua frequência vegetativa". Tudo reduzido a este simplismo. O fenômeno biogenético alcança maior profundidade e complexidade. A ordem natural objetiva o equilíbrio e a sobrevivência das espécies. Milhões de filhotes recém-nascidos e em fase de desenvolvimento são devorados a fim de possibilitar a vida de centenas de outras espécies, e, desta forma, manter a subsistência dos ecossistemas, consequência e causa final, segundo Aristóteles, da essência da vida. Os devorados serviram ao imenso caldeirão da vida, os que sobreviveram não conseguiram por contingência da seleção natural ou para "manter a população em sua frequência vegetativa", mas sim por fatores ambientais.

Qual o escopo da natureza? Manter as espécies e possibilitar a vida de centenas de outras que se alimentam de milhões de ovos, de recém-nascidos e de filhotes. Que papel representa, neste cenário biogenético, a seleção natural e a frequência vegetativa? Caso as tartarugas só possuíssem condições de pôr dois ou quatro ovos, como sobreviveriam centenas de seres que se alimentam de seus ovos e filhotes? Muitos predadores se extinguiriam. Todos os ecossistemas integram-se a um sistema geral de interação única em constante mutabilidade.

Num trabalho de alto fôlego, Geoffroy Saint-Hilaire expressou a ideia do equilíbrio geral, na qual se firmam todos os fenômenos da natureza. No seu livro *Loi de balancemet*, ele estudou os diversos aspectos bioquímicos e morfológicos que levam a natureza a sempre se direcionar para o equilíbrio natural das espécies.

Um recém-nascido, aparentemente sadio, desenvolve-se, atravessa os primeiros anos, e a certa altura da vida, já na fase adulta, detecta-se que ele é portador de uma patologia congênita. Que papel exerceu a seleção natural?

Que elementos podem-se inferir? A evolução propriamente caracterizada consiste na ocorrência da mutação de genes nas populações e na adaptação gradual sob a ação da seleção natural dos indivíduos ao meio ambiente. Estes elementos integram-se à estabilidade natural das espécies.

Observe-se de que forma certos cientistas conduzem, de maneira dogmatizada, as suas ideias. Em 1947, reuniram-se em Princeton, nos EUA, numa espécie de Concílio de Trento, destacados adeptos do darwinismo coordenados pelo biólogo Ernst Mayr, e sentenciaram uma espécie de profecia científica, na palavra de Julian Huxley, neto de T. H. Huxley, porta-voz de Darwin: "A descoberta do princípio da seleção natural tornou a evolução compreensível e afastou qualquer causa externa".

Ernst Mayr, presidindo aquele congresso, pontificou de forma olímpica acerca da seleção natural:

> A seleção natural é um processo ao mesmo tempo tão simples e tão convincente que é quase um enigma a razão por que depois de 1858 [data da publicação do livro *A origem das espécies*, de Darwin] se passaram quase oitenta anos antes que fosse adotada universalmente.[4]

Neste arrazoado, não se argumenta, impõe-se. Na conceituação do biólogo a evolução por seleção natural é verdade absoluta. Dogma científico, portanto.

Inspirada nas ideias de Ernst Mayr, autointitulado o "Darwin do século XX", uma corrente de pensadores neodarwinistas criou a Síntese Moderna de reformulação da evolução das espécies pela seleção natural. Crítica fulminante a estes pensadores situa-se no fato deles permanecerem considerando a mutação genética "um acaso", "uma deriva", "um desvio", e por outro lado não reconhecerem a seleção individual.

Mesmo depois das fascinantes descobertas da engenharia genética, do DNA, da biologia molecular e de tantas outras, queda-se sem propósito se apegar a estas visões.

Destes dados, que análise podemos fazer? A natureza abre ampla possibilidade de variedade de espécies aos pequenos seres, e se fecha avara de mutação aos médios e grandes organismos vivos.

Existe uma lógica inteligente. Se com os carnívoros, os grandes felinos, por exemplo, o processo da variedade das espécies ocorresse de forma semelhante aos pequenos e microsseres, desfechar-se-ia verdadeiro caos zoobotânico com total desequilíbrio da ordem natural. Repetimos: a seleção natural esteia-se como elemento de adaptação das espécies às realidades existentes, ou seja, às condições ambientais. Em resumo, a natureza impõe aos seres mais capacitados transmitir seus genes, mesmo porque seria um contrassenso o contrário.

E no nível molecular, o núcleo norteador do próprio ser vivo, de que forma a seleção natural procede? Nesta matéria os darwinistas silenciam. No reino molecular e celular, atua a mutação genética, através do seu código e dos milhares de genes; destes, parte o processo orientador da evolução, secundado pelo elemento adaptador da seleção natural.

Um estudo desenvolvido por David Begun, da Universidade da Califórnia, EUA, comparou a sequência de DNA de duas espécies de moscas-das-frutas do gênero *Drosophila*. Foram analisados 5 mil genes. A seleção natural foi responsável pela divergência evolutiva de 25% dos genes estudados. A grande parte, correspondente a 75%, ocorreu, segundo este biólogo, por "deriva genética". Ressalte-se: eles não empregam a expressão mutação genética a qual pressupõe determinismo, fato que promana de um comando inteligente, fenômeno que se contrapõe ao processo evolutivo por seleção natural.

Francis Collins, cientista americano, coordenador do Projeto Genoma Humano, aclamado mundialmente por detectar um dos genes mais procurados do genótipo humano, o da "fibrose cística", doença genética de maior incidência entre os brancos dos EUA (é tão comum no EUA que existe uma criança portadora desta doença temível e fatal em quase todas as salas de aula). Estudando-se este quadro patológico, chega-se à conclusão de que a seleção natural exerce apenas ação adaptativa na evolução das espécies.

Entrementes, outra importante descoberta no campo da genética. O biólogo americano Thomas H. Morgan, da Universidade Columbia, Nova York, e um dos mais respeitados estudiosos nesta área científica, dedicou-se ao estudo do transmissor hereditário da mosca *Drosóphila*. Normalmente essa mosca tem os olhos vermelhos. Subitamente, sem causa aparente, nasce uma delas de olhos brancos. Demonstrou-se com isso que esta característica surge inesperadamente como mutação espontânea gerada por fatores genéticos. Avançando os estudos, Morgan concluiu que entre os organismos multicelulares a taxa de mutação por gene aproxima-se de que exista latente em 300 milhões de indivíduos a possibilidade de um deles nascer com mutação genética. Portanto, a evolução ocorre como modificação genética das populações no interior de suas espécies, processo imanente da própria ordem natural. Todos os entes orgânicos e inorgânicos se movem. Nestes, vamos encontrar nos seus núcleos subatômicos frenética movimentação.

Abra-se espaço para que nele ingresse um dos corifeus do neodarwinismo, o biólogo Jacques Monod, laureado Nobel da ciência:

> Nenhuma grande concepção científica foi mais ardente, áspera e ininterruptamente combatida que a teoria da seleção natural da evolução; nenhuma suscitou tanta repulsa e incompreensão. Para isto há várias razões, umas de ordem ideológica e moral.
>
> ....
>
> A teoria seletiva, para muitos, atinge a dignidade do homem e o seu destino. É nisso que se encontra, de modo bizarro Engels, Spencer, Bérgson, Teilhard de Chardin, Lyssenho e Artur Koesther para citar apenas estes.[5]

O que se deduz do texto do biólogo? Bizarros – assim ele julga grandes pensadores. É a imponência das certezas absolutas. Impõe pensamentos como se deles irradiasse a sapiência de manejá-los à mercê de sua inteligência superior. Apoda de fanfarrões aqueles que não comungam com as suas teorias.

Mergulhemos em seus cérebros; lá vamos encontrar certos tipos humanos tão bem estudados pelo condicionamento mental do cachorro de Pavlov. Desprovidos de uma visão ampla do mundo, carregam-se de verdadeiras viseiras, a que estão manietados; e aí resvalam em enormes e crassos absurdos.

A seleção natural não cria novas espécies; o código genético transmite aos descendentes os caracteres dos genes que vêm da cadeia dos antepassados. Quando nasce um descendente diferenciado da espécie geradora, a partir daí a seleção natural atua a fim de adequar a carga genética do novo ser às condições ambientais. Existe em todas as espécies um gene mutante, do qual, entre milhões de seres que nascem, um se perfila com acentuada característica de variedade em relação aos seus semelhantes. Darwin não trouxe para os seus estudos a análise da mutação. Observe-se este raciocínio bufônico de visão condicionada:[6]

> Um exemplo provável e interessante [leiam, interessante!] de um aumento desse tipo de doença é a cegueira para cores, que tem uma incidência de 7% na sociedade moderna e a 2% em sociedades de caçadores-coletores. Com a mutação deletéria houve um relaxamento da seleção natural.

Que lógica desconexa! "A seleção natural relaxou-se". Este raciocínio lembra-me guarda em quartel cuja prontidão relaxou-se. Ao justificar as doenças congênitas, ele repete o termo "relaxar" identificando na seleção natural guarda pretoriana das espécies vivas. Talvez seja mais sensato prosternar-se ao chamamento de um muezim lá no alto do miranete da mesquita Masjid Al-Haram, a Grande Mesquita de Meca, na Arábia Saudita.

Ressalte-se: a seleção natural integra-se como um dos elementos da evolução dos seres vivos, no mesmo patamar e importância da conservação, replicação e comunhão das espécies. A ordem natural que preside estes fenômenos visa ao equilíbrio das espécies e do próprio sistema de vida.

Situemo-nos numa orla praieira de alguma região tropical. Um pé de coqueiro com cacho de frutos de 15 a 20 cocos. Com o tempo os frutos vão amadurecendo e começam a cair. Apenas um fruto germina e enraíza: ele teria condições de sobreviver em solo de areia de praia se não fosse alimentado com os nutrientes dos outros cocos não germinados? Caso o coqueiro produzisse cacho com dois ou três frutos, a espécie teria sobrevivido em terreno praieiro? Não! Outro fato. Quase todas as sementes são protegidas pelo fruto (cajá, laranja, mamão etc.) ou por uma cobertura (feijão, milho, soja etc.). Este elemento de proteção às espécies precede à própria seleção natural; portanto, integra-se à ordem natural.

No período do desenvolvimento da semente, o fruto desempenha função de proteção contra o predador (pássaros, insetos, fungos, bactérias) e serve de nutriente nos primeiros dias de crescimento da plantinha (semelhante ao leite materno dos mamíferos nos primeiros meses de crescimento dos filhotes). Os frutos não germinados vão propiciar a nutrição de vários tipos de seres integrados àquele ecossistema.

Agora, situemo-nos frente a uma árvore frutífera de grande porte: umbuzeiro, mangueira, jaqueira etc. Amadurecidos os frutos a maioria cai debaixo da árvore-mãe. Qual a semente que irá germinar? De acordo com a teoria de Darwin seria a mais apta. Diversas sementes brotaram sob a frondosa sombra da mangueira; no entanto, uma delas, a mais fraca, caiu um pouco além do círculo ensombreado da árvore-matriz, recebendo, em algumas horas do dia, raios solares, e com isto exercita o processo da fotossíntese. Prosperou e cresceu. As outras plantinhas se atrofiaram e feneceram. Aos milhões, esta ocorrência sucede a todo instante, por todas as partes do planeta.

Que seleção natural ocorreu?

Por que é assim? Não há resposta. Há dezenas de anos, a visão dominante entre biólogos e antropólogos era a de que a vida teria se originado de uma causalidade tão improvável que possivelmente não ocorreria duas vezes no universo observável. Esta visão teve a defendê-la o biólogo Jacques Monod. Assim ele escreveu, em 1970: "Finalmente o homem sabe que está sozinho na imensidão inexorável do Universo, do qual emergiu por acaso".

De uns vinte anos para cá, este pensamento superou-se. Em 1995, o notável bioquímico belga, Christian de Duve, classificou a vida como "um imperativo cósmico" e acrescentou: "É quase provável que ela surja em qualquer planeta semelhante à Terra". Este pensamento de Duve reforçou a corrente de pensadores de que o universo fervilha com formas de vida. O cientista Robert Shapiro, da New York University, analisou o fenômeno como um determinismo biológico. Defina-se a síntese determinista: a vida é imanente às leis da natureza.

Eis o texto do biólogo Rose Michael:

> Que a seleção natural se esmere em tornar os seres humanos sadios aos 12 anos, mas faça um trabalho inteligente de nos manter saudáveis aos 82 anos. Ela faz uma triagem criteriosa [e as 9 mil doenças congênitas da espécie humana?] dos genes que tem efeitos nocivos. É assim que envelhecemos, porque a seleção natural é a fonte máxima de nossa saúde.[7]

E por aí segue o besteirol. Na conceituação deste sábio de proveta toda a engenharia genética deve se adstringir ao processo de seleção natural. Desconhece o professor da Califórnia que a fenomenologia da vida projeta-se muito além da estreita e limitada inteligência dos donos das verdades absolutas. Tenhamos humildade ante a razão. É por demais complexa a matéria. Nem a genialidade de Einstein aventurou-se a abarcá-la. Só alguns séculos à frente, o homem desvendará o desafiador mistério.

Notas

1 Richard Dawkins, *O gene egoísta*, São Paulo, Companhia das Letras, 2007.
2 Charles Darwin, *A origem das espécies*, São Paulo, Madras, 2004.
3 Ernst Mayr, *Isto é biologia*, São Paulo, Companhia das Letras, 2008.
4 Idem.
5 Jacques Monod, *O acaso e a necessidade*, Petrópolis, Vozes, 1970.
6 Christopher Hitchens, *Deus não é grande*, Rio de Janeiro, Ediouro, 1989.
7 Rose Michael, *O espectro de Darwin*, Rio de Janeiro, Jorge Zahar, 2002.

A mutação genética e a comunhão das espécies

Desde Aristóteles até Lineu e Buffon, a história da ciência ordenava-se em grande parte descritiva, no arbítrio das superiores razões do sobrenatural. A partir da segunda metade do século XIX, no dorso do Iluminismo e da própria Revolução Industrial, abrem-se para a humanidade as mais vastas e surpreendentes descobertas científicas e tecnológicas. Novo homem desata-se na cena do mundo. O condenado da longa opressão do misticismo milenar, o servo dolente de messias e profetas que, aos primeiros badalos dos sinos das catedrais e ao imperativo chamamento dos muezins nos minaretes das mesquitas, acorria sôfrego às rezas, distende o grito de liberdade e repete, por todos os recantos do mundo, o bordão: *Libertas quae sera tamen.*

Após ouvirmos estudiosos das ciências e nos debruçarmos em longas pesquisas, concluímos que a ordem natural se impõe pelo equilíbrio das espécies. Não trazemos à baila a visão sobrenatural de um Criador. Deixamos com os teólogos matéria de tão alta complexidade. Norteia-nos a lógica científica. Repelimos a síndrome do divino e o patrulhamento dos industriais do antideísmo.

Deixo aos senhores da inteligência esta reflexão. Quando lá, bilhões de anos atrás, moléculas se jungiram e formaram as primeiras células e as impregnaram com vários elementos, um fenômeno há de se destacar: a própria célula originária autoprogramou a sua morte, ou seja, marcou o seu ciclo biológico, transmitiu o seu gene e, simultaneamente, ela se impregna de um acendrado amor à vida. Que fascinante mistério!

Qual o ser vivo que quer deixar a vida? Eis o grande enigma. Houve intervenção de um ser inteligente naquele momento da junção das moléculas? Certa inteligência para além de nossa capacidade perceptiva atuou?

Desdobremos o nosso raciocínio. Milhões de ovos e outros tantos milhões de filhotes de milhares de aves e répteis são devorados e consumidos por centenas de espécies para sobrevivência da cadeia alimentar. Por que a natureza possibilitou esse excesso de ovos e filhotes? Visou com isto à diversidade e à sustentação das espécies. Transportemos esta visão para o ser humano de acordo com a teoria da seleção natural. Há milhões de anos o homem habita a Terra; segundo esta teoria ele já teria alcançado o patamar de um ser vivente perfeito, promanado pela longa triagem e sobrevivência do mais apto. Admitamos esta conceituação.

O que seria da humanidade se dela só nascessem gênios? Nenhum progresso ocorreria. Quem iria suportar o fardo de serviços e obras extremamente arriscados? Milhões de homens, cujo destino se desconhece. Sabemos o nome do gênio que moldou a abóbada da Capela Sistina, no Palácio Apostólico do Vaticano. Ele está no frontispício da arte como um dos momentos mais altos da criação humana, nominemo-lo: Miguel Ângelo. E os milhões de operários mortos em obras e construções perigosas, que nomes tiveram e que vidas viveram? Perguntem ao destino, este enigmático senhor da razão.

A ordem natural assenta-se com as mais extremadas condições de vida.

Nos últimos anos, descobriu-se a habilidade de algumas formas de vida conhecidas por sobreviverem em situações extremamente adversas. Bactérias foram encontradas em ambientes extremos, no cone de vulcões escaldantes e até em vales gélidos da Antártica. Micro-organismos já foram encontrados no subsolo siberiano. Certas bactérias são capazes de suportar doses de radiação em torno de 2 milhões de rad (450 rad são suficientes para matar um homem). Outros extremófilos, assim chamados, podem sobreviver em lagos com alta saturação de sal, em remanescentes minas contaminadas com metais altamente ácidos, e, por fim, nos resíduos de reatores nucleares.

O que leva a ordem natural a manter e perpetuar miríades e miríades de seres vivos através de milhões de espécies? O código genético por meio dos seus genes.

Wilhelm Johannsen, biólogo e geneticista dinamarquês, foi o primeiro a criar a palavra *gene*. Ele fez experiência com feijão, que à semelhança das ervilhas de Mendel se reproduzia principalmente por autofecundação. O biólogo obteve linhagens com sementes relativamente maiores e menores. Em alguns casos, a seleção natural agia. De certa feita, originou-se um indivíduo independente da seleção natural. Neste caso, atuou a mutação genética.

O processo formativo das espécies contém toda a carga hereditária de passadas e indefinidas gerações, e assim determina a ordenação, mesmo degenerativa dos indivíduos.

Coloquemo-nos num cenário de 30 mil anos atrás, nas savanas da África. Nasce certo hominídeo com patologia congênita; ele se desenvolve com muito esforço até os 20 anos, quando chega a falecer. Antes ele deixou descendente que poderá nascer ou não com a sua patologia. Onde atuou a seleção natural?

Os que observam o universo, a Terra, os fenômenos da vida e o próprio fenômeno humano sob um pânico fantasmagórico da Bíblia onde Adão e Eva se encontram no paraíso, ou aquele outro das priscas eras da Terra primitiva, surgindo de uma "sopa primordial" ou por um "acaso e necessidade" originou-se, na junção de moléculas, a vida, e no dorso de milhões de anos surgiu a espécie macaco, e na suprema escalada esta subespécie, o hominídeo?

Onde podemos encontrar a verdade? Já muito caminhou o homem pelos milênios. Egresso das cavernas, hoje, impulsionado por um fantástico progresso, ele navega em naves espaciais. Alguns séculos à frente, talvez uns cinco, estes desafiantes enigmas serão desvendados. Por que estamos no planeta Terra? Em que condições chegamos nele? Qual o nosso destino? O homem vencerá a morte não morrendo. Como? A energia mental se desvencilhará do corpo? Enfim, de que forma o processo evolutivo irá transcorrer? Pela própria mutação genética que opera e impulsiona a evolução das espécies exercendo a seleção natural o elemento adaptador à realidade ambiental. Exemplifiquemos. Transportemos um casal de urso-polar da Groelândia para a região do semiárido do Nordeste do Brasil. Como os seus descendentes irão se comportar após algumas dezenas de gerações? É aí que atua a seleção natural. Após o transcurso de gerações, aqueles indivíduos vindos da região polar modificaram o seu metabolismo, pelagem, garras, mandíbulas, arcada dentária, sistemas cardíaco, respiratório e sanguíneo, ajustamento do seu sistema hidrotérmico ao clima e, enfim, se ajustaram naquele ambiente para o qual foram transportados. Uma nova espécie se formou.

Uma das matérias de maior complexidade das ciências biogenéticas é, decerto, a carga genética que cada ser vivo detém. Este fenômeno vem de profundas realidades e abarca todos os seres. Numa colônia de 20 mil atobás, a ave marinha mãe que vai à caça de alimentos para a prole, na volta, sabe diferenciar onde os filhotes se encontram em meio a milhares de outros. De que forma são conectados esses reflexos e perpassados de geração a geração, por milhares de anos?

Olhemos particularmente o comportamento e organização de algumas espécies de insetos inteligentemente estruturadas. Logo ao nascer, nas primeiras horas, a abelha, a formiga e a mosca estão aptas a executar os primeiros movimentos de sobrevivência; alcançada a vida adulta, exercem com plena capacidade as intricadas operações para obtenção de alimentos e cuidados com a prole, antecedidos com a construção e manutenção dos ninhos ou colmeias.

O que se projeta com indiscutível força genética? A forma dos animais se adaptarem às condições do meio ambiente em que se encontram. Certos estudiosos ao abordarem esta matéria procuram tergiversar e a tratam displicentemente, chamando-a de "instinto". Que instinto é esse que inteligentemente se fez nascer, ordenar, conduzir, organizar, replicar e se autoproclamar para a morte (ciclo biológico). Que instinto é esse que adequou o cio das girafas e de todas as espécies aos ciclos das estações climáticas nas savanas africanas e em todos os lugares?

Este biólogo, S. F. Gilbert, de uma universidade de Madri, inadmite que os animais tragam carga genética, e sim instinto, cuja definição conceituou: "É a expressão direta e indireta dos processos bioquímicos do corpo, através das estruturas herdadas, porém, modificadas de padrões neurônicos sinápticos, que, por sua vez, são moldadas por mecanismos impostos compulsivo e fóbico."[1]

Ele derramou-se numa análise bioquímica. Não é só por este aspecto que alcançaremos o complexo e fantástico fator genético. Urge entender os profundos fenômenos da natureza. Perante ela não existem seres fortes ou fracos, todos se equilibram. O leão e o condor-dos-andes, ambos absolutos nos espaços em que vivem, são, no entanto, frágeis ante uma bactéria.

Como se falar em evolução pela seleção natural do mais apto se quem determina afinal a vida e as condições dos seres é o seu código genético? Nasce um ser humano plenamente sadio e vive algumas décadas. Aos 30 anos, ao caminhar, apresenta os primeiros sintomas de cansaço. Diagnóstico: portador de uma cardiopatia congênita. Aos 32 anos vem a falecer de um colapso cardíaco.

Que evolução pela seleção natural tão apregoada é esta?

Ressalte-se: não podemos negar, a seleção natural opera no escopo de ajustar os seres vivos às realidades ambientais de acordo com as condições mesológicas e o processo competitivo. O ser humano direciona-se ao constante somatório cultural, jungido, no entanto, ao código genético. Nove mil doenças congênitas no homem, 3.500 nos caninos e 2 mil nos bovinos retratam bem em quais mãos se encontra o condão do fenômeno da vida, que cada espécie traz consigo.

Neste fantástico mundo, dos viventes e suas circunstâncias, um fenômeno há de ser ressaltado; é, decerto, o que norteia os seres vivos: o processo da comunhão. De acordo com a teoria darwinista, os seres vivem em constante competição, frente à qual vencem os mais aptos. Não há de se negar este elemento imanente da própria ordem natural; no entanto, um fenômeno transcende em importância a seleção evolucionista: o da comunhão das espécies. Sem esta comunhão, como se manteria, no curso de milhares de gerações, o forte liame entre pais e filhos, o qual, inexistindo, feneceria a quase totalidade das espécies.

Mentalizemos. Se os pais, logo após o nascimento dos filhos, não lhes dedicassem zelo num liame de comunhão, e os abandonassem, o que seria da ordem natural e da própria vida no planeta Terra? Até os vegetais envolvem com zelo as sementes de suas plantas, revestindo-as com o fruto, casca ou qualquer cobertura, e assim preserva-as dos predadores; além do mais, oferecem às plantinhas, nos primeiros dias de germinação, os nutrientes contidos no fruto que reveste a semente.

Qual, portanto, dos dois fenômenos, a seleção natural do mais apto ou a comunhão entre os seres, tem mais relevância para o equilíbrio da ordem natural? Sem dúvida, o da comunhão, expresso principalmente nestes elementos: zelo entre pais e filhos, convivência entre indivíduos no acasalamento, construção de locais para a prole, ninhos, colmeias, abrigos etc., enfim, a busca por alimentos.

O processo evolutivo poderia subsistir sem a prevalência do mais apto? Que nos digam os milhares de patologias congênitas; nunca, decerto, sem a comunhão natural entre os seres.

Observemos com acuidade esta matéria.

O processo de evolução das espécies pela seleção natural centra-se na competição entre os indivíduos, linha de raciocínio da qual destacamos este fato: na quase totalidade dos seres, cabe ao macho o esforço competitivo. Ele demarca o território e firma o seu domínio; luta contra o outro macho pela posse da fêmea que se queda passiva; a ele, na maior parte das espécies, cabe a procura dos alimentos para a prole. Deixemos esta observação: no reino das aves, só 5% dos machos cantam, o restante grita. As fêmeas, todas elas, apenas piam. Esclareça-se. São poucas as espécies em que as fêmeas participam do processo de competição; no entanto, em quase todas, a fêmea se integra à criação da prole.

Retomemos a análise sobre a evolução pelo prisma mendeliano no processo adaptativo dos organismos vivos ao meio ambiente. Hugo de Vries e William Bateson, num amplo estudo que fizeram em 1940, enfatizaram o papel das variantes mutantes no processo evolutivo. Com as descobertas do biólogo russo, Theodosius Dobzhansky, segundo destacou, as espécies vivas não são meros tipos morfológicos, mas sim populações variáveis, isoladas de outras reprodutivamente. Esclareça-se. O isolamento não é geográfico, mas sim reprodutivo. Variadas espécies de borboletas vivem numa mesma região às margens do rio Negro, próximo a Manaus, numa área de 150 km^2, fato este comprovado pelo cientista Henry Bates[2] durante expedição científica pelo rio Amazonas.

Os darwinistas se insurgem. Se novas espécies podem surgir da mutação genética, que função exerce o processo seletivo?

Certa corrente de cientistas sob a liderança do biólogo Ernst Mayr pontuou esta análise: "Os princípios fundamentais da síntese evolutiva partindo do pressuposto de que as populações contêm variações genéticas que surgem por mutação ao acaso. Não existe um programa genético preestabelecido de mutação."

Ressalte-se: em qualquer momento ao se abordar matéria de alta complexidade como esta, desata-se sobre a mente de certos cientistas a síndrome do divino. O acaso, como o próprio nome evidencia, afasta o programa genético cujo objetivo pressupõe algo determinado.

Continua Ernst Mayr:[3] "As populações evoluem por mudanças nas freqüências gênicas pela deriva genética aleatória; a maior parte das variantes genéticas adaptativas [...] ocorreu pela seleção natural."

Observem este raciocínio. Todo o processo biológico desde a junção das moléculas na constituição da célula na Terra primitiva, até a formação do zigoto, dos órgãos, dos membros, dos sentidos, dos sistemas neurológico, respiratório, cardíaco, enfim, até a plena constituição do indivíduo, tudo isto se direciona e se move pelo "acaso" e pela "seleção natural". Nada se preestabeleceu, e nenhuma ação inteligente ocorreu.

Com a elucidação do estudo molecular da hereditariedade, a partir de 1953, com Watson e Crick, descobriu-se a estrutura do DNA, característica fundamental para se estender à função de armazenagem informação genética desta supermolécula, abrindo-se, assim, um vasto campo de visão da mutação genética, possibilitando melhor análise sobre a evolução das espécies.

Mesmo com o fantástico avanço científico nos campos da engenharia genética e da biologia molecular, correntes de cientistas e certos biólogos insistem em sustentar que as sequências alteradas de DNA são consequências de "erros" a provocar a mutação, promanada e originada por "acaso" ou "deriva".

Cenário fantasticamente enigmático e soberbo em que a natureza fez desencadear a origem, criação, formação e desenvolvimento de trilhões de seres vivos, todos obedecendo a uma completa e absoluta ordenação com "infinita perfeição", segundo Albert Einstein, iria esta potente e fantástica máquina criadora e ordenadora resvalar em "erros"?

Só em pensar que esses "erros" vêm por força de um processo genético, os defensores das teorias reducionistas e os arautos da indústria do antideísmo entram em pânico. Isto não! Isto é ideia dos fundamentalistas do papa e do profeta Maomé.

A ciência não deve ser posta exposta ao fanatismo. Negar-se a debater ideia ou teoria contrária às que esposamos resvala-se num dogmatismo cego. A isto se contrapõe uma visão dialética do mundo e dos circunstantes.

Norteou-me abrir espaços aos debates e opiniões divergentes, a fim de possibilitar um melhor estudo das matérias abordadas. Com a palavra Richard Dawkins, ferrenho arauto do darwinismo:

> Em cada geração, a reprodução passa os genes que lhe são fornecidos pela geração anterior à geração seguinte, mas com pequenos erros aleatórios [...].

> Porém, embora as mutações sejam aleatórias, a mudança cumulativa ao longo das gerações não é aleatória [...].
>
> ....
>
> A prole em qualquer direção difere do genitor em direções aleatórias. É aqui que entra a seleção darwiniana.[4]

Analise a contradição deste expositor. Como entender que o aleatório marca uma constância vinda desde milhares de gerações?

Analise o contrassenso do último período do texto: no caso em que a prole repetisse o mesmo gene dos seus genitores e não se jungisse ao aleatório dos genes dos seus antepassados, a natureza quedar-se-ia engessada numa melancólica uniformidade. Onde atuou a seleção natural?

Os genes se originam de um código no qual está contido todo o genótipo da espécie. O que isto significa? Existe um propósito ordenado de que uma causa não pode gerar o aleatório como efeito. A evolução promana de um processo imanente da natureza, ordenada e impulsionada por vários fenômenos: o ciclo biológico, a conservação e o apego à vida, a comunhão dos pais e filhos, a diversidade das espécies, a seleção natural, e, afinal, a ordem natural a equilibrar bilhões de seres.

Para Bergson, a ideia do aleatório oscila entre a causa eficiente e o efeito final. Aduzimos: a causa pode gerar o aleatório, de acordo com o consequente. Por exemplo: acasalamento de um canídeo com uma roedora. Caso acontecesse retratar-se-ia o aleatório.

No submundo do átomo não sucedem eventos aleatórios repetitivos, mas probabilidades. Como explicar, segundo o conceito exposto pelo biólogo, que o todo, ou mesmo um organismo formado pelo conjunto das partes, estas sejam aleatórias e o todo não? É uma incongruência. O fenômeno da mutação genética sobrevém em milhões de espécies, de uma ameba a um elefante, de uma gramínea à sequoia (a árvore mais alta do mundo). Por outro lado, os genitores transmitem ao descendente a soma de genes dos seus antepassados.

A natureza marca o mundo dos seres vivos com implacável determinismo. Este dado é emblemático. Sabe-se o índice aproximado de pessoas retardadas mentais e esquizofrênicas. Nos EUA, de cada mil pessoas, três são portadoras de algum transtorno mental; no entanto, se desconhece o percentual e nascimento de seres geniais nas artes, nas ciências, na política etc.

Por que este fenômeno? Ainda não temos resposta. É sábio e inteligente o equilíbrio da ordem natural.

Observemos a condição humana envolta nestes dois mundos, o visível e o invisível.

Cientista darwinista nos deixou estes conceitos: "Por que apregoar com tanta exaltação as capacidades superiores do ser humano, quando alguns órgãos do homem, como o da visão, são inferiores ao do condor-dos-andes, o olfato inferior ao do canino, o auditivo ao do felino?"[5]

Por esta ideia o cientista se desencontra com a lógica. Urge encontrar as causas dos fenômenos, projetá-los num uno universal e mergulhar no recôndito dos elementos que produziram o fenômeno da vida. Ficamos com Einstein: "A natureza não joga com o inconsequente. Ressalte-se; ela se assenta num sistema de absoluta perfeição".

Imaginemos o ser humano com a capacidade visual de um microscópio eletrônico; portanto, centenas de vezes superior à visão normal. Em que mundo de terror ele mergulharia? Terrível pesadelo o assaltaria. Ele iria ver trilhões e trilhões de bactérias, fungos, vírus, insetos etc. penetrando em sua boca, nariz e ouvidos. Olharia os fungos a caminhar no seu corpo; olharia vírus inocular-se nas células e produzir patologias sinistras; olharia, ele próprio, degustando bactérias junto com alimentos digeridos; olharia, por fim, nas plantas e em todos os espaços o infinitamente apavorante universo de miríades de micro-organismos a povoarem e dominarem a atmosfera. Aonde chegaríamos? A loucura arrastaria o ser humano e a Terra se metamorfosearia num grande hospício, onde noites sombrias se distenderiam sobre a condição humana. Nem o próprio animal suportaria. E do olfato altamente aguçado, como de um canino, sentindo o homem o odor putrefato a mais de dois quilômetros, em que atmosfera de vida ele iria se debater?

Observemos o fantástico e fenomenal mundo dos seres vivos, a sua organização, o nascer e o fenecer das gerações que se sucedem numa determinada ordem, e, afinal, a enigmática programação para a morte.

Milhares de eventos constantemente ocorrem sequenciados no mundo da natureza, com bilhões de seres que emergem para a vida e fenecem, aliados a uma extraordinária diversidade, cada um com a sua identidade, e, finalmente, o homem, na sua individualidade.

Bilhões de seres humanos povoaram a Terra, aproximadamente uns cem bilhões, deixando seus sonhos, suas angústias e seus ideais. Enfim, eles viveram o fenômeno humano. Agora, esta interrogação. E os trilhões e trilhões de espermatozoides lançados no mundo de minuto a minuto, quem foram eles? Projetos de vidas não realizados. Perdidos no insondável infinito do não ser. Procuravam a sua individualidade: afinal, eles buscavam alcançar a vida e sonhavam ser zigotos.

Ao encerramos o capítulo, citemos esta ideia da bióloga norte-americana, Lynn Margulis, denominada Gaia (homenagem a Gaia, deusa da mitologia grega, a Mãe Terra), de que, segundo esta cientista, a Terra não é só um mero planeta no meio do universo, mas um sistema fisiológico dinâmico que o vem mantendo apto para a vida há bilhões de anos. Fenômeno impressionante. Ao longo de milhões de anos, apesar de muitas oscilações, a Terra vem sustentando a sua estabilidade, clima, pressão e composição atmosféricas, a proporção do sal no mar; e tudo isto, aliado a outros inúmeros fatores que se integram para a preservação do fenômeno da vida. Componentes e elementos se ajustam como gases constantes na atmosfera, nutrientes no solo e água. Qualquer desequilíbrio nos sistemas dos elementos químicos ou físicos impossibilitaria a vida na Terra.

Notas

[1] S. F. Gilbert, *Developmental biology*, New York, Oxford University, 1991.

[2] Walter Henry Bates, *O naturalista no rio Amazonas*, São Paulo, Companhia Editora Nacional, 1944.

[3] Ernst Mayr, *Biologia, ciência única*, São Paulo, Companhia das Letras, 2005.

[4] Richard Dawkiws, *O relojoeiro cego*, São Paulo, Companhia das Letras, 2001.

[5] J. Huxley, *Le Comportement rituel chez l'homme et l'animal*, Paris, Gallimard, 1971.

O deus Acaso e o *design* inteligente

Ao elaborar a matéria deste capítulo, após longas reflexões monologando com o meu silêncio, aprendi a ouvir a palavra dos mais diversos vultos, de um João Pedro Teixeira, camponês das várzeas do Paraíba, a um Lévi-Strauss, em Paris.

Na maioria dos círculos acadêmicos, onde habitam olímpicas sapiências, descarta-se qualquer debate em que se aborde o *design* inteligente como origem, organização e evolução do fenômeno da vida. Por quê? Este porquê eu fiz centenas de vezes.

Certas inteligências, ao atingirem um nível intelectual superior ao comum dos homens, se transvestem em místicas do saber, sobretudo aquelas aureoladas com prêmios universais – inebriam-se com a excepcionalidade das suas sapiências.

Projetam-se a parâmetros muito além do normal dos seres humanos; predestinam-se criadores de teorias, de fórmulas, de projetos, chegando um deles a lançar em meio ao *Deus, um delírio* esta teoria, a *menes*, embasada nos holofotes televisivos. Olham a humanidade como um rebanho; ridicularizam e riem de bilhões de seres humanos que abraçam crenças religiosas. Caricaturam o profeta Maomé: um saltimbanco do misticismo. Na grande mídia, em qualquer parte do mundo, esparramam as suas genialidades. Encurralados os teólogos nas suas cartas evangélicas, os sabidões das verdades absolutas pontificam com sobranceria, sobretudo quando certas religiosidades quedam-se ultrapassadas ante o fervilhante mundo globalizado. Dizem nas suas elucubrações narcisistas: "Que destino dos milhões de incapazes, miseráveis fanáticos".

Fazem-se cônscios de alto poder intelectivo, e assim revoluteiam suas ideias. Quando não estão pontificando suas teorias e doutrinas, vivem monologando com eles próprios e com suas verdades. E, assim, masturbam-se mentalmente. Eles pensam: Caso exista algum criador do mundo ou algum elo de inteligência entre o fenômeno humano e o cosmo, somos apenas um mero joguete da força criadora, escravos de sua vontade. Miram-se olimpicamente!

Eu conheci alguns desses tipos humanos. De soslaio, olham para os evangelizadores de almas e pregadores místicos como uns condenados da ignorância e boa-fé. Dizem: Não! Isto é para os milhões de romeiros e fiéis que povoam suas existências com rezas, benditos, orações aos pés de padres, pastores, mulás, rabinos e monges.

Descartam qualquer debate que possa diferenciar misticismo e *design* inteligente. Para confundir, lançam tudo nos braços do criacionismo, que, encurralado nos seus dogmas, queda-se cientificamente fragilizado. Aí, os semideuses da sabedoria jogam e dominam as cartadas com as suas teorias da "sopa primordial num lago tépido" e do "acaso e necessidade". Bradam, quando não murmuram: só os idiotas e fanáticos religiosos acreditam nas liturgias evangélicas a embalar as religiões de Buda, Brahma, Moisés, Jesus Cristo, Zoroastro, Maomé. Por suas genialidades, à frente Jacques Monod, criaram o deus Acaso, e riem de Alá, o deus do profeta Maomé, aquele que arrasta milhões de fiéis a peregrinações à sagrada pedra Kaaba, em Meca, santuário do islamismo, onde o filho de Abdullah ouviu do anjo Gabriel os ditames do Alcorão.

Esses geniais pensadores amedrontam-se em se nivelar aos comuns dos homens. Aí, quando suas inteligências se defrontam com pregadores evangélicos a se contorcerem em gritos de "aleluia, aleluia, aleluia", a encherem as naves das catedrais, eles soltam estas: *Deus não é grande*; *Deus, um delírio*; *Religião, ópio do povo*; *O Deus que nunca existiu* etc.

Os catedralícios interlocutores de si próprios se perguntam: por que tantas razões escapam ao inteligível? Que enigma! Num relance, um deles interroga-se: como a orquídea fecunda a si mesma e, assim, dispensa o inseto encarregado da sua polinização? Qual a explicação deste fenômeno? Há milhões de anos, bactérias vivem nos intestinos de vertebrados. Que evolução ocorreu nestes seres que permanecem num mesmo estágio fisiológico?

Ora, raciocinemos: se o meio não impõe nenhuma evolução ou transformação, algum programa genético independente do ambiente deve existir. Lógica de verdade científica. Contestem-na. Sigamos este raciocínio. Se a linhagem dos primatas, destacadamente o chimpanzé, levou-o ao *homo sapiens sapiens* sob o argumento de que o homem desenvolveu a sua inteligência em razão do aumento constante do seu cérebro, de 460 cm^3 para 1.500 cm^3 (ora, a inteligência se expandir por um processo quantitativo!), por que a do macaco permaneceu estática? Segundo este enfermo argumento darwinista, o golfinho dotado de um cérebro maior do que o do homem deveria ser altamente inteligente.

Reafirme-se: sem a síndrome do divino e nem o receio do policiamento cientificista, a natureza, desde o início de sua formação, teve uma construção precisa. Temos diante de nossos olhos essa multidão infinita de seres viventes. Falta-nos instrumental científico para sabermos como tudo isto surgiu.

Só os sábios das verdades absolutas e os crentes que dialogam com o Criador podem responder a estas interrogações. Nós emudecemos. Acreditamos que, alguns séculos à frente, a ciência desvendará tão profundos mistérios, e o homem far-se-á senhor do seu destino, e não um mero joguete fisiológico de um corpo fragilizado, conduzido por uma força mental potentosamente expansiva.

Dos fenômenos que mais fascinam o homem e o lançam em constantes interrogações é, sem dúvida, a sua origem e as condições e elementos que o lançaram no mundo, e a sua evolução através dos séculos. É algo misteriosamente fascinante. Desde a Grécia antiga, com Demócrito, Aristóteles e Platão, fórmulas e teorias foram aventadas por cientistas e filósofos na ingente busca de desvendar o enigmático fenômeno da vida. No pensamento de Jacques Monod, um dos corifeus do darwinismo, a vida teria se originado por acaso. Assim, elegeu-se um novo guru, o deus Acaso. Por este fenômeno a origem da vida apequena-se num passo de magia a um mero instante lotérico. Neste patamar do imaginário, falam os apóstolos e seguidores das cartas evangélicas. Contrapondo-se aos místicos, os materialistas acabam por sacar da cartola suas idiossincrasias: o deus Acaso.

Imaginemos o acaso, segundo Monod.[1] Na Terra primitiva, lá pelos milhões de anos atrás, certas moléculas de carbono e hidrogênio se atraem, desconhece-se a força eletromagnética que as uniu, por acaso. Desta junção geram novas moléculas. Delas, surgem as supermoléculas do DNA, altamente inteligentes, que determinam o genótipo dos seres. Sucedem-se milhões de anos, e este DNA, à mercê de mutações aleatórias e ao acaso (não existe inteligência, tudo se direciona por mecanismo cego) organiza o código genético a fim de determinar a sequência das proteínas formadas pela reação entre os aminoácidos que se desfecham e geram a célula primitiva quando, a partir daí, origina-se o fenômeno da vida. Por "acaso" esta célula contém toda a organização do fenômeno da vida: por "acaso" ela se autoalimenta, se autossucede (replica-se, na linguagem da biologia), autoprograma o seu fim, ou seja, o seu ciclo biológico; e ademais, no mesmo instante de autoexterminar-se, simultaneamente, ela carrega consigo este elemento fantástico e profundamente enigmático: um incondicional e ilimitado amor à vida, genes estes intrínsecos a todo ser vivo.

Que fenomenal mistério!

A própria célula autodetermina a apoptose, e ela mesma se investe de acendrado amor à vida. Ao mergulhar nesta profunda reflexão, pude concluir que uma força inteligente opera de fora para dentro da primitiva célula geradora do fenômeno da vida. Das reações conhecidas pelos químicos, apenas oito ou nove podem atuar no metabolismo da vida. Das moléculas que executam essas reações, apenas quatro ou cinco participam das consequentes ligações entre as moléculas e o conjunto delas. O bioquímico Albert L. Lehninger assim analisou:[2] "As reações químicas desta natureza nunca ocorrem em laboratório caso o grupo de moléculas intervenientes não estiver apoiado em outro conjunto de moléculas bem definido."

Ressalte-se. Não possuímos conhecimentos científicos para detectar a causa originária que conduziu as moléculas a provocar a reação da qual se gerou o fenômeno da vida. Fecundado o óvulo pelo espermatozoide, a célula originária, o zigoto, contém a vida de todo indivíduo, de um inseto ao ser humano. Nem a molécula e nem a célula precisam de enzimas para ativar a reação da qual se irradiam e sucedem trilhões de outras células com destinações específicas à criação de órgãos, membros, sentidos, neurônios, sistemas cardiovascular e respiratório, estrutura esquelética, enfim, a completa formação do indivíduo. Programa genético ordena, por leis inflexíveis, a organização de cada indivíduo. Bactéria que viveu há 3 ou 4 milhões de anos, detectada hoje em alguma parte do planeta, permanece a mesma. O que isso significa? A evolução das espécies obedece a determinados parâmetros.

E o acaso, matéria deste capítulo, como podemos focar? Jacques Monod, biólogo, laureado com o Nobel, expressou:

> Os neodarwinistas propuseram [inclusive ele foi um dos autores] ao contrário da idéia originária de Darwin da vitória do "mais apto" uma outra concepção mais rica, baseada em teorias quantitativas, que o fator decisivo da seleção não é a "luta pela vida", mas no interior de uma espécie, a taxa diferencial de reprodução [...].
>
> ....
>
> Graças à perfeição conservadora do aparelho replicativo, toda a mutação, individualmente considerada, é um acontecimento muito raro [...].
>
> ....
>
> A própria vida é uma contingência que muito bem poderia não ter acontecido e o próprio homem resultado improvável da evolução biológica [...].
>
> ....
>
> Na seleção natural devemos encontrar a chave última da inteligibilidade. Acaso significa pura ausência de finalidade e propósito.[3]

Monod acentua: "Graças à perfeição conservada do aparelho replicativo, a mutação genética é acontecimento raro".

Com isto, desatou-se numa incongruência. E poderia a mutação genética ser um elemento comum. Se tal fenômeno ocorresse, o reino vegetal e animal mergulhariam numa babel zoobotânica. Caso todo ano, ou mesmo a cada mês, por força da mutação, novas espécies surgissem, de que maneira a natureza iria arrostar tamanha desordem?

O acaso tem a identificá-lo um fenômeno que foge do circunstancial e ele próprio não gera eventos repetitivos e sucessivos. Na hipótese de ocorrer que de certa espécie de roedor nascesse imprevistamente um canino, aí, aconteceria, decerto, o acaso.

O que é o acaso? Todo fato que surge independentemente de causas que embasaram a sua origem. É o imprevisível circunstancial, desfechado a qualquer instante. O acaso se sobrepõe às circunstâncias; estas norteiam os eventos, fatos, fenômenos. No acaso, não; o fenômeno irrompe independentemente de causas predeterminadas. Acaso, na visão de Jacques Monod, é o gerador de causas.

E as causas, como se organizaram (as primeiras células, na Terra primitiva), se autoadministraram, se autorreplicaram e se inter-relacionaram com o mundo externo? Ressalte-se: essas causas se consubstanciaram em organismo vivos e elas próprias autodeterminaram o seu fim (o ciclo biológico), ou seja, a própria causa, a célula originária, autoprograma a sua morte e, ao mesmo tempo, inocula em si um acendrado estado de apego à vida.

Que enigma! Como se explica a célula originária, aquela da qual emanou o comando dos fenômenos, ela própria determina o seu fim? Desdobremos este raciocínio. A causa primária, ou seja, a célula primitiva, ela própria cria o seu gene, o seu código genético e o transmite através de milhares de gerações, sem nenhuma mudança no núcleo central, exceto ajustes no processo evolutivo.

Será que todo este complexo e profundo sistema que desencadeou o fenômeno da vida originou-se por impulsos exclusivamente mecanicistas?

Caso não existisse a inteligência – ação pela qual o ser humano se faz a sua razão de ser – poderíamos admitir a lógica darwinista. Até os elementos químicos, físicos etc. têm a presidi-los a inteligência. Por que só dois átomos de hidrogênio se acoplam a um de oxigênio, na fórmula H_2O, da água? Na hipótese de que essa composição ocorresse apenas com um átomo de hidrogênio, a água não se formaria, e, consequentemente, a vida na Terra, na forma em que a vivenciamos, não existiria.

Mesmo naqueles momentos em que as moléculas e as células se uniram, milhões de anos atrás, direcionadas por um processo bioquímico de certos elementos como o carbono e o oxigênio, ocorreu, destarte, o norteamento para um determinado fim. Caso não existisse finalidade a alcançar, por que a junção daqueles elementos? Estaria a natureza a se auto-organizar por este meio a fim de passar do grau de um ser a outro, de uma forma a outra, para aperfeiçoar a vida no universo, e, assim, elevar-se por um processo contínuo, da mônada à humanidade.

Ao encontrarmos a causa primária, o acaso torna-se insubsistente.

Se admitirmos que os seres orgânicos se autocriaram independentes de qualquer direcionamento externo, segundo a doutrina darwinista, e que eles continham em si elementos de se auto-organizarem, se autorreplicarem, por que esses pioneiros criadores do fenômeno da vida não se autoperpetuaram, ou melhor, se autoimortalizaram?

Dois pressupostos a natureza impõe à ordem natural, e deles não podemos fugir, qualquer que seja a visão de olharmos o mundo: filosófica, teológica, ideológica, materialista etc., são, decerto, estes elementos: o finalismo e o determinismo.

Foge a estes pressupostos integrar o acaso como elemento de teoria ou projeto; ele é dado probabilístico dentro de um processo geral. Fácil. Não havendo explicação arrima-se no "acaso". Esta lógica nos leva ao patamar dos clérigos das mais diversas religiões. Desprovidos os seus dogmas e preceitos religiosos de embasamento científico, eles invocam as suas cartas evangélicas.

Para se conceituar a consciência sistêmica, ou seja, o *design* inteligente, na linguagem mais simples, urge que se penetre na realidade profunda, ou, segundo Aristóteles, na "essência das coisas". Que sentido tem o fenômeno da vida como indescritível? Ele está no núcleo do *quanta*; aquele momento que não podemos captar, por sua fugacidade e a não percepção ao observador humano. Sabemos que existe, mas não podemos detectá-lo. Por exemplo: a migração, às centenas, de animais voadores, terrestres e marinhos, todos os anos, de regiões longínquas para outras, milhares de quilômetros distantes, e o retorno após alguns meses ao mesmo local da partida. Este fenômeno se sucede através de milhares de gerações. Como o gene inteligentemente repassou-se no curso dos tempos?

Certo biólogo fala em "gene egoísta". Que egoísmo!? O gene é altamente inteligente. Ele conduz todo o acervo científico, tecnológico e cultural da humanidade, e, ademais, dos próprios reinos animal e vegetal. Ele está no instante de uma célula patológica ou no genótipo de um ser humano genial. É doentio e saudável. É determinantemente fatalístico quando ordena o ciclo biológico de todos os seres vivos, ou melhor, autoprograma a se extinguir como matéria e se projeta perpetuamente vivo no genótipo dos seres que lhe sucedem.

Quem poderá negar esta formulação genética, por mais que se sofisme por circunlóquios temáticos? O avanço fantástico da ciência e da tecnologia abriu uma nova percepção nos rumos do pensamento humano. Todos os seres vivos obedecem a uma ordem natural desde os micro-organismos aos animais vertebrados, a partir da formação do óvulo e dos espermatozoides até o surgimento da primeira célula fecundada.

Se o *acaso* preside o universo e o próprio fenômeno da vida, indagação nos vem à mente. Da ação do acaso a vida poderia retroagir ao passado? Não! O acaso seria a desconstrução da evolução que se expande continuadamente por um processo de renovação dos seres entremeado do determinístico e do probabilístico.

E a consciência sistêmica neste contexto? Todas as coisas possuem quando consideradas e penetradas o fenômeno da intersubjetividade. Um feixe de partículas de prótons de urânio poderia *motu proprio* se deslocar do seu núcleo subatômico e vir colidir ou se conjugar com prótons de ferro, diamante, argila etc.? Claro que não. Existe, portanto, uma consciência intersubjetiva. Por que os humanos são mais conscientes do que os cavalos, tigres, gatos etc.? Isto nos faz raciocinar que para além do fenômeno humano puramente terráqueo algo se projeta. Alguns milhares de anos atrás, o homem vivia nas cavernas, hoje navega em naves espaciais e se intercomunica por máquinas fantásticas; e no amanhã dos próximos séculos onde ele estará? Desvencilhar-se-á do corpo e navegará em ondas cósmicas? Faltam-nos ainda instrumentos científicos e técnicos para compreender o porquê e o como destas formulações.

A consciência, com todo o mistério que a envolve, nos leva a acreditar num poderoso *design* inteligente ordenado por uma superconsciência. De acordo com o Computador Quântico Evolucionário, todas as entidades norteiam-se de acordo com a consciência sistêmica. Aprofundando-se o raciocínio, alcançamos o mundo do quântico onde opera a partícula do bóson de Higgs, cuja existência não foi detectada. É isto que se propõe desvendar poderosos aceleradores de partículas.

Com o avanço da ciência em todas as áreas, caminha a humanidade para desvendar as profundas realidades que permeiam o universo e o fenômeno da vida. Até alguns séculos atrás, a espada de Dâmocles pairava sobre a humanidade a impor a ideia do criacionismo. Saltava à vista do interlocutor a cara de um fanático xiita, transvestido num muezim convocando os fiéis do miranete de alguma mesquita ou certo pastor evangélico a se contorcer em gritos numa babilônica catedral: "Aleluia! Aleluia! Aleluia!" Atmosfera carregada de fanatismo por séculos e séculos levou estudiosos das mais vastas áreas da ciência, a partir dos meados do século XX, a afrontar o misticismo; no entanto, resvalaram na síndrome do divino.

O que significa síndrome do divino?

Estado de espírito arrasador que domina certos indivíduos freudianamente assaltados por fantasmas com que o clericalismo fez povoar a humanidade durante séculos: "Deus é o criador de todas as coisas, comungue todos os domingos senão vai para o inferno, faça penitência e punge os seus pecados".

Com a publicação, no século XIX, do livro *A origem das espécies pela seleção natural*, de Charles Darwin, e de outras obras, a humanidade desata o seu grito de liberdade de crer ou não crer em deuses ou em deus nenhum. Deste momento em diante, cientistas, pensadores, oportunistas de toda a ocasião forjam as mais desencontradas teorias e ideias. Eles debatem, divergem e organizam grupos de estudos, articulam pesquisas e lançam, em nome da ciência, às centenas, livros e publicações, muitos deles indigentes de qualquer sustentação científica, e alguns agressivamente medíocres. Algo os faz apopléticos, às fronteiras da paranoia, ao se trazer ao debate matérias referentes ao criacionismo ou ao *design* inteligente.

No *pantheon* de suas elucubrações científicas, vestiram Charles Darwin com um mantra de guru anticlerical. Olimpicamente intocável, o idolatram. O audacioso descobridor de *A origem das espécies pela seleção natural* assumiu a paternidade de um fenômeno, como um genial mágico de Aladim ao destampar a Caixa de Pandora, da qual irrompeu um desfile de milhões de hereges e agnósticos. Enfim, o segredo da vida fora descoberto.

Que grande fancaria!

A evolução das espécies faz-se imanente ao próprio fenômeno da vida, como o da conservação e sucessão das espécies, a comunhão entre pais e filhos, acasalamento, a seleção natural, enfim, determinado ciclo biológico para todos os seres.

Richard Dawkins, zoólogo britânico, autor de vários livros, sustenta: "A seleção natural pode nem mesmo alcançar um nível superior de organização biológica. Ela ocorre nos genes – o indivíduo é a personalização da seleção de milhares de genes egoístas."[4]

O que o zoólogo revela é por demais acaciano. O processo de adaptação que a seleção natural opera recombina-se através do código genético; dele se irradiam todos os elementos à formação do indivíduo.

Que genes egoístas! Isto é uma falácia. Os genes não são altruístas e nem egoístas; eles carregam consigo a inteligência do fenômeno da vida e a própria formação e desenvolvimento do indivíduo. Afirmar que a seleção natural esteia-se fundamental no processo da evolução das espécies afronta a verdade científica.

Dos grandes fenômenos da natureza e raramente debatido, projeta-se, decerto, o da incomunicabilidade de seres vivos de gêneros diferentes. Este exemplo. Não se acasalariam um urso-lavador, da família dos procionídeos, com cadela da família dos canídeos. Admitamos que ocorra cruzamento entre estes gêneros, hipótese impossível, o que ocorreria? A não fecundação. Como se negar esta ordem natural cuja ruptura transformaria e arrastaria os seres vivos a um assombroso desvario e caos zoológico.

Todas as espécies, de uma bactéria a um felino, obedecem a uma ordem natural. Na expedição que Alfred Wallace, o descobridor da evolução das espécies, empreendeu na região amazônica, às margens do rio Negro, ele constatou que borboletas fêmeas da espécie *Pieris occidentalis* não se cruzavam com machos da espécie *Pieris protodice*, seus parentes próximos.[5] Sob esta conceituação, todo ser vivo tem a sua individualidade, seu limite, caso contrário se mergulharia numa espantosa babel ecológica. Toda espécie carrega a sua formação e perfil determinados, corpo definido, tamanho e peso.

Vejamos uma planta. Ela tem definida a sua altura, largura, ciclo vegetal de vida, tamanho, tempo aproximado de floração e frutificação. Assim, cada uma delas tem a sua identidade no reino vegetal. Como também no contexto terráqueo o mineral não se organiza e nem se replica, mas tem a sua qualificação e espaço próprios.

A vida veio de um processo de auto-organização que obedeceu a determinadas leis. De que forma o carbono, o hidrogênio e o oxigênio se compuseram para formar determinada matéria? Leis de uma realidade profunda direcionaram as causas. Como encontrá-las? Centenas de cientistas estão à procura das partículas bósons de Higgs, operando fantástica máquina, a mais poderosa que o homem já construiu, o Grande Colisor de Hádrons (LHC), localizado na fronteira franco-suíça. Talvez alguns séculos à frente a ciência desvendará as causas que geraram os fenômenos da vida.

Olhemos o mundo sob uma visão cósmica, na ótica de Albert Einstein. O físico Stephen Hawking acentuou que Einstein foi profundamente espiritual. Acrescentemos: uma superespiritualidade que negava um Deus pessoal.

O grande gênio nos deixou estas palavras: "Seria perfeitamente consistente com tudo o que sabemos dizer que existe um Ser que é responsável pelas leis que governam e ordenam o universo."[6]

Se existem leis ordenando os fenômenos e eventos naturais, como podem ter irrompido por eles próprios e por si se ordenaram. Desconhecer este cenário que olhamos, o universo, o sistema solar, a Terra, com os seus fenômenos integrados numa harmonia profunda, bela, interrogante e misteriosa, é condenar-se à síndrome do divino, ao medo de não querer ver o mundo ou a vontade insana de se afirmar negando.

Os seres humanos sempre se debateram em face de interrogantes dilemas. Uns, honestamente convictos, descreem da existência de um Deus; outros se julgam inteligentes e audaciosos ao forjarem a indústria do antideísmo, e fiéis à doutrina darwinista proclamam: o homem descende do macaco. Alguns destes vultos vestem a roupagem de cientistas e fazem do ateísmo uma espécie de doutrina, no afã de polpudos lucros com as suas exposições à mídia, inclusive altas vendagens de livros.

São audaciosos; instrumentalizados em poderosos meios de comunicação, vestem o mantra de herege e aí vão derramar as suas teorias e ideias sob o condão da idolatria ao evolucionismo darwinista.

Longos anos de estudos e pesquisas me fizeram crer que esses bilhões e bilhões de animais e vegetais não chegaram à Terra por mera causalidade. Todos se completam, interagem uns com os outros, combatem-se, amam-se, procriam, nascem, fenecem e renascem num constante ressurgir de vidas e vidas, tudo de acordo com implacável ordem.

A natureza integra-se num amplo ecossistema; todos os seres obedecem a um ciclo biológico. Nenhum rompeu este ciclo. Por toda parte florescem orquídeas, jasmins, cravos, samambaias, violetas nos vastos prados e nas enormes fendas dos rochedos, nos picos mais altos das montanhas ou nos pântanos infestados de crocodilos e jacarés. Por toda parte murmuram as fontes de água mesmo nas vastidões desérticas. Todo este cenário de beleza, vida, dores e tragédias compõe algo grandioso e misterioso.

Notas

1 Jacques Monod, *O acaso e a necessidade*, Petrópolis, Vozes, 1970.
2 Albert L. Lehninger, *Princípios de Bioquímica*, São Paulo, Sarvier, 1993.
3 Jacques Monod, op. cit.
4 Richard Dawkins, *A escalada do monte improvável*, São Paulo, Companhia das Letras, 2002.
5 Alfred Wallace, *Viagens pelo Amazonas e rio Negro*, São Paulo, Companhia Editorial Nacional, 1939.
6 Albert Einstein, *Como vejo o mundo*, Rio de Janeiro, Nova Fronteira, 1981.

O DNA e o fenômeno da vida

A elaboração desta obra direcionou-se a entender um pouco o fantástico fenômeno da vida. O que deu sustentação a este trabalho? Sabemos das nossas limitações nas múltiplas áreas da ciência. Procuramos ouvir e ler pensadores e estudiosos que sabem olhar o mundo e decodificar a natureza.

Observemos o fenômeno da vida.

Com a fecundação de um novo ser no reino sexualizado, inicia-se a conexão biológica de uma geração à outra, a partir da primeira célula, o zigoto, cujo desenvolvimento carrega-se de complexidade fantástica. Enorme gama de interações químicas, bioquímicas, celulares, biopsíquicas (formação dos neurônios), teciduais se desencadeia, provocando a divisão das células, cada uma a receber elevada massa de informações, e a função a ocupar no organismo.

De que forma se determinam os padrões de informações de transmissão genética de uma geração a outra, base das características hereditárias dos seres de reprodução sexuada. Este é, decerto, o grande segredo. Por que todos os seres vivos recebem esta enorme gama de informações repassadas de geração a geração, até mesmo nos organismos assexuados? Como desvendar? No mesmo patamar da famosa síntese de Albert Einstein, $E=mc^2$, outra se projetou no mundo biológico: o modelo da dupla hélice perfilado neste trio de letras, DNA, o ácido desoxirribonucleico, descoberto por James D. Watson e Francis H. C. Crick, cujo feito abriu as portas à biologia molecular e à engenharia genética.

Onde se encontra o núcleo fundamental desta descoberta? No código genético; ele permite às moléculas componentes das células transportarem informações. Antes se desconhecia a sequência de aminoácidos com uma proteína, e a conexão entre genes e proteínas. No espaço de um século, da descoberta das leis de Mendel e a identificação de cromossomos como agentes da hereditariedade, até o aprofundamento do genoma humano, a ciência conheceu relevantes avanços nos campos da bioquímica e da genética.

Como entender que a partir de micromoléculas estamos esboçando os primeiros passos a fim de compreendermos toda a complexidade do fenômeno da vida? É fantástico o que se descortina com este desafio à ciência.

Em abril de 2003 a humanidade tomou conhecimento da conclusão do sequenciamento do Genoma Humano – de 99% com uma precisão de 99,99% e armazenamento de 3 bilhões de pares de nucleotídeos de DNA. Esta sequência de que forma funciona, e de que maneira se ativa para a codificação das moléculas de proteínas?

O coordenador-chefe do Projeto Genoma Humano, Francis S. Collins, se expressou: "É o fim do começo". Nesta resposta, ele quis acentuar que, há cinquenta anos, descobriu-se a estrutura das moléculas do DNA, e a partir daí se alcançava a possibilidade de identificar que as células arquivam-se em programas e transformam essas informações em metabolismo vivo, impulsionadas frenética e constantemente por este vasto programa, no qual ovos são chocados, sementes germinam, espermatozoides se perdem ou se acoplam a óvulos, fungos aos trilhões se disseminam, vírus inoculam-se em células, bactérias se dividem, enfim, um mundo de vidas e vidas opera estes magníficos e fantásticos fenômenos.

Chegam até aqui, a esta altura dos tempos, o ser humano e o seu incógnito destino. E depois? Depois se mergulha no mistério, para além das fronteiras da ciência, segundo predizia Albert Einstein. Com a conclusão do Projeto Genoma Humano acentua-se ainda mais a profunda complexidade que envolve a origem dos fenômenos da vida e, destacadamente, o humano.

Curvamo-nos ante as realidades profundas reveladas com maior percepção pelo DNA e o RNA, ácidos nucleicos. Ressalte-se, porém, que a estrutura do DNA está composta por carboidratos (pentoses), radicais fosfatos e bases nitrogenadas tais como adenina, citosina, guanina e timina, respectivamente A. C. G. T. Esclareça-se: o alfabeto proteico contém vinte aminoácidos diferentes.

O que se descobriu com a decifração do código genético? Algo surpreendente. Seres tão diversos como homens e bactérias empregam exatamente a mesma decodificação de bilhões de anos, desde o momento do surgimento da vida na Terra. Ressalte-se: ainda não se detectou nenhuma forma de variação.

O que este estudo retrata? Ao lado do processo evolutivo *pari passu* se mantém constante o código genético das espécies com a imutabilidade dos gêneros dos seres vivos. Por exemplo: um felino com uma roedora não se acasalam e nem procriam. Outro elemento sumamente importante. Qualquer pequena alteração nas regras da decodificação pode gerar um desequilíbrio no material genético.

Vamos acompanhar o raciocínio dos darwinistas. Eles declaram que podem ocorrer erros na decodificação do código genético, ou, melhor, no seu programa de informação através da molécula RNA. Admitamos que aconteça este fenômeno a que eles chamam "desvios de mutação", provocado por um "erro" ou "engano" ao se ligar na transcrição do RNA, incorporando-se ao código genético por "descuido". Nesta visão, se o código genético originou-se por "acaso", comuns, certamente, são os "erros" surgidos na transmissão informativa do RNA.

Paremos um pouco.

Há momentos em que a estupidez e a mediocridade se investem de audácia e agridem a inteligência humana. Como se falar em "enganos" e "erros" quando a própria natureza desencadeia, a todo o instante, bilhões de fenômenos, operando com absoluta perfeição eventos físicos, químicos, biológicos, cosmológicos etc. Se admitirmos "enganos", por que então não ocorreu um único "engano", por menor que fosse, que impossibilitasse o surgimento da vida na Terra? Considerar "erros" fenômenos constantes é uma interpretação desconstituída.

Na ótica dos darwinistas, assim irrompeu o fenômeno da vida. Em certo momento, lá nas priscas eras, moléculas por impulsos delas mesmas e sob bilhões de descargas eletromagnéticas romperam o mundo do inorgânico e formaram a vida.

Onde podemos encontrar a verdade?

Nos xiitas de Maomé, ou nos cientistas do "acaso" e da "sopa primordial", de Darwin a Jacques Monod. O homem, um dia, lá para alguns séculos à frente, talvez uns 500 anos, desvendará o enigma da vida. Por falta de instrumental científico, à época, Kant, no século XVIII, afirmou que o homem jamais alcançaria a essência e o segredo da vida.

Analisemos estes dados. Existe um elemento bem patente no processo da vida: a rede de informações genéticas, que envolve todos os seres, e cada um, animais, plantas, bactérias etc. O biólogo Jacques Monod, repetindo o óbvio disse: "O que é verdade para a *E. coli* (bactéria) também é verdade para o elefante". Ele afirmou uma meia-verdade. A biologia ainda não alcançou resultados conclusivos que possam descrever a estrutura molecular dos eucariontes. No mundo molecular, o que se mantém como mistério são os sinais de RNA, que ao interagir com outras moléculas podem direcionar de várias formas a revelação dos genes.

Olhemos o embrião humano (produto das primeiras modificações do óvulo fecundado).

Que fantástica máquina se desprende de uma única célula, o zigoto, contendo a formação de um organismo complexo, como o ser humano, com cerca de

75 trilhões de células, cada uma, ou um feixe delas, operando milhões de reações bioquímicas de acordo com variadas funções, desde a de pensar até a de andar, tendo a direcioná-la logo nos primeiros momentos de vida a auto-organização, a autoalimentação, a autorreplicação e, por fim, a programação para a morte, a apoptose.

De onde se irradia o comando do qual se estrutura e se ordena o fenômeno da vida? Das moléculas de DNA, as quais se encontram enroladas em hélices nos cromossomos de cada núcleo celular, operando o jogo da vida dos neurônios e o destino de trilhões de células, desde as longínquas noites dos tempos. Que máquina fantástica!

Sem o DNA não haveria proteínas e nem enzimas. O que nos surpreende: o DNA de um verme, de uma rã, de um camundongo, de um bovino ou de um ser humano, as suas sequências químicas são idênticas ou quase. Entre milhares de fenômenos que sobrevivem durante o processo da formação da vida, desde o seu nascimento à sua completa integração como adulto, destacamos este: o DNA está sempre gravado nas células de todo indivíduo, de um inseto ao homem. Cada célula que se duplica a partir da célula única inicial, e se divide até alcançar em alguns seres trilhões, tem o mesmo DNA da célula originária. O sistema de nucleotídeos, com as bases nitrogenadas A. T. C. G., é copiado fielmente para o DNA de novas células produzidas no curso da gestação de um ser vivo. Cada indivíduo ao nascer recebe uma individualidade com elementos novos e únicos, que o acompanhará por toda a existência, exceção apenas das células reprodutivas que recebem uma parte do DNA. Todo o comportamento dos seres vivos, do inseto ao tigre, de uma gramínea a um pé de carvalho, está programado no gene.

Ora, face às desafiadoras descobertas nas últimas décadas nas áreas da biologia molecular e genética, destacadamente com a conclusão do Projeto Genoma Humano, esta ideia me salta à mente: O gene é imortal, ele se transmite de geração a geração. Se o homem avança fantasticamente nos páramos da ciência, impulsionado por poderosa energia mental, em contraste com um corpo cujas condições anatomofisiológicas permanecem as mesmas há milhões de anos, qual será o destino final deste ser pensante, observador do mundo? Ele se desvencilhará do corpo, através da energia mental, e irá navegar nas ondas cósmicas?

A energia mental investe-se de intencionalidade direcionada, em incessante efervescência de expansão e desenvolvimento; está também no comando de todos os seres vivos ordenado por uma força genética. Este exemplo. Uma zebra ou qualquer outro animal perde seu filhote. O que primeiro lhe desperta? A procura para encontrá-lo.

O que podemos concluir deste relato, que resumidamente nos repassaram estudiosos da biologia? Certos cientistas, atrelados à visão darwinista, argumentam que não existem leis nesta ciência, e sim conceitos. É desconstituído negar que o processo da formação das moléculas e das células não obedece a predeterminadas leis.

Há, sem dúvida, deformações e patologias congênitas, as quais vêm desde longínquas gerações. Mas aí é a natureza a forjar o seu próprio equilíbrio na esteira das contradições, matéria e antimatéria. Pela antimatéria, os genes deformados impelem o indivíduo a deixar a vida. Todo ser vivo tem um ciclo biológico predeterminado, cujo determinismo emana de realidades profundas. A ciência ainda não oferece condições para discernir este fenômeno, como milhares de outros.

Ante este fantástico e complexo mundo dos genes, abre-se um novo e amplo campo de estudos para a engenharia genética, sobretudo com a revelação que o Projeto Genoma Humano descortina. Por este vasto trabalho, chegou-se à conclusão de que a herança biológica de cada indivíduo consiste de genes recebidos dos seus antepassados, cuja totalidade é o genótipo, que tem a integrá-lo os componentes autorreprodutores do corpo, independentemente de sua localização – tanto os genes dos cromossomos quanto os plasmagenes no citoplasma celular (organelas como as mitocôndrias).

As funções dos genes, ou pelo menos uma delas, é produzir repetição de si mesmo; os genes induzem sínteses de suas próprias cópias; a este fenômeno se dá o nome de replicação do DNA cujo processo é facilitado pelo DNA polimerase. Das amplas descobertas que as ciências hoje possibilitam, é por demais desencontrado nominar obras, como fez o zoólogo inglês Richard Dawkins, com o seu livro *Gene egoísta*, partindo do pressuposto de que a competição dos genes leva ao egoísmo.

Equivoca-se. Estas unidades operam de acordo com um patrimônio genético do qual recebe toda a ordenação. Repetimos. Os genes não são egoístas e nem altruístas; eles têm sob o seu comando a vida dos seres. A eficácia dos genes no organismo está adstrita à ação dos outros genes presentes no acervo genético.

É desconstituído situar o processo evolutivo na prevalência do indivíduo mais apto, desconhecendo-se as variantes genéticas. Em muitos casos, coexistem num mesmo indivíduo genes que se fizeram mais aptos e genes deformativos promanados de patologias congênitas. Exemplo. Numa ninhada de caninos de seis filhotes recém-nascidos, três dos mais vigorosos sobrevivem, os outros morrem em face da cadela-mãe não ter condições de amamentá-los. Dos que alcançaram a vida adulta, um deles é portador de doença congênita, vindo a falecer após ter se acasalado com algumas cadelas. O gene patológico disseminou-se. Como atua a seleção natural na sucessão genética das gerações descendentes desse canino?

Volvamos ao estudo da citologia. Como já acentuei, a célula programa a sua morte e ela própria; ao mesmo tempo, luta pela vida e se faz transmissora do gene a sua sucessora através das moléculas de DNA e RNA. Desse mecanismo celular, o que se caracteriza de suma importância é a produção de proteínas. Nele, os ribossomos, os ácidos nucleicos e outras moléculas constituem a máquina produtiva, cujo fenômeno da replicação por seu mecanismo gera tipo semelhante, mas não idêntico do ser fecundante. O ser gerado poderia ser cópia do fecundante?

O que seria do fenômeno da vida se os seres vivos fossem cópias do elemento originário ou, em grau mais direto, dos próprios pais. A natureza seria atormentadoramente tediosa. É a multifacetada diversidade que possibilita aos bilhões de organismos vivos esse formidável e surpreendente caldeirão da vida. Observem. O novo ser que nasce traz consigo a sua própria individualidade, e ao mesmo tempo ordena-se ao código genético dos antecessores que o geraram e às gerações que o precederam.

Cada ente que emerge para a vida, do inseto ao elefante, traz a sua individualidade. Dos trilhões de seres que povoaram a Terra, nenhum foi cópia completa e idêntica de outro ser. Poderá ocorrer semelhança como nos gêmeos, jamais igual identidade.

A reprodução de um ser vivo não é uma mera cópia que se repete, cujos entes criadores produzem o novo ser independente e com ele mantêm o vínculo genético. Aí, se encontram os fantasmagóricos "acasos".

No raciocínio dos cientistas do acaso, a original fragmentação provocou a reprodução que se deu por colisão entre moléculas.

Interrogação nos salta à mente: de que forma uma ordenação de fenômenos se desenvolveu com absoluta perfeição, sem a intervenção de uma força inteligente ou algo interveniente que possamos entender como não mecânico? Com este raciocínio, não estamos a deduzir que o fato gerador em si é o divino, afastando, portanto, os cientistas do delírio de qualquer síndrome.

Que instrumental científico temos hoje, que nos leve a concluir que forças cegas, sob o fluxo do indeterminismo e do aleatório, geraram o fenômeno da vida? A ciência não opera em bases conjeturais. Dos grandes fenômenos da vida a transmissão genética de um ser a outro é fantástica, mantendo-se, contudo, a diferenciação das individualidades. Cada novo ser tem a sua história própria. A estrutura fundamental está no DNA, que permanece constantemente o mesmo, variando, contudo em relação a cada espécie. A partir desse pressuposto, chegamos à ontogenia, estudo do desenvolvimento do indivíduo desde a fecundação até a maturidade.

A cada momento, todos os seres vivos sofrem alterações, mesmo mínimas, provocadas por condições ambientais e modificações fenotípicas. O ser metacelular, um vertebrado, por exemplo, resulta da divisão de uma célula única, o zigoto, em trilhões de outras células, produzidas por certos órgãos do organismo. Para que o processo de continuação da vida se mantenha, urge que nasçam novos seres, com ciclo biológico predeterminado.

Cada célula – nos organismos metacelulares são trilhões – vai adquirindo uma operosidade independente, contudo numa constante interação com as outras células, milhares das quais vão se concentrar nas glândulas sexuais a fim de produzirem o espermatozoide ou o óvulo, obedecendo a determinado ciclo reprodutivo.

Certos cientistas declaram que não existe direcionalidade nos seres vivos, porque, se isso ocorresse, eles estariam dependentes de forças externas. Admitamos que sim. Neste caso, os seres, independentes de suas espécies e linhagens, passariam a se acasalar com tipos dos mais variados gêneros: roedores com felinos, répteis com aves etc.; enfim, a natureza mergulharia numa fervilhante e assombrosa babel. A este fenômeno do caos daríamos a denominação deriva apocalíptica. Os seres vivos formam uma hierarquia de sistemas dos mais complexos, desde moléculas, células, tecidos, até organismos completos, populações e espécies.

Mesmo com o ingente avanço da biologia molecular, este desafio permanece: de que forma os seres vivos altamente complexos se coordenaram num absoluto sistema de perfeição, através de gerações?

A ciência ainda não nos oferece resposta. Uma ave que veio de milhões de anos mantém até hoje a mesma postura anatômica, e transmite a sua carga hereditária aos seus descendentes através do código genético.

Desencontrados cientistas não faltam para interpretar esses fascinantes fenômenos da vida. Howard Pattee declarou que o enigma da vida foi resolvido pela biologia molecular. Outros apregoam que todo fenômeno da vida explica-se pela seleção natural.

Chamemos à razão os senhores das verdades absolutas. Trazer a um mero jogo de elementos químicos, biológicos e físicos o tão complexo e fantástico fenômeno da vida, e com maior dimensão ainda o fenômeno humano, afronta-se a inteligência. A origem da vida nos chega com aura de insondável incógnita.

O que representa o código genético? O cérebro de todas as espécies conhecidas de vida, apenas com variações de indivíduo a indivíduo e de espécie a espécie. Máquina genética da perpetuidade, e até mesmo da imortalidade (o ser humano se desprendendo do corpo a sua energia mental far-se-á imortal). Sem os dados genéticos que cada ser vivo carrega tudo seria ao acaso. Inexistiria organização animal e vegetal. Sem o código genético, não se produziriam proteínas. As células, como se distribuiriam no corpo para formar o indivíduo, a partir do zigoto? Enfim, quem organizaria toda a estrutura mental encaixada no cérebro?

Olhando-se a formação do fenômeno da vida, chegamos à conclusão de sua profunda complexidade e da sua universalidade. Como a vida se originou? Surgiu por milhões de acasos impulsionados por cegos elementos?

Que enigma fascinante!

Não se inebriar com este fenômeno e reduzir tudo a um mero simplismo é resvalar no inconsequente. Eu perguntei, certa vez, ao neurobiólogo Humberto Maturana se o fenômeno da vida, aliado à inteligência humana, poderia ter se originado exclusivamente aqui na Terra? Respondeu-me: "Acredito que sim". Continuei o diálogo com o cientista chileno: poderia ocorrer alguma modificação na estrutura do código genético que se baseia em vinte aminoácidos e quatro bases nitrogenadas dos nucleotídeos?

> Absolutamente, não. Suponhamos que em vez de vinte aminoácidos fossem subtraídos dois, o que ocorreria? Seria letal para o ser vivo, porque não modificaria apenas uma proteína, mas todo um conjunto, como também a transmissão do gene ao outro ser e assim desorganizando o processo de vida do receptor marcando-o com seqüelas ou, até mesmo, matando-o.[1]

As bases nitrogenadas A. G. C. T. são arranjadas no DNA. As bases adenina (A), citosina (C), guanina (G) e uracila (U) são arranjadas no RNA. Qualquer modificação numa sequência dessas bases tornaria o processo biológico inútil, paralisando a vida. Eis o grande mistério.

Nota

1 Este diálogo ocorreu durante visita que fizemos, Fernando Gasparian e eu, ao neurobiólogo Humberto Maturana, em setembro de 1987, na Universidade do Chile.

Célula, máquina fantástica

Há milhões de anos, colônias de moléculas se organizaram, associaram-se, e, se diversificando, constituíram, por um direcionamento definido, a máquina fantástica e enigmática da vida: a célula; e ela própria a trazer o seu código genético, a se replicar originando trilhões de cópias idênticas, mas diferenciadas, com cada uma ou o feixe delas a formar funções, órgãos, membros, neurônios etc.

Em todo o universo, do menor ser vivo a uma galáxia, tipo Via-Láctea, na qual se integra o sistema solar, tudo se faz constante movimento. Nada permanece estático. O processo evolutivo, pelo jogo da mutação genética e o sistema adaptativo da seleção natural, norteia bilhões de seres a uma variedade fantástica. Trilhões e trilhões de vidas, do inseto a um elefante, povoaram a Terra e desapareceram, mas deixaram nas areias do tempo a marca da perpetuidade, os seus genes, o seu DNA.

Na imensa multidão de incontáveis viventes, um ser se sobrelevou no cenário do mundo, desde remotas eras, e se interrogou sobre as coisas e as circunstâncias da vida. Quem é este interrogante que soube refletir e olhar, perplexo, o raio de luz de um relâmpago e, a partir de então, se fez determinante de um destino de inteligente evolução? O homem, este observador do mundo e ávido de futuro.

Projete-se a evolução como um processo intelectivo de energia mental; não o anatomofisiológico.

De uns cinquenta anos aos dias de hoje, extraordinário desenvolvimento vem despertando a humanidade com novas e revolucionárias descobertas, apontando-nos que uma força energética impulsiona o ser humano sempre por algo mais, um *plus* indefinido.

O que a ciência biológica desvendou? O código genético, no qual se pode compreender que cada um de nós é uma individualidade própria, conduzindo o seu DNA. Descobriu-se com a engenharia genética o mecanismo do sistema de funcionamento das células, a sua estrutura e os seus elementos moleculares, destacadamente o DNA e o RNA, esta a molécula mensageira, e, ademais, como elas se comunicam e reagem diante de enfermidades a provocar desestabilidade orgânica, e daí instalando-se certas patologias degenerativas. Avançou-se nas mais diversas áreas da ciência, destacadamente nos estudos da imunologia, da neuroendocrinologia, da neuropsiquiatria e da engenharia genética.

De todo este acervo e de outros tantos nas áreas da física, química, medicina, cibernética, mecânica quântica, o homem investiu-se num novo papel, o de um mutante genético. Fez-se um manipulador de novas espécies de animais e vegetais, e da clonagem de seres: surpreendente revolução o despertou para encontrar a linguagem da sua história de vida: o código genético. Nele, armazena-se desde milhões de anos a escala molecular das macromoléculas de proteínas e dos ácidos nucleicos por meio de mensagens codificadas, as quais retratam o gene de cada ser vivo.

Abrem-se três etapas a esta revolução científica: a biologia molecular, entre 1954 e 1966, que possibilitou e ampliou o estudo do sistema que embasa a célula; a partir de 1969, descobriu-se através da bioquímica o desenvolvimento da célula e a sua capacidade de comunicação, a sua inteligente rede de informações numa fantástica máquina na qual milhões de peças, as menores delas, os glóbulos brancos e vermelhos, interagem a fim de possibilitar ao organismo o fenômeno da vida; por fim, a engenharia biológica, na qual se inclui principalmente a genética e a biotecnologia.

Alcançou-se impressionante avanço em todas as áreas da ciência. Hoje, de uma partícula de sangue de um indivíduo, do fio do cabelo ou de um resquício do osso, a ciência decifra o seu DNA, o gene, e assim identifica o seu retrato biológico no cenário genealógico do mundo, após separar, selecionar entre milhares de outros genes.

Que sistema fantástico, a célula! Constituída por moléculas condutoras de informações através das quais se forma complexa rede de comunicação entre elas e delas com todos os órgãos e membros do organismo. Qualquer falha nesta imensa cadeia poderá irromper a célula cancerosa, que é, em síntese, uma ruptura dos mecanismos reguladores da multiplicação celular, cuja célula se divide desordenadamente ocorrendo a perda da integração dela com a estrutura sadia do organismo, sobretudo com a macromolécula do DNA, e com o RNA, a molécula mensageira. Este sistema possibilitou a constituição dos seres vivos, como uma árvore, um cachorro, uma rã e o próprio ser humano.

Olhemos uma célula num microscópio eletrônico. Salta-nos a sensação de uma megametrópole vista de avião à noite. Intenso formigueiro de miríades de pessoas e veículos cruzando avenidas e ruas a se intercomunicarem por entre milhares de edifícios, sob a lufa-lufa de semáforos. Assim, retrata-se a célula, com a sua rede de moléculas receptoras e mensageiras a atravessar canais microscópicos. Desliga-se desta rede de comunicação a célula cancerosa.

Por que esta patologia?

Aí vamos mergulhar em vastos e complexos domínios da biologia molecular, da biofísica, da bioquímica e da genética. É imanente à própria célula, como elemento básico da vida, a capacidade de ela se dividir em certo número, num patamar entre 35 e 60 vezes, até falecer.

De certa imortalidade, faz-se a célula cancerígena, conseguindo se reproduzir ilimitadamente, contanto que as condições nutricionais do organismo que a abriga permitam. De que forma este micro-organismo, a célula, invisível a olho nu, opera e manipula energia suficiente à sua sustentação e à de sua sucessora, através de milhões de cópias que interagem por meio de milhares de comunicações com perfeita e absoluta integração, cada uma desempenhando a sua função e todas comungando no pleno funcionamento do organismo de acordo com a complexidade bioquímica de cada indivíduo?

Por que as células não se atropelam entre si ou não se desatam em erros? Elas se norteiam, cada uma e todas ao mesmo tempo, numa orquestração de ritmos e ações altamente sincronizadas, da audição ao olfato, do pensar ao caminhar, do ouvido que capta o som mavioso de uma sinfonia ao pranto abafado do rei Lear ante a terna mão da filha Cordélia a lhe embalar a dor da traição, cujo drama o gênio shakespeariano projetou imortal.

Observemos o mundo da célula. Mundo enigmaticamente fantástico. O que vem carregando, desde milhões de anos, esses trilhões de nanosseres? Reino fervilhante. Cada célula precisa da outra, a qual se integra a um todo e este todo forma o organismo do qual emerge o fenômeno da vida no seu constante e intenso processo de nascimento e fenecimento.

O que confere sustentação à célula?

Trilhões de moléculas a formar verdadeira comunidade autossustentável. E a supermolécula do DNA, como se integra neste cenário bioquímico? Através das proteínas que embasam a criação dos ribossomos, de acordo com as informações codificadas no DNA via RNA.

Que desafiante dilema!

As proteínas não podem ser fabricadas sem o DNA, bem como o RNA, para lhe repassar as informações direcionando os ribossomos a fim de constituí-los. Aí está a chave do segredo da vida. Vi num laboratório de biologia da Universidade do Chile a formação de uma célula e o seu desenvolvimento. Impressão que nos chega é de uma estação de trem de Nova York, Londres ou Paris, com milhares de pessoas se movimentando numa intensidade frenética.

Do DNA direciona-se todo este enorme e trepidante exército através de suas instruções codificadas, por meio de um comando, com uma operação de transporte e busca realizada pelo RNA. Na construção do fantástico mundo do fenômeno da vida, as verdadeiras operárias são as proteínas, às quais cabe soerguê-lo, sustentá-lo e transmiti-lo para outras.

Em face deste fenomenal e fervilhante mundo, procurei olhar a vida sob uma visão cósmico-terrestre, muito além de mera junção de moléculas. Vi um experimento em tubo de ensaio num laboratório de biologia. Alimentam-se as moléculas de DNA e RNA com elementos químicos para impulsioná-las. Diferentemente do que ocorre no organismo vivo, onde estas supermoléculas têm de operar com elementos ao seu redor.

Que conclusão se infere? Aquele fascinante mundo bioquímico desenvolve-se a partir das próprias células fabricadas por elementos fornecidos pelos alimentos que o organismo consome. Tudo e todos os seres têm a envolvê-los complexidade organizada. Raio relampejante a desatar-se das nuvens obedece à junção de elementos físico-químicos e eletromagnéticos. Belo arco-íris, descortinando-se, se forma pelo desencadeamento de vários fatores eletrofísicos.

Tudo se organiza em ritmo pontuado. Átomo de hidrogênio, o de menor massa de todos, não se compõe com um de fósforo. Transportemo-nos deste universo inorgânico para o reino dos seres vivos. Ambos se compatibilizam e se inter-relacionam.

Mesmo lá nos longínquos e iniciais momentos do universo, qualquer que tenha sido a sua forma de origem, o *Big Bang* ou outra, as leis trazem as marcas da perenidade e da uniformidade, desde milhões de anos. Não creio que só no planeta Terra, exclusivamente, existem condições de fazer originar, formar, organizar e dar continuidade através de bilhões de anos ao fenômeno da vida.

Na sua imensa e enigmática complexidade, a vida se encontra em toda parte da Terra, nas abissais regiões oceânicas, nos picos nevados das cordilheiras e até nas terras desérticas de calor abrasante.

Existe uma razão para que tudo isto se organizasse. Admite-se que notáveis cientistas procurem se apoiar na explicação darwinista a fim de situar o momento primordial do fenômeno da vida. Por ela, encontra-se uma hermenêutica antimística e anticlerical. A vida que vivemos e como está inserida no universo incompatibiliza-se com uma origem fortuita ou por acaso, fenômenos os quais não geram efeitos de perfeita organização. Realidades profundas nos levam a esta conceituação.

A vida não se retrata apenas como um processo que se auto-organizou; ela se integra a um sistema cujos liames abarcam do terráqueo ao cósmico, ordenada por um código genético. Onde se encontra a fonte dessa ordenação? Faltam-nos condições e elementos científicos para responder.

Já Epicuro, filósofo grego que viveu nos anos 341 a 270 a.C., adotou a conceituação dos átomos de Demócrito. Segundo estes filósofos, o homem não está sozinho no universo; as mesmas leis que produziram a vida na Terra teriam condições de gerar seres orgânicos em outros mundos.

Atualmente, a partir de estudos científicos e, sobretudo, de observações espectroscópicas, chega-se à conclusão de que os átomos são iguais em todo o universo. Estes elementos químicos, oxigênio, hidrogênio, carbono, nitrogênio e fósforo, presentes no planeta Terra, estendem-se por todo o cosmo, notadamente o hidrogênio que alcança um percentual de 75%. De todos eles, o carbono é o de maior força vital; ele possui a propriedade de se ligar às moléculas de outros elementos de infinita variedade. O comportamento químico do carbono começou a ser estudado pelos cientistas Archibald Scott Couper e Friedrich Kekulé no século XIX. Caso o carbono não contivesse esta composição, a vida não ocorreria nas condições em que conhecemos.

Que forte energia conduz uma minúscula célula, um zigoto, invisível a olho nu, a desenvolver e se transformar num ser humano, com trilhões de células, cada uma ou o feixe delas a ocupar e exercer as mais variadas funções e ações, desde potente cérebro a criar, imaginar, conduzir o corpo, a um coração a bater e operar o fluxo sanguíneo, alcançando-se estômago a digerir alimentos e até o órgão que possibilita o ser vivente a se reproduzir.

Que realidades existem por trás de todo este enigma?

Algo direciona microscópica célula a dividir-se em trilhões de outras e formar um ser vivo, com toda a sua complexidade, incluindo-se a inteligência. Querem nos fazer crer que todo este potentoso fenômeno se originou por injunção de forças e elementos cegos manipulados por um tipo de seleção a que se denomina natural. Prevalecendo esta lógica, suprima-se a inteligência do universo e da própria Terra, e tudo se norteará pelo "acaso e necessidade". Assim, sob este bordão, negue-se o poder da energia mental de pensar e criar. Analisemos. Faz-se incalculável a imensa quantidade de instruções fundamentais à constituição, formação e desenvolvimento de um organismo vivo, como planta, animal e, destacadamente, o ser humano. Nelas se encontram inscritas, em base universal, em todos os seres vivos, sem exceção, de geração em geração, as características próprias de cada espécie, numa determinada molécula a que chamamos DNA (ácido desoxirribonucleico).

Observem os organismos vivos estruturados em trilhões de células, destacadamente o ser humano, a gerirem a si próprios, ou, mais propriamente, esta máquina-organismo a regular-se a si mesma e a se propagar por ela, e, destacadamente lá, nos momentos iniciais da vida, a autoprogramar a própria morte (ciclo biológico).

Os genes estruturais do DNA transmitem, por intermédio do RNA, as informações necessárias à produção das proteínas, que operam em cadeia na constituição de moléculas fundamentais à vida celular. Por meio deste mecanismo, a célula adapta-se à fabricação de suas necessidades.

Regulada por um sistema complexo, a célula organiza-se por circuitos encadeados por uma intensa rede informativa. Tudo obedece a um esquema de absoluta perfeição que atua e retroatua em todo o organismo. A esta propriedade se dá o nome de homeostase, função que exerce determinadas células de manter os elementos essenciais à vida, como nível de ferro, de cálcio etc.; no sangue regula a utilização da energia necessária ao próprio organismo.

A integração dos elementos constituintes dos seres vivos mantém o funcionamento dos órgãos, das funções e de todo o sistema corporal. Rede de informações densa e com um funcionamento inteligentemente perfeito (desculpem-me os darwinistas por usar a palavra "inteligente"). Dentro das células operam as moléculas mensageiras, as quais executam o trabalho de comunicação de células com células, e destas com os vários órgãos, membros e pele do organismo.

Ao sofrer um hematoma, provocado por pancada no organismo, todo um exército é convocado a fim de repor ao estado normal a parte lesionada, ferida ou machucada. As células não integradas no amplo mecanismo do sistema molecular consideram-se enfermas.

A cadeia de comunicação molecular, extra e intracelular possibilita ao organismo vivo o seu desenvolvimento, cujo fantástico mundo das células, ressalte-se neste dado: 20 milhões de células caberiam na cabeça de um alfinete. E o tempo de vida das moléculas de DNA? Biologicamente, acompanha o ciclo de vida do organismo; no aspecto bioquímico, projeta-se quase imortal.

Perguntamos: se o DNA contém mensagem praticamente imorredoura, como não se admitir que o fenômeno humano tenha uma interação de origem cósmico-terráquea? Mede-se o tempo de vida das mensagens de DNA por milhões de anos.

No mundo bioquímico da vida, aonde chegamos? Avançamos muito: alcançamos, em profundidade, o estudo da molécula e desvendamos o seu DNA; a engenharia genética descobriu os segredos do código genético, como ele se constitui e se transmite de geração a geração. Desvendamos o desenvolvimento do organismo a partir de um óvulo fertilizado, incluindo-se o processo de citodiferenciação, através do qual as células adquirem diferentes formas. Outra função é a morfogênese, através da qual estudamos o organismo na sua forma tridimensional de tecidos, órgãos e estrutura óssea.

E o mecanismo de desenvolvimento das células induzido por fatores que direcionam o teor da sua divisão de maneira que elas se multipliquem mais rapidamente para certos órgãos do que para outros, como se retrata? A parte química se esclarece; e o movimento que as desencadeia, qual a explicação? Essa espécie de eletromagnetismo se desconhece.

As células e moléculas carregam o elemento impulsionador por meio do qual o processo bioquímico se forma e se desenvolve, sem alterar as suas propriedades químicas. É a partir daí que se direciona a evolução das espécies. Se não ocorresse este fenômeno, os seres quedar-se-iam no fixismo, ou seja, no imobilismo das espécies.

De gênero para gênero, os seres vivos são incomutáveis.

Muito nos falta ainda, talvez alguns séculos, para alcançarmos a essência do fantástico mundo do fenômeno humano. Só os sábios de catedralícios conhecimentos ousam a empreitada de se julgar conhecedores de tamanho enigma.

Observemos o organismo humano. Ele é formado por trilhões de células. Cada uma delas alberga a mesma dupla hélice de DNA, contendo o acervo de informações necessárias à construção de todos os elementos do organismo, dos seus órgãos, membros e sentidos; e por fim elas caracterizam a individualidade de cada um, absolutamente única. Por que o pâncreas surge numa parte do embrião e o fígado noutra?

Resuma-se: todas as células dependem de um programa genético. Formou-se, lá pelos milhões de anos atrás, este programa, código ao qual estão adstritos todos os seres vivos.

Einstein, na sua genialidade, buscou encontrar na teoria do campo unificado resposta à desafiadora interrogação. Por tantas vezes, ele se perguntou: "Eu queria saber como tudo isto se organizou, com absoluta perfeição".

Existe, decerto, por trás do fenômeno humano, nas profundas realidades, inteligência poderosa. Desconhecer este elemento é admitir que forças cegas carregam consigo um poder criador. Observemos esta singularidade: o ser humano, e mesmo qualquer organismo vivo, fazer-se exemplar único. Por aí se chega, sem dúvida, à razão pela qual os transplantes de órgãos e de tecidos provocam problemas de rejeição. O organismo distingue com precisão altamente inteligente o que lhe pertence e um corpo ou algo estranho.

A natureza opera na salvaguarda do equilíbrio natural das espécies. Caso não surgissem reações de rejeição, e um homem poderoso e vitorioso se apoderasse do corpo de outrem, quem poderia garantir que este vulto acometido de grave doença não extrairia do vencido o órgão necessário à recuperação da sua saúde ou dos seus familiares?

Por esta dialética encontramos os genes inteligentes, e não "egoístas", conforme certo biólogo quer nos fazer crer. Deste processo de salvaguarda, outro se destaca. O organismo humano se defende contra qualquer forma de agressão: bactérias, vírus, fungos etc., seres de multifacetadas variedades.

Isto é fantástico!

De que forma consegue o organismo detectar o que não lhe pertence em meio de miríades de micro-organismos? O corpo possui um sistema de defesa flexível e multiforme contra a agressão de invasores, detendo potencialidade de reconhecimento imensa, cuja operosidade parte do linfócito que engloba anticorpo, organismo microscópico com composição relativamente constante, adstrita ao mecanismo hereditário. Outro fenômeno. De primitivas rochas com mais de 3 bilhões de anos, foram encontrados microfósseis. O que isto significa? Independentemente do tempo e espaço, moléculas e células dos organismos operam como uma fantástica e ordenada máquina.

Dos seres vivos aos entes inanimados, todos se ordenam entre incertezas e probabilidades, atrelados a uma ordem natural. Quando determinado grupo de células, ou mesmo uma única, desordena-se das demais (a célula cancerosa, por exemplo), ocorre um processo de desestabilização na estrutura orgânica.

O que tem a povoar este mundo? Milhares de indivíduos compõem cada espécie, a se suceder num constante nascer e fenecer por duas formas reprodutivas: a sexuada e a não sexuada; desta se origina o novo indivíduo dividindo-se em dois de um organismo preexistente. Assim é a reprodução normal dos procariontes, de muitos protistas e fungos.

Nos organismos superiores, os novos indivíduos nascem por meio de reprodução sexualizada a envolver eventos complexos na produção de óvulos e espermatozoides, sobretudo durante o acasalamento, o cuidado com o embrião em desenvolvimento e a prole recém-nascida.

Nenhum outro fenômeno no mundo vivo, à exceção do mecanismo de funcionamento de um cérebro humano, revela-se tão espantoso e nem inspira tanta admiração quanto o processo de desenvolvimento de um óvulo fertilizado, a partir da primeira célula, o zigoto, até a completa formação e nascimento do ser vivo. O estudo desta fantástica construção de perfeita sintonia na interação entre genes e células durante a fecundação, nascimento e crescimento de um indivíduo, retrata-se hoje a grande fronteira das ciências da vida.

Trabalhos e pesquisas nos trazem explicações através das mais diversas ciências, e por meio delas fazemos interrogações à metafísica. Não temos respostas. Que falem as ciências dos séculos que hão de vir.

Um dos aspectos fenomenais do desenvolvimento de um indivíduo desde a sua fecundação é, sem dúvida, a diferença gradual entre as células que se dividem a partir da primeira. De que forma a célula nervosa se torna tão diferente de outra do trato intestinal?

Dois elementos fundamentais operam no mecanismo da célula: preservar os genes da replicação mesmo em face de qualquer dirupção térmica e transmitir informações às sucessivas gerações. Os genes armazenam numa espécie de cristal as informações; por este meio se desvendou o dogma central da biologia molecular; o outro elemento, as células mantêm um equilíbrio interno em meio à instabilidade do meio externo. Entre a ordem interna organizada e o meio externo em constante instabilidade, direcionam-se os ecossistemas a uma estabilidade natural.

Encerramos este capítulo.

Na construção deste livro, repetindo Isaac Newton, apoiamo-nos nos ombros de grandes pensadores. Eles mergulharam fundo no fenomenal mundo da origem da vida e, destacadamente, do fenômeno humano.

Interrogações levei-as a vultos cujas inteligências encheram o século XX com grandeza e sentimento do mundo, muito li e estudei. Que fascinante e profundo mistério, a apoptose, a morte programada das células.

Quando lá nos bilhões de anos atrás, na Terra primitiva, moléculas se norteavam para formar a primeira célula, fenômenos se conjugam e se fizeram contidos nos seus genes, esteios principais da própria vida. As células primitivas e geradoras detinham o poder de se auto-organizar, autorreplicar, autoalimentar, e este, profundamente interrogativo, o de autoprogramar a sua própria morte, e ademais, simultaneamente, o de lutar pela conservação da vida e, por fim, o de transmitir o seu gene aos descendentes. Afinal, nenhum ser vivo quer deixar a vida.

A fenomenologia da consciência

A partir da década de 1990, ganhou apoio a ideia de um universo consciente, ampliada posteriormente por novos estudos e importantes descobertas. Na conceituação de Richard Amoroso, existe uma consciência cósmica *a priori* antes de o universo nascer, no qual se acha a Via-Láctea, galáxia a que o sistema solar está integrado. "A consciência fundamental, diz o cientista, é uma parte da realidade e da existência total, e possui um tipo de mente cósmica". Sob dois aspectos podemos visualizá-la: a) a consciência humana da qual se irradia o elemento inteligente que norteia o homem na Terra; b) a consciência fundamental da existência cuja visão alcança a realidade cósmica, promanada de uma energia profunda, impulsionada por algo, ainda indecifrável, a impelir o ser humano a um constante *plus*, imanente atributo a alavancar a humanidade a fantásticos progressos.

Por que o homem tem a embalá-lo constante e inabalável vontade de descobrir, conhecer e criar? Leis simétricas da realidade e da própria inteligência o excitam, daí vão se gerando estruturas fenomenológicas.

Caracterizar a consciência fundamental – a visão cósmica – como um incidente evolucionário é equivocado. Teria ocorrido se simultâneo a este fenômeno outro, desordenado, existisse.

Para implicar num incidente, impunha-se um todo inconsciente.

De uma bactéria *E. coli* ao ser humano manifesta-se um princípio essencial gerado por algo profundo. Com o instrumental científico que o homem detém atualmente, torna-se difícil desvendar este insondável enigma que gerou o fenômeno da vida e o fenômeno humano.

Devido à sua dimensão fenomenológica do existir, a consciência cósmica não está adstrita a espaços. Não há limite para a reflexão do pensamento humano e nem para o poder criativo de sua inteligência. Aonde chegaremos *ad futurum*? Não há vaticínio. Olhemos cem anos atrás: em que condições se encontrava o homem no seu desenvolvimento? Esteado neste raciocínio e na própria história do progresso científico-técnico da humanidade, conclua-se, sem dúvida, que a predição que fazemos não é futurismo.

Na energia mental o homem investe-se do ilimitado para criar e produzir. Partindo deste pressuposto até onde este poder alcançará?

Toda matéria é energia, segundo a equação genial de Einstein, $E=mc^2$. A energia cinética limita-se a si mesma. O Sol, a mais poderosa força radiante do sistema solar, tem limitada a sua potencialidade energética.

E a criação mental do homem que produz a inteligência, qual o seu limite? No contexto da nossa realidade, é infinita. Damos sequência a este raciocínio. Todas as energias operam em determinadas fronteiras, segundo a teoria do *Big Bang*. Contudo, paradoxalmente, a capacidade cerebral humana é ilimitada, ascendente e constantemente espargida e alimentada por uma massa bioquímica com 60% a 75% de água, cuja estrutura compreende órgãos, membros e sistemas respiratório, cardíaco e sanguíneo, a qual permanece a mesma desde milhões de anos, salvo ligeiras modificações anatomofisiológicas. Qual será, afinal, o desfecho da força intelectiva do ser humano num corpo estável e antiexpansivo?

Segundo formulação de Einstein, existe uma energia inercial e constante força criadora e expansiva atrelada num corpo que a sustenta e a alimenta. Enfim, esta dicotomia: um mesmo organismo a albergar mente e corpo. Traga-se René Descartes para complementar a análise, esteando-se na máxima *Cogito ergo sum*. Conclua-se: A fonte única e geradora da vida está no pensar.

Alguns escolásticos, destacadamente Santo Tomás de Aquino, nominaram o pensar de *potentia*, abrangendo não apenas a inteligência, mas também a memória e a vontade, não fazendo distinção entre os três, o que poderá ocorrer ao mesmo tempo. Ele usou o termo *mens* para referir-se à *potentia intelectiva*.

Na análise da mente humana, apoiamo-nos em Lévi-Strauss, com sua teoria estruturalista, segundo a qual a inteligência integra-se à natureza como um fenômeno singular, e não como um mero produto resultante do tamanho do cérebro ou da promanada linguagem. Aduzimos. A mente humana opera, em última análise, na expansão da matéria-energia.

Filósofos gregos, entre eles Aristóteles, se inclinam a uma concepção não intencional da consciência. Pensadores cristãos enfatizam o caráter determinista deste atributo. A intencionalidade manifesta-se nos reflexos da realidade e de autocerteza de que falou Santo Tomás e outros escolásticos. Pensadores, como Descartes, tenderam a uma formulação de natureza intencional e intimista. Kant estabeleceu acerca da consciência esta conceituação:

> Existe uma distinção entre consciência empírica e a transcendental (psicológica e a consciência transcendental). A primeira pertence ao mundo fenomênico; sua unidade só pode ser proporcionada pelas sínteses efetuadas mediante as intuições do espaço e do tempo. A segunda é a possibilidade da unificação de toda consciência empírica, e, portanto, de sua identidade.[1]

Desdobremos a análise. A individualidade da pessoa em si não é matéria de abrangência empírica, e sim transcendental. Não há de ser confundida com aquela que perfila a pessoa; aí ela é o cidadão, no seu contexto social.

Para que possamos situar a consciência, temos de projetá-la nas percepções do mundo fenomênico. Em Hegel, na sua obra *Fenomenologia do espírito* encontramos uma passagem da ideia da consciência transcendental emanada da própria razão de existir do ser humano. Quando esta consciência identifica o seu Eu, ela se transfigura e alcança o metafísico.

Relatamos em capítulo anterior acerca daquele primeiro instante, quando perplexo o homem se interrogou ante um raio de luz desprendido das nuvens. A partir daquele momento, o interrogante marcaria um destino de se fazer coadjuvante do mundo e, com a descoberta do Eu, ele definiu a sua identidade, e começou a dominar e direcionar as circunstâncias e os milhões de seres viventes na Terra.

Ao empregar o fogo na defesa e segurança da caverna o homem marcou o seu primeiro passo de sobrevivência no seu cajado pelos séculos. Venceu desafios. Chega ao terceiro milênio, após ter caminhado por longas noites desde priscas eras.

Do processo dialético da consciência, projetam-se dois atributos: a consciência da identidade do Eu e a transcendental. Naquela, o ser humano tem a sua individualidade entre trilhões e trilhões de outros seres; nesta, ele se irmana nele próprio a transcender a si mesmo, superando-se continuamente numa busca por algo mais.

Sartre argui a ideia de intencionalidade da consciência, marcando-a como uma categoria "a dirigir-se numa relação entre uma natureza e outra". Redarguimos: Pode ocorrer a consciência do ausente ou mesmo a do não existir, sem nenhuma relação com o circunstancial. Para se compreender a relação entre a consciência e os fatos, deve-se abstrair qualquer ideia causal. A partir desta premissa, podemos compreender o livre-arbítrio, pelo qual atua e se limita sob dois planos: o empírico e o metafísico. Ambos se inter-relacionam e marcam as fronteiras da ação humana.

Baseamo-nos em Bergson no argumento que define a consciência como a plena identidade do Eu e das suas circunstâncias. Ora, inexistindo relação de causa e efeito do agente pensante com o mundo que o envolve, não existe consciência.

Desloquemos a matéria para o campo cartesiano, mente e corpo; ambos derivam de fonte comum. Esta interrogação nos desafia: a energia mental, geradora da inteligência e da consciência, move a ação que se cria e se enriquece sem cessar, enquanto a matéria (corpo) queda-se como elemento que se desgasta e se desfaz. Como potencializar num mesmo corpo contrastantes elementos? Um de energia constante e indefinida, o outro obedecendo a um ciclo de vida?

A consciência subordina-se à realidade, assim admitem alguns filósofos. Como justificar que só coube ao ser humano a percepção de conhecer e modificar a realidade, impondo a sua vontade?

Trabalhemos com o raciocínio de Hegel:

> Em toda a natureza há em cada gênero de seres matéria e também algo que é causa e princípio ativo pela qual tudo atua e com isto há uma relação causal direcionando todos os atos. Existe, pois uma força intelectiva que faz sobrepor as coisas e os fatos a uma ordem geral.[2]

Desdobremos este raciocínio. A consciência não nos chega como reflexo da coisa. Ela é essência e fenômeno originário; não está voltada só para o objeto, reflete-se sobre si mesma e assim também se faz autoconsciência.

A identidade do Eu está na consciência; perdê-la desconstitui-se a própria razão do existir, a sua individualidade. No mundo da esquizofrenia, a realidade se perde; daí a despersonalização do ser como ente que não se determina.

Diante do ser em si, a consciência o é para si. Nada há ou pode haver que separe o sujeito do seu Eu, ou mesmo de si. Por exemplo, transplantemos o cérebro humano do seu corpo para um robô ou mesmo para algum animal. Onde está o Eu? Em qualquer corpo ou objeto para onde for transplantada a consciência do Eu.

Quando os filósofos falam na transcendência como Ortega y Gasset no seu livro *Meditaciones Del Quijote*, no qual escreve "Eu sou eu e as minhas circunstâncias", o pensador situou o sujeito humano rodeado de circunstâncias e, em torno dele, se acha o mundo.

Não podemos visualizar o homem apenas como a *sub specie instantis*, mas sim na transcendência da própria essência de sua identidade no sistema relacional com a existência. O homem é ele e a circunstância que ele transcende. Transcender significa a consciência do ser humano em se superar num mundo no qual o lançaram não se sabe como e nem qual o seu destino. O homem, senhor da razão e até o presente momento um condenado a não conhecer o seu destino. Um dia ele encontrará a razão do seu existir.

"A transcendência [diz Heidegger] exprime o projeto do mundo de tal modo que o-que-projeta é dominado pela realidade que ele transcende e já está conciliado com ela."[3]

Defina-se a transcendência sob dois significados diferentes: a) estado ou condição do ser além do todo, de toda experiência, ou do próprio ser. Esta concepção vincula-se ao neoplatonismo, cujo princípio supremo situa o Uno além da substância e mesmo além do ser; b) o ato pelo qual se estabelece a relação do terráqueo com o cósmico. Texto famoso de S. Agostinho expressa: "Se achares mutável a tua natureza, transcende-te a ti mesmo. Lembra-te de que, ao te transcenderes a ti mesmo, estás transcendendo uma alma racional e que, portanto, deves visar ao ponto do qual provém a luz da razão."[4]

Antes de alcançar esta transcendência agostiniana, o ser humano se ultrapassa a si próprio, através das expansivas conquistas e criações desde as cavernas, quando delas emergiu e se interrogou sobre o porquê da faísca que produzia o fogo, e sob o arco de milhões de anos vivencia nas iniciais décadas do século XXI a contemplar os espaços e navegar em naves espaciais.

Paremos por um momento. Olhemos os tantos milênios já percorridos pelo homem e os tempos que hão de vir. Negamo-nos a admitir, mesmo porque nos faltam dados científicos, o fenômeno humano dirigido por forças cegas e mecânicas. Até o ato de existir tem um propósito, um objetivo. O nada seria o não propósito, e aí tudo resvalaria numa babel universal. Ordenar algo já define um objetivo. Não nos situemos num maniqueísmo pendular entre deísmo e ateísmo.

Causa primária faz-se imanente a todas as coisas e seres vivos.

Haveremos de caminhar mais alguns séculos a fim de desvendar a realidade profunda da qual irrompeu o universo e o próprio fenômeno humano. Avanços fantásticos o homem empreendeu nestas últimas oito décadas. Aprendemos a olhar o lugar do nascimento do universo como um vácuo a implicar estado morto. Hoje, por amplos experimentos realizados com aceleradores de partículas, sabemos que o vácuo carrega-se de energia e de vibrações.

Descobriu-se a existência de uma simetria em toda a rede universal desde a formação de prótons até a escala dimensional de uma estrela tipo Sol. O que isto significa? Que não há nenhum local, coisa, espaço, seres, em todo o universo que não esteja integrado a um todo simétrico.

Com base nessa rede simétrica, desenvolve-se estudo psicofísico de nova ciência fundamentada na física quântica e no primado da consciência. Daí, podemos analisar que o pensamento se irradia da mente com a qual nos situamos perante o mundo. Por outro lado, ela cobre o cérebro como um mapa onde cada neurônio ou grupo de neurônios (são bilhões) exercita as suas funções de comando, desde o andar, do alimentar-se ao pensar. Funciona todo o mecanismo a partir do embrião unicelular.

Os genes, logo nos primeiros instantes da Terra primitiva, instruíram-se a produzir proteínas. É aí onde se encontra a chave do fantástico fenômeno da vida; trilhões de células a se ligarem umas às outras numa rede de absoluta perfeição.

Conforme enfatizou Humberto Maturana, o processo cognitivo se desencadeia com infinita capacidade de distinguir entre milhares de circunstâncias diferentes os seres orgânicos (trilhões de células com suas funções etc.) e os inorgânicos.

A primeira célula originária e formadora do ser vivo é autorreferencial e tem capacidade de mensuração quântica, ou seja, se auto-organiza e se autorreplica. Desta maneira uma imensa cadeia vai se formando e discernindo entre superposições de funções, membros, órgãos e sentidos de possibilidades distinguíveis. Tudo com absoluta perfeição. Falar em mutação genética aleatória, como erros ou acaso, expõe-se a inteligência ao deboche.

Por aí, podemos compreender um pouco da evolução das espécies através de complexos mecanismos que provocaram o surgimento dos fenômenos da vida e humano: a auto-organização, o autoconhecimento, a autorreplicação (reprodução), a conservação e comunhão das espécies, a seleção natural, a transmissão dos genes de indivíduo a indivíduo e todos obedecendo a uma completa ordenação.

Na alta complexidade de inter-relacionamento de funções, reações e comandos, o cérebro conecta-se perfeitamente com os vários órgãos do corpo através do sistema neurológico. Interconectada ao espaço e tempo, a mente se projeta muito além das fronteiras cerebrais.

Já na Antiguidade, Aristóteles conceituou que os seres vivos tinham uma psiquê ou alma. Como assim? Olhemos uma semente, o seu desabrochar, o lento nascimento da planta, seu desenvolvimento até a floração e frutificação. Todas as plantas, envolve uma aura, a impulsionar o seu desenvolvimento até alcançar a sua plenitude vegetal.

Para Descartes, todo o universo, plantas, animais, exceto o pensamento humano, opera como uma máquina, ou melhor, já traz o seu predeterminismo. Será que por trás deste fenômeno existe uma consciência cósmica?

No momento em que o ser humano começa a perceber as diferenças de cores, que objetos são mais pesados ou mais leves, a compreender que o tempo flui num ritmo contínuo e intenso, a formar ideia do perigo e analisar determinados acontecimentos, a se comunicar com os seus semelhantes; a partir desse conjunto de formulações podemos definir a consciência, ou, sintetizando, identificar a forma pela qual vivenciamos o mundo.

Da soma dos fatores genéticos e culturais se plasma a visão ideológica de cada ser humano.[5]

Por aí, começamos a compreender a fenomenologia da consciência pelo estudo dos estados cognitivos psicológicos. O elemento estrutural deste estudo define o fato de termos uma identidade pessoal de nós mesmos, uma individualidade de que estamos investidos diante e no contexto do mundo (o louco possui a identidade, mas falta-lhe a individualidade). Para a individualidade urge que o ser humano saiba quem ele é; o ponto supremo da consciência, parâmetro sem o qual não existe individualidade (o ego de si para si). *Ego sum qui sum*. Ter uma individualidade o faz senhor de si.

O processo mental que se vive é exclusivamente de cada ser humano. Nasce do pensamento que se irradia da mente. O animal tem uma inteligência conduzida geneticamente; no homem, ela se apresenta perscrutadora e criadora, a gerar a consciência de si mesmo e do mundo.

Pela constante experiência da vida e o que a própria natureza nos oferece, pressente-se que, além de uma consciência individualizada, projeta-se uma superconsciência de algo cósmico a que todos estão jungidos.

Notas

[1] Immanuel Kant, *Crítica da razão pura*, Lisboa, Fundação Calouste Gulbenkian, 1985.
[2] G. W. F. Hegel, *A fenomenologia do espírito*, Petrópolis, Vozes, 1992.
[3] Martin Heidegger, *O ser e o tempo*, Petrópolis, Vozes, 1986.
[4] S. Agostinho, *Confissões*, São Paulo, Martin Claret, 1982.
[5] Agassiz Almeida, *A República das Elites*, Rio de Janeiro, Bertrand Brasil, 2004.

O Eu e a consciência do mundo

A lógica quântica evolucionária com todo aparato de supercondutores e de campos programáveis tem implicações na visão pampsíquica da consciência. Existe, por certo, algo consciente em todas as coisas.

Observe-se o microcosmo quântico, lá no mundo das partículas dos bósons de Higgs. Se só uma delas, a menor, a que não consegue ser detectada por visibilidade através de poderosos aceleradores de partículas, se desprendesse do núcleo do átomo e provocasse, em cadeia, processo dominó, o próprio universo estaria ameaçado pelo caos. De acordo com a lógica quântica evolucionária, a matéria tem uma consciência que, em face do nosso estágio de desenvolvimento científico, desconhece-se a causa dos elementos que a geram.

A visão da causa da computação quântica oferece-nos estratégia de *design* inteligente na construção de computadores eletrônicos com implicações à teoria da consciência e uma conclusão final. Se todas as coisas, segundo admite o pampsiquismo quântico, têm uma consciência, existe, decerto, uma superconsciência cósmica. Com a palavra um cientista da física eletrônica: "Se admitirmos que o cérebro é um computador quântico evolucionário (EQC), faz sentido perguntar-nos se é possível construir um EQC com os componentes descobertos pela ciência até o momento."[1]

O mais antigo estudo da teoria da consciência fundamenta-se no pampsiquismo; existe uma base lógica no seu enquadramento. Certos críticos argumentam que falta a esta teoria fazer a mensuração de qual ente se identifica mais consciente do que o outro. É despropositaI esta conceituação. Cada ser, planta, animal e o próprio homem, exercem o seu poder cognitivo de acordo com o circunstancial.

Qual a ciência humana que atualmente pode desvendar o processo de fecundação de uma semente, seu desabrochar em planta e o seu desenvolvimento através da fotossíntese? No mundo interior e profundo do vegetal, a inteligência dele torna-se insuperável.

Desloquemo-nos para o microcosmo do subatômico. Lá, partículas existentes teoricamente (bósons de Higgs) não são detectadas por poderosos microscópios e aceleradores de partículas. É sobre este conceito que se mensura o pampsiquismo quântico do grau de consciência de cada entidade, qualquer que seja a matéria.

Define-se este fenômeno de inteligência sistêmica, e perfila-se de acordo com a utilização que a consciência faz de si para o circunstancial da existência. Em toda matéria existe o elemento cosmológico cujo poder organizador permeia os átomos. É deste fluxo que surge a energia já reconhecida pelos atomistas gregos, destacadamente Demócrito e Lucrécio, os quais acreditavam que o universo era composto de átomos de tamanhos diferentes. Com Descartes, no século XVII, abriu-se uma visão científica acerca da complexa matéria do mundo dos átomos e dos subátomos.

Hoje em dia, corrente de cientistas acredita que a mente carrega-se de natureza material, sem trazer à baila a cosmologia quântica. Mesmo com o fantástico avanço das ciências nas últimas cinco décadas, nós ainda estamos engatinhando para explicar os fenômenos da vida e da própria consciência. É abordagem axiomática. Talvez a consciência seja um nível subjacente fundamental e profundo da própria existência.

Qual a relação entre a energia mental e a realidade circundante? Será que a energia da qual emana a inteligência e a própria consciência integram-se como elementos exclusivos do contexto terráqueo? Caso estes elementos que compõem o fenômeno humano tenham promanado unicamente de fatores químicos, físicos e biológicos, uma conclusão nos salta inapelavelmente à mente: a Terra não está integrada num todo universal. Para se admitir esta lógica, o planeta no qual habitamos não recebe nenhum fluxo de ação do Sol ou mesmo do próprio universo.

Urge reconhecer que a existência humana tem a envolvê-la enigmáticos fenômenos, esteados em elementos singulares, muito longe ainda de serem desvendados.

Que singularidades são essas?

Para esta análise, situemo-nos ante um cenário geral no qual se integram a realidade subjacente e uma visão cósmica do próprio fenômeno existencial. Sem esta perspectiva, perdemos o sentido da natureza das coisas e suas leis.

Esta formulação hipotética comprova, sem dúvida, a ideia que ora esboçamos. Caso ocorresse uma mínima modificação ou desnorteamento no processo de formação da água, H_2O, e esta, na sua composição, perdesse uma molécula de hidrogênio, a água não poderia se constituir, acarretando, consequentemente, a impossibilidade da vida na Terra. O que pretendemos alcançar com este raciocínio? Existem em toda a natureza, nos seres vivos e nos elementos inorgânicos, implacáveis leis, cuja ordenação não pode ser rompida.

Chega-nos à mente uma verdade não material, que vem de uma realidade desconhecida. As partículas de bósons de Higgs, que os cientistas procuravam desvendar através do poderoso acelerador de partículas, o LHC, o Grande Colisor de Hádrons, foram detectadas nas recentes experiências realizadas por esta super-máquina.

Em todas as coisas e seres, uma realidade profunda direciona os princípios fundamentais da natureza e da própria existência. Como projetar o fenômeno humano na realidade subjacente? Numa dimensão além-terráquea, ele embala a sua fenomenologia com elementos ainda desconhecidos. No mundo místico, rejeita-se esta visão. Quando milhões de individualidades inebriam-se ao som da música, de um Bolero de Ravel, da 9º Sinfonia de Beethoven, da melancolia de um fado ou mesmo do gorjeio da asa-branca nas terras adustas do Nordeste, eles buscam nas sonoridades musicais algo que emerge de profundos elementos do *Id*, na genial definição de Freud. Outros bilhões de seres, e são multidões, fitam por sobre os horizontes de suas vidas o transcendental para além-terráqueo, em cujo éden espiritual eles encontram a paz e a própria razão de existir.

Quando milhões de mulçumanos, todos os anos, vindos das mais diversas partes do mundo se dirigem à pedra Kaaba, em Meca, dominados pela fé no profeta Maomé, sentimento do eterno os conduz. Com os mesmos sentimentos, os fiéis de Padre Cícero, no Juazeiro do Norte, Ceará, nas suas longas romarias, envolve-os chama de fé sob um toque de eternidade.

Por que condená-los? Só aqueles que só sabem enxergar as suas botas não compreendem os embalos espirituais da condição humana. Quantos abnegados estudiosos e cientistas se reclusam nas redomas dos laboratórios e centros de estudos, anos a fio, doando as suas existências para em algum instante desatarem, inebriados, a palavra, por tantos dias e noites, acalentada: *eureka*. Assim é o fenômeno humano. Centenas de místicos povoaram o mundo; eles deixaram os seus sonhos, idealizações e alguns poucos, o verbo, que se multiplicou, às centenas, na palavra de apóstolos e sacerdotes.

De onde e como emergiram? A consciência e o sentimento do mundo os guiam. Eles vieram com Moisés, Buda, Brahma, Cristo, Maomé e todos aqueles que encontraram no messianismo embalo ao seu existencial.

Desloquemo-nos para o mundo científico no qual o homem se debate com denodado esforço para encontrar os elementos mais profundos do subatômico quântico nas partículas bósons de Higgs. De que forma podemos nos situar em face de uma visão macrocósmica? Cada parte, a mais ínfima, relaciona-se em suas atividades básicas com o todo e entre si. Como isolar deste complexo as partes do todo? O fenômeno da vida emerge de dentro de si para si, independente de uma realidade pulsante.

De acordo com a lógica de Jacques Monod e dos neodarwinistas, o fenômeno da vida, e, consequentemente, o fenômeno humano, reduz-se ao campo terráqueo, desconhecendo o inter-relacionamento entre bilhões e bilhões de seres orgânicos e inorgânicos. Neste aspecto, sobreleva-nos destacar a energia mental com o seu poder criador apoiada na inteligência sistêmica de todas as espécies, inter-relacionada às matérias inorgânicas. Por esta energia, visualiza-se o ser humano, uma singularidade, o único observador do universo; o ser pensante que molda e transforma a natureza, e, por fim, direciona-se para um futuro ainda insondável.

Chegou o ser humano ao mundo como uma ínfima parte dele; um fenômeno ainda não desvendado, investido de um destino desconhecido. Gestou-se deste incomensurável ventre, o universo, que lhe impõe leis. Cada ser humano é parte de um todo. Neste enigma, todos se inserem no mundo, aonde se chega sem saber como, e dele é arrancado ignorando-se quando e em que circunstâncias. Por que assim? Eis o insondável mistério. Para Descartes, o ser pensante é o único sujeito, todo o resto mero objeto. Kant demonstrou que os objetos do pensamento são ideias e emanam de duas fontes. Toda a matéria tem inteligência; o homem possui razão e consciência. Ambas se completam, porquanto um elemento as une: a energia.

A genial equação de Einstein, $E=mc^2$, retrata este raciocínio. A força energética vem da fonte das leis sistêmicas da natureza, transferida no universo de maneira indireta por processos fenomenológicos. Por esta premissa, todos os elementos têm uma causa, exceto a realidade subjacente profunda, em face de nos faltarem ainda instrumentos científicos para desvendá-la. Por outro lado, há um determinismo na forma de manifestação da causalidade.

Ao perfilarmos o homem no seu caminhar pela Terra varando milênios numa constante e desafiadora saga entre a natureza de onde emergiu e o processo cultural que ele elabora, podemos defini-lo sob duas facetas. Ele veio das cavernas nas noites paleozoicas e se perguntou por que o raio do relâmpago ao fulminar uma árvore e o atrito entre duas pedras produzem o fogo. A partir dessa reflexão, o homem iniciou o seu cajado pelos séculos, moldando a natureza à sua inteligência. Teve esperança, e aí foi apóstolo de sua fé, e se fez desafiador de realidades alcançando afinal o pensador globalizado de hoje. Grupo errante abraçou a sua saga, depois, em bandos, ganhou espaços terráqueos, construiu cavernas, tabas, malocas, aldeias, vilas, cidades, metrópoles e palácios. Civilizou-se. Albergou dentro de si o ser com esta face e interface, o materialista consumista e expansionista e ao mesmo tempo um interrogante do mundo.

Charles Darwin a olhar um grupo de nativos da Terra do Fogo, os fueguinos, soltou esta incongruência: "Que condição abjeta desta gente".

Apequenou-se ante aquele cenário humano. Abjeta foi a sua incapacidade de compreender que aqueles seres humanos suportavam apenas momentaneamente o fardo de serem retardatários no processo civilizatório, e ali foram lançados num mero circunstancial de tempo e espaço, segundo a visão da teoria estruturalista de Lévi-Strauss.

Retome-se o núcleo central do capítulo ora focado, "O Eu e a consciência do mundo".

É instigante o estudo da neurociência, ao abrir a possibilidade de se explicar como o cérebro processa a visão e a memória, componentes fundamentais e amplos da mente consciente. Daí se irradia o Eu, marca da energia mental e da consciência.

Matéria profunda e complexa, consciência-mente. Ainda temos enorme caminho a percorrer, mormente porque um enigma se interpõe entre o observador, o homem, e o observado, o mundo. Além desta verdadeira esfinge, o ser humano é observador de si próprio; autor e julgador dele mesmo. Isto nos leva a uma sensação do insondável. Enorme abismo abre-se entre estados mentais e elementos químicos, físicos e biológicos, a nos advertir que o fenômeno mente-consciência não pode se circunscrever ao terráqueo.

Para se projetar o elemento mente-consciência temos de estudar as imagens sensoriais – visuais, auditivas, tácteis, olfativas e outras. Todo o fantástico mundo de trilhões de células que compõem o organismo humano tem uma imensa, complexa e intrincada representação que cabe a cada uma ou feixe delas ordenar (lembre-se: a célula fecundada é invisível a olho nu, mas nela está contida toda a ordenação e o comando da vida).

Miríades de células se inter-relacionam exercitando as mais variadas funções, nos rins, no fígado, no pâncreas, no desempenho de centenas de operações. Do cérebro parte toda essa organização e comando através do sistema neurônico de acordo com uma perfeita ordem a direcionar centenas de ocorrências do organismo, bem como a intercomunicação com eventos exteriores.

Cartógrafas da geografia do organismo, dos eventos e dos fatos que lhes dão vida, as células cerebrais se investem no comando do ser vivo.

Feche-se este capítulo; deixe-se esta ressalva. O estudo do pensamento humano e da própria consciência não deve circunscrever-se aos campos da biologia, da física, da genética etc. Ele alcança um domínio transpessoal e transcende de muito o corpo-ego. Inadmissível é rejeitar a espiritualidade em sua forma genuína, e tachá-la de produto de superstição, da ignorância ou de algum tipo de misticismo. Quando o homem, lá pelos milhões de anos atrás, se interrogou sobre o primeiro porquê de um fenômeno atmosférico, naquele momento ele cingiu-se de certa aura mística lançando-o na perplexidade frente ao insondável mistério que é o *post mortem*.

Bilhões de seres humanos povoaram a Terra. Eles vivenciaram experiências místicas e acreditaram em algo sobrenatural acima e além dos fatos materiais. Mergulharam em reflexões, ofereceram vidas e sabedoria em torno e sob a inspiração de crenças, muitas das quais se catapultaram em esperanças e dogmas de fé. Profetas apontaram e carregaram as suas antevisões messiânicas, levaram multidões a acreditar que o ser humano não é apenas um passageiro nesta aventura terráquea. Julgavam existir um destino ainda indefinido a nortear o ser humano.

Novos estudos sobre a mente, inclusive dos neurônios que se renovam, contestam certas teorias psiquiátricas e psicológicas. Por esta doutrina, a consciência não é apenas um mero processo neurofisiológico do cérebro, mas elemento essencial da existência humana.

O ser humano, fenômeno singular por viver a vida sob este arco: o orgânico e o cósmico.

Nota

1 Richard P. Feynman, QED: *a estranha teoria da luz e da matéria*, Lisboa, Gradiva, 1985.

Diversidade e equilíbrio das espécies

Abra-se este capítulo, "Diversidade e equilíbrio das espécies". Há uma razão na natureza para que algo exista em vez de não existir. Com a devida vênia do leitor, esbocei o texto "O cientista e a verdade" antes que ele se perca no não existir.

À arrogância catedralícia de certo cientista, este punhado de palavras. A verdade: dela ele é o único dono e senhor absoluto. Biólogo laureado com o Nobel, prêmio que lhe confere uma visão olímpica das certezas e das verdades absolutas. Olha-se detentor de novos rumos para a ciência e a si próprio um gênio a se autointitular: "O Darwin do século XX". Contempla-se na mesma dimensão de nomes imortais: Aristóteles, Copérnico, Spinoza, Kleber, Descartes, Leibniz, Isaac Newton, Kant, Hegel, Pasteur, Einstein.

Em congresso realizado em Londres, com a participação de notáveis pensadores e estudiosos da ciência, ele arrogantemente brada ao mundo a sua inusitada descoberta acerca da origem da vida e lança a sua ideia de reveladora genialidade: O *acaso e a necessidade*. Em meio à glória e a consagradores aplausos, ele se pronuncia: "Cada século tem o seu gênio, o XIX produziu Darwin, o XX, modestamente este seu seguidor".

A quem retratamos? Jacques Monod.

Observemo-lo no seu mundo laboratorial, entre centenas de aparelhos e instrumentos por onde passam e são manipuladas por soluções químicas bilhões de células. Anos correm; e naquela mente hermeticamente fechada e mergulhada no infinitamente frenético dos micro-organismos desfila o universo fantasmagórico de suas ideias.

Após algumas décadas na sua impenetrável redoma, os seus pensamentos revestem-se de uma crosta mental e ele só sabe olhar o borbulhar infinito de células, bactérias, vírus e reações químicas. Engolfado na fervilhante e fantástica colmeia de trilhões de células, o cientista se transveste num semideus a comandar miríades e miríades de nanosseres, manipulando-os à sua soberba vontade por meio de sofisticados instrumentos, dentre alguns poderosos microscópios eletrônicos que podem ampliar em até 250 mil a imagem cujas amostras são iluminadas por um feixe de elétrons focalizados por um campo eletrostático.

Inebriado e condicionado, a sua mente povoa-se do universo de micro-organismos, onde só ele, unicamente ele, ouve a verdade e diz a sua verdade. Supõe-se criador daqueles infinitesimais seres, dominados por ele com onisciência absoluta.

Certo dia emerge de seu laboratório – fortaleza onde a ciência dormita a verdade – e solta para consagradoras editoras e revistas especializadas estapafúrdias criações e descobertas. A comunidade dos sábios o glorifica. Faz-se descobridor da teoria que desvendou a origem da vida. O Nobel lhe chega como prêmio à sua genialidade. Quem é o ungido do pantagruélico cenário? O autointitulado "O Darwin do século XX", Jacques Monod.

Olhando-se a natureza com percuciência, encontramos respostas e interrogações. Nela, todos os fenômenos confluem e deixam o seu significado. É a *mater et magistra*, frente à qual o ser humano faz indagações e revela perplexidades. Certos sábios se autoproclamam catedralícios, criam as suas teorias, formulam equações, conceitos e modelos.

Onde se encontra a verdade? As vaidades se sobrepõem umas às outras. Nesse emaranhado de saberes, observemos a natureza inteligente, serena, implacável, bela, assombrosa, misteriosa, terrivelmente feia (a morte em certas circunstâncias), maviosamente bela (o florir das plantas na primavera), a tragédia da dor (a morte de um ente querido), a alegria ternamente cândida do nascimento de um filho. Há um equilíbrio que se define; formação dos genótipos nos quais se encontram tanto as células que conduzem os genes da inteligência quanto os que levam à esquizofrenia.

Na construção e inter-relacionamento dos seres vivos com os entes inorgânicos, o sistema da natureza se assenta em centenas de fenômenos dos quais destacamos alguns:

a) as primeiras células surgiram há alguns milhões de anos; a sua formação, desenvolvimento, organização, manutenção através da energia externa (alimentação) são controlados desde a sua origem por um programa genético;
b) os organismos vivos se constituem por macromoléculas responsáveis por seu desenvolvimento e funções – ácidos nucleicos, peptídeos, enzimas e hormônios;

c) por um sistema regulatório, os organismos ordenam-se através de um mecanismo de controle do qual faz parte a organização de todo o conjunto celular com a distribuição de suas funções, e desta forma mantém-se o equilíbrio da estrutura orgânica, inclusive a cerebral;
d) os seres vivos se estruturam numa perfeita auto-organização;
e) todos os organismos no curso da evolução se adaptam ao meio ambiente, ressaltando-se que é por meio deste processo que atua a seleção natural, podendo daí surgir novas espécies;
f) a limitação do tamanho dos seres vivos define-se como um dos elementos da ordem natural e assim evita-se a hipertrofia de certos indivíduos ou espécies. Se algum deles fugir do padrão normal, ocorre, decerto, deformação patológica. Façamos estas hipóteses. Se vários indivíduos ultrapassassem a escala de tamanho de sua espécie, por exemplo, alguns tigres alcançassem o tamanho de um elefante; camundongo crescesse à altura de um gato, o que ocorreria? Os ecossistemas mergulhariam numa babel, desorganizando a ordem natural;
g) todos os organismos obedecem a um ciclo biológico de vida. Referentemente aos sexualizados, inicia-se com a fecundação do óvulo pelo espermatozoide, formando o zigoto, passando por vários estágios (meiose e mitose) até alcançar a completa formação;
h) sistema auto-organizado e aberto, os seres vivos obtêm continuamente energia e matéria do ambiente exterior, e também pelo metabolismo excretam os dejetos;
i) aptidão de evoluir dos seres vivos e se adaptar às condições do meio ambiente. Pauta-se assim a natureza pelo equilíbrio, sem o qual os ecossistemas se desmoronariam;
j) a capacidade que possuem todos os seres vivos de se replicarem, ou seja, de se reproduzir e ao mesmo tempo transmitir ao descendente os seus genes;
k) condição de se diversificar que cada espécie viva possui. Entre trilhões de seres, nenhum é igual ao outro; todo ser vivo traz consigo a capacidade de se auto-organizar e ter um metabolismo próprio;
l) sistema que todo o ser vivo tem de se autorregular a fim de manter o organismo num constante equilíbrio (homeóstase);
m) para salvaguardar a evolução e a diversidade das espécies, a natureza pune com a endogamia, a prole gerada desta união com deformações físicas, mentais e a esterilidade;
n) a natureza preserva a ordem dos gêneros do reino animal, impedindo a gestação e o nascimento de prole resultante do cruzamento de indivíduos de gêneros diversos, como, por exemplo, um roedor (a capivara) com um felino (gato), e assim salvaguarda a ordem natural das espécies.

Analise-se com profundidade a sequência ordenada dos eventos do mundo dos viventes a obedecer implacavelmente a ciclos biológicos, de uma gramínea nas savanas da África a uma milenar sequoia, como também no reino animal, de uma ameba (unicelular) até a tonelagem de músculos, ossos, órgãos e pele de um elefante. Não se há de olhar essa organização de milhões de vidas sob um prisma meramente reducionista adstrito ao mecanismo bioquímico. Desperta o estudo da ciência para o fato de que todos os fenômenos envolvidos na criação, desenvolvimento e extinção dos organismos são perfeitamente coordenados. Condicionar esta análise a um mecanismo exclusivamente bioquímico, decerto, exige que se afastem as características emergentes e ordenadas dos sistemas organizados. Não há de se negar que o todo está relacionado com as partes, acentuando-se, no entanto, que o todo é mais do que a soma de suas partes. Por quê? Acima, muito além dos mecanismos bioquímicos e físicos, sobrelevam elementos ainda sem explicação científica.

Einstein, certa vez, mergulhado no seu silêncio genial, nos falou: "Depois das fronteiras da ciência, mergulhamos em indecifráveis enigmas".

De que maneira trilhões de células de um organismo se organizam, comunicam-se, replicam-se, cada uma exercendo a sua função, da pele aos neurônios? Como se explica a apoptose, a morte programada das células? Elas já trazem nos seus genes perfeita ordenação. Por que isto? A célula programa a sua própria morte? Certa corrente de cientistas explica que não existe um componente metafísico no fenômeno da vida, e que no nível molecular ela pode ser explicada de acordo com os princípios da física e da química.

Ao trazer ao estudo matéria de tamanha complexidade, não nos apoiamos no misticismo e nem no cientificismo das verdades absolutas. Olhamos o fenômeno da vida sem visão condicionada à síndrome do sobrenatural. A ordem natural abarca um ponto de absoluta perfeição ao marcar para cada ser vivo o seu gene próprio, único e não repetitivo. Isto em trilhões de seres. Acompanhando esta lógica, interroguemos: se a ordem natural é detentora de um arsenal de trilhões de seres cada um com individualidade própria, não há de se admitir que ela mesma tenha feito criar por *erros* ou *desvios* seres portadores de patologias congênitas.

Nenhum ser vivo quer deixar a vida. Os natimortos e deformados prestam contribuição à ordem natural. Como não falar num *design* inteligente ou mesmo numa profunda realidade cósmica, se o próprio universo, segundo Einstein, "é um sistema lógico de absoluta perfeição". O acaso, o reducionismo, a necessidade, por si próprios, não produziriam o fantástico e maravilhoso cosmo e os fenômenos da vida e o próprio ser humano se não tivessem a ordená-los um poderoso processo de inteligência.

Afasto-me de qualquer explicação teológica.

A natureza opera em todas as partes, nas esferas dos entes inorgânicos e nos reinos animais e vegetais. Todos compõem amplo cenário para o qual inapelavelmente são compelidos a participar. Não existem erros, acertos ou desvios; a natureza visa ao equilíbrio numa forma dinâmica entre os organismos vivos e o ambiente (biocenose), compartimentos esses que formam o ecossistema com suas trocas e influências, como densidade populacional e alimento disponível.

Se o ciclo biológico, como outras tantas leis das mais diversas ciências, não obedece a um férreo determinismo, afinal, que ordenação é esta da natureza ou, mesmo, que tipo de definição científica podemos conceituar, à qual todos os seres estão inapelavelmente jungidos?

Um dos descobridores da teoria quântica, o físico Schrödinger, levantou a tese de que um dos postulados da mecânica quântica é o quadrado do valor absoluto da onda (probabilidade físico-matemática de se encontrar uma partícula num ponto específico do espaço-tempo). Com este e outros argumentos os físicos da quântica, entre eles Max Planck, procuram desconstituir o determinismo newtoniano, segundo o qual todos os eventos podem ser descritos com precisão. No universo macrocosmo, Einstein se contrapõe a esta formulação.

O universo ordena-se de acordo com constantes físicas e químicas. Caso qualquer uma dessas constantes sofresse algum colapso, mesmo pequeno, ou desvio; se os vínculos e ligações entre as partículas subatômicas se rompessem ou o decaimento na formação do hidrogênio ocorresse, todo o sistema cósmico mergulharia no caos, e os próprios planetas e estrelas se esfacelariam; consequentemente, o fenômeno da vida não existiria.

Na realização de milhares de fenômenos, inclusive do fenômeno da vida, a natureza opera com estas forças: a gravitacional, através da qual se mantêm coesas as galáxias, estrelas e planetas, inclusive o sistema solar; a eletromagnética, da qual se irradiam a luz e a energia; a força nuclear forte que faz o Sol e as estrelas gerarem brilho e energia; por fim, a força nuclear fraca, a determinar o processo radioativo dos elementos, cuja teoria é chamada eletrodinâmica, que descreve os fenômenos elétricos e magnéticos e a interação que ocorre entre os corpos. Esta formulação foi feita por James Maxwell.

As fantásticas leis do universo e dos fenômenos da vida assentam-se numa simplicidade bela e inebriante. Só aqueles que não sabem olhar desconhecem esta grandiosidade, cuja ordenação ritmada e silenciosa funciona toda a engrenagem do sistema planetário no qual a Terra opera dois movimentos: um em torno de seu próprio eixo, o de rotação, e o outro, o de translação, ao redor do Sol.

Alguém já ouviu ou pressentiu algum ruído nas voltas que a Terra realiza?

Diversidade estuante e febricitante envolve o nosso planeta. Da Patagônia, onde vastidões se distendem até encontrar aquele pedaço da América do Sul ao qual Fernão Magalhães nominou Terra do Fogo, ao norte da Rússia, a taiga siberiana a contemplar as tundras escandinavas; da bacia do Mediterrâneo com braço estendido por mais de 6 mil quilômetros sobre o coração da África, lá está o Nilo, onde a civilização ocidental abeberou a sua formação na cultura greco-romana, à Grande Barreira de Corais da Austrália, às florestas de Madagascar e do Havaí; dos pântanos de turfa da ilha de Bornéu à monumentalidade do Amazonas; dos picos alcantilados e nevados dos Andes aos plainos do Orinoco e às vastidões desérticas do Atacama e Saara, movimenta-se e opera a nave espacial Terra, ininterruptamente com absoluta precisão.

Aí está a natureza na sua pujança entremeada de fenomenais contrastes. Não podemos simplesmente dimensioná-la sobre bases de teorias, equações e modelos; ela deve situar-se autoconsciente. Os recursos físicos, os trilhões de seres vivos, o fenômeno humano, existem por suas relações entre si, compondo uma complexa, ampla e fervilhante rede, a maior parte dela invisível, no mundo subatômico, nas bactérias, nos fungos, nas células etc.

Através dessa intrincada rede a natureza mantém o equilíbrio das espécies sem o qual o próprio sistema de vida no planeta se desordenaria resvalando numa babel de imprevisíveis consequências.

O fenômeno da vida e o enigma de sua origem

Olhemos a Terra. Imenso e fantástico ecossistema, onde vidas e vidas se movimentam com intensidade, desde os átomos das matérias aos trilhões de células. Todos a todo instante e em todos os lugares, nos abissais oceânicos nos quais revoluteiam as águas dos mares, aos picos alcantilados e nevados das cordilheiras, às adustas vastidões desérticas, bilhões e bilhões de seres irmanam-se numa cadeia global a integrar a monumental e fascinante dança da vida.

Como executam este balé? Código genético, enigmaticamente misterioso, lá nos iniciais momentos da vida, os organizou e os direcionou. De que forma tudo isto terminará? Um dia, lá pelos séculos adiante, se desvendará o magnífico fenômeno da vida que se auto-orquestra.

A célula viva, ao começar o seu processo de mitose, já traz consigo, há milhões de anos, todo um sistema de absoluta e perfeita elaboração, planejado com genial poder de inteligência (será que se pode negar a inteligência da primeira célula, o zigoto?). Como se explica que todo o enorme, fervilhante e insondável fenômeno de trilhões de vidas se fez produto de forças cegas, surgidas ao acaso, formadas ao acaso, organizadas ao acaso, desenvolvidas ao acaso, e todas, sem uma única exceção, se condenaram, elas próprias, a um determinado ciclo biológico de vida? E, por fim, transcendental a estes fatores, a luta desesperada de todos os seres pela conservação da vida. Nenhum ser vivo, de uma ameba a um elefante, quer deixar a vida; no entanto, todos já trazem certos genes determinando a sua morte, através de mensagem genética repassada de geração a geração. O DNA de fósseis de animais, de milhares de anos atrás, está aí para testemunhar.

Certo semideus do *acaso*, Jacques Monod, referendou no século XX o que formulou Charles Darwin: "A vida originou-se numa sopa primordial num lago tépido; os primeiros seres nasceram na água".

Que tipo de água era essa? Será a que conhecemos hoje, H_2O, produzida com elementos miraculosos os quais fizeram as moléculas se dirigirem umas às outras e formarem os organismos vivos? Mesmo na esfera de certas limitações, preferimos operar o nosso raciocínio de acordo com o que a ciência nos oferece do que admitir certas teorias, modelos ou equações.

Elementos nos convencem com fortes evidências de que as constantes fundamentais da natureza e do próprio fenômeno humano foram ordenadas e adaptadas a fim de se ajustarem à vida inteligente no universo.

Não nos investimos na temeridade de abraçar qualquer teoria. O longo trabalho de decodificar a natureza é lento, penoso e ao mesmo tempo fascinante. E nós, humanos, observadores do mundo, o que somos afinal? Talvez já fôssemos algo antes do homem existir: seres de outros gêneros e de outros mundos, energias mentais navegando em ondas cósmicas (Einstein fez este vaticínio), vindas de multiuniversos, por meio de elementos inteligíveis; enfim, chegamos à Terra na condição de seres sob profundos enigmas.

Lançaram-nos no mundo terráqueo; nele trabalhamos, padecemos, temos alegria, dor e esperança, e, ao final, sem nos perguntarmos a razão, somos dele expulsos inapelavelmente. O que todo este fenômeno significa? Duas indagações nos envolvem a jogar-nos num desafiante dilema: a origem do homem e o seu destino.

Quando leio argumentações simplistas de certos cientistas a basearem o surgimento da vida e do próprio fenômeno humano, como originados exclusivamente na Terra. Dar-nos uma sensação de que eles são descomprometidos com a ciência.

Quem está mais próximo da verdade: os místicos das cartas evangélicas ou os corifeus do cientificismo da *sopa primordial*?

Astrofísicos e cientistas apregoam que o universo nasceu de uma singular e ciclópica explosão (*Big Bang*) entre 13 e 15 bilhões de anos atrás, acompanhada de um lampejo de calor infinitesimal. Em segundos, partículas fundamentais da matéria se formaram, e os primeiros materiais essenciais do cosmo se configuraram e o espaço banhou-se por uma sopa de partículas subatômicas – prótons, nêutrons, elétrons etc. com radiação de temperatura incomensurável (pelas atuais ciências que conhecemos não se pode aquilatar a intensidade dessa energia). Milhões de galáxias arrastam bilhões de estrelas numa ciranda cósmica maravilhosa e impressionante; estrelas de nêutrons a girarem centenas de vezes por minuto; de astros milhares de vezes maiores do que o Sol emanam intensas radiações; partículas subatômicas desconhecem quaisquer limites em atravessar matérias; ondas gravitacionais fantásticas que não deixam marcas, entremeadas por milhões de fenômenos a revolutear pelo universo.

Paremos um pouco ante a imensidão caleidoscópica em que extraordinários fenômenos nos inebriam, frente aos quais a vida se projeta como o mais fascinante de todos; sua origem e destino geram especulações profundas.

Quando, onde a vida começou e como? Somos os únicos seres conscientes no universo? Ela é produto de um "acaso", ou surgiu de um "lago tépido" ou vem de algo profundo, já determinado em algum momento no universo? Enfim, tudo irrompeu de uma dádiva divina emanada de um Criador?

Neste enorme e fascinante anfiteatro, o fenômeno humano assume o significado de um destino. Como não admitir que todo esse acervo científico, técnico e cultural da humanidade direcionado persistentemente na busca de algo mais, um *plus*, não nos obriga a uma reflexão de que por trás de tudo isto, lá nas longínquas eras, algo ainda indefinido conduziu o homem?

Para uma melhor reflexão, observemos os principais elementos do organismo vivo:

- *Autonomia:* todos os seres vivos se investem de relativa independência de acordo com os seus limites anatomobiológicos.
- *Reprodução:* todo organismo vivo possui capacidade de se replicar, salvo exceções e patologias. Os vírus, considerados organismos vivos, são incapazes de se reproduzir *motu próprio*, como também as mulas e outros seres híbridos.
- *Metabolismo:* por complexas reações impulsionadas por variados elementos todo organismo vivo realiza operações de extração e liberação de energia.
- *Nutrição:* este elemento relaciona-se com o metabolismo. Urge para a vida do organismo operação contínua de matéria e energia. As plantas utilizam a energia solar para converter moléculas simples CO_2 (dióxido de carbono) em elementos mais completos dos quais toda a vida do planeta necessita, inclusive os animais.
- *Complexidade:* todos os seres vivos são envoltos em sistemas complexos, inclusive os unicelulares.
- *Organização:* todo o sistema vivo sexuado obedece a uma organização que vem desde a fecundação até a formação completa do indivíduo. Os vertebrados, por exemplo, organizam-se numa estrutura que se compõe de moléculas, células, tecidos, órgãos, sistemas cardíaco, pulmonar, cerebral etc.
- *Crescimento e desenvolvimento:* desde o nascimento, todos os organismos tendem a crescer e a se desenvolver.
- *Ciclo biológico e transmissão de informações:* estes fenômenos, sem dúvida, despertam nos estudiosos maior reflexão. Por que a célula original, na Terra primitiva, autoprogramou a sua própria morte, determinou-se a

um ciclo biológico de vida e, ademais, repassou às milhares de gerações, seus descendentes, a sua mensagem genética? E transcendendo a estes fenômenos, um sobreleva: acendrado apego à existência. Nenhum ser vivo quer deixar a vida.

A célula original, isto para todos os seres vivos, contém dentro dela completos e essenciais elementos da vida, desde a cor da pele até a determinação do ciclo biológico. Através da supermolécula RNA, mensagem genética com instruções e informações são repassadas ao organismo, inclusive o seu gene. Ela também é responsável pelo controle e formação de uma proteína específica cuja ação se apresenta como um dos grandes enigmas da vida, o DNA. Por que não se admitir que as propriedades básicas da natureza e de todos os fenômenos não obedecem a um elevado grau de ordem? A gestação de um novo ser, o seu desenvolvimento, o embrião, o mecanismo da subdivisão das células, a mitose, a formação das supermoléculas, de RNA e DNA, com a relevante função de produzir genes, e os seus respectivos códigos, a divisão em trilhões de células a partir da primeira célula fecundada, invisível a olho nu, e cada uma delas ordenada a se integrar na formação e funcionamento dos órgãos, peles, membros, músculos, sistemas cardiovascular e cerebral, este com bilhões de neurônios. E, assim, entre trilhões de seres vivos, bactérias, vírus, insetos, fungos, mamíferos grandes e pequenos, forma-se a biosfera a se equilibrar por milhares de fatores, do climático ao mesológico.

Perfaz-se completa integração entre estas leis e as do eletromagnetismo, da gravidade, da força nuclear forte e fraca, enfim, todo o processo das leis físicas, químicas e biológicas (certos biólogos falam em *conceitos*) se integra e se ordena para implementar e dar sustentação ao fenômeno da vida, as quais operam entrelaçadas.

Partindo desta premissa, a origem da vida vincula-se profundamente ao próprio universo. Projetemos um cenário cósmico. É inadmissível situar o fenômeno da vida como originado e desenvolvido exclusivamente na Terra.

Desloquemos as nossas vistas às proteínas; elas são apenas pequena parte do complexo e intrincado fenômeno da vida. Há os lipídios, os ácidos nucleicos, os ribossomos etc. Uma molécula separada do corpo não está nem viva nem morta. Ao organismo se integram trilhões de moléculas e células, cada qual especializada em suas funções e cooperando todas de forma inteligente para o pleno funcionamento da máquina da vida.

O DNA, a supermolécula que através dos 4 nucleotídeos e a codificação dos 22 aminoácidos conduz o código genético e o processo de informações através do RNA, isolado, nada gera. Moléculas e células precisam de uma estrutura corpórea apropriada para operar as suas funções. Se retirarmos a molécula de DNA de uma célula viva, é como subtrair do corpo a mente. Cada célula executa a sua tarefa determinada por um gene prescrito no código, razão por que as células são interdependentes e interagem a mover-se num sistema de fascinante comunicação, atrelado a um acervo de milhares de informações entre trilhões de células.

Como se originou o ser vivo que se ordenou, auto-organizou-se, autorreplicou-se e, afinal, autoprogramou a sua morte determinando o seu ciclo biológico? Cada organismo autodetermina o seu fim, *pari passu* ele transfere e transmite ao seu sucessor um gene, cópia dele, mas diferenciado, que irá perpetuá-lo de geração a geração. Nesta sucessão, desfecha-se enigmático fenômeno: os seres vivos são mortais e os genes, imortais.

Nas últimas cinco décadas, a ciência e a tecnologia muito avançaram. Atualmente, fabricam-se peças do tamanho de uma cabeça de alfinete, abrindo-se a era da nanotecnologia, máquinas e peças construídas numa escala de bilionésimos. Nos próximos decênios espera-se fantástica revolução nas áreas científicas e tecnológicas.

Quem faz surgir todo este fenomenal desenvolvimento? A inteligência humana, de cuja energia mental se originou. Enquanto nanomáquinas estão hoje sendo descobertas pela ciência, o ser vivo vem de uma única célula fantasticamente a se multiplicar, cada uma operando a sua função, e alguns outros bilhões atuando no sistema cerebral a produzir a energia mental e a própria inteligência; todas se ajustam a formar um organismo com vida; no homem, a inteligência perscrutadora, criadora e fantasticamente evolutiva, nos reinos animal e vegetal, a inteligência condiciona-se a uma ordenação genética.

Lá nos primeiros vagidos da Terra primitiva, milhões e milhões de anos atrás, moléculas conseguem formar a célula e esta a replicar cópia exata de si mesma, mas não idêntica, e transmitir um código genético através de sucessivas gerações. Este código impôs uma verdadeira organização aos seres vivos durante toda a evolução.

A esta formulação, interrogantes dilemas nos desafiam: o sistema de duplicação do DNA, a transcrição do código genético em todos os seres vivos, a síntese das proteínas (processo altamente relevante), obedeceram a agentes exteriores, com o poder e potencial de inteligência ainda desconhecidos ou, por outro lado, irromperam por forças próprias?

Conceituar o fenômeno da vida um mero processo bioquímico e físico atrelado exclusivamente ao mundo terráqueo reduz-se toda uma projeção cósmica a um olhar caolho de que a vida se originou na Terra por dádiva de um Criador.

Por esta visão bíblica, Galileu se contrapôs, e contra ele desabou a ira olímpica do papa Urbano VIII, condenando-o à prisão perpétua.[1]

Certa corrente de pensadores retrata o fenômeno da vida sob uma força imperativa de elementos bioquímicos e físicos a se projetar no campo metafísico. Outra tendência explica-o num contexto puramente físico-químico. O filósofo inglês Herbert Spencer destacava: “A vida é a adaptação contínua de relações internas e relações externas". H. Selye define: "A manutenção de um equilíbrio sempre ameaçado". H. Schmidt resumiu: "É o modo de ser do protoplasma".

Elenquemos mais estes conceitos sobre a vida. O pensador R. Beutner: "A vida não passaria de uma das muitas propriedades do carbono". J. E. Monroe: "A vida não é mais do que uma célula com ácidos nucleicos". J. M. Ford ressaltou: "Conjunto de funções que resistem à morte".

Paremos um pouco. Poderia trazer a lume centenas de conceituações sobre o fenômeno da vida, até hoje o único conhecido no universo.

O que vemos? Olhares de cientistas obscurecidos por paredes laboratoriais cuja capacidade de análise se perde nas fervilhantes e estreitas salas onde se realizam soluções de reações químicas. Não podemos dispor a ciência da natureza a cérebros que se condicionaram ao mecanismo de seus aparelhos e instrumentos cujo universo começa e termina nas suas fórmulas.

Dirão: deixem que eles vivam numa casca de noz e se façam reis do mundo infinito.

O fenômeno da vida forma complexa organização bioenergética assentado em milhares e seriados processos que lhe asseguram a capacidade de se auto-organizar, autodesenvolver-se, autorreplicar-se e de autoprogramar o seu fim, comandados por moléculas de ácidos nucleicos que agem por meio de enzimas, cujas categorias levam a esboçar estas premissas: a) gerou-se a vida de alguma força sobrenatural que foge às fronteiras das ciências físicas, químicas e biológicas; b) a vida irrompeu de organismos complexos, de matérias inorgânicas em circunstâncias, fatores e condições especiais; c) a vida originou-se com o surgimento da Terra algum tempo depois; d) a vida surgiu na Terra por meio de reações químicas progressivas, segundo Charles Darwin, "de uma sopa primordial num lago tépido"; e) a vida originou-se de elementos bioquímicos e físicos que dependeu para a sua origem, formação e organização de uma intervenção extraterráquea, um *design* inteligente; f) a vida nasceu de uma criação divina.

Com a palavra um dos grandes neurobiólogos do século XX, Humberto Maturana:

> Na seqüência os aminoácidos formam a estrutura primária das proteínas, que tomam a configuração de cadeias, quer na forma de alfa-hélice, quer na de lâmina pregueada. Ambos os sistemas dependem de ligações de hidrogênio que se vinculam entre os grupos – He – CO dos elos peptídicos. Na alfa-hélice as ligações de H são intrapolipeptídicas, e na lâmina pregueada, interpolipeptídicas. Elos de dissulfato entre aminoácidos sulfurados reforçam a estabilidade da lâmina pregueada.[2]

Estes dados retratam a complexidade e profundidade desta matéria.

Nas primeiras décadas do século XX, duas obras importantes despertaram os meios científicos, abrindo-se intensos debates sobre esse enigmático e complexo fenômeno. O bioquímico russo, Aleksandr Ivanovich publicou, em 1924, ensaio com o título *A origem da vida*, no qual procurou explicar mediante reações de oxigenação e fermentação a origem da vida a partir de elementos químicos que ele supunha existentes na Terra primitiva. A obra fez-se esteio de várias teorias sobre o fascinante fenômeno.

Na mesma década, o inglês J. B. Haldane lançou livro sobre esta matéria, arguindo a ideia de que a origem da vida ocorreu por substâncias coloidais, base da formação do ser orgânico. No seu estudo reavivou a ideia de Haeckel, quixotesco cientista, cuja conceituação situava o surgimento da vida como uma geleia ocorrida no fundo dos oceanos. Em 1953, o bioquímico S. L. Miller fez em laboratório simulação experimental das condições da Terra primitiva.

Segundo alguns químicos e bioquímicos me informaram, assim Miller procedeu: ele fez revolutear misturas de metano, amônia e hidrogênio por meio de uma solução de água constantemente debaixo de violentas descargas elétricas e, a partir daí, após vários dias obteve ácidos aminados. De outra feita, ele substituiu a descarga elétrica pela ultravioleta e o calor, provocando, destarte, os mesmos resultados com grande quantidade de ácidos aminados. Em outro experimento, em ambiente primitivo simulado, ele conseguiu açúcares, um dos cinco elementos fundamentais dos ácidos nucleicos, como glicose e frutose, metabolitos existentes nos seres vivos.

Não discutimos o acerto ou não dessas formulações, sob a premissa de a junção de vários elementos químicos, inclusive os ácidos nucleicos, formarem as células, mas sim como estas, essenciais à construção da vida, elas próprias se autorreplicaram, auto-organizaram e proclamaram a morte (apoptose) gerando ao mesmo tempo o código genético que se perpetua através dos tempos de geração a geração.

Existe, decerto, um fenômeno que se sobreleva no contexto bioquímico. As próprias células programaram a sua morte e trazem concomitantemente impregnadas dentro delas um acendrado e profundo apego à vida.

Outros dois cientistas, Artur Kornberg e Severo Ochoa operaram experimentos a partir de 60 mg de *Escherichia coli* e foram capazes de obter a sintetização de polinucleotídeos de nucleoside-fosfatos na presença de enzimas de origem biológica e de um modelo de moléculas de ácido nucleico. Em resumo, sintetizaram o DNA. Os polinucleotídeos se formam, segundo informações que biólogos me repassaram; no entanto, eles não desvendam o maior enigma: a informação genética, ou seja, a mensagem que faz perpetuar os seres vivos através dos tempos. Que elementos eletromagnéticos desencadearam a junção das moléculas, e as informações contidas na mensagem genética?

Carl Sagan oferece esta ideia:

> Num oceano primitivo cheio de nucleoside-fosfatos e de minerais que servissem de catalisadores, teria sido possível mesmo na ausência de enzimas específicas ocorrer a reunião de nucleoside-fosfatos em polinucleotídeos. Uma vez formados serviriam para a própria reprodução. Com o tempo, ocorreriam erros na replicação, e assim nasceriam sistemas moleculares auto-replicáveis e mutáveis.[3]

À ideia de Sagan contrapomos a lógica. Será porventura que todo o fenômeno da vida, sua auto-organização, autorreplicação, autoprogramação para a morte, e, por fim, a perpetuação da vida através dos genes ocorreu por um erro de replicação? Enfim, a própria construção dos fenômenos vida e humano originou-se por erro?

De outro pensador, Jacques Monod, a vida surgiu por um acaso. De sua lavra, o texto.

> Os sistemas vivos são organizações caracterizadas pelo metabolismo, reprodução, crescimento e reatividade, ou seja, idênticos na estrutura bioquímica mas diferenciados no aspecto morfológico. Os seres vivos possuem três qualidades: teleonomia, morfogênese e invariância. Sobre a primeira, os seres são dotados de um projeto, esteado em um sistema no qual realizam as suas ações. A segunda, é a capacidade deles se construírem a si mesmo por forças interiores. Por fim, a capacidade de eles produzirem outros seres iguais.[4]

Não se pode desconhecer que o ser vivo integra-se a uma ordem de sistema aberto cuja ação se faz através de inter-relação com elementos exteriores. Esta característica do organismo vivo antepõe-se ao sistema fechado da termodinâmica clássica, cuja ordem manifesta-se através de um fluxo externo que ele recebe, mantendo por outro lado o equilíbrio dos ecossistemas.

Assim conceituando-se, o organismo vivo retrata-se uma máquina cujo funcionamento necessita de energia externa, desta diferenciando-se por vários aspectos; mantém a sua estabilidade por auto-organização, tendo como fonte imediata de energia a luz solar; alimenta-se nos elementos químicos existentes nas substâncias alimentares, metabolizadas em compostos orgânicos, sobretudo, os carboidratos e ácidos aminados, ou ainda, em alguns compostos minerais.

Se observarmos a história do homem e as suas desafiadoras interrogações que sempre o levaram a perplexidades, sobrelevam-se, sem dúvida, a sua origem e o seu destino.

No mundo ocidental, abrem-se com os gregos, destacadamente Aristóteles, os estudos sobre a origem dos seres e as causas primárias do seu aparecimento e organização, ampliando-se com maior aprofundamento após a descoberta do microscópio, que permitiu a R. Hooke, no século XVII, desvendar a estrutura dos vegetais, desde suas raízes, caule e frutos, chegando a observar o núcleo das células das plantas. Estas descobertas propiciaram a aceitação de uma teoria celular, atribuída a M. J. Schleiden, segundo a qual a célula é a unidade básica da vida. Esta ideia se desenvolveu através de observações microscópicas nas estruturas das plantas e animais.

Compreendida a relevância da célula como núcleo de funcionamento do organismo vivo, pesquisas alcançaram culminante descoberta na identificação dos genes ou unidades hereditárias de que todo processo morfológico e estrutural do ser vivo se encontra determinado pelos ácidos desoxirribonucleico, DNA, e ribonucleico, RNA.

Nestas supermoléculas, encontra-se a chave da mensagem genética que caracteriza os seres vivos, desde um inseto à baleia azul (o maior animal vivo), de uma gramínea à sequoia (o maior espécime do mundo vegetal) aos mais complexos e ínfimos organismos. Das supermoléculas irradiam-se as ações de comando das enzimas, que, por sua vez, operam no fluxo das reações químicas do qual depende todo o complexo funcionamento do metabolismo.

A grande maioria dos cientistas e pensadores, na abordagem da matéria ora exposta, não procuram mergulhar os seus estudos e pesquisas numa visão de análise que ultrapasse as fronteiras terráqueas.

Por que este fato? É a síndrome do divino. Lembre-se: a humanidade suportou por milênios o fardo doloroso das forças sobrenaturais comandadas pelos corifeus do misticismo. Ainda ouvimos os ecos dos passos dos sambenitos (os condenados às fogueiras da Inquisição). Quando se discute assunto que envolva a origem da vida, de tão complexa profundidade, logo se manipulam premissas de conceitos, formação e evolução de matérias bioquímicas partindo-se de formulações e teorias, das quais se destacam as da "sopa primordial", do "batráquio", das "águas oceânicas", do "acaso e necessidade", do "erro na mutação", da "mene", da "geração espontânea".

Outras tantas fórmulas poderíamos elencar. Cientistas se autoconsagram e criam as suas teorias ou abraçam com ardor o antideísmo. Vultos transmudam-se em cientistas de TV, e aí vão formar a indústria do ateísmo. É excrescente negar que o fenômeno humano, o único conhecido no universo observável, não se projeta de acordo com leis determinadas, muito além das fronteiras da Terra, querer nos retroceder a épocas medievais e nos fazer crer que na Terra nasceu e se encerra o fenômeno da vida. Domina-nos sensação de que somos habitantes de um planeta que não pertence ao universo e cujos efeitos de luz, água, energia, clima, hidrogênio, oxigênio, pressão atmosférica e outros tantos elementos químicos e físicos são gerados *motu proprio* na Terra.

Hoje, forte tendência de pensadores e cientistas se levanta numa imperativa crença, o cientificismo. Quem a ela não se condicionar desaba a pecha de beatismo e pieguismo. O homem é um constante padecente na busca de decifrar este desafiador enigma: por que estamos aqui? Como chegamos à Terra?

Correntes de pensadores, cientistas, teólogos, filósofos, debatem acerca da matéria, a origem da vida, com profundas interrogações. Uma delas, a evolucionista, inspira-se nas conceituações de Charles Darwin. Ela parte do pressuposto de que o universo não teve um sentido determinado na sua origem e o seu fim não obedece a nenhuma lei. As leis químicas e físicas não estão ordenadas para um fim, e a vida, como a mente, faz parte de um processo surgido no curso da evolução, sem maior significado, idêntico a outro fenômeno qualquer que se originou numa "sopa primordial" com condições físicas, químicas e biológicas adequadas ao seu surgimento.

Outra corrente, a mística, baseia-se na concepção de que um supremo criador, de infinito poder, onisciente, onipotente e onipresente, fez nascer o cosmo e todos os fenômenos a ele adstritos, inclusive o fenômeno humano.

A distanciar-se dessas correntes de pensamento, uma se perfila por esta linha de raciocínio: o imenso e complexo processo cósmico e terráqueo não pode estar adstrito unicamente a forças cegas do mecanicismo. Algo por trás de realidades profundas nos aponta que a construção do universo e do fenômeno da vida tem um direcionamento inteligente.

Caso não haja sentido na existência da vida, ou se o fenômeno humano, o universo, a Terra, são todos desprovidos de objetivos, então tudo se originou por um enorme acaso. O que significa a constante busca do homem por algo mais, um *plus*? Milhares de seres humanos a abraçar enormes sacrifícios em laboratórios e centros de pesquisas no afã de novas criações e surpreendentes descobertas.

Qual é afinal – salta-nos a enigmática interrogação – o nosso lugar na grandiosa estrutura das coisas? O que somos? Seres surgidos ao acaso, destituídos de um objetivo? Será que a vida pensante sempre existiu, nascida em tempo e espaço além da nossa concepção? A vida poderia ter existido em outro lugar fora da Terra, mesmo antes de o planeta Terra ter surgido, e chegou aqui por alguma forma de panspermia?

A teoria panspermia, pela qual se explica que a vida na Terra teve origem a partir de seres vivos ou de outras substâncias provenientes do cosmo, é defendida por Arrhenius e Kelvin.

Formule-se a ideia. A vida microbiana pode se espalhar pelo cosmo. Por que a vida inteligente também não alcançaria idêntica possibilidade, aliás, com maior probabilidade?

Nesta perspectiva procuramos entender alguns fenômenos do fantástico e assombroso mistério, que é a vida. Donos de verdades absolutas, reduzem tudo a um mero encontro de moléculas lá para bilhões de anos atrás.

O ser humano chegou à vida detentor de um acervo de energia mental gerador de inteligência em contínuo processo ascensional. Enquanto todos os fenômenos e forças, como o Sol, a Terra, os astros etc., operam em escala decrescente, ou seja, perda constante de energia, o cérebro humano é o único órgão conhecido que funciona sob o imperativo de crescente ascensão, possuindo em torno de 80 a 100 bilhões de neurônios, conectados por 100 trilhões de sinapses; no entanto, dele foi extraído apenas 2% de sua capacidade geradora de inteligência. Enfim, aonde chegará esta máquina pensante?

O observador do mundo, o homem, vem desde longínquos tempos de uma longa sequência de contingências, ainda envolto em mistérios a serem desvendados. Quem éramos nós há 100 anos? Onde estaremos nestes 400 ou 500 anos futuros?

Não acredito na imortalidade do indivíduo como ser biológico. Creio (repetindo Einstein), contudo, na perpetuidade do ser humano por sua energia mental, que alguns séculos à frente se libertará do corpo. Para onde caminha a humanidade impulsionada pela enorme e irrefreável ânsia de progresso e de novas descobertas? Este fato em si já nos sobreleva a uma resposta que não poderá ensejar o nada; a humanidade mergulhada num ciclópico nada e condenada ao apocalipse do Juízo Final, e na visão teleológica dos darwinistas direciona-se a um fim indeterminado.

Certos teólogos, entre eles Jürgen Moltmann, João Karmiris, não trazem para seus estudos sobre evolução a energia mental do homem. Fazem comparação do ser humano e o animal, constatando, ao final, biologicamente o homem como deficiente e ao mesmo tempo um criador de civilização. Onde se encontra esta imperfeição do homem, em cujo processo evolutivo ele se insere em meio a aparentes contradições, porém, na sua essência, o supostamente deficiente investe-se no determinantemente normal. Aí é onde se encontra a chave do fantástico desígnio da vida.

Ante este cenário olhemos o grau de inteligência genial dos Isaac Newton, Leonardo da Vinci, Einstein, Beethoven e saibamos compreender um retardado mental ou mesmo um esquizofrênico. Cada um, do gênio ao deficiente mental, oferece a sua contribuição a este penoso, fascinante e enigmático fenômeno da vida. Um gênio de inteligência superior extrai da natureza novas descobertas; próximo dele, um operário conduz sobre os ombros um feixe de cipós em meio a jacarés, para a construção de uma ponte sobre um riacho. Qual dos dois atores do mundo prestou melhor contribuição à humanidade? Ambos. Pelo equilíbrio das forças criadoras a humanidade alcançou este fantástico patamar de desenvolvimento.

Resumidamente, tracemos, em linhas gerais, os essenciais atributos que embasam o fenômeno da vida: a) a luta pelo acesso à vida e à sua conservação; b) reprodução da espécie, elemento imanente a todos os seres, contida no código genético; c) todos, de uma bactéria a um ser humano, trazem os genes, o seu DNA; d) autorregulação, todos os organismos vivos possuem seu metabolismo próprio; e) autoidentificação que impede a sua reprodução com espécie diferente; f) autoprogramação do seu ciclo biológico, ou seja, a determinação do seu próprio fim; g) sistema hidrotérmico, cada ser possui seu grau de temperatura corporal próprio.

Nenhum ser vivo, dos trilhões e trilhões que povoaram a Terra e dos que hoje nela habitam, rompeu quaisquer destes fenômenos, aos quais todos os seres vivos estão condicionados.

Notas

1 Com o pensamento de Galileu Galilei abriu-se à humanidade nova visão do mundo físico, astrofísico e até teológico. Nascido no século XVI, na Itália, mergulhado num clericalismo cego e doentio, Galileu com a sua obra *Diálogo sobre os dois máximos sistemas do mundo* contestou o sistema ptolemaico e a teoria do movimento de Aristóteles, bases sobre as quais a Igreja Apostólica Romana fundamentava o seu dogmatismo de que a Terra era o centro do universo e o Sol girava em torno dela.
O papa Urbano VIII, julgando-se retratado numa figura ridícula de nome Simplício, desabou a sua ira olímpica sobre o até então amigo Galileu e o condenou à prisão.
Galileu sustentou o racionalismo matemático como base do pensamento científico, desconhecendo o dogmatismo bíblico. Ele considerou o universo como "um texto escrito em caracteres matemáticos", portanto fora da concepção divina.

2 Humberto Maturana, *A árvore do conhecimento*, São Paulo, Palas Athena, 2007.

3 Carl Sagan, *O mundo assombrado pelos demônios*, São Paulo, Companhia das Letras, 1997.

4 Jacques Monod, *O acaso e a necessidade*, Petrópolis, Vozes, 1970.

Das cavernas às naves espaciais

Olhemos o homem no seu cajado pelos séculos. Que enorme acervo científico, técnico e cultural a humanidade alcançou, sobretudo a partir da última metade do século XX. Trazer à análise e contextualizar teorias, equações, fórmulas, pensamentos que nos possam definir como o ser humano chegou até aqui a esta altura dos tempos é instigante. Qualquer ideia ou formulação que não esteja assentada em sólidos princípios queda-se insustentável.

Ao focar esta matéria observemos a natureza e o seu observador, o homem, numa dimensão cósmica. Na multidiversidade dos seres vivos, a natureza marca cada um, com a sua individualidade.

Apoiemo-nos em Pascal. Ao se debater na identificação de miríades de fenômenos, ele deixou esta perplexidade: "Se queres encontrar a realidade de um fenômeno, contrapõe a tese e a antítese".

Caso todos os seres fossem idênticos de tamanho, inteligência, caráter, temperamento e obedecessem a uma mesma forma de vida, como seria a humanidade? Que sentido teria a vida num modorrento igualitarismo? Fantástica multidiversidade impele a humanidade à frente, constantemente direcionada às criações e novas descobertas, cujos avanços do menor ao mais relevante abrem uma nova etapa à história do homem.

Há 2 mil anos, crucificaram Cristo porque ele pregou aos homens uma nova forma de se olhar o mundo. Alguns séculos atrás, plêiade de pensadores, filósofos e matemáticos, à frente Aristóteles, embasou as linhas mestras do pensamento ocidental. De milhares de eventos que se sucederam, dos mais simples aos de relevância histórica, o homem alcançou, até os dias atuais, fascinantes conquistas em todas as áreas do saber.

Quem impulsiona o observador do mundo ao progresso? Imanente força sob um *plus* constante. Inexistindo esse *plus* propulsando o homem para o futuro em busca de criações e descobertas num constante renovar, o que seria da humanidade? Rebanho de milhões de seres a se regurgitar nos prazeres.

Quem é o homem nos dias de hoje? Ele vive no operário, no professor, no estudante, no pensador, no profissional liberal, naquele que perdeu todas as esperanças, mas sonha; em tantos outros que no constante lufa-lufa da vida fragilizam-se ante a incapacidade de lutar. O homem só envelhece quando perde a capacidade de se indignar. Um jovem que não se sensibiliza ante o gorjeio de uma asa-branca e não se revolta diante das injustiças nasceu velho.

Aponte-se ao ser humano que o fenômeno da vida que ele vive faz-se vasto e profundo; vem de algo ainda longinquamente insondável. Um dia se desvendará este enigma. A mais humilde das criaturas humanas traz em si o infinito. Por quê? O homem é um caminhante impulsionado pelo afã do incontido na permanente flama de olhar os amanhãs. Nesta saga ele vive a sua grande epopeia.

Se alguém perguntar qual o fim deste viandante, responda: pergunte ao destino.

Desde os tempos imemoriais, o homem se debate ante o *post mortem* e se queda temeroso, razão de ele buscar nos cultos religiosos comunhão com o eterno. O que o move a esta atitude? Assombro do desconhecido, do além-túmulo, o nada, o término final da existência como um simples animal. É o enigma – a grande Esfinge do Desconhecido – que leva o ser humano a temores e interrogações. Na religião ele encontra bálsamo e lenitivo.

Diante de tão desafiantes fenômenos, queda-se a humanidade na dúvida.

Os Estados guerreiam-se entre si por variadas causas e interesses, assim também os grupos religiosos manifestam por guerras ou por outra qualquer reação a sua irresignação.

Neste cenário, a religião ou crença seja qual for, de um candomblé no Quênia, África, a uma oração ministrada por um mulá na mesquita Azul, em Istambul, a uma missa celebrada na catedral da Candelária no Rio de Janeiro, representa um anteparo espiritual às angústias existenciais do ser humano, envolto em doenças, vicissitudes e em indefinidas e sobressaltadas perplexidades diante do eterno. Condenar-se o ser humano pela busca deste anteparo, por quê?

De algumas décadas atrás aos dias atuais, formou-se um tipo singular de atividade: a indústria do ateísmo. Certos cientistas de TV vivem pelo mundo a arrotar as suas idiossincrasias lançadas nas publicações *Deus, um delírio*; *Deus não é grande*; *Venha, Deus, salvar o mundo*; *Deus está morto*; A *religião envenena tudo* etc., chamariz às suas ideias de um cientificismo arrebatado.

Ponha-se um basta aos Pantaleões. Não é só a religião que provoca o choque e entrechoque dos homens e as guerras. A vida em si, desde a maratona de 200 milhões de espermatozoides pela fecundação do óvulo, faz-se porfiar constante. A partir do nascimento, todas as espécies vão se defrontar com o pelejar entremeando competição e comunhão.

Olhemos o mundo a nossa volta e os passados séculos. O que encontramos? O que moveu o homem da caverna no seu primeiro despertar da inteligência senão pelejar para conseguir alimento, pousada e a conquista da parceira?

Arauto da indústria do ateísmo soltou esta diatribe: "A religião inebria as mentes".

Embalo do homem frente à eternidade, a religião oferece alimento espiritual a milhões de pessoas, como as redomas dos laboratórios se fazem refúgio e acalento a centenas de cientistas, os conventos e mosteiros, abrigos espirituais aos sedentos por fé, quartéis acantonam, nos ecos de clarins, trombetas e hinos marciais, vultos vocacionados às ciências das armas. Frenética multidiversidade marca a raça humana com atropelos, choques e guerras. Gênios da humanidade, muitos deles viveram reclusos num mundo dos seus eus onde abrigam sentenciosos e maravilhosos pensamentos.

Sobreleva-nos ressaltar a forma pela qual filósofos e teólogos, destacadamente Santo Agostinho e Santo Tomás de Aquino, Descartes, Leibniz, conceituaram o homem como a única entidade pensante em face de Deus, dos quais destacamos estes: Santo Tomás: "Deus conserva o homem e a permanência substancial dele assegura a continuidade do seu pensamento". Descartes: "Deus oferece a cada instante um pensamento cujo ser (homem) não pode ultrapassar o instante presente sem que renove a criação contínua".

Abstraindo-se o aspecto da criação e do Criador, o que projeta o homem é a sua energia mental, a inteligência, força criativa e perscrutadora, constantemente em progressiva expansão. Lá para algumas centenas de anos à frente, a energia mental se desvencilhará do corpo. A partir daí quem é, afinal, o ser a quem chamamos homem? Por décadas e décadas o futurismo de Júlio Verne retratava-se ridicularizado. Hoje o que vemos? O mundo do fantástico indescritível a se realizar pelas mãos da ciência.

Lancemos este retrospecto. Situemo-nos lá para os iniciais anos do século XIX. Onde se encontrava o homem no seu contexto de desenvolvimento em face destas ciências: física, química, biologia, medicina, eletroeletrônica, cosmologia, astronomia e cibernética e outras? Primeiramente, só algumas ciências se conheciam. Condições básicas de sobrevivência inexistiam: água potável, saneamento básico, energia elétrica, transporte só através de barcos, charretes, animais e navios a vela, a medicina desconhecia os vírus, as bactérias etc. E nesta segunda década do século XXI, o que o homem contempla, e o que alcançou até hoje? Fantástico progresso científico e técnico.

Que lugar habita o homem na amplidão cósmica? Estamos sós no universo? Temos um destino que o poder da inteligência humana um dia alcançará, ou somos apenas uma mera e efêmera aventura cujo final predestina-se a mergulhar num trágico nada? Descreio do nada fatal. Por quê? Se o destino humano conduz para um nada, qual a razão de toda a organização inteligente da vida e do próprio fenômeno humano, e, afinal, de todo um complexo terráqueo e cósmico?

Povoamos uma ínfima partícula planetária que denominamos Terra a revolutear em torno de um astro estrelar, o Sol, do qual recebe luz, calor e energia. Concomitantemente, o ser humano tem a impulsioná-lo uma busca infrene por descobertas e conquistas científicas, eclodidas em centros de pesquisas e laboratórios onde milhares de estudiosos se debruçam no afã de encontrar e desvendar os segredos da natureza e da própria vida na Terra e nos espaços siderais. Perguntamos: o que norteia centenas de estudiosos a engolfar-se com obsessiva dedicação em pesquisas e estudos na ânsia de revelar, por um instante, algo ignoto na natureza ou deste complexo e misterioso fenômeno humano?

Numa perspectiva metafísica, creio na inteligência humana e no seu imenso potencial. Dela partirão, decerto, as condições científicas para o homem se libertar do corpo, e não ser mais prisioneiro do planeta Terra e nem da matéria corpórea, frágil e de efêmera vida.

Olhemos a amplidão universal nos fantásticos cenários retratados no filme *Jornada nas estrelas* e na *The Foundation trilogy*, de Isaac Asimov, e encontraremos, decerto, a força de desenvolvimento do ser humano a vencer a sua redoma terráquea e demandar os espaços siderais. Não é futurismo, mas um olhar de grandeza no destino humano.

Debrucemo-nos alguns instantes sobre a vida inteligente na Terra. Na história do homem no seu longo cajado pelos séculos, das cavernas aos espaços extraterrestres, interrogação nos salta à mente: qual será o destino da vida inteligente e da própria energia mental do ser humano no universo? Algo profundo, muito além do que a ciência atual conseguiu alcançar, nos aponta para uma lógica cartesiana: a energia mental se desvencilhará do corpo.

Força mental impulsiona o ser humano à imortalidade. Busca infrene por novas descobertas em todos os campos do saber leva-nos a pensar que por trás e acima de todo o esforço humano leis o conduzem a um supremo escopo: a libertação da mente do seu atrelamento corpóreo. Daí, o homem alcançará a imortalidade. Não é viver para sempre por suas obras, mas, sim, viver para sempre não morrendo.

O que ele fará alcançada esta conquista? Navegará nas ondas cósmicas. Não é utopismo. Olhemos para 100 anos atrás. Onde estávamos? E hoje onde estamos em face do fantástico progresso científico e tecnológico? Mais alguns séculos, quiçá 300 a 400 anos, o corpo humano transformar-se-á numa mera peça descartável.

No universo se desconhece fenômeno de maior contradição: a inteligência humana a se expandir fulgurante e crescente, paradoxalmente atrelada e condenada a um corpo cuja estrutura anatomofisiológica é quase a mesma de milhões de anos atrás. Na escalada da inteligência humana, aonde chegamos? Avançamos fantasticamente de uns milênios atrás aos dias atuais, das cavernas às fronteiras do extraterrestre. Mesmo assim, vivemos uma civilização que ainda usa plantas mortas como carvão e óleo, ainda se debate neste pequeno mundo do planeta Terra.

A revolução da globalização ampliou enormemente os vínculos e a integração entre os povos, vencendo fronteiras paroquiais, e, desta forma, abriu-se uma cultura global.

Quando Gutemberg descobriu a prensa tipográfica, romperam-se os estreitos limites das aldeias e dos púlpitos claustrais. Alguns séculos depois, o mundo iria assistir à assombrosa revolução da cibernética, unindo povos numa intensa e instantânea interação em segundos, na qual imagens, vozes e impressos se correlacionam através de poderosos meios de divulgação, movimentados pela ciência digital a despertar comunicação instantânea entre os mais diversos povos e culturas.

Morris West, no seu livro *As sandálias do pescador*, descreve que a justificação do presente e do passado se encontra no futuro. Ele não admitia um Criador pródigo ou mau, nem uma criação difusa, acidental e sem finalidade.

Há no seio da própria humanidade algo que a leva a um desejo instintivo de combate, competição e comunhão e irrefreavelmente uma incessante busca para se alcançar um plano superior. Operemos com este raciocínio. Que fantástico progresso científico e técnico se assiste, nas últimas décadas, em que naves portentosas são lançadas aos espaços e comandadas com precisão matemática aqui da Terra! Instalou-se, ultimamente, na fronteira da França com a Suíça, próximo a Genebra, monumental acelerador de partículas, o Grande Colisor de Hádrons (LHC). Com estes fantásticos avanços, como dizia Einstein, poderemos antever, em futuro não muito distante, o homem, por meio da energia mental, navegar em ondas cósmicas.

Desfechado o fenômeno que vaticinamos, não seria nenhum futurismo desconexo – cairiam por terra certos sistemas científicos e místicos.

Esta interrogação desafia a inteligência humana: o fenômeno da vida poderia ter surgido na Terra por um mero processo de junção química, lá nos momentos iniciais do planeta, quando ele próprio terá um fim? Que explicação se tem: de um ente finito, a Terra, a originar-se energia imortal, a mente humana?

Retomemos as nossas antevisões. O que podemos pressagiar algumas décadas à frente para a mente humana? O controle de vários órgãos conectados a chips de silício. Esclareça-se: o controle dos órgãos do corpo humano se exerce por apenas um punhado de neurônios. Pouco a ciência conhece do cérebro humano. A física quântica nos fornecerá transistores quânticos microscópicos, a informática descortinará redes neurais tão fenomenais quanto as redes encontradas no cérebro. Na biologia molecular, o avanço chegará a alcançar a substituição das redes neurais do cérebro por formas sintéticas, investindo-nos, assim, da aura da imortalidade.

Já se estuda no campo da biologia molecular a fusão biônica entre o ser humano e a máquina. Imagine-se, lá para alguns séculos adiante, a capacidade da ciência de transladar a mente do homem para um robô ou outro tipo de máquina, e assim investir-se *ad aeternum* da energia mental. Removam neurônios e os conectem a redes neurais num invólucro de matéria imperecível e assim o cérebro poderia ser substituído por um sistema mecânico de neurônios eletrônicos. Realizada esta operação, o cérebro transposto terá todas as características da pessoa da qual se originou.

Operamos o nosso raciocínio de acordo com o que nos oferecem a ciência e a tecnologia. Alcançada a evolução nestes parâmetros, e a energia mental se depreendendo do corpo, o ser humano navegará nos espaços siderais intergalácticos. Alcançada esta conquista, o homem se imortalizará.

Com revolucionárias descobertas científicas e tecnológicas as quais impelem a humanidade a avanços fantásticos, sobrelevando as descobertas da física quântica, do DNA, através do qual podemos conhecer o nosso genótipo, interrogação nos salta à mente: qual o destino da vida inteligente no universo? Descreio dos nadas e dos "acasos". Se o fenômeno da vida começou a acontecer e se desenvolver num sistema de perfeita organização, que fatores e causas o impulsionaram?

Contrapondo-se à teoria de que antes do *Big Bang* era o nada, nenhum espaço e tempo, inexistindo matéria e energia, corrente de pensadores abraça a ideia de que sempre existiram multiuniversos. Alguma energia, elementos ou matérias desconhecidas da nossa ciência deveriam ter originado o *Big Bang* ou outro tipo de fenômeno e, mesmo, se o indescritível e singular evento realmente ocorreu.

Do cosmólogo Stephen Hawking esta patriotada devoção ao nosso universo: "O nosso universo talvez seja o mais provável de todos esses universos infinitos. É o mais estável e a sua probabilidade de existir é a maior."[1]

Que elementos ou dados tem o cientista ou qualquer outro para emitir esta conceituação em face de matéria de tão profunda complexidade: "O nosso universo é o mais provável de todos?"

Ao encerrarmos este capítulo, destaque-se a visão de um dos maiores teólogos do século XX, Teilhard de Chardin, assim perfilada: "A evolução universal tem sentido absoluto na direção do espírito."[2]

Notas

1 Stephen Hawking, *Uma nova história do tempo*, Rio de Janeiro, Ediouro, 2005.

2 Com a obra de Teilhard de Chardin abre-se o hermético mundo do dogmatismo clerical, catapultado pelos corifeus do cristianismo, do islamismo, do judaísmo, a uma nova visão do homem, da sua origem e do seu destino. Paleontólogo, filósofo, teólogo, este jesuíta de vasta formação humanista perfilou o ser humano movido por um processo de evolução num contexto universal em que o ponto ômega a ser alcançado consuma-se na espiritualidade, catalisada em Jesus Cristo. Contrapôs-se à concepção da entropia, o desgaste e a morte da energia, e, portanto, do universo. Para Teilhard, a degradação da energia física age a favor da espiritualidade. Todo o esforço do seu vigoroso pensamento foi no sentido de encontrar nos homens, nas coisas e nos eventos uma simetria. Daí, a sua ideia da história do homem e da vida, nestes três aspectos: a cosmogênese, a biogênese e a antropogênese, até alcançar o ponto ômega. O papa Pio XI, conhecido como o papa de Hitler, condenou a sua obra.

A vida e a multidiversidade dos seres

Observe-se o fenômeno da vida no seu constante entrechoque de contrastes, antinomias, e sempre um retorno a si mesmo. Tudo forma o universo da multidiversidade a compor a ordem natural.

Da pena de geniais pensadores podemos compreender, pelos personagens que desfilam em suas obras, a dimensão da fascinante variedade da vida. De Homero, lá está Ulisses debatendo-se na *Odisseia* na sua volta a Ítaca; é a condição humana na constante busca do amanhã. Em *Prometeu acorrentado*, a tragédia grega retrata o ser humano revoltado ante os ditames olímpicos do poder. Em Ésquilo, Medusa se move vagamente por entre luzes e sombras. Em *Hamlet*, a vontade acha-se subjugada numa cadeia sem-fim da indecisão. Na dúvida, acorrenta-se o pensamento. O cárcere que condena envolve a consciência. Na arte, Shakespeare ensombreia o gênero humano com tragédias e desventuras. Quando Jean Valjean atropela-se por um circunstancial do destino arrastado pela fome, o Estado e a sociedade desabam contra ele a ira catalisada em Javert; no amor de Cosette o fugitivo cria o seu próprio mundo e aí ele encontra a razão de viver. Na miséria humana do egoísmo e da insensatez, Vitor Hugo construiu a sua obra genial, *Os miseráveis*. Em *Irmãos Karamazov*, Dostoievski dimensiona na própria condição humana o Deus do Gólgota e a Besta do Apocalipse, ambos representados na fé e no Juízo Final. Nesta obra, Aliocha, o anjo e o santo são filhos de Feodor, aranha cruel da voluptuosidade.

Por estas e outras antinomias, podemos dimensionar o fenômeno humano, na sua multidiversidade.

Que universo fantástico e assombroso na pena genial que a arte revela! Que variedade de espécies e de vultos humanos desfila na cena do mundo! Do macaco chimpanzé habitando as savanas africanas ao macaco-prego, um dos menores símios, vivendo na Mata Atlântica. No fenômeno humano a multidiversidade é trevosa, fantástica e, em alguns seres, medonhamente trágica. Que mundo de deformações morais Dostoievski pincela! Verdadeiro hospital de neurópatas. Cabarés com bafo rançoso do alcoolismo degradante; prisões, calabouços infames onde os homens se despem das mínimas condições racionais e se metamorfoseiam em desvairados monstros às fronteiras da animalidade; nosocômios onde nauseabundos doentes se acotovelam no lento apodrecimento de enfermidades dolorosas e purulentas, entre gritos e urros desesperados. Seres humanos cancerosos condenados a suplícios infernais assistidos pela indiferença glacial de médicos e enfermeiros. Ali, um mundo se afunda lenta e inexoravelmente na miséria. E os antros da prostituição, à sombra dos quais podemos antever no genial pincel de Rembrandt o desfile dos trágicos torturados do mundo. Quem são esses vultos humanos? Triste multidão de vidas e vidas mergulhadas em perdidos destinos.

O ébrio ri num riso idiotizado a olhar a mulher que passa e um homossexual a se contorcer em trejeitos; o homicida autojulgando-se um herói de suas façanhas sinistras traz ainda as mãos ensanguentadas. Cenário melancolicamente tétrico; tipos os mais abjetos se entrecruzam perdidos no caldeirão de desencontradas existências. De soslaio, o gigolô vê lá no recanto da sala sombria a presa iminente.

Nessas esquinas da vida, numa noite chuvosa, mendiga uma criança infecta com as raquíticas mãozinhas estendidas a viandantes apressados. Na multidiversidade de tipos humanos, abramos, por momento, as portas da história. Adentremo-nos pelas décadas passadas; lá desfilam tranquilamente a impunidade e o horror, genocidas e torturadores, que à sombra do Estado, sob a capa de um desvairado nazimilitarismo, assassinaram milhões de seres humanos nos chãos da Europa e na América Latina. De onde ressoam os gritos dos torturados e dos mortos desaparecidos? De Katorga, na Sibéria; de Calama, no Chile, de Austerlitz, na Alemanha; da rua Tutoia, em São Paulo; da rua Barão de Mesquita, no Rio de Janeiro; da Armada da Marinha, em Buenos Aires. Mundo onde monstros derramaram o seu ódio, Dante não os ultrapassou.

O reino animal tem a sua seara; o do homem compõe uma sarabanda do trágico com o ódio, do sofrimento com a bestialidade; e por aí se constrói a polivalência dos seres humanos; individualidades condutoras de caráter e os patifes de todo jaez, do degradado moral ao cínico. Eis o caldeirão da condição humana.

Sartre trouxe para a sua obra *Náusea* personagens nos quais retrata a vida um absurdo. Aparentemente, sim; mas na própria essência do fenômeno humano, no absurdo das contradições e dos contrastes, a ordem natural se equilibra. O homem vive na Terra ao encontro de algo muito além de nossa capacidade atual de percepção.

Projetemos o ser humano 500 anos à frente. Quem e como será ele? Impossível visualizá-lo. Vaticinemos. O homem se libertará do seu fardo corporal e através da mente se energizará.

Esta é, sem dúvida, a suprema epopeia da humanidade; das cavernas aos espaços siderais. Mesmo numa humanidade mergulhada num infrene consumismo, existe um novo homem, além, muito além do efêmero do dia a dia, em que não há derrotados ou condenados: o ser humano ao encontro de uma razão superior. Não por algum passe de magia religiosa. Não; mas como conquista científica na sua saga pela Terra. Viandante pelos caminhos do mundo, pergunta: quem é este homem e para onde ele vai? O homem imortal, responde voz cósmica. Nele a humanidade encontrará os mistérios da sua origem.

Nas mais de 20 mil páginas que Vitor Hugo, Shakespeare, Dostoievski escreveram, nenhum dos seus personagens descansa, embala sonhos ou ri. Agitam-se em noites e dias sombrios mergulhados em existências febris, alucinados e engolfados aos encontrões com trágicos destinos. Egressos de um mundo de dor, muitos seres humanos resvalam nas tragédias da vida. Paradoxal diversidade da ordem natural impele o homem a olhar sempre o futuro. A evolução e a multidiversidade das espécies integram-se como elementos imanentes da própria natureza.

A humanidade, desde os primeiros vagidos de sua infância, tem a marcá-la ciclos de evolução que a propele a novas descobertas, por força renovadora das gerações que se sucedem e cujas raízes mais profundas da civilização ocidental estão na formação grego-judaico-romana; de lá vieram as vigas mestras em todos os campos do saber, do científico ao teológico, do cultural ao político.

No cenário da sucessão das gerações, um gênio antevê o seu ocaso. Angustiado, recolhe-se dentro de si próprio e ergue o seu imenso mundo interior. Diz: "Vivi muito; muito compreendi o mundo dos homens e das coisas". Olha o crepúsculo sem se perder pela sensação de deixar a vida. Silencioso, procura ouvir os cantos dos pássaros e a linguagem muda da natureza. Cânticos nos quais as suas utopias se perderam. Parem; ouçamos os ruídos dos passos de uma nova geração. Tenhamos a sensibilidade de compreendê-la. Oh! Jovens que chegais; uma nova aurora raia nas fímbrias do horizonte, assim falou Pablo Neruda numa certa tarde de agosto de 1973, em Isla Negra, Chile.

Somos atores de um drama cósmico do qual desconhecemos o princípio e não antevemos o seu fim. Na aventura da vida debatemo-nos para entender a razão da presença do ser humano no universo. Não creio na existência humana como mera aventura a se desatar em apocalipse bíblico ou mergulhando num ciclópico nada.

Não cessemos de nos interrogar que papel a vida inteligente (a energia mental) exerce no universo, hoje e pelos séculos que hão de vir. Seremos tragados por um descomunal nada, e toda a matéria inteligente mergulhada no ignoto, restando apenas o silêncio e a escuridão dos espaços siderais. O fenômeno do não ser se contradiz com a própria forma do existir da vida. Todos os seres vivos travam renhida disputa para alcançar e conservar a vida, nas germinações das sementes, na fecundação dos ovos, na corrida dos espermatozoides, na divisão dos seres unicelulares. Trilhões e trilhões de pré-seres, os não fecundados, se debatem num universo silencioso e invisível na frenética luta para alcançar o fenômeno da vida. Lançados à vida, cada ser vivo traz a sua individualidade, desde bactéria nos porões das sarjetas até determinados gênios da humanidade, de uma tenra gramínea à sequoia.

Interrogação me vem à mente. Por que só o homem dotou-se, entre trilhões de seres vivos, de vida inteligente? Só ele excepcionou-se com o poder de pensar e criar, é o único ente com capacidade de observar o universo e mudar o curso dos acontecimentos e da própria natureza. De uma frenética colônia de 75 trilhões de células, o ser humano se origina de um óvulo fecundado. Essas células se classificam em cerca de 130 tipos diferentes, em órgãos, tecidos e membros, em meio dos quais um fantástico universo de miríades de células a organizar e direcionar os seres vivos, um fenômeno sobreleva destacar: cada célula tem a sua função, já programada nos genes por um processo de ordenação definindo cada uma delas.

Este fenômeno, por si só, nos obriga a deduzir que o ser humano está fadado a um destino ainda indefinido. Ora, se existe uma programação já preestabelecida, ciclo biológico, autorregulação e organização, replicação, elementos nos apontam que, por trás de uma realidade profunda, o fenômeno humano norteia-se por algo superior a alcançar.

Entrementes, lembrando Descartes, deixo este pensamento: "*De omnibus dubitandum est*". Tudo é dúvida.

O fenômeno humano não deve ser visualizado como um mero corpo a se mover num amontoado de células. Observá-lo assim é ouvir a 9ª Sinfonia de Beethoven e dizer que aquilo tudo nada mais é do que um monte de notas e partituras: ler *Os miseráveis*, de Vitor Hugo, e considerá-lo apenas um calhamaço de palavras.

Penetremos no reino profundo da matéria pelas mãos da ciência, e lá vamos encontrar frenético mundo dinâmico; mergulhemos no universo da inteligência humana e com que nos deparamos? Força mental a se projetar permanentemente em busca de novas criações e descobertas.

Na confluência matéria-vida-energia mental está, sem dúvida, a construção na qual se move o fenômeno humano. Por esta visão, apoio-me no bordão de Einstein: "Deus não joga dados". O que o gênio quis dizer com isto? A natureza, na sua imensa complexidade, no ordenamento de milhares de elementos e fenômenos, não se compatibilizaria com o *acaso*, que é o imprevisível, diferente da probabilidade a se inserir como elemento fenomenológico. Se, porventura, no reino dos seres vivos, gafanhotos da espécie *Shistocerca gregaria* perdessem o seu código genético e o seu ciclo reprodutivo de vida, se multiplicassem por algumas centenas de vezes, a vida na Terra seria engolfada por terrível e irrefreável praga. A par com este cenário olhemos o mundo químico. Caso o elemento hélio não se ajustasse a determinada forma de ação com o oxigênio e o hidrogênio, o universo não existiria, e, consequentemente, a própria vida na Terra.

O que estes dados hipotéticos e tantos outros retratam? Que os entes inorgânicos e os seres vivos se ordenam de acordo com leis; estão atrelados através de um sistema de forças da natureza a se inter-relacionarem; todos os elementos vivos e inorgânicos estão em constante movimento, nenhum deles é livre, ou seja, todos dependem uns dos outros.

Cada ser vivo traz seus traços diferenciados: o voo bem planejado e belo do condor-dos-andes sobrepairando os picos nevados dos Andes; o canto dolentemente melancólico da asa-branca nas estepes adustas dos sertões do Nordeste do Brasil; o esturro do jaguar nas florestas do Orinoco a despertar a alimária nas noites estrelares; o pássaro lá no dossel da sequoia solfeja em estridentes cânticos o alvorecer da primavera nas montanhas rochosas dos EUA; os brados de Castro Alves e Pablo Neruda no carrilhão dos tempos verberando os opressores e assassinos de povos, das mesetas ibéricas aos tumbeiros de escravos pelos mares do mundo.

E a inteligência, de que forma surgiu? A genética dos animais e a humana? A enorme e expansiva energia mental, de onde veio, como e até onde irá chegar? Afronta a lógica científica que tudo isto, o imenso patrimônio cultural, tecnológico e científico que a humanidade vem acumulando pelos *seculum seculorum*, um dia mergulhe num enorme fim bestial.

Para admitir o nada – Sartre, Heidegger, Camus e outros pensadores o admitem – urge sustentar simples premissa: se tudo vem de um “acaso” e se destina a um ciclópico nada, por que lá pelos longínquos tempos seres e coisas se ordenaram num contexto de perfeita organização, desde milhões de anos até os dias atuais, num harmonioso equilíbrio de inter-relacionamento?

O *ser e o nada*, do pensador francês Paul Sartre, o que nos fala? *Nec plus ultra*. O fenômeno humano originou-se na Terra e nada mais além.

Quando se lança a premissa de que a vida é um absurdo, procuro observar o olho humano, uma das mais perfeitas peças da engenharia genética, instrumento altamente especializado e delicadamente coordenado; cada uma de suas estruturas desempenha um papel específico na transformação da luz a se transmudar no sentido da visão. Possui uma única lente, cuja forma varia pela ação dos músculos que o circundam, e, deste modo, focaliza a imagem de objetos próximos ou distantes, nitidamente através das células nervosas da retina onde a sensibilização dela se faz quimicamente, a luz convertida em impulsos elétricos e transportada através do nervo ótico até o córtex. Cada uma dessas células transmite ao cérebro uma diminuta parcela da imagem total, cujo número é tão grande dessas parcelas (15 a 20 milhões) que a imagem transmitida não se fragmenta, mas se constitui num todo contínuo.

Ressalte-se que a nossa percepção é construída por meio de inferências que inconscientemente fazemos sobre o mundo à nossa volta. Sem os olhos existiria vida? Não. Nos unicelulares e microsseres, sim. Com vida inteligente, impossível.

Argumentam certos cientistas que foi o desenvolvimento da linguagem um dos fatores que possibilitaram a criação e formação da inteligência humana. Por este conceito a inteligência é elemento unicamente cultural. Caso faltasse a linguagem, o ser humano se comunicaria por mímica. A condição humana com vida inteligente existiria sem a visão? A humanidade, numa cegueira universal, mergulharia num anfiteatro de loucos e desencontrados; seria aquele mundo sinistramente tétrico e desesperador retratado pela genialidade de José Saramago.

Estimam-se hoje no mundo aproximadamente 8,7 milhões de espécies de seres vivos, das quais apenas 1,2 milhão foram catalogadas. Por que nenhuma dessas espécies alcançou a inteligência criativa e perscrutadora? Ora, segundo a seleção natural, se o mais apto transmite o seu gene ao descendente, alguma espécie inteligente afora o homem teria surgido.

Ao desdobrar esta análise, podemos focar dois aspectos. Primeiramente, não haveria limitação para o tamanho da espécie; um gato da espécie *Felis catus*, por exemplo, num processo contínuo do mais apto alcançaria a proporção de um elefante. Por outro lado, na escala decrescente, como se explica a existência em um mesmo gênero, a dos roedores: catita com 50 gramas e uma capivara de 60 quilos?

Independentemente da seleção natural, cada ser vivo traz, entre as múltiplas variedades que compõem o seu genótipo, os genes do seu tamanho e peso aproximados, nos níveis variáveis de complexidade, da bactéria a um vertebrado, de um ser unicelular a indivíduo pluricelular. Existem, em comum, sistemas organizados bem definidos, todos integrados e operando com perfeita inteligência em que se autorregulam, auto-organizam-se, replicam-se e autoprogramam o seu ciclo biológico (morte) por meio de constante realimentação e excreção.

Na verdade, o que acontece na natureza são processos dinâmicos nos quais todos os elementos se interconectam e interagem, de forma a manter a homeostase do sistema, assegurando assim condições propícias à vida do indivíduo.

A Terra perfila-se como Gaia, a deusa da mitologia grega, a Terra-Mãe geradora de todos os deuses e criadora do planeta. Assim, este imenso ecossistema mantém o equilíbrio das espécies com água, sol e ar.

Neste cenário, sob a ordem natural, os seres vivos evoluem e se diversificam, mas para tanto, entre trilhões de sementes, espermatozoides e óvulos, de algum indivíduo nasce um gene mutante. É da mutação genética que imprevistamente irrompem os gênios da humanidade. Einstein, ainda jovem, descobriu a teoria da relatividade. Castro Alves, com a idade de 20 anos, nos deixou poemas e odes de intensa grandeza, bem definidos neste brado: "Deus, oh Deus, onde estais que não respondes, há 2 mil anos te mandei meu grito".

Por esta análise uma lógica científica nos aponta a existência de uma ordem natural, a qual está atrelada à mutação genética. O botânico holandês Hugo de Vries defende a teoria das mutações, a se destacar o *design* inteligente, contra a qual os corifeus do cientificismo e do misticismo contraditam. Bradam no Olimpo de suas sapiências: o homem e todo o fenômeno da vida surgiram por elementos desencadeados exclusivamente na própria Terra.

Nesta linha de estudo, procura-se alcançar a complexidade das vastas reações bioquímicas de um ser vivo, qualquer que seja ele, o qual segue um programa controlado e operado por um tipo de central de informações, cujo objetivo é fazer funcionar todos os componentes do sistema, direcionados por três elementos: a) autorreplicação, sem a qual não ocorreriam as informações e dados à geração seguinte; b) mutação: sem este elemento, todas as espécies permaneceriam fixas, e não aconteceria a evolução; c) metabolismo: através deste sistema interior o organismo é regulado por uma determinada temperatura, mesmo com oscilações extremas como nos desertos do Saara e Atacama, onde variações térmicas alcançam durante o dia até 50°C, e à noite temperatura de 40° negativos. Por esse sistema de equilíbrio e regulação, a vida subsiste e cresce em todos os recantos do planeta.

Um submarino norte-americano, o Alvin, navegava nos abissais oceânicos próximo às ilhas Galápagos e descobriu extraordinária fauna nas profundezas do Pacífico, a qual não se supunha existir por ausência de luz solar. Nessa assombrosa fauna, duas espécies de vermes foram descobertas: o *Alvinella pompejana* e o *Popagophore*.

Também em situações extremas encontramos vegetais cujas condições de sobrevivência são desafiadoras, dentre os quais o juazeiro, árvore secular do Nordeste. Plantas como as *Hawortia* e *Aeorium* existentes nos desertos mantêm reservas hídricas nos seus tecidos e se enterram no solo a fim de se protegerem do calor, deixando apenas à superfície o cimo das suas folhas. Nos cactos, as folhas, quando existentes, são muito reduzidas e apenas o caule é carnoso: muitos deles possuem excrescências foliáceas com a forma de raquete, normalmente munidas de espinhos, como também um tipo de cera que reveste comumente as folhas e os caules dessas plantas. No semiárido do Nordeste brasileiro algumas árvores despontam resistentes às intempéries das longas estiagens, armazenando reservas hídricas em seus tubérculos e carnosas raízes; dentre elas fez-se paradigma o umbuzeiro, centenária árvore.

O que o reino vegetal retrata? Por mais contrastantes seres existentes na natureza, estes fenômenos se sobrepõem: a sobrevivência e o equilíbrio das espécies, cujas criações evoluem, diversificam-se e se multifacetam pelas mais variadas formas de indivíduos, desde bactérias nas águas ardentes nos abissais oceânicos até certos tipos de insetos habitando as cumeadas dos Andes.

O que podemos inferir desses fenômenos? Existe algo por trás das realidades profundas? Haverá algum desígnio oculto? Que plano é este? Onde se encontra? No núcleo de cada célula, no código genético dos seres vivos - dos organismos unicelulares até os vertebrados superiores - todos possuem a sua mensagem genética, na qual se prescreve a formação dos órgãos, da estrutura esquelética, do cérebro, dos músculos, da pele, do sistema nervoso etc., e também no processo da evolução e diversificação das espécies o equilíbrio pontuado do tamanho e peso dos seres vivos. Desconhecem-se borboletas gigantes de 30 centímetros, formigas de 15 centímetros, papagaios com 1 metro de altura, batráquios de 20 quilos etc. A natureza impõe o equilíbrio. Imaginemos indivíduos da espécie chimpanzé com o dobro do seu tamanho, ou um equino a alcançar a proporção corporal de um elefante. Dos trilhões de seres vivos que passaram pelo planeta Terra, desde milhões de anos atrás, nenhum rompeu as leis impostas pela ordem natural.

Do espermatozoide ao homem cósmico

Neste capítulo retratamos o ser humano na sua longa aventura, a se interrogar, perplexo como Albert Einstein: "Eu queria saber como tudo isto começou". A essa perplexidade do gênio aduzo a reflexão: até onde o homem chegará pelos tempos afora?

De mistérios, somos prisioneiros; eles nos deixam atônitos. De que forma a vida se originou? O ser humano veio ao mundo na condição de espécie própria ou subespécie de algum animal?

Observemos o fenômeno humano.

Quão existe de profundo mistério em todo o drama existencial, com os seus insondáveis enigmas e não desvendadas interrogações!

Quantos trilhões e trilhões de espermatozoides humanos são lançados de minuto a minuto, perdidos nas sarjetas do mundo, nas vaginas das mulheres e nos ânus dos homossexuais? Quantos?! Existiram como projetos de vidas. Originaram-se de seres viventes; elucubraram-se em órgãos humanos e percorreram caminhos por ductos penianos e vaginais. Sonharam e lutaram como nós para alcançar o fantástico e misterioso fenômeno da vida.

Silencioso e invisível universo alberga miríades de seres devastados nos coitos desvairados de milhões de amantes. A cada minuto, algo nos salta à mente e uma inquirição fala à natureza. Por que assim? Vidas e vidas lançadas ao insondável e mortas pela guilhotina uterina antes do primeiro sopro ao encontro do mundo.

Há uma pluriformidade carregada de contrastes de toda ordem numa dimensão ignota ainda indecifrável. Podiam ser dois ou três espermatozoides direcionados ao encontro do óvulo. Por que bilhões de vidas desfeitas, roladas e mergulhadas num aterrador enigma? Voz desata-se a ecoar um som que se perde; o ser humano silencia e a escuta na sua solidão a ressoar em cada um de nós. Vem do íntimo das coisas e está além e aquém da inteligência humana. Hipocrisia é negá-la.

Quem é o salvado da guilhotina uterina que se fez vida no turbilhão devastador no qual se devoram multidões de infinitos pré-seres? Quem é o sobrevivente do enorme naufrágio? De onde veio? Consciência! Quem a trouxe até aqui para nortear o universo dos homens? Vencida e malbaratada por remorsos ela se recolhe. Interrogante pelas mãos da verdade, caminha com a humanidade.

Um filósofo indaga: aonde chegará? Pergunte ao destino. Ela julga, condena-se, aplaude-se e se castiga.

Oh! Quão insondável é a redoma humana! Quando o homem olha dentro de si sabe que no seu silencioso tribunal dormita um vigilante sem quartel: a consciência.

Pensadores universais, nas suas geniais criações, trouxeram para o mundo o drama dos homens, suas epopeias e tragédias. Que turbilhão de choques, dores, infortúnios a tragédia grega dimensiona; existências a mergulhar em meio a ciclópicas circunstâncias, a joguetear com os destinos humanos dos quais se ouve um grito a se distender pelo infinito. É o fardo doloroso da condição humana sobre os ombros de Prometeu Acorrentado.

Na Grécia Antiga, os dramas das tragédias alcançaram a sua forma clássica com Ésquilo, Sófocles e Eurípedes. Na dramaturgia de Ésquilo, os poderosos heróis não são individualizados; eles se inserem num mítico universal contra os quais pesam severas maldições. Seus personagens carregam-se de fatalidades e agem por força da vontade divina e da paixão humana; abraçam destinos coletivos. Daí, o drama de Prometeu a simbolizar a condição humana, sempre a aspirar ao conhecimento e à liberdade. Em *Prometeu acorrentado*, o mito se projeta em toda a sua grandeza.

O outro trágico grego, Sófocles, trouxe para o anfiteatro do mundo, entre alguns dos seus dramas: *Édipo Rei*. Nele, o homem é implacável e sinistramente perseguido pelo circunstancial da existência, desfechado no epílogo monstruoso: matou acidentalmente o pai e se casou com a mãe. Neste outro enorme drama *Antígona*, Sófocles retrata a profunda e dolorosa dor de Antígona na busca de sepultar o corpo do seu irmão, Policenes, e cultuar a sua memória, negada pela desumanidade do rei Creonte.

Quadro dramático faz chegar à minha mente o que o nazimilitarismo perpetuou na América do Sul na última metade do século XX, cujo desfecho carregou-se de sinistra monstruosidade e cinismo: torturou, matou e fez desaparecer milhares de corpos, negando às famílias dos desaparecidos o sagrado sentimento humano: cultuar a memória dos seus mortos. No meu livro – *A ditadura dos generais* – denuncio o caldeirão criminoso de lesa-humanidade.[1]

Poeta e dramaturgo grego, Eurípedes nasceu em Salamina, no séc. V a.C. Aristóteles o considerava o mais trágico dos poetas. Sua obra iria influenciar Shakespeare e Calderón. De Eurípedes nos chegam várias tragédias, entre elas *Medeia*, a mais conhecida e representada até hoje pelos palcos do mundo.

Da Grécia chegamos a Roma. Cava-se um abismo no espírito humano. Dante Alighieri, com *A divina comédia*, monta a epopeia do eterno, transfigura sombra e luz numa espiral terrificante a projetar a alma ao infinito. Depois, tudo é noite sem-fim, imensa angústia soluça a dor dos que se perderam de si. O poema-oceânico abarca a eternidade e faz a condição humana se debruçar diante de sua finitude. É o imponderável a contemplar sinistramente o inferno em cuja porta perde-se a esperança. Ali o poeta se despede de Virgílio e estende as mãos a Beatriz. Na eternidade dantesca, o ser humano transveste-se num Ahasverus a caminhar incessantemente.

Na voragem humana de milhões e milhões de vidas, um vulto irrompe por um instante e nos condena a mergulhar nas paixões que dormitam e arrebatam a alma humana. Paremos: é Shakespeare. Em sua vasta e genial obra, o homem e as suas circunstâncias se debatem, sofrem, gritam, amam-se, matam-se, odeiam-se, traem-se, e, por um momento, embalam no último suspiro do afeto filial o olhar terno de Cordélia diante do pai moribundo, o rei Lear, até alguns anos atrás, tão inebriado e cego pelo poder e glória.

Na selvagem majestade da obra deste olímpico dramaturgo, os seus personagens, às centenas, agitam-se constantemente tragados por enormes e insondáveis paixões. Em Shakespeare, o drama alcança o cume: ali se enlaçam a tragédia, a comédia, o mágico, o amor desvairado, a dúvida do ser ou não ser, a traição a sangrar a consciência, o riso cínico do ódio abafado, a paixão abismal que dilacera; enfim, a alma humana desfila e escancara todos os sentimentos, do trágico ao infame, do belo e altaneiro às podridões morais. A obra do gênio está concluída; tem o infinito por testemunha.

No momento em que Saramago arrancou de uma cidadela perdida nas esquinas da vida multidão de cegos que se atropelavam num caleidoscópio de angústia e terror, arrastados por enorme Medusa que os conduzia para sombrio e indeterminado destino, a partir desse instante irrompe abruptamente um novo ser coberto de placentas que os úteros expelem dentro das noites, arrebatado por casais apaixonados.

Quem é este ser? O homem-espermatozoide a se direcionar ao homem-cósmico.

De onde sobrevém o ente nascido como fruto das paixões humanas? Provém dos ventres ensanguentados dos amores desfeitos e violentados: ele vem dos instantes relampejantes da condição humana; ele vem desde tempos imemoráveis para a construção da vida, a que Aristóteles chama "essência das coisas" e Castro Alves elevou aos páramos do infinito.

Lá, nos recônditos sombrios e placentos do mundo uterino, entre trilhões e trilhões de invisíveis microsseres que se regurgitam e se esfalfam para a infrene corrida a fim de alcançar a vida, um deles desata-se vitorioso e soberbo, como rebento de espasmódicos orgasmos, e aí ele se abraça ao óvulo que o espera. Assim nasce e cresce um novo ser a se debater entre dúvidas, angústias e interrogações: sou um destino, que saga abraçarei?

E o recém-nascido falou a si e ao mundo: eu sou eu e o determinismo universal. Contemplo o mundo de todas as vidas que povoaram a Terra na longa série dos milênios; olho a existência, algo absolutamente contingente nos leva para um transcendental amanhã. Só os desencontrados e delirantes não alcançam a visão de um homem cósmico. Um filho de todos os tempos vaticinou: eu venho do ancestralismo do reino das moneras e das priscas e longínquas eras divisando encontrar o mundo dos espaços infinitos, vencer a morte e se libertar da miserável e infame servidão corporal. Nesta hora, o homem das cavernas escuras e de ventres ensanguentados olha os espaços galácticos e, como pressagiou Einstein, navega nas ondas cósmicas.

O observador do mundo abriu consigo profundo e silencioso monodrama. Que matéria me aprisiona e me faz servo de suas dores, agonias, doenças e de implacável determinismo? Jogam-me na vida sem que eu saiba o porquê e como; dela me arrancam inexoravelmente. E o pior: inculcam em mim que eu tenho livre-arbítrio, mas não consigo encontrá-lo. Oferecem-me a vida e paradoxalmente condenam-me a dilaceradores padecimentos.

Que miserável corpo eu carrego?!

Certo evolucionismo proclama que as espécies, inclusive a humana, vêm no curso dos tempos se aprimorando através do mais apto pela seleção natural! Que grande farsa! Quase 9 mil doenças congênitas pesam sobre o homem; doloroso fardo no dorso da humanidade.

O que diferencia biologicamente o corpo humano do corpo de um animal? Nada. Subtrai-se a mente do homem, e o que teremos? Um animal mamífero idêntico a outro qualquer, salvo a incômoda condição de bípede.

Retoma o monólogo o filho egresso das noites uterinas.

O que encarno no descortinar para a vida? Sou a substância de milhares de gerações passadas, náufrago salvo do genocídio uterino em meio a turbilhões de irmãos mortos tragados na voragem de ciclópico e sombrio nada. Quedo-me pasmo. A primeira luz me chega. De onde vem? Ergo a cabeça. Assalta-me um terror da vida, do mundo que irei enfrentar, desconheço o meu próprio destino e por que estou aqui. Neruda confessa que viveu. Eu não quero viver, mas me impuseram viver. Que liberdade me impõem? Que livre-arbítrio é este? Sou uma emergente individualidade consciente e ao mesmo tempo um descaminho sem compreender por que existo. Talvez um desassossego, segundo nos falou Fernando Pessoa.

Cientistas do delírio e do acaso proclamam que sou egresso de um evolucionismo lançado no carrilhão dos tempos. Que grandes prestidigitadores da ciência! Ouço os passos perdidos de bilhões de seres. Cânticos de aleluias ressoam nas naves das catedrais, mesquitas e sinagogas. Agora, como me encontro? Empurram-me da placidez uterina e me lançam na voragem da vida por força de enigmáticas mãos.

Debruço-me sobre a existência e a contemplo. Desfigurada esfinge me abala e oprime. Por que estou aqui e me fizeram observador do mundo? Não pedi para ser o que sou. Tudo me leva a um labirinto onde não sei me orientar. Lá, nos milênios passados, na Grécia Antiga, Platão me ensinou que a mente irá se desvencilhar do corpo. Ele nos apontou esta probabilidade. Os físicos da mecânica quântica falam em incertezas e certos biólogos substituíram leis por conceitos.

Assim retrata-se a saga do homem na Terra.

Ouvi e li grandes pensadores. O que eles disseram? Que o finito e o infinito confluem no fenômeno humano. Olho dentro de mim. Vejo que o gene de milhões de anos vem se transmitindo de geração a geração.

Paremos um pouco. Segunda década do século XXI. Ouço vozes de cientistas de TV e outros tantos glorificados por prêmios. Eles se arvoram de verdades absolutas e se esparramam com suas ideias.

Desconhecem que a alma humana é multidiversificada como a própria natureza, em cujo seio alberga miríades de seres. Nos proscênios dos tempos, o progresso científico aponta que no alvorecer de milênio o observador do mundo tem um destino. Olho-me e também olho as novas gerações. Assalta-me uma sensação profundamente melancólica, em ver o desfile do conformismo, da pasmaceira, da perda da capacidade de indignação de uma juventude mergulhada num frenético consumismo, estupidamente tolo que lhe arranca inapelavelmente a sua capacidade de pensar.

Quo vadis? Salta dentro dos tempos o eco da desafiadora interrogação. O que vejo? Um culto quase fanático à ostentação, ao fútil e ao desfile frenético pelos shoppings da vida. São os novos deuses frente aos quais não podemos discernir onde se encontram as suas mentes. Estão por aí a perambular pelo mundo aos encontrões com o vazio.

Mergulhei por longos dias e noites, algumas vezes tangido pela impaciência de um condenado, a fim de encontrar a verdade do fenômeno da vida. Muitas vezes, vi-me engolfado pelos argumentos dos cientistas de TV, empanturrados senhores de verdades absolutas. Sabidões. Desfilam pelo mundo suas empáfias catedralícias, vazios de quaisquer substâncias científicas ou mesmo lógicas. Eles querem nos fazer crer que a verdade começa com eles e termina nas suas cabeças. Trazem o condão do darwinismo: "abre-te, sésamo" das ciências.

Deles, o que ouvimos? Que a vida originou-se numa "sopa primordial num lago tépido", evoluiu pela seleção natural do mais apto e após milhões de anos surgiu da espécie dos símios, predominantemente do chimpanzé, a subespécie dos hominídeos.

Que grandes pensadores de desencontradas ideias.

E a inteligência, poderosa força mental a conduzir o homem? Todo ser vivo tem a sua percepção; de uma ameba unicelular a uma baleia, de uma vespa ao elefante. Por exemplo: se determinado tipo de bactéria, na forma de bastonete e anaeróbia facultativa, a *Escherichia coli*, que vive nos tratos gastrointestinais do homem, perdesse a sua destreza, ela se extinguiria. Por quê? Faltaria o seu elemento de sobrevivência de se agregar às paredes intestinais.

Projetemos este raciocínio acerca da inteligência humana.

Cenário: 30 mil anos atrás. Caverna próxima ao estreito do Gibraltar, Europa. Ser humano recém-nascido traz congenitamente o gene da esquizofrenia. Com o apoio dos pais, sobreviveria por alguns anos; depois seria devorado por algum predador. Abstraindo os valores socioculturais e morais da nossa civilização, neste caso, o esquizofrênico situa-se abaixo do animal, pois perdeu as mínimas condições de inteligência ou mesmo os genes da sobrevivência. O que concluímos? A mente e a inteligência dimensionam o ser humano.

Desdobrando esta lógica, trasladamos o cérebro humano (daqui a alguns séculos poderá ocorrer) para um canino e o deste para o corpo do homem, vice-versa. Quem é o verdadeiro ser humano? Indubitavelmente o cachorro, ou melhor, para onde for transplantado o cérebro do homem.

Nos ombros de estudiosos de largo saber nos apoiamos a fim de encontrar os elementos que desvendem a cadeia da genética humana, o mecanismo utilizado para comunicar a informação pela qual se sintetizam as proteínas cujo núcleo central possibilita a transmissão dos caracteres hereditários através de um sistema norteado pelos ácidos ribonucleicos (RNA) e os desoxirribonucleicos (DNA). Numa linguagem simples, o DNA é o ideólogo de toda a preparação e formação dos núcleos celulares, inclusive dos genes.

Sob uma visão bioquímica, a vida perfila-se nestas condições: a) vida inteligente; b) vida animal; c) vida vegetal; e) vida unicelular; f) células eucariontes com núcleo visível e desenvolvido; g) vida unicelular de células procariontes, sem núcleo definido; h) vida subcelular; i) vírus complexos; j) vírus simples; k) vida molecular; l) vida multicelular.

Louis Pasteur, cientista francês, demonstrou em 1862, de modo decisivo, que a vida não pode ter se originado por meio espontâneo.

Durante muito tempo, segundo correntes de cientistas, os seres vivos definiam-se como sistemas capazes de realizar certo número de funções: comer, metabolizar, excretar, respirar, mover-se, crescer, reproduzir-se e responder a estímulos externos. Hoje, a biologia molecular enuncia esta definição: sistemas possuidores de informação hereditária reproduzível, codificada nos ácidos nucleicos e que regulam seu metabolismo mediante catalisadores proteicos denominados enzimas. Assim, definem-se os seres vivos.

Das experiências realizadas por T. H. Morgan com as moscas do gênero *Drosophila*, descobriu-se o mecanismo que regula a hereditariedade. Em cada célula existe um núcleo que controla as atividades celulares e no seu interior encontra-se certo número de estruturas longas e delgadas chamadas cromossomos, constituídos, em parte, por ácidos nucleicos, cujos elementos recebem o nome de genes, os quais são responsáveis pelos caracteres do indivíduo a que pertencem.

Dos genes, norteia-se o fenômeno da vida do qual o homem alcançou surpreendentes e fantásticas conquistas científicas e tecnológicas. Há alguns milhares de anos, ele habitava nas cavernas; hoje pilota naves espaciais. Mesmo assim, abrem-se apenas os lances iniciais do misterioso cortinado atrás do qual se desenrola a fantástica aventura humana.

Volvamos a olhar a célula. Quem marca o ciclo biológico do indivíduo e das espécies (idade média de vida), desde uma bactéria unicelular ao ser humano? Todo organismo vivo tem o seu ciclo biológico, obedecendo a esta escalada: nascimento, crescimento, maturidade, envelhecimento e morte.

Como se determina este ciclo? Pelo número de vezes em que as células se autossucedem umas às outras, no curso do tempo. Lei biológica (certos biólogos não aceitam *lei*, e sim *conceito*) está contida em genes específicos. Exemplifiquemos. No ser humano, 10 bilhões de vezes vai ocorrer sucessão das células, numa idade média de vida de 70 anos, quando o desfalecimento dos órgãos, membros e tecidos se agravam. Todas as espécies vivas ordenam-se por este mecanismo, de um inseto ao elefante, de acordo com o seu ciclo biológico.

O que acontece? O homem marcou o ciclo de vida dos indivíduos partindo do movimento de rotação da Terra em 24 horas e aí determinou o dia. Na translação da Terra em torno do Sol, 365 dias, fixou o ano.

Borboletas, 10 mil mutações celulares ou um ano de vida, segundo o nosso calendário; cachorro, um bilhão de mutações celulares correspondentes a um ciclo biológico de 20 anos. Esclareça-se. Estes dados são aleatórios.

O fluir biológico do tempo em relação a cada ser vivo não se marca por dias ou anos. Não. O mundo interior dos seres vivos e, consequentemente, do seu ciclo biológico direciona-se por mutações celulares. O processo genético do ciclo biológico de cada espécie, a que todos os indivíduos se atrelam, diferencia-se do ciclo de vida fixado pelo homem.

Entre trilhões e trilhões de seres vivos, animais e plantas, que povoaram a Terra, conhece-se algum indivíduo que ultrapassou o ciclo biológico da sua espécie? Nenhum.

Nota

1 Agassiz Almeida, *A ditadura dos generais*, Rio de Janeiro, Bertrand Brasil, 2007.

Seleção natural e as 9 mil doenças congênitas ou O fardo que o homem carrega

Até os meados do século XIX, as ciências naturais eram praticamente descritivas, ressaltando o monumental trabalho de Carl von Linné: *Gêneros botânicos*, *Philosofia botânica* e *Espécies botânicas*. A partir de 1840, um vulto assomaria por sua audácia, às raias da temeridade, revolucionário papel no mundo das ciências, rompendo, destarte, os grilhões clericais que jugularam a humanidade por séculos e milênios.

Egresso de uma viagem de circum-navegação mundial, à maneira de Fernão Magalhães, com objetivos político-econômicos e militares bem definidos, mas disfarçados, durante a qual pouco se colheu de pesquisas, Charles Robert Darwin projetou-se na cena do mundo sob a égide de uma inteligência genial, assomando-se exímio trapezista em salvaguardar os interesses do Império Britânico.

Séculos e séculos de tirânica opressão claustral transformara a humanidade num enorme mosteiro de rezas, benditos, excomunhões, procissões e vendas de indulgências. Envolto neste sombrio cenário, a vida se transfigura num "vale de lágrimas", na antevisão de S. Agostinho. Frente a isto tudo Charles Darwin impôs o seu bastão de *El libertador*.

Da sua teoria da evolução, ele formulou dois conceitos-chave: a seleção natural e as variações acidentais (hoje, designadas por mutações). A fim de ajustarem a teoria evolucionista às novas descobertas da genética, da biologia molecular e da bioquímica, os neodarwinistas substituíram as "variações acidentais", postuladas por Darwin, para "mutação genética aleatória".

Como vasto movimento de diversificados estudos, as teorias sobre a evolução das espécies adquiriram ampla repercussão em todo o mundo, destacadamente nos setores acadêmicos e centros universitários, formando fortes correntes de pensamento, contrapondo-se aos preceitos místicos das religiões. No estudo das ciências biológicas, bioquímicas, antropológicas, ou mesmo em qualquer área onde se aborde a origem da vida e da evolução das espécies, o darwinismo fez-se hegemônico e transmudou-se numa verdadeira seita, formando até um tipo de indústria, o ateísmo.

Em qualquer centro universitário, seminário, congresso internacional ou cursos de graduação e pós, um pensamento quase hegemônico está se impondo. Suscitada qualquer dúvida acerca do evolucionismo esposado por Darwin, logo desperta sentimento de repulsa. Muitos até gritam: "Cale a boca, carola, aqui não é mosteiro e nem igreja evangélica". Como podemos nos situar frente a este cenário? Existe, decerto, uma síndrome do divino nessas manifestações e um acendrado cientificismo.

Analisemos numa retrospectiva sócio-histórica e política o opressivo fardo que a humanidade suportou por milênios do misticismo, desde civilizações antigas, como a egípcia, mesopotâmica, chinesa e, posteriormente, na Grécia Antiga com os seus deuses, e, depois, a imposição do Deus monocrático a partir do trágico drama de Jesus Cristo no calvário e a sua ressurreição, há 2 mil anos.

Séculos e séculos impregnaram de indignação a consciência dos homens não vocacionados à servidão. Chega-se ao século XIX. A humanidade inicia a ruptura dos grilhões clericais. O darwinismo abraça e catapulta o anticlerical, o antipapal e o antidivino, flama libertária contra um sistema opressivo que condenava o homem a rezar, purgar-se, penitenciar-se constantemente diante de pecados, de chorar e sofrer neste "vale de lágrimas", enfim, de ouvir o vaticínio escatológico dos oráculos vindo das mesquitas, das catedrais, dos mosteiros e das sinagogas.

Deixemos os oráculos; voltemos ao raciocínio doutrinário. Na seleção natural pela sobrevivência do mais apto, assenta-se a viga mestra do evolucionismo darwinista. Quem é o mais apto? Aquele indivíduo que sobrevive e dele vão ser transmitidos às sucessivas gerações os genes da sua espécie. Portanto, ele é o vitorioso, o mais apto que detém o genótipo. Levantemos esta ordem de ideias. Mas se o indivíduo pertencente à espécie humana carrega o gene de uma patologia congênita e vem a falecer após os 25 anos, vítima da enfermidade, onde podemos encontrar aí a seleção natural que aparentemente se impôs, e, no entanto, desconstituiu-se?

A descoberta da enorme multidiversidade genética nas últimas cinco décadas nos desperta a esta interrogação: de que forma se explica o mais apto? Cada lócus do acervo genético, que o indivíduo recebe dos seus pais, pode ser portador de doença congênita. Contrapondo-se a esta reformulação, Darwin nos deixou a tese:

"A seleção natural trabalha unicamente por e para o bem de cada ser, e todos os dons físicos e mentais tenderão a progredir na direção da perfeição".[1]

Com base na seleção natural e nesta premissa e no escopo de alcançar a perfeição, conforme a teoria darwinista, as espécies não atingiram a perfeição, mas sim a extinção.

As forças que emanam da natureza, inclusive as da comunhão dos pais com os filhos, operam visando ao equilíbrio da ordem natural, com a qual interagem todos os seres, operando a seleção natural como um meio de adaptação das espécies ao ambiente, não se direciona nem para o bem nem para o mal dos seres, mas visa à estabilização dos sistemas vivos.

Nestes exemplos, situemo-nos. Por que meio se explica que as espécies carreguem no seu genótipo gene indissolúvel de doenças congênitas? Num contingente de 100 indivíduos recém-nascidos, na maioria das espécies de mamíferos, um percentual em média de 20% a 25% está condenado a morrer antes de alcançar a idade madura por alguma patologia congênita. Falar-se em seleção natural quando um elevado número de indivíduos já traz no seu genótipo uma ordem determinante de algum tipo de enfermidade!

Há uma forte lógica embasando a existência de patologias congênitas. Vejamos. Caso os seres vivos, de quaisquer espécies, não trouxessem consigo a marca das enfermidades, e das fatalidades biológicas, inclusive a do envelhecimento, em que circunstâncias eles deixariam a vida? Nenhum ser vivo quer deixar a existência; dela só saem expulsos por doenças ou alguma contingência.

A ordem da sucessão das gerações faz-se implacável. Desconhece-se se algum indivíduo de qualquer espécie rompeu este imperativo da natureza. No fenômeno da vida, a seleção natural impulsiona a evolução das espécies. Há uma interação entre os indivíduos da mesma espécie ou mesmo de espécies diferentes, coexistindo o forte com o apto, o fraco, os deformados mental e fisicamente.

Sob o critério da seleção natural a obedecer à escalada sempre crescente do mais apto, no curso de centenas de gerações e atingindo certo patamar, só os indivíduos altamente perfeitos sobreviveriam, e desta forma a espécie humana se transformaria num anfiteatro de gênios.

Embasado na teoria seletiva, o nazismo desencadeou a eugenia das raças e projetou a ariana como a ideal. Por esta concepção, Adolf Hitler visualizou tresloucadamente o III Reich. Na hipótese de a seleção natural ser realmente o elemento fundamental da evolução das espécies, por que, mesmo no transcurso de milhares de gerações, não foram extirpadas as doenças congênitas que todas as espécies carregam no seu genótipo?

O que se depreende deste fenômeno? Independentemente do processo evolutivo, os genes patológicos entranharam-se a partir dos primeiros movimentos celulares; eles atuam no organismo dos seres vivos como freio e ordenação do ciclo biológico. Integram-se no genótipo como os da sobrevivência da vida, os do zelo dos pais aos filhos, os da reprodução, os da mutação genética e dezenas de outros.

Na linha deste raciocínio foquemos o indivíduo mais apto no núcleo da evolução das espécies, quando sabemos que um dos sistemas que comandam e ordenam a defesa do organismo baseia-se na estrutura genética. Traga-se o raciocínio científico à lógica. Entre os indivíduos, vence na luta pela vida o mais apto. Ressalte-se: o que vai prevalecer como sobrevivência para o indivíduo é o seu genótipo, ou seja, os genes carregados por anos dos seus antepassados.

Falar-se em seleção natural quando existe um enorme e recôndito caldeirão vindo ninguém sabe de que imemoriais eras a comandar e ordenar o nascimento, formação, ciclo biológico e morte dos seres vivos? Vitorioso na maratona renhidamente disputada entre milhões para alcançar o acesso à vida, o espermatozoide abraça o óvulo e ambos geram o novo ser; ele se desenvolve sadio no curso da gestação. Chega ao mundo. Enfrenta o existencial com plena capacidade física e mental. Aos 20 anos, o indivíduo se acasala e da união nasce um filho aparentemente perfeito. Quem é o sujeito que procriou o recém-nascido? Cardiopata congênito. Ele arrasta consigo, no carrilhão de vidas dos seus longínquos ancestrais, o gene de uma patologia cardíaca genética.

Conheci, na Paraíba, família portadora dessa patologia, cujos membros, na sua maioria, faleciam antes dos 35 anos de idade. A doença pode ocorrer com qualquer indivíduo possuidor do sistema circulatório, de uma raposa a um cavalo, do coelho ao homem. Onde atua o processo seletivo natural? Não há resposta. Emudecem as vaidades. Silenciam os criadores de fantasiosas teorias e fórmulas científicas. O que se faz mister? Dispamo-nos de presunções e proclamemos que ainda estamos longe de desvendar o mistério da vida, e, mais ainda, do fenômeno humano. A que assistimos pelo mundo? Tipos os mais audaciosos a se transvestirem de senhores de verdades absolutas.

Alardeiam-se seguidores de gênios (Darwin é o oráculo deles). Outros tantos se autodivinizam e pregam nas catedrais, mesquitas, sinagogas e em outros templos, que são interlocutores privilegiados de Deus, alguns mais modestos, de Jesus Cristo, Maomé, Moisés, Buda.

Em que bases se assenta *A evolução das espécies pela seleção natural*? Na vitória do indivíduo mais apto em impor o seu gene aos seus descendentes.

Milhares de anos transcorreram desde os primeiros vagidos do ser humano na Terra e o trouxeram até este patamar do ano 2012. Como perfilá-lo face à seleção natural em que este viajante do tempo, o homem, vencendo enormes desafios e vicissitudes, alcançou o alvorecer do milênio? O que podemos concluir hoje ao observarmos o ser humano e as quase 9 mil enfermidades congênitas que lhe pesam como um fardo doloroso na sua indefinida aventura da vida?

Embuçadas numa arquitetada conveniência e hipocrisia, as religiões silenciam e os sábios do darwinismo também. O Deus do Gólgota, o Alá de Maomé, o Deus do Sinai e a infinita paz de Buda emudecem. Condenar-se *a priori* o ser humano à penalidade de padecer de doenças transmitidas geneticamente através de milhares de gerações, de pais para filhos e destes a se escoar na cadeia sucessória dos tempos, é desafiador enigma.

O fundamentalista xiita que, ao orar, curva-se voltado para Meca, confessa que o profeta Maomé, filho de Abdullah, é quem fala por eles no Alcorão. Os cientistas de TV bradam que a seleção natural "relaxou".

Místicos pranteiam no silêncio resposta que não vem e os cientistas do darwinismo vão aos encontrões com a sabedoria científica. Que seleção do mais apto é esta em que milhares de deformados físicos e mentais e outros tantos milhões de fronteiriços à loucura (hoje controlam os seus desequilíbrios mentais à custa de pesados e constantes medicamentos) perambulam pelas esquinas do mundo?! Retrocedamos alguns milênios na história da humanidade. Onde estariam os milhões de deficientes? Devorados como pasto da alimária no caldeirão da vida; equilíbrio da ordem natural, que não é misericordiosa e nem prioriza o mais apto.

É da natureza e de todos os corpos constante movimento. A vida se faz uma contínua renovação, de uma bactéria unicelular a um mamífero de vinte toneladas (elefante).

Projetemos este cenário da luta do indivíduo contra os portadores da morte, nesta porfia entre o vírus do HIV (aids), e o sistema imunológico do organismo, a partir do momento em que a vítima é atingida e infectada.

Desata-se a infecção em nível molecular, processando-se a capacidade mortífera do infectante em torno de 10 anos para a destruição letal da vítima, tempo durante o qual o sistema imunológico do organismo, através de seus milhares de anticorpos, procura se defender e destruir o vírus invasor. Abre-se o combate. O sistema defensivo da presa atingida destrói o vírus à taxa de cerca de um bilhão de partículas por dia, enquanto o agressor dizima em torno de um bilhão de células de T auxiliares CD4 e o organismo tenta se defender desesperadamente da destruição, repondo-as.

Luta ciclópica e feroz. Bilhões de vírus de HIV e de células do sistema de defesa se entrechocam numa porfia a se distender por anos, até que, ao final, o contingente das células imunológicas vai tombando, lentamente, de trezentos a mil por microlitro de sangue, provocando em certo momento o estrangulamento do sistema defensivo imunológico, e daí irrompem-se os primeiros sinais da vitória do vírus infector. Instalam-se os primeiros sintomas da patologia a que a ciência denomina de aids.

Se o vírus (micróbio que depende do hospedeiro para sobreviver) existe há milhões de anos, inclusive no ser humano, como se explica a evolução das espécies pela seleção natural, quando o processo de infecção se instala independentemente de o indivíduo ser mais apto ou não na luta pela vida?

Com que força o processo genético determina a vida do ser humano. Analisem este fato. Em 1990, equipe de cientistas anunciou ter descoberto o primeiro gene do câncer de mama em laboratório, batizando-o de gene BRCAI, encontrado no cromossomo 17. O que isto significa? Uma mulher portadora deste gene tem 90% de probabilidade de desenvolver o câncer de mama.[2]

Agora, conclua-se como este biólogo da Universidade da Califórnia, EUA, conceituou a seleção natural:

> A seleção natural não é um sistema de triagem perfeito [...] uma mutação dominante a zero, como a progénia. No caso dessas mutações serão produzidas a uma taxa correspondente ao dobro de sua taxa de mutação [...] Portanto, parafraseando Woody Allen, em *A última noite de Boris Grushenzo*, não é que a seleção natural não importe, o problema é que ela não tem o desempenho esperado [...].
>
> Que a seleção se esmere, ela é a fonte máxima de nossa saúde.[3]

Basta! Ponhamos freios em certas mentalidades condenadas a visões passionais. Observam o mundo e a própria natureza condicionados as suas ideias. Arrastam os seus existenciais mergulhados em laboratórios ao meio de trilhões e trilhões de células, bactérias, vírus e fungos, onde eles reinam soberanos. Nas suas especialidades, como o biólogo Michael Rose, alcançam, algumas vezes, conquistas científicas.

Onde o desencontro destas mentes com a visão do mundo? É quando elas se arvoram a ultrapassar os limites dos seus estudos, argamassados em longos dias e anos dentro de suas redomas acadêmicas e laboratoriais.

Leia-se com atenção o texto e deduza-se: "A seleção natural não é um sistema de triagem perfeito [...] ela, a seleção natural, não tem o desempenho esperado". Não consegui entender "desempenho esperado". Nesta passagem, o biólogo da Califórnia quis fazer a metáfora com cavalo de corrida, após o equino não conseguir o resultado esperado em alguma pista de jóquei.

Focar "o não desempenho esperado" ao meio de milhares de fenômenos a interagirem constantemente para a construção e equilíbrio da vida e da própria natureza, concepcionar a mutação genética como desvio aleatório dos genes e admitir que as patologias congênitas sejam "erros" é reduzir todo o processo do fenômeno da vida a um apequenado mecanismo.

Como se explica, para tanto não se requer grande esforço de inteligência, a perfeita construção de milhares de fenômenos, destacadamente o humano, e que "a seleção natural não teve um sistema de triagem perfeito".

Com trilhões de células existentes em cada indivíduo a funcionarem simultânea e constantemente com absoluta e completa perfeição, milhares de vezes por minuto, de que forma a natureza iria resvalar em "erros"?

As ideias acerca da seleção natural produziram, em certos cientistas e nazistas, concepção da eugenia das raças por um processo seletivo de cruzamento. Sob esta égide, a doutrina nazista baseou a superioridade da raça ariana.

Segundo a doutrina darwinista, "o mais apto vai impondo aos descendentes e transmitindo os seus caracteres". Como os caracteres do mais apto se transmitiram, e, no entanto, no curso de milhares de anos persistem e se multiplicam genes portadores de doenças congênitas? É contraditório. O mais apto transmitiu o quê? Os genes mais competentes devem prevalecer, mesmo porque se o contrário ocorresse, ao fim de algumas centenas de gerações, as espécies seriam destruídas ou extintas por deformidades. Na evolução das espécies e no processo competitivo o indivíduo mais apto predomina. No entanto, este atributo não significa que ele está livre de ser limitado por variados fenômenos. A ordem natural impõe o equilíbrio a todos os seres, a gerar sadios, retardados e esquizofrênicos.

Para que o equilíbrio se mantenha entre as espécies, nascem sadios e doentes.

Dos genes irrompe a transmissão das doenças genéticas, principalmente nos transtornos mentais. Ressalte-se este fato: o risco de uma população ser portadora da esquizofrenia situa-se num percentual de 1%.

Pesquisas recentes indicam que num indivíduo portador de esquizofrenia não resultou a doença apenas de um único gene, mas do efeito agregado de muitos genes interativos. Estudando-se a sequência de DNA dos doentes mentais, descobriram-se diversas variações genéticas, graças à tecnologia desenvolvida pelo Projeto Genoma Humano, e assim conseguiu-se determinar os vários caracteres presentes no seu DNA.

Não me canso de formular interrogações em busca de respostas. Por que a natureza, ou um sistema de ordem inteligente, por sua alta capacidade de construir, ordenar, criar, viver, reproduzir, transmitir genes, desde milhões de anos, através do código genético, fez nascer e fenecer seres os mais extraordinariamente variados, marcando as suas espécies com doenças congênitas e patologias do envelhecimento?

A olhar ao meu redor e ao mesmo tempo contemplar a imensidão cósmica, encontro no fenômeno humano fantástica obra-prima, desde o instante da fecundação, espermatozoide-óvulo, da qual surge a primeira célula, o zigoto, ao nascimento de um novo ser, sua formação e desenvolvimento até o desenlace final. Por razão profundamente misteriosa e insondável, o homem é lançado à vida; dela, após viver um ciclo biológico já predeterminado, enxotam-no implacavelmente e, em algumas circunstâncias, cruelmente; no entanto, inexplicavelmente, nenhum ser vivo quer deixar a vida, cujo epílogo fatal traz a marca do inevitável.

O que envolve o trágico e melancólico desfecho? Os órgãos do corpo humano, com a velhice, reduzem a sua capacidade laborativa, a vitalidade muscular perde a sua energia, a pele sofre enrugamento, o sistema cardíaco desfalece e reduz o seu ritmo, enfim, as doenças degenerativas o atacam e abatem, como um predador à espreita da presa. Patologias congênitas lançam os seus tentáculos acionados por genes que se sucedem através de milhares de gerações, provocando enfermidades, sobretudo estas: as de Alzheimer, Huntington, Parkinson, Pick, Creutzfeldt-Jakob (CJD, a adrenoleucodistrofia); derrames múltiplos e dezenas de síndromes que afetam os ossos e o sistema muscular e cerebral do ser humano se desfecham com inexorável fatalidade.

Afinal, como se explica que a natureza por força soberbamente inteligente (só os fundamentalistas caolhos desconhecem esta inteligência) criou, no mesmo caldeirão de vidas, gritos de dores e tragédias e, contrastantemente, o riso belo e plácido do infante e do justo? Não temos respostas.

Através de levantamento realizado nos EUA, pelo Nacional Health Education Commitee, nos anos de 1990, existiam aproximadamente 34 milhões de pessoas que sofriam de algum tipo de doença mental, numa população de 220 milhões de indivíduos, cerca de 1,2 milhões de cegos. Transportemo-nos para 30 mil anos atrás. Salta-nos a pergunta diante destes dados colhidos com seriedade pela National Health: de que forma atuou a seleção natural? Não há explicação.

Analise-se a realidade dos dados citados; eles falam alto e destroçam quaisquer teorias e fórmulas. Que explicação podemos ter de um fenômeno bioantropológico a que se denomina "seleção natural" com um contingente humano a suportar tão devastadora anormalidade congênita?

Face a matérias de tão alta complexidade, interrogação nos vem à mente. Até que grau os genes ordenam e determinam a natureza humana? Ao longo dos séculos, esta questão sempre despertou debate. Santo Tomás de Aquino, lá pelo século XIII, manifestou o conceito de que a natureza de uma pessoa poderia, em alguns casos, ser determinada pela hereditariedade. Argumenta: "Mesmo alguns defeitos da alma são transmitidos em consequência de um defeito nos hábitos corporais, como no caso dos indivíduos idiotizados gerando idiotizados. A natureza transmitiu a hereditariedade a estas pessoas."[4]

Do teólogo cristão, o que podemos extrair de suas ideias? Inadmite a doutrina da Igreja Apostólica Romana que os genes tragam um determinismo de doenças congênitas, porque aí se negaria a misericórdia do Criador. Por outro lado, os darwinistas partem da premissa de que as "mutações genéticas" são desvios ou erros dos genes durante a sua formação.

Sob este aspecto, as duas correntes de pensamento confluem para não aceitar o determinismo genético. Na sua linha de pensamento, o teólogo argumenta que a idiotia surgiu de hábitos corporais e se transmite de geração a geração.

Este livro direcionou-se a desvendar certos mitos e verdades fabricadas: "Darwin, o gênio descobridor da evolução das espécies; Seleção natural, esteio e base da evolução; Jacques Monod, o Darwin do século XX; Biologia, ciência única; A viagem de pesquisa de Charles Darwin ao redor do mundo; A Biologia não tem leis e sim conceitos".

De tanto repetirem, centenas de chavões se fizeram verdades.

O que certos biólogos, destacadamente Ernst Mayr, querem nos fazer crer: as leis da biologia cedem lugar a conceitos, diferentes das ciências físicas. Asseguram: na biologia as teorias são baseadas em "conceitos", competição entre os indivíduos e as espécies, escolha de fêmeas (o macho poderia escolher outro macho, assim não ocorreria reprodução. O homossexualismo é uma exceção), seleção natural (fenômeno imanente da evolução das espécies, o mais forte ou competente se impor na transmissão do gene).

Assim concluem: "conceitos" biológicos não podem ser reduzidos a leis. Só a cegueira de uma visão dogmática nega as rígidas e determinantes leis nos campos da biologia, da genética e da bioquímica. O que nos falam trilhões de células e moléculas que dão vida e sustentação aos seres ordenados a implacáveis leis? O que nos falam do anelo de profunda vinculação e comunhão dos pais aos filhos na sucessão das gerações. O que nos falam do envelhecimento e da morte de todos os seres vivos? O que nos falam do ciclo biológico que abarca indiscriminadamente todas as espécies? O que nos falam da incomutabilidade de um ser vivo com outro de gênero diferente (uma roedora a acasalar-se com felino e gerar novo ser)? O que nos falam da morte autoprogramada das células? E assim centenas de leis nos falam (leis, entendemos, nestas áreas das ciências, como fenômenos repetitivos cujas causas são imutáveis).

Qual o grande esforço da ciência? Reduzir e vencer o determinismo das patologias congênitas. Querer impor como elemento essencial da evolução a seleção natural, quando a espécie humana vem suportando, desde longínquas eras até hoje, o fardo de 9 mil doenças congênitas, faz-se um contrassenso. Ressalte-se: de 2 mil pessoas nascidas 30 delas irão suportar o flagelo do determinismo patológico.

Notas

1 Charles Darwin, *A origem das espécies*, São Paulo, Madras, 2004.

2 Revista *Science New*, dezembro de 1995.

3 Rose Michael, *O espectro de Darwin*, Rio de Janeiro, Jorge Zahar, 2000.

4 Jack Pasternak, *Genética molecular humana*, São Paulo, Manole, 2002.

A seleção natural relaxou

A construção desta obra direciona-se a desvendar e desmistificar certos mitos e verdades fabricadas que de tão repetidos se tornaram chavões. "Charles Darwin, o gênio descobridor da evolução das espécies"; "Jacques Monod, o Darwin do século XX"; "Biologia, ciência única"; "Seleção natural, esteio da evolução das espécies"; "A viagem de pesquisa científica de Darwin em redor do mundo"; "Sopa primordial, origem da vida"; "Chimpanzé, o nosso ancestral próximo".

Centenas de outros tantos bordões fizeram-se verdades pelo mundo a engolfar a mentalidade de milhões de pessoas. O que podemos extrair do raciocínio do biólogo Douglas J. Futuyma[1]. Ele fala de certa doença que provocou a cegueira.

> Um exemplo provável e interessante de um aumento desse tipo de doença é a cegueira para cores, que tem uma incidência de 7% na sociedade moderna. Talvez a seleção natural contra esta característica tenha sido relaxada [relaxada!!! Parece guarda de quartel], mas mesmo assim não houve um número suficiente de gerações com seleção relaxada.

Quando nos aproximamos dos capítulos finais deste livro, cuja elaboração se estendeu por anos de pesquisas, estudos e contatos pessoais com pensadores e estudiosos das mais diversas áreas do saber, destaco o vasto trabalho no campo das ciências biológicas, sobretudo na biologia evolutiva, do professor Douglas Futuyma. O compêndio *Biologia evolutiva*, de sua lavra, é clássico de ampla repercussão em todo o mundo.

A nominação do capítulo sob o título "*A seleção natural relaxou*" não teve o propósito de desqualificar e nem menosprezar o trabalho de um sério estudioso das ciências biológicas, mas deixar desafiadora advertência: a verdadeira *mater et magistra* de todos nós é a própria natureza em cujo seio ela abarca todas as ciências hoje conhecidas e as que hão de ser descobertas.

Só os gênios sabem olhar a natureza e decodificá-la em todas as dimensões. Cabe a nós compreendê-los. Quando algum estudioso ou cientista se julga capacitado a transcender muito além de sua área de saber a que dedicou muitos anos de estudos, ele resvala em erros crassos e até em certos absurdos. Esboçamos ligeiros argumentos para esclarecer a matéria "*A seleção natural relaxou*".

Caso ocorresse apagão de dimensão terráquea em algum fenômeno físico, químico, biológico, biopsíquico, e ele *relaxasse* por algumas horas, o que aconteceria? Por exemplo, as duas moléculas de hidrogênio perdessem a sua junção com uma de oxigênio, o elemento água, H_2O, não se formaria e, consequentemente, a vida na Terra se extinguiria. A molécula da água é angular; isto significa que os nitrogênios se ligam ao oxigênio formando sempre o mesmo ângulo, que é 104,45°.

Nesta linha de raciocínio, desloquemos a hipótese para o psíquico (a mente). Desatando-se, numa extensão mundial, a perda da razão humana por algumas horas, a humanidade mergulharia em ciclópica loucura coletiva. Logo nos primeiros minutos, com a perda da razão e enlouquecidos, os líderes políticos e chefes militares, detentores dos segredos dos armamentos atômicos, detonariam tresloucadamente, em todo o mundo, os arsenais nucleares, e, consequentemente, a vida. Na Terra se extinguiria e o próprio planeta talvez perdesse o equilíbrio dos seus movimentos de translação e rotação.

Desdobrando o pensamento, operemos com as ideias do próprio biólogo Futuyma. Se nas espécies vivas sexualizadas a seleção natural *relaxasse* por vários meses, o que sucederia? O processo de vida na Terra se transformaria num verdadeiro caos. O elemento, a competição que vem desde a corrida dos espermatozoides para alcançar o óvulo, produziria imensa quantidade de tipos deformados mentais e físicos, e, com isto, se desorganizaria o processo de adaptação dos seres. Caso os seres vivos superiores perdessem os genes da mutação, permanecendo, contudo, a mutabilidade para os micro-organismos (bactérias, vírus, fungos, insetos etc.), o que aconteceria? Na incapacidade de evoluírem, os seres superiores permaneceriam no fixismo, o que possibilitaria o avanço e o ataque de micro-organismos contra eles. Ao cabo de várias gerações, o sistema imunológico daqueles seres iria se desfalecendo por falta de mutabilidade, ocorrendo, destarte o desfecho letal.

Na sua saga pela Terra, que vem desde longínquos milênios, o homem se fez um desafiante de adversidades; todavia, pesado fardo ele carrega de doenças desencadeadas por agentes causadores: bactérias, vírus, fungos etc.

Das péssimas condições de vida das populações, muitas doenças e pandemias flagelaram a humanidade provocando dolorosos padecimentos dos quais a *influenza*, a gripe espanhola (1918-19) foi uma das mais devastadoras na história do homem, com mortalidade em torno de 20 milhões de pessoas.

Ao longo do século XIX, identificaram-se as origens de algumas doenças humanas, culminando com a descoberta no ano de 1876 do micro-organismo *Bacillius anthracis*, bactéria do gênero *Bacillus* e causadora da doença carbúnculo, graças à genialidade de Louis Pasteur e Robert Koch, abrindo-se novos rumos à medicina e à biologia. Com esta conquista científica, começa a se desvendar o mistério dos agentes causadores de várias patologias, entre as quais tifo, tuberculose, sífilis, varíola, peste bubônica, cólera, febre amarela, malária e algumas outras.

Tipos de enfermidades de natureza congênita despertaram interesses do cientista Hugo de Vries, como o câncer e certos distúrbios mentais na trilha das pesquisas formuladas por Gregor Mendel, em 1865, cujos trabalhos reordenaram profundamente o estudo da genética humana, pelos quais se demonstra que algumas características do organismo se determinam por unidades de herança (hoje, genes) transmitidas de geração a geração.

Por volta de 1950, abre-se grande avanço no estudo das doenças congênitas com a conclusão dos trabalhos biológicos em nível de proteínas e ácidos nucleicos (ácido ribonucleico, RNA; ácido desoxirribonucleico, DNA), pela qual se conclui que qualquer alteração nestas macromoléculas desequilibra o processo biológico.

Aprofundados por James D. Watson e Francis H. C. Crick, conclusivos estudos conduzidos por estes cientistas causaram verdadeira revolução nas ciências biológicas com a descoberta da estrutura da dupla hélice do DNA, e descobriram, ademais, que as unidades de informação genética codificam dados para a síntese de enzimas; outro grande passo foi dado com a identificação da base molecular do distúrbio hereditário denominado anemia falciforme.

A partir da década de 1990, com o início dos estudos do Projeto Genoma Humano e de outras descobertas nas áreas da biologia molecular e da engenharia genética, a ciência comprova a importância da carga genética na vida do indivíduo. De grau altamente significativo, conclui-se que os fatores genéticos desencadeiam os genes causadores das patologias congênitas, bem identificadas na distrofia muscular de Duchenne, fibrose cística, distrofia miotônica, retinite pigmentar, síndrome do X Frágil, doença de Huntington e outras.

É de absoluto mistério, a nos desafiar, como múltiplo conjunto de genes ordena característica complexa. Face a tantas indagações, muito temos a aprender ante este fascinante mistério, o fenômeno da vida.

Todos os eventos, dos físicos aos biológicos, dos químicos aos cosmológicos, obedecem a uma ordem implacavelmente perfeita. Só alguns séculos à frente, poderemos compreender as realidades profundas que os provocaram.

Quando grande parcela de cientistas procura nos fazer crer que certos fenômenos são bases fundamentais da origem e evolução da vida, envolve-nos sensação de perplexidade. O ser humano carrega o fardo de 9 mil doenças congênitas. É impossível, decerto, elencá-las todas neste livro. Só uma enciclopédia abarcaria tamanho estudo.

Apoiado no relevante tratado *Padrões reconhecíveis de malformações congênitas*, nominamos alguns tipos de doenças congênitas.[2]

QUADRO 1 - TIPOS DE DOENÇAS CONGÊNITAS

Doença	Histórico
Síndrome de Down	Este distúrbio apresenta incidência de1 em cada 660 recém-nascidos. O crescimento do paciente é relativamente lento.
Síndrome da Trissomia 18	É a segunda síndrome de malformações múltiplas mais comuns, com incidência de 0,3 por 100 recém-nascidos. Hipoplasia do músculo esquelético, tecido subcutâneo e adiposo. Deficiência mental.
Síndrome da Trissomia 8	Tronco alongado e magro; escápula anormal, esterno anormal, pescoço curto ou alado. Olhos situados profundamente.
Síndrome da Duplicação GP.	Deficiência mental severa. Aproximadamente 5% a 10% dos doentes morrem na primeira infância.
Síndrome XYY	Incidência de1 em 840 recém-nascidos. Mentalidade embotada. Estatura alta, comportamento aberrante.
Síndrome XXY	Afeta 1 em cada 500 homens. Relacionamento social difícil. Embotamento mental acentuado.
Síndrome XXX e XXXX	Ocorre em 1 entre mil recém-nascidos do sexo feminino. Deficiência mental. QI é de 56.
Síndrome XO	Estima-se que 1 em cada 2 mil recém-nascidas do sexo feminino seja afetada pela doença. Caixa torácica larga com amplo espaçamento dos mamilos.
Síndrome de Rubinstein	Média de estatura do adulto é de 1,5 m para os homens, e 1,47 para as mulheres. Polegares largos, maxila hipoplásica.
Síndrome de Dubowitz	Faces típicas. Eczema infantil. Baixa estatura.
Síndrome de Bloom	Microcefalia leve com dolicocefalia. Processos malignos têm sido a principal causa da morte. Tumores gastrointestinais são comuns após os 30 anos.
Síndrome de Smith-Lemli-Opitz	De 1 entre 20 mil indivíduos são afetados por esta síndrome. Fenda palatina, anomalia cardíaca, segmentação anormal dos pulmões.
Síndrome de Noonan	Pescoço alado. *Pectus excavatum*. Estenose pulmonar.
Síndrome de Robinow	Perfil facial achatado. Antebraços curtos. Baixa estatura discreta a moderada.
Síndrome de Progeria	Aparência senil. Atrofia da gordura subcutânea. Displasia e hipoplasia esquelética.
Síndrome de Werner	Catarata precoce. Propensão a processos malignos. O gene responsável pelo distúrbio WRN foi mapeado no Sp 12.

Síndrome do X Frágil	Deficiência mental. Displasia leve do tecido conjuntivo. Macro-orquídia. Orelhas grandes com cartilagem mole.
Síndrome da Ataxia telangiectasia	Ataxia. Telangiectasia. Linfopenia. Déficit imunológico.
Síndrome de Menke	Deterioração cerebral progressiva com convulsões. Cabelos retorcidos e quebradiços.
Síndrome da Distrofia Miotônica de Steinert	Miotonia com atrofia muscular. Catarata. Hipogonadismo. Incidência de 1 entre 6 mil indivíduos.
Sequência de Moebius	Paralisia do sexto e sétimo nervos cranianos.
Sequência do Lábio Leporino	Defeito primário. Fusão do lábio.
Síndrome de Marshall	Deficiência mental. Deslocamento da retina. Fenda palatina.
Síndrome de Nager	Retardado mental. Deficiência de crescimento. Fibrose e anquilose da articulação temporomandibular.
Síndrome Otopalatodigital	Surdez. Fenda palatina. Alongamento distal dos dedos com unhas curtas.
Síndrome de Coffin-Lowry	Deficiência mental. Nariz bulboso. Microcefalia. Perda da audição neurossensorial.
Síndrome de Stickler	Fácies achatada. Miopia. Deslocamento da retina.
Sequência de Poland	Incidência de1 por 20 mil pessoas. Defeito unilateral dos músculos peitorais. Sindactilia das mãos.
Síndrome de Child	Hipomelia unilateral com hipoplasia cutânea. Defeito cardíaco.
Síndrome de Holt-Oram	Defeito de membro superior. Anomalia cardíaca. Ombros estreitos.
Acondrogênese Tipos IA e IB	Ponte nasal baixa. Membros curtos. Crânio grande.
Displasia Metatrópica	Tórax pequeno. Cifoescoliose torácica.
Displasia Espondiloepifisária	Achatamento vertebral a partir da infância. Asas do ilíaco pequenas. Colo do fêmur curto.
Síndrome de Schachman	Condrodisplasia metafisária. Falha no desenvolvimento. Nanismo de membros curtos.
Hipofosfatasia	Ausência de ossificação generalizada.
Displasia frontometafisária	Perda da audição. Enfraquecimento dos músculos dos braços e pernas.
Osteosclerose	Aumento exagerado da espessura do córtex ósseo.
Picnodisostose	Osteosclerose. Admite-se que o pintor Tolouse-Lautrec era portador desta patologia.

Síndrome de Crouzon	Órbitas rasas. Craniossinostose prematura. Hipoplasia maxilar.
Displasia Craniofrontonasal	Craniossinostose, braquicefalia e bossa frontal. Epatologia diagnosticada, sobretudo no sexo feminino.
Síndrome da Sinostose Múltipla	Sinfalangismo. Hipoplasia das asas do nariz.
Síndrome Unha-patela	Displasia ungueal. Hipoplasia patelar. Esporões ilíacos.
Displasia Mesomélica de Lang	Nanismo mesomélico. Fíbula rudimentar. Micrognatia.
Acrodisostose	Mãos pequenas com disostose periférica. Nariz pequeno. Deficiência mental.
Síndrome de Hurler	Fácies grosseira. Rigidez articular. Deficiência mental.
Síndrome de Scheie	Boca grande com lábios grossos. Opacificação corneana precoce.
Síndrome de Morquio	Cifose severa e geno valgo. Córneas opacificadas.
Síndrome de Marfan	Aracnodactilia com hiperextensibilidade. Subluxação do cristalino. Dilatação da aórtica.
Sequência da Melanose Neurocutânea	Melanose cutânea e das leptomeninges. Deterioração do sistema nervoso central.
Hipomelanose de Ito	Retardo mental. Incontinência pigmentar acrômica.
Síndrome da Neurofibromatose	Estima-se que ela afete 1 entre 3.500 indivíduos. Múltiplos neurofibromas.
Síndrome de McCune Albright	Displasia fibrosa poliostótica. Pigmentação cutânea irregular. Precocidade sexual.
Síndrome de Proteus	Hemi-hipertrofia. Tumores subcutâneos. Macrodactilia.
Síndrome de Gorlin	Carcinoma basocelular. Face larga. Anomalia de costelas.

Fonte: Dados de Lyons Jones Kenneth, *Padrões reconhecíveis de malformações congênitas*, São Paulo, Manole, 1983.

Basta! Cessemos este capítulo.

Elencamos, resumidamente, apenas algumas patologias congênitas, pequena ponta de um *iceberg* de 9 mil doenças genéticas, pesado fardo a sobrecarregar a condição humana desde tempos imemoriais.

Ao concluir o estudo e reflexões acerca deste tratado de patologias congênitas de Kenneth Lyons Jones, sentimentos de dúvida e assombro me assaltam a joguetear a consciência ante o horror trágico, face às enfermidades genéticas que pesam como doloroso fadário sobre a raça humana. Pulula no subterrâneo da existência dos seres vivos sombrio e sinistro mundo das mais aberrantes anomalias físicas e mentais. Sensação de dúvida me envolve. Quedo-me na melancólica condição de um encarcerado que perdeu a razão e só sabe olhar o tempo que não quer passar.

Vejo irromper das páginas desta bíblia patológica, num crescendo de monótona melancolia, os trágicos e belos contrastes do fenômeno humano, a sobrepesar o enigma da sua origem e do seu destino.

Devaneio entre Boa Vista, Barra de Santana e Campina Grande, caminhando ao lado de minha mãe.[3] Não consigo me encontrar. Aquelas fisionomias de tragicidades cruéis saltam à minha mente e desfilam as suas horrendas fatalidades biológicas – crianças, na maioria – e parecem rebentar num monstruoso abismo onde sombria noite se antecipa à eternidade.

Agora pude compreender aquelas multidões de seres humanos que se perderam da vida nos seus desencontrados destinos; desesperados se agitam para encontrar o Deus misericordioso, vagando como zumbis de Moisés a Maomé, ou aquele outro, tão divinizado por cientistas e oportunistas do saber, o deus da seleção natural. Milhares e milhares de gerações se sucederam no carrilhão dos tempos. Onde se encontra o deus do evolucionismo em cujo *pantheon* alçou o mais apto? Na indústria do ateísmo.

Querem nos fazer crer nesta premissa: seres humanos condenados a fatalidades congênitas, sob o argumento de "erros" da mutação genética. Zomba-se assim da inteligência humana. Bilhões e bilhões de fenômenos se entrecruzam e se sustentam para a formação do fenômeno da vida; tudo com absoluta perfeição, no dizer de Albert Einstein. É inexplicável a natureza cometer "erros"? Olhemos para milhões de anos atrás. Bastaria pequeno desvio de simples molécula na formação do processo químico, físico ou biológico e a vida na Terra primitiva não se formaria. O pensamento nos aponta o homem nas cavernas há milhares de anos. Analisem. Lá, naqueles longínquos tempos, o *homo* na sua estruturação biorgânica era igual, como hoje, aos seres vertebrados. Assim, patologias se fazem imanentes às espécies para o equilíbrio e sucessão dos seres.

Deformados de todas as espécies oferecem a sua contribuição ao caldeirão da vida. Da vida nenhum ser quer sair; só arrastado por circunstâncias alheias a sua vontade. Quais genes exercem esta operação? Os patológicos.

Assalta-me náusea de certo cientificismo, que se perdeu da ciência e quer nos impor verdades, "de uma sopa primordial ou do chimpanzé, nosso parente mais próximo". Oprime-me o mistério do fenômeno da vida; algumas vezes me vejo um desencontrado no papel de observador do mundo. Não sei por que na Terra fui lançado e qual o meu destino. Perturba-me a paz infinita da sepultura. Ali, todas as vaidades cessam; manto de completo igualitarismo cobre todos. Será que toda a construção do fantástico fenômeno humano, organizada por trilhões de células, sob o comando de bilhões de neurônios, encerra-se naquele silêncio eterno? Descreio do nada como termo final.

Manuseio o tratado das patologias congênitas. Releio com obsessiva atenção algumas páginas.[4] Assombram-me aqueles rostos infantis condenados por deformações físicas e mentais. Debato-me entre profundas dúvidas. Olho por sobre as fímbrias do horizonte o céu a se debruçar limpidamente azul sobre as ondas do Atlântico a rumorejarem nas areias da praia de Tambaú. Mesmo fugindo delas, as dúvidas me acorrem. Porventura os cientistas que falam da "sopa primordial" e do "acaso" estão certos?

Entre a absoluta e inteligente perfeição da natureza, na visão de Einstein, e a lógica que povoa a mente de certos cientistas, prefiro acreditar que existe algo a transcender a nossa capacidade intelectiva. Caso não existisse destino, por que cada ser humano tem a sua individualidade em meio a tantos bilhões de seres que povoaram a Terra?

Que enigma!

Entre nós e o mundo, marcamos a nossa individualidade. É o homem histórico; ele cria o seu cenário que vem desde as cavernas.

Notas

1 Douglas J. Futuyma, *Biologia Evolutiva*, Ribeirão Preto, Sociedade Brasileira de Genética, 1995.

2 Lyons Jones Kenneth, *Padrões reconhecíveis de malformações congênitas*, São Paulo, Manole, 1983. Nesta obra, do cientista norte-americano Kenneth Lyons Jones, amplo tratado no qual ele elenca as mais insidiosas moléstias congênitas, sensação do incerto me envolve e me faz interrogar: "Que grande enigma é o fenômeno humano!" Acode-me este raciocínio. Se, porventura, o ser humano povoasse um éden terráqueo de paz, alegria, beleza, onde ele teria chegado? Embalavam-no, decerto, enleios do epicurismo. São os choques paradoxais, vida e morte, dor e alegria, esperança e tragédia, que projetam a vida humana um fenômeno. Sartre perfilou-a um absurdo. Perdeu-se porque não mergulhou nas realidades profundas. Na sua teoria existencialista, ele se limitou às fronteiras da vida. A organização da vida e do fenômeno humano está muito além do que projetamos. Não se pode olhar o "ser" partindo-se do "nada".

3 Nesta passagem pela Terra, todo ser humano marca as suas pegadas nas areias do tempo, onde sonhou, sofreu, lutou e, acima de tudo, ofereceu lições e aprendeu, desde o operário na construção de um edifício a um pensador com ampla visão de mundo. Todos deixam o seu retrato; pouco importa as condições de como vemo-lo. De uma mulher valente ouvi uma voz terna e imperativa a ecoar como um chamamento: "Vá, meu filho, construir o teu destino, sem temer o chicote dos poderosos". Assim falou minha mãe, Josita Almeida, cuja vida carregou-se de uma forte energia. Habituou-se a lutar e sofrer. Educara a família com um sentimento estoico e venceu desafiadoras vicissitudes. Legou-nos paciência, energia e coragem. Possuía visão do espírito público e do porvir. Não recriminava as circunstâncias e nem os circunstantes. Enfrentava-os. Abominava os oprobriosos e covardes. Com eles, não transigia. Compreendia e sofria com os humildes. Renegava o poderoso espezinhador dos fracos e lacaio dos fortes. Nos meus 8 anos, ensinava-me a cantar a Marselhesa, o hino revolucionário francês. Pertencia a uma espécie de combatente intimorata. De altura mediana, arcabouço sólido, rosto emoldurado por cabelos pretos, olhos negros, nariz delgado, faces de uma magreza saliente. Tinha belo perfil, enérgico e firme, os olhos carregavam-se de flamas de uma lutadora. Antevia-se nela alguém que pressentia as tempestades sociais e políticas do mundo e frente às quais fixava um olhar atento. Personalidade orgulhosa de si; carregava um desprezo olímpico pelos poderosos e um respeito quase religioso pelos desvalidos. Frente a ambos, deixou a sua saga pelos caminhos do mundo.

4 Lyons Jones Kenneth, *Padrões de malformações congênitas*, São Paulo, Manole, 1988.

A inteligência dos seres e o equilíbrio das espécies

O que retrata o ser humano, pensador e observador do mundo, lançado num enigmático destino na fascinante aventura da vida?

Onde se esconde o mistério mais profundo do homem? No cérebro. Nele está espírito, pensamento, consciência, caráter, liberdade, vontade, emoções, sentimentos, esperança, enfim, tudo vive, exercita-se constantemente dentro dele, nasce dele e fenece com ele. A ciência não alcançou estudo amplo desta fantástica máquina, ainda tão desconhecida: a mente humana.

O que nos falam certos cientistas? Reduzem tudo ao simplismo: a inteligência surgiu de um processo evolutivo da seleção natural (seleção natural!!!). Por que só a espécie humana atingiu a inteligência criativa e perscrutadora? Que dialética! Por acaso este fenômeno originou-se num mero jogo de moléculas químicas e biológicas, a se atraírem umas às outras, e depois, por impulsos meramente mecânicos, formaram células, para, afinal, elas próprias organizarem a insondável construção da vida?

De que maneira trazer ao debate o processo evolutivo das espécies, destacadamente o homem, desconhecendo a consciência e a inteligência que as norteia? As informações que nos chegam são coordenadas e selecionadas pela consciência. Todo indivíduo tem do mundo uma imagem; ela interpreta tudo aquilo que os órgãos do sentido lhe oferecem.

Em que condições observam o cérebro humano alguns pensadores? Mero relógio em cuja engrenagem operam rodas e peças encaixadas umas às outras. Onde se encontra, então, o pensamento pensando-se a si próprio?

Desde a Antiguidade, longínquas civilizações que povoaram o mundo, sob a influência destas correntes de pensamento: a materialista, a partir do neoplatonismo, a qual conceitua o processo evolutivo numa visão exclusivamente terráquea; a espiritualista assenta o fenômeno humano em bases orgânicas como metafísicas, ou seja, algo se sobrepõe e direciona forças da natureza.

Abra-se, por um momento, o dualismo cartesiano. Por que um simples pensamento desencadeia cascata de eventos neurológicos, a provocar descargas das células piramidais do córtice cerebral até alcançar a ativação das vias nervosas? Ele vem do cérebro, dos impulsos da vontade e realiza desejos.

O que nos faz joguete de paradoxais circunstâncias? Olha-se a infinitude do espaço-tempo e, simultaneamente, os passos de um viandante e aí se descortina o caleidoscópio singularmente contrastante: a abóbada celestial e a pungente dor de um infante morto nos braços da mãe; além, o grito tragicamente terrível do último instante da presa devorada; logo perto o gorjeio plangente da asa-branca nas caatingas adustas do Nordeste brasileiro; mais à frente desabrocha a orquídea ao alvorecer de uma manhã primaveril.

No impulso destas contradições todos os seres chegam à vida e dela são arrancados sem saber quando, como e por quê. Só o homem olha o mundo e se interroga. Na pergunta, ele tem consciência do seu papel na cena do mundo, e a partir deste instante não se queda um mero autômato de um evolucionismo cego lançado no turbilhão dos tempos. O ser humano tem um destino; faltam, porém, instrumentos científicos para definir como e em que circunstâncias ele irá alcançá-lo. Por esta visão embala-o a infinitude.

O homem foge da finitude que o faz mera peça do mundo. Quando ele diz que a "origem das espécies se encontra na seleção natural" e todos os seres surgiram de uma célula única numa "sopa primordial", aí ele se afirma descobridor de fenômenos. Faz-se assim criador, e não criatura.

Onde se alcança a lógica? Naquele que julga encontrar as verdades nas cartas evangélicas: Bíblia, Alcorão, Talmude etc., ou naqueles outros, investidos de verdades absolutas? Em meio a estes pensamentos, interrogação nos vem à mente: o que, afinal, é o fenômeno da vida? Capacidade que certos sistemas orgânicos possuem de ingerir, processar e expelir matéria e energia. Isto biologicamente. E a inteligência? Em certo sentido, a natureza tem inteligência e vida até nas profundezas oceânicas e nos picos nevados das cordilheiras. A evolução criadora baseia-se no desenvolvimento da inteligência em suas infinitas possibilidades.

Existe aura a envolver todo o sistema da vida. Não podemos estudá-la, defini-la como montes de átomos, moléculas e células, mas sim olhá-la numa visão de conjunto e, a partir daí, identifica-se cada elemento.

Gregor Mendel, padre austríaco, ressaltou que as características bioquímicas das espécies eram predeterminadas e legadas às gerações; elas estavam codificadas em unidades, que mais tarde se identificaram como genes.

Desloquemos o raciocínio. A matéria possui consciência em si, vinculada à natureza. Se um átomo de hidrogênio (o mais leve de todos) pudesse *motu proprio* se agregar a um átomo de urânio (o mais pesado) e produzisse determinado tipo de matéria, todo o sistema do universo se desequilibraria.

Façamos este vaticínio: para alguns séculos à frente, a inteligência humana irá desvendar o enigma do existir e como ocorreu o fenômeno vida, e o que está por trás da rede universal das coisas. Kant vaticinou certa vez: "O homem jamais alcançará a essência das coisas". Perdeu-se o filósofo alemão nesta antevisão.[1]

Se o processo evolutivo alcança todos os seres vivos, de uma bactéria ao ser humano, por que no constante evolucionismo os micro-organismos permanecem na mesma condição bioquímica de milhões de anos, unicelulares? Outros dados dos micro-organismos: eles não possuem cérebro, mas têm mente; têm percepção, conhecem as condições do seu ambiente, calor, frio, pressão atmosférica, luz, concentração alta ou baixa de substâncias químicas ou certos elementos que os danifiquem, ameaçando as suas existências.

Por uma visão abrangente, olhemos à nossa volta e para além das fímbrias do horizonte. Tudo tem a envolver, nos menores e maiores fenômenos, perfeito processo de integração, dos micro-organismos, como a ameba, ao ser humano, numa complexa interação. Como desconhecê-la?

No mundo fantástico da vida desde longínquas eras o que encontramos? A vida se originou por um processo bioquímico de moléculas e células a se jungirem para formar o organismo. E o elemento eletromagnético[2] a impulsionar os primeiros movimentos à integração das células, em que condições agiram para possibilitar toda a fantástica organização do fenômeno vida? Falta-nos a grande resposta.

De umas cinco décadas para cá, a ciência ofereceu à humanidade imensos avanços em todos os ramos do saber, da biologia à cibernética, da astrofísica à genética, da cosmologia à mecânica quântica. Tudo isto se esteia na inteligência que se ordena com absoluta perfeição. Caso qualquer espécie de animal, de uma vespa a um tigre, possuísse um mínimo de inteligência criadora e interrogativa (o porquê das coisas), o que ocorreria? O complexo fenômeno da vida na Terra assumiria desbaratadas formas, os espaços vitais sob o domínio do homem seriam disputados por novos seres pensantes.

Analisemos um pouco a inteligência genética. Olhemos a profunda sabedoria dos genes. Certo cientista falou em "genes egoístas". Que a borboleta o responda.

Tarde crepuscular em alguma descampada planície. Rompe-se um sudário de seda e dele emerge, a duras penas, a alçar voo, um pequeno ser alado multicolorido, e que, por alguns instantes, dardeja em perfeitos círculos, ganha os espaços e nos faz interrogar. Que vivente é este que medrou de um tipo disforme, rastejante e feio, e se metamorfoseou num angelical planejador dos espaços? É uma borboleta. Veio da metamorfose da lagarta (isto me lembra Kafka), e compartilha com bilhões de outros seres do fantástico anfiteatro em cujo cenário a natureza montou o espetáculo da vida, envolto por multifacetadas formas.

Miríades de seres, trilhões e trilhões, como os insetos, nos impressionam. Eles nos oferecem sabedoria misteriosa, e em muitos casos com eficiente inteligência. São as vespas, as formigas, as abelhas, as térmites; algumas delas praticam agricultura, criam "gado" etc. Outras, arquitetas e construtoras de complexas habitações no solo e no subterrâneo, projetadas a fim de salvaguardá-las das intempéries, chuvas e tempestades. Certas espécies se organizam em sociedades altamente complexas, e com nível de distribuição de trabalho superior às humanas.

Olhemos uma vespa solitária e a sua inteligência. Ela chega ao mundo sem conhecer os pais; deles não recebeu ensinamento. Lança-se à vida exercitando os próprios métodos de caça e na procura do seu *habitat*. Encontra o local certo onde escava o ninho: reproduz-se. Assim, milhares de gerações dos seus antepassados agiram. Isto feito, busca a presa para a sua subsistência, e não é qualquer inseto, mas lagarta-aranha, caçada sempre por seus ancestrais. Assegurada a operação, a vespa põe ovo nesse ninho. Decorrido certo tempo, a larva minúscula sai do ovo e começa a devorar a presa paralisada, da qual se alimenta durante dias até se tornar adulta. Alcançando este estágio, nova geração de vespa nasce.

O que diferencia a inteligência humana dos outros animais? No homem, ela é perscrutadora, criativa e culturalmente repassada; nos seres irracionais, a inteligência se norteia por impressões sensoriais comandadas geneticamente. E norteando o funcionamento da vida e o equilíbrio das espécies, a natureza impõe suas leis, das quais podemos extrair este exemplo. Desconhece-se na história dos seres vivos se algum deles, em qualquer época ou lugar, tenha ultrapassado o ciclo biológico de sua espécie.

Por que esta inflexível ordenação? A existência de seres vivos com características superiores à sua espécie como tamanho e peso seria uma violação do equilíbrio da ordem natural. Da mesma forma que os fenômenos bioquímicos, os físicos se ordenam a um sistema rígido. Kant falou em "razão pura". Existe uma razão para além da humana. Na inteligência, encontra-se um quê de profundo na "essência das coisas", segundo Aristóteles. Olhemos o ser humano alguns milhões de anos atrás, no instante em que ele se interrogou ante o universo tocado ao mesmo tempo do místico e da razão. Ali, nasciam a consciência e a razão que perfilariam o *homo universalis*, cuja solidão o esmaga e o inebria. Assim ele caminhou pelos tempos, envolvido na aura do místico. O século XIX o chama à razão pelo Iluminismo e pela Revolução Industrial; e a maior de todas: a liberdade de olhar o mundo, de crer num deus ou não crer em deus nenhum.

Por esta visão, certos homens com a capacidade e inteligência de criar e renovar despertam arrojadas descobertas. São eles que ousaram quando todos fraquejavam. Engrandeceram-se a desafiar temeridades. Chega até nossos dias o perfil do vulto que entronizado na razão diria ao mundo, ao papa e aos cardeais infalíveis que a Terra não era o centro do universo, e que as verdades reveladas nos livros sagrados e nas bulas papais não podiam sobrepor-se à natureza. A história da ciência registra este nome: Galileu Galilei, o protomártir da razão.

Observemos a formidável máquina da vida a operar e a se movimentar no planeta Terra; ela faz nascer, viver, amadurecer e fenecer trilhões e trilhões de seres, obedecendo cada um ao seu ciclo biológico. Que indescritível e tamanha magnitude a se desenvolver de acordo e dentro de parâmetros absolutamente perfeitos.

Átomos apoiados em seus nêutrons, elétrons e prótons revoluteiam, sustentam e energizam a matéria. Células, na multiplicação fantástica, movem trilhões de seres vivos; todos conduzem e transferem aos seus sucessores os genes contidos num código no qual mensagem gravada transmite-se *seculum seculorum*. Miríades e miríades de seres que povoam e povoaram a Terra interagem e formam imenso bioma, e frente a tudo isto fenômeno biopatológico sobreleva: as malformações congênitas que ocorrem na vida de milhões de seres. Na espécie humana, ressalte-se, surgem entre as malformações genéticas, causas diretas da morte e da expulsão do *conceptus*; as discrasias, sobretudo a *Spina bifida*, se apresentam como causas principais das deformações. Delas, a mais grave, a aterrorizante anencefalia.

Confesso; eu vi esta tragicidade dolorosa. Descrevemo-la.

São 16h40 de uma quarta-feira do mês de setembro de 1992. Nas franjas do horizonte, pesadas e escuras nuvens se enovelam prenunciando, por abafada pressão atmosférica e intenso calor, forte tempestade.

Da varanda do casarão da fazenda Albino, lá em Santa Luzia, Paraíba, eu olhava o cenário atmosférico. Em minha direção, vejo correndo espavorido, olhos esbugalhados, Ivan Sampaio, meu gerente, a soltar angustiantes gritos: "Doutor! Doutor! Doutor! Maria de Joca Lula pariu um monstro!" Calma, Ivan. Vamos até lá. Em passadas largas, dirigi-me à casa de Joca, a uns duzentos metros de onde me encontrava. Adentro a casinhola. Sua jovem esposa, Maria, acabara de dar à luz. Pálida, muito pálida, estendida num leito modesto ela dormia. Ao seu lado, o marido segurava-lhe as mãos e copiosamente chorava; no rosto indormido estampava a dor de profunda angústia. Silêncio abafante e terrificante compungia e envolvia aquele modesto aposento, perturbado apenas pelo pranto soluçante do pai. Olhei um pequeno berço ao lado do leito. Estarreci-me. Dominou-me sensação de aura inumana. Não quis acreditar no que via. Terror revoluteia a minha mente, a lançar-me em páramos onde seres de espécies extraterrestres habitavam. Olhei, e num impulso de assombro fixei o olhar naquele tosco berço. Salta-me, às minhas vistas, um monstrengo. Vi a cabeça de um batráquio grande num corpinho de criança enfaixado. Aquele disforme encéfalo não tinha caixa craniana. O rubro da mucosa cerebral com as suas rugas e reentrâncias pululava em meio a um tumor vermelho, amolgado e flácido. As sobrancelhas se confundiam com a testa, narinas achatadas como as de um suíno, boca e lábio superior recurvavam-se expondo terrivelmente as gengivas a confundirem-se às bordas bucais; olhos aberrantemente abertos saltitavam do globo ocular dando-nos a impressão de uma coruja ou sapo.

Que tipo de ser é este, perguntei-me? É um anencéfalo e está vivo.

Sentei-me ao lado do teratológico espécime recém-nascido. Pequeno monstro, condenado a morrer de inanição. Interroguei-me. Como explicar a concepção, gestação e nascimento de milhões de seres congenitamente malformados, condenados a serem pasto de abutres e vermes? Comecei a mergulhar profundamente nos enigmas insondáveis da vida, ante o terrificante fenômeno: um ser humano sinistramente deformado. Descreio das concepções de Sartre e Heidegger de que a vida é um absurdo. No aparentemente absurdo, o processo da natureza constrói o equilíbrio das espécies, com a contribuição de cada uma à ordem natural.

O ser humano anencéfalo que eu olho não é um erro da mutação, da mesma forma de milhões de outros que morrem durante a gestação e mesmo com anos de vida por doenças congênitas ou malformações no seu desenvolvimento. Repito: não é erro. É a sustentação das espécies, norteamento inteligente da própria natureza. Quantos milhões de vidas se alimentam das fatalidades biológicas de outros seres; sem elas, como sobreviveriam?

Charles Darwin falou: a seleção natural trabalha silenciosamente para a perfeição e o bem das espécies. A seleção é imanente à própria natureza; não trabalha para o bem e nem para o mal das espécies, mas, sim, inteligentemente pelo equilíbrio, sustentação e perpetuação delas.

Certo boquirroto da ciência, em delírio, falou em "genes egoístas". Lá pelos bilhões de anos atrás, no momento em que os genes iam formando as células, estas se teriam imortalizado. O que sucedeu? Elas autoprogramaram a sua morte, marcando o ciclo biológico. Que egoísmo é este?!

O homem carrega o fardo implacável de cerca de 9 mil patologias congênitas. Por que o sistema da natureza, sábio na construção de trilhões e trilhões de seres, perfeitamente ordenados em reinos, gêneros, espécies, famílias e indivíduos, lança num caldeirão de dor e de trágicas agonias milhões de condenados ferreteados com o estigma de doenças congênitas? Pelos tempos, vozes ecoam: são condenações divinas pelos pecados dos homens; outras, pontificando de suas cátedras ditam lições: "erros" nas mutações genéticas.

Coloquemo-nos frente a estas desafiadoras assertivas. Não resvalemos numa visão estrábica ou no maniqueísmo. Por que um Deus misericordioso condenaria *a priori* milhões de réus sem pecados, por doenças que eles carregam dos seus longínquos ancestrais, através de milhares de gerações? E por outro lado: a ideia de que a seleção natural relaxou ou cometeu "erros" na evolução, é tão pantafaçuda como a do Criador despejando sua ira contra os homens e condenando-os a patologias congênitas e outras tantas centenas de enfermidades.

A natureza que faz nascer, viver e fenecer trilhões de seres, todos perfeitamente ordenados por um código de vida e interligados a milhares de fatores ambientais, iria resvalar em "erros" ou "desvios"? Que incongruência! Para que este argumento se fundamente em alguma lógica, por que lá nos milhões de anos atrás no momento da formação dos primeiros organismos não ocorreu algum pequeno desvio, ou mesmo simples erro bioquímico que impossibilitasse a existência da vida? Não há resposta. Os seres humanos sadios, durante o seu ciclo biológico, perfazem estas fases da vida: nascimento, infância, adolescência, mocidade, idade adulta, velhice e morte.

Conhece-se em qualquer lugar do planeta Terra ou nos passados e longínquos milênios, algum ser vivo que alcançou a velhice com todos os órgãos e sentidos funcionando com o vigor da juventude? Algum ser vivo já conseguiu ultrapassar o ciclo biológico de sua espécie? Mergulhe-se o olhar nos milhares de anos passados; não encontraremos nenhum ser vivo favorecido por algum "erro" ou "acaso". Todos os fenômenos, desde os físicos, químicos, biológicos etc., obedecem a um determinismo implacável. Acontecem, sem dúvida, no mundo infinitamente pequeno do subatômico, as probabilidades dos elementos estudados pela mecânica quântica, e não "erros", "incertezas" ou "acasos".

Admitir-se a mutação genética como desencadeada pelo "acaso" ou aleatório e a seleção natural impulsionadora da evolução das espécies é fazer crer que o fenômeno da vida está jungido a um mero reducionismo e mecanicismo terráqueos.

Patologias congênitas estigmatizam a condição humana e os seres vivos. Este fato envolve jovem de 25 anos. O anencéfalo recém-nascido poucas horas de vida teve.

Cena de horror e dor relatemo-la. Maurício, o seu nome. Ele olhava a vida e a vivia com o vigor da juventude, a força e a inquietude de um intimorato. Que bela fase! A existência chega-lhe com os élans e sonhos que as utopias embalam.

Ele já trazia consigo no carrilhão de centenas de gerações passadas a condenação genética. Que gene conduzia? O da epilepsia. E a seleção natural, o que responde? Desfecha-se o dramático episódio.

A poucos metros de onde me encontrava, acompanhado de seu pai e de algumas pessoas, Maurício em passos trôpegos e olhar vidrado, como se emergisse da morte, balbuciou, inaudivelmente, em sons guturais, algumas palavras.

Desencadeia-se a tempestade elétrica dos neurônios. Intensa tremedeira o domina. Após um baque surdo, rola pelo chão em contorções sucessivas e violentas. Perde a coordenação motora. Do canto da sua boca sacode abanões musculares a se estenderem pela metade do rosto; em espasmos, os olhos se reviram como os de um vampiro sedento, cabeça e pescoço se contraem em indefinidas direções; o corpo inteiro gira a debater-se pelo chão a sangrar ferido por pedras pontiagudas; as pontas dos dedos das mãos e dos pés tremem freneticamente; seu campo visual tem a assaltar-lhe visões de monstros com ecos de barulhos esquisitos; das narinas escorre secreção de odor nauseabundo. O rosto, de palidez etérea, faz-se mistura fétida de saliva e lama, dando-nos a sensação de um fantasma da ópera num picadeiro de terceira categoria.

Tudo naquele instante assoma quadro de indescritível horror, no momento em que o epiléptico tem a dominá-lo temor de que o seu corpo cresce e revoluteia desmesuradamente, e aí ele mergulha no mundo da esquizofrenia vendo emergir de si o seu próprio organismo. Gritos se distendem da boca putrefata, e ecoam: "Socorro! Socorro! Estão me estuprando".

Por segundos, aquele corpanzil imobiliza-se. Recordações da infância desfilam em sua mente; ele vê o vulto da sua mãe a lhe embalar cantigas de ninar em temerosas noites de tempestades. Chegam-lhe longínquos cânticos celestiais. Pesadelos o arrebatam: está em Barra de Santana, PB, numa vaquejada a derrubar bois. Ouve o eco da voz de Ercílio: "Derrube o boi, Maurício".

Olhemos o fenômeno humano nos seus contrastes. Os dramas dolorosos do epiléptico e do recém-nascido anencéfalo não são aberrações da natureza: ela não é egoísta e nem busca a perfeição, norteia-a pela sustentação das espécies.

Como focar os dramas destas individualidades à luz da ciência?

Da teoria neodarwinista surgiu a Síntese Moderna inspirada nas ideias de Ernst Mayer. Um dos aspectos desta síntese baseia-se em situar a mutação genética, base essencial da evolução, como "acaso", "deriva" ou "erro". Manteve-se esta linha de estudos, mesmo com os amplos avanços nas áreas da engenharia genética, biologia molecular e os novos impactos na bioquímica.

O esteio da evolução darwinista assenta-se no lento processo da seleção natural. Desconstituído este pressuposto, cai por terra todo o seu arcabouço teórico. Contrapondo-se a esta teoria abriu-se uma nova visão ao estudo do processo evolutivo exposto por S. J. Gould e Niles Eldredge: é a do equilíbrio pontuado, na qual a natureza impõe a formação e desenvolvimento ontogenético de todas as espécies. Este modelo foi enunciado em 1972. Segundo colheu o paleontólogo N. Eldredge, uma sucessão de espécies trilobitas, em camadas geológicas do leste dos EUA, datando do Devoniano médio (há 300 milhões de anos) perdurava imutável durante aproximadamente 4 milhões de anos, para, em seguida, subitamente, sem nenhuma transição, ser substituída por nova espécie com caracteres morfológicos bastante diferentes. Desde o século XIX, os paleontólogos sabem que as espécies aparecem, de modo geral, repentinamente nos arquivos geológicos, sem o menor sinal de estágios intermediários (elos) que os una às espécies que as precederam. Darwin atribuiu a falta da comprovação dos elos à imperfeição dos arquivos fósseis.

Esta teoria deu início a uma vasta polêmica. S. J. Gould tomou-a como base para criticar a conceituação dos darwinistas de que todo o processo do evolucionismo assenta-se na seleção natural. Em artigo publicado em 1988, no periódico *Paleobiology*, com ampla repercussão nos meios científicos, Gould sustentou com dados e elementos irrefutáveis que a evolução das espécies se fundamenta num equilíbrio pontuado.

Olhemos a própria espécie humana há 60 mil anos, lá pelas cavernas. De 100 recém-nascidos lançados à vida, apenas 30% alcançavam a fase adulta. 70% iam servir de pasto ao caldeirão da cadeia alimentar.

A natureza é altamente inteligente, norteia-se pelo equilíbrio pontuado. Em 1985, a revista científica inglesa *Nature* publicou trabalho de P. G. Williamson, no qual descreve exemplo claro da evolução por equilíbrio pontuado em fósseis de moluscos (caramujos e conchas bivalves) encontrados em camadas geológicas da era Terciária, perto do lago Turkana, África Oriental. Em 1986, em colóquio ocorrido em Swansea, Grã-Bretanha, levantou-se importante balanço dos casos de evolução pontuada. Analisou-se que crustáceos da era Terciária, braquiópodes, vieiras e amniotas da era Secundária, e trilobitas e graptolitas da era Primária, ilustravam bem a teoria do equilíbrio pontuado.

Em rápidas pinceladas, trazemos à análise o pensamento de Jacques Monod, um dos corifeus do darwinismo. No seu livro O *acaso e a necessidade* ele acentua que a origem da vida não obedeceu a nenhuma ação inteligente.

> Num sentido muito real, é nesse nível de organização química que podemos encontrar o segredo da vida. Soubéssemos nós, não apenas descrever tais seqüências, mas também enunciar a lei da reunião a que obedecer, e podemos dizer que o segredo foi devassado, e a "última ratio" descoberta.
>
> ....
>
> Graças à perfeição conservadora do aparelho replicativo, toda a mutação individualmente considerada é um acontecimento muito raro.
>
> Tudo isto que ocorre em relação ao rio ou rochedo que sabemos ou pensamos foram modelados pelo jogo livre de forças físicas e a que não podemos atribuir nenhum projeto. A natureza é objetiva, inteligente e não projetiva.[3]

Analisem a última parte do texto de Monod. Poderia a mutação genética ser um elemento comum? De maneira nenhuma. Caso tal fenômeno ocorresse, o reino vegetal e animal resvalariam numa babel, levando consequentemente pela desordem e caos à extinção das espécies. Caso a cada ano ou mês, por força da mutação genética, novas espécies surgissem, de que forma os ecossistemas iriam arrostar tamanha balbúrdia? De trilhões de pólens (reino vegetal), apenas um deles traz um gene mutante. Da mesma forma, são os trilhões de espermatozoides. Falar-se em "acaso", defendido por Monod, quando determinado fenômeno ocorre com regularidade? O "acaso" foge do circunstancial estabelecido.

O acaso perfila-se em íntima relação com a teleonomia, do ponto de vista da invariância dos elementos genéticos. Com isto, Monod quis explicar que o resultado dos núcleos de invariância é capaz de manter o acaso no desenvolvimento evolutivo.

Desdobre-se o pensamento de Monod. Por que o biólogo não acresceu: a natureza é inteligente e tem a presidi-la o equilíbrio natural? Se ela é inteligente, segundo Monod, se afirma "projetiva". Irracionalidade não gera "projeto". Exemplo: caso uma espécie, o inseto gafanhoto, no seu código genético, perdesse os genes do ciclo biológico e se multiplicasse ilimitadamente em alguns anos, a vida na Terra, pelo menos no plano terráqueo, estaria extinta, mesmo hoje com os meios de alta tecnologia de combate às pragas. Só uma espécie de gafanhoto possui bilhões de indivíduos. Ressalte-se: todas as espécies vivas, animais e vegetais, obedecem a uma ordem.

Não é buscar encontrar "projeto", ironicamente referido pelo biólogo em "rios e rochedos". Transportemos o nosso raciocínio às águas conduzidas pelos rios. Elas se compõem dos elementos: H_2O. Por uma "razão de ser", como analisa Monod, a molécula de oxigênio perdesse a sua junção com as duas moléculas de hidrogênio e o processo se desencadeasse em cascata, a vida na Terra se desmoronaria. As forças físicas da natureza comandam os recursos naturais; eles não dependem de *projeto* e nem de um *projetista*.

Como negar a existência de força inteligente a toda a fenomenal máquina da vida, em cuja complexa organização entre milhares de elementos, estes se destacam para a sua movimentação:

- *Individualidade* – cada ser entre bilhões caracteriza-se por sua individualidade, ou seja, possui características próprias;
- *Nutrição* – os seres vivos absorvem do meio externo e fabricam nutrientes necessários às suas funções orgânicas;
- *Fermentação* – os organismos vivos transformam a energia dos alimentos em sustentação das células;
- *Replicação* – todos os seres vivos se replicam, ou seja, se reproduzem através de sucessores autônomos, não idênticos;
- *Evolução* – todos os seres evoluem ou através da mutação genética, ou por seleção natural;
- *Morte* – todos os seres obedecem a um ciclo de vida, desde a bactéria ao ser humano.

No código genético de cada ser vivo está programado o seu ciclo biológico. Resumindo: os seres vivos operam por estas funções de conservação, propagação e auto-organização através de órgãos próprios, cujos elementos básicos esteiam-se na célula, núcleo de todo organismo. Trilhões de células (o corpo humano possui aproximadamente 75 trilhões de células) se comunicam através de uma rede interligada por moléculas que transmitem instantaneamente informações a fim de possibilitar as operações da vida, desde as cerebrais ao metabolismo alimentar até o movimento das mãos e pés, a envolver todo o organismo onde centenas de eventos ocorrem por meio de órgãos que desencadeiam reações a possibilitar a síntese de moléculas necessárias à manutenção e reprodução das células. A fantástica rede de comunicação existe em todo ser vivo, com maior complexidade no ser humano.

E neste cenário de desafiadora complexidade indagações nos dominavam. De que maneira, lá nos primeiros vagidos da Terra primitiva, alguns bilhões de anos atrás, moléculas conseguem formar célula, que se replica por cópia de si mesma, mas não idêntica, e se propaga por meio de mensagem genética, através de milhares de gerações, assentada numa verdadeira organização, sem perda de si mesma, durante todo o curso da evolução?

Frente a estes fenômenos, interrogantes dilemas nos impactam. De que maneira as células, elas próprias se auto-organizaram e autoprogramaram a sua morte (o ciclo biológico)? O sistema de duplicação do DNA, a transcrição do código genético em todos os seres vivos, cada um com a sua individualidade. A síntese das proteínas (processo altamente relevante) e outros tantos eventos e fenômenos.

Tudo isto obedeceu a agentes exteriores, com poder e potencial de inteligência ainda desconhecidos, ou irrompeu por forças e injunções das próprias células.

Muitos se arvoram descobridores dos profundos enigmas. Eles já desvendaram o mistério da origem da vida através da "sopa primordial num lago tépido", ou do "acaso e da necessidade", e muitos, são milhões, no Gênese bíblico com Adão e Eva, ou contingentes de multidões a receber do profeta Maomé na pedra Kaaba, em Meca, mensagens de Alá. Se mergulharmos 3.560 anos atrás, lá estão aos milhares, os fiéis da palavra de Moisés à espera do messias salvador.

Olhemos o mundo da ciência. O cientista Arthur Kornberg, descobridor do mecanismo da multiplicação do ácido ADN nas células bacterianas, prêmio Nobel de Medicina de 1959, através de ensaio, em laboratório, a partir de alguns elementos químicos e enzimas, conseguiu provocar certa reação e produzir autorreplicação do DNA. Um novo profeta da ciência emergia, empunhando o condão de ter descoberto a origem da vida, e ele próprio se autoproclamou criador de uma célula viva.

O que o bioquímico praticou a desvendar tamanho mistério? Como ele, também há 150 anos, Charles Darwin descobriu que a vida se originou numa "sopa primordial" e que o ser humano é uma "subespécie do macaco". Que alquimia foi a do cientista Kornberg? Ele triturou células de colibacilo (tipo de bactéria) num almofariz com pó de alumina e o extrato obtido introduziu num tubo de ensaio. Ao extrato denominou "sistema não celular" (*cell-free system*), o qual contém ingredientes necessários à fabricação de uma proteína. As substâncias, segundo o cientista, ricas em energia (ATP), provocam a união dos aminoácidos, e daí gera-se a síntese proteica. Conclua-se assim que, com essas experiências, as reações básicas do fenômeno da vida poderiam acontecer em laboratório.

Enorme falácia. Os avanços científicos, mesmo atualmente, se debatem com as células-tronco como elementos regenerativos do sistema celular. Segundo biólogos me explicaram, o cientista empregou RNA sintético, utilizando desta forma elemento biológico preexistente. De que forma se originaram na Terra os primitivos elementos bioquímicos? Afinal, de que maneira a engrenagem vital, ácidos nucleicos, proteínas interagindo mutuamente, iniciou-se? E o código genético da célula em que condições se originou?

Conclusão: entre Buda transvestido em sua paz celestial no Tibet e o nosso devotado cientista Kornberg mergulhado no seu laboratório entre milhões de moléculas, células a provocar reações químicas, quedo-me incrédulo e prefiro acreditar numa inteligência muito além da humana.

Notas

1 Immanuel Kant, *Crítica da razão pura*, Lisboa, Fundação Calouste Gubbenkian, 1966.

2 Eletromagnetismo. Parte da Física que investiga as propriedades dos campos elétricos, fundamentalmente a partir das equações estabelecidas pelo físico escocês J. C. Maxwell.

3 Jacques Monod, O *acaso e a necessidade*, Petrópolis, Vozes, 1971.

Chimpanzé, nosso ancestral ou Nosso parente próximo, o chimpanzé

Na elaboração desta obra, dediquei-me ao estudo das mais variadas matérias; nenhuma, no entanto, exigiu de mim tanto esforço como: *chimpanzé, nosso ancestral.*

Este chavão desata-se numa enorme lavagem cerebral a inundar as mentes, como uma avalanche, por todo o mundo. Cientistas, professores e até trapezistas da ciência, ávidos por mídia, desfilam, nos mais variados anfiteatros, este refrão que ecoa impactante: "Chimpanzé, nosso ancestral", substituindo este outro que varou por séculos; "De Adão e Eva, o homem nasceu".

A partir da segunda metade do século XIX, a humanidade começava a emergir da longa noite do misticismo doentio da qual ressoavam ecos de muezins nos minaretes das mesquitas e cânticos de aleluia, aleluia, nas basílicas e catedrais, a guiarem milhares de seres humanos a penitências, procissões, rezas, orações, excomunhões, flagelos pessoais e vendas de indulgências. A estremecer a bastilha do clericalismo, certo dogmatismo eclodia nos centros universitários, escolas e academias, e, principalmente, na mente dos estudiosos do pensamento da evolução humana, salvo algumas exceções. Foi, decerto, o cientificismo, caolha doutrina pela qual se pretende impor teorias, ideias e forma de pensar.

Ao fugir das mistificações, procurei encontrar no estudo das várias ciências respostas às minhas dúvidas e interrogações. Com que me deparei? Cientificismo fanatizado. Dele, o que se ouve e se lê? Imposição de *verdades* das quais se julga revelador e detentor. Não admite interlocução; determina ideias. Recusa debates que possam contraditar as suas teses e teorias. Conheço bem esta seara humana. Certa vez, na Universidade do Chile, em Santiago, 1987, acompanhado por Fernando Gasparian e Carlos Duplé (organizador da Assembleia Internacional pela Democracia no Chile), eu ouvi, aos berros, um fanático do cientificismo, professor de Biologia: "Cale boca, carola, vá expor as suas ideias no Vaticano".

A qualquer momento e em todo lugar, nos congressos, seminários ou reuniões de estudos, em livros didáticos das várias ciências humanas, em jornais, revistas etc., lá está aberrantemente agressivo, numa forma de inquisição mental, a cara do sectarismo, impondo as suas ideias e verdades: "A vida originou-se de uma sopa primordial num lago tépido". Mais além, e aí vêm ilustrações bem retratadas a inundar publicações e inoculando mentes, figurações do chimpanzé em quatro posições: a primeira, ele quadrúpede; logo depois, o símio caminha um pouco recurvado (aí, eles o nominam de *Australopithecus*, que viveu entre 2 e 3 milhões de anos atrás); na terceira ilustração, o macaco se posiciona com a viga vertebral um pouco encurvada e passos firmes; na quarta e última postura, desata-se o grito de *eureka*: o chimpanzé se fez bípede, e a partir daí metamorfoseia-se em hominídeo, a quem o glorificam *homo sapiens sapiens*.

Bradam os corifeus da sapiência: o homem é subespécie do macaco, deixou a condição de quadrúpede do seu primo chimpanzé e se transvestiu em bípede, "libertando as mãos", segundo Darwin, "para melhor se desenvolver".

Como se explica a metamorfose?

Com exceção da lagarta para a borboleta, o macaco revelou-se o único ser vivo que exercitou o transformismo, abandonou o apoio do seu corpo em quatro membros, se fez bípede, e, afinal, um ser humano com inteligência; aliás, regressão anatomoantropológica, de vez que a verticalidade do bipedismo se contrapõe à gravidade.

Olhemos o ser humano. Angustiou-o sempre a procura de sua origem, de onde veio, como chegou à Terra, que fatos e elementos se conjugaram para o seu nascimento, formação, desenvolvimento e morte, ele, o único observador do universo e o seu interrogante. Teorias não faltam: biológicas, físicas, cosmológicas, teológicas, bioquímicas etc., a fim de encontrar a *ratio primatae* do fenômeno da vida, e, destacadamente, do fenômeno humano. Certos cientistas, muitos deles condicionados às suas áreas de estudos, a exemplo do biólogo Jacques Monod, investem-se na razão suprema de formular teorias e proclamar as suas verdades, muitas das quais, sem nenhum embasamento científico ou mesmo lógico.

Espertalhões, aí pontificam em todos os ramos do saber, lá estão eles encilhados em suas vaidades a se arvorarem de donos de certezas absolutas.

Dos holofotes de TV, das páginas de celebrados jornais e revistas, instrumentalizadas nas redes da internet, inoculam na opinião pública as suas desencontradas ideias. Fernando Pessoa diria: "Os seus desassossegados pensamentos". Oportunistas e deslumbrados almejam aplausos fáceis, altos salários de poderosas empresas, vendagens bem-sucedidas de seus livros que vão desde *Eu, um primata* até *Deus, um delírio*. Em toda parte, estão eles a vomitar suas idiossincrasias: *Venha, Deus, salvar o mundo*; *Deus não é grande*. Manchetes se abrem para o desfile de suas insensatezes.

Debrucemo-nos sobre fatos.

Grupo de paleontólogos, liderado pelo professor Gen Suwa, da Universidade de Tóquio, descobriu fósseis numa região da Etiópia, chamada Chorora, África, de um símio (provavelmente, chimpanzé) que teria vivido há 10 milhões de anos, e o batizou de *Chororapithecus abyssinicus*.

Que conclusão inferiu o grupo? Aqueles fósseis são parentes mais velhos do chimpanzé, e que no curso dos milhões de anos não foi descoberto nenhum fóssil (não é delírio de algum paleontólogo, antropólogo ou arqueólogo) com traços de símio num hominídeo, de mandíbulas avantajadas, garras, presas etc. Então, é de se concluir que o elo perdido entre macaco e ser humano jamais será encontrado.

Abramos espaço ao pensamento deste antropólogo, David Pilbeam, da Universidade de Harvard, EUA.

> Isto só poderia ser o caso se o ancestral comum entre os grandes macacos africanos e os seres humanos tivesse mais de 10 milhões de anos, o que significaria que a divergência entre homens e chimpanzés aconteceu há mais de 8 milhões de anos.[1]

Centenas de ideias se agregam à doutrinação: "Chimpanzé, nosso ancestral". Do alto de suas cátedras, certos vultos se julgam iluminados; lançam suas verdades. Não se nega por negar que o *homo sapiens* ou o *homo erectus* vieram do cachorro, leão, tigre, macaco ou de uma linhagem própria e ou até mesmo se surgiram de alguma espécie há milhões de anos em condições imprevistas, das quais a ciência desconhece as circunstâncias e causas. Nortear-nos é encontrar o embasamento científico.

Foquemos este raciocínio. Em algum momento, lá pelos milhares de anos atrás, um chimpanzé deixou as árvores, perdeu as garras dos pés e das mãos, os braços se tornaram menores, a pelagem desapareceu, radical transformação ocorreu na região do abdômen com o tronco se deslocando para frente, extinguiram-se o rabo e a sua força preênsil, os dentes se tornaram frágeis (a presa dentária do chimpanzé é muito mais forte do que a do homem), deixou de se alimentar de animais da mesma espécie (o chimpanzé caça pequenos macacos e deles se alimenta, até de parentes, mesmo sendo onívoro).

A antropofagia era costume em certas tribos indígenas, em várias regiões do planeta, nos séculos da colonização, mas não no propósito exclusivo de se alimentar de carne humana, e sim como eflúvio para adquirir os caracteres guerreiros do inimigo vencido.

Dê-se continuação à metamorfose chimpanzé-hominídeo. O chimpanzé, exímio trepador em árvores e rochedos, exercitava com destreza a braquiação, quando dele emanou, por magia da natureza, uma subespécie a se transfigurar num ser de dois membros e pequena capacidade para correr (repito: o homem possuía apenas a inteligência genética de um macaco, e ainda não descobrira o fogo e nem usava a pedra como arma), tornando-se, assim, um dos mais indefesos animais mamíferos.

Enfim, o símio-hominídeo se fez bípede.

Fascinam os cientistas, alguns com dedicação e vocacionados ao estudo e pesquisas: conhecer o ser humano e a sua origem; contudo, não podemos deixar de admitir que vários deles condicionaram-se a uma verdadeira lavagem cerebral de que o hominídeo proveio de uma subespécie da linhagem símia.

A pergunta aos defensores desta teoria: em que condições seria possível o homem subsistir por milhões de anos com suas fragilíssimas funções e membros anatomobiológicos, sem a mínima inteligência, a partir do momento da metamorfose símio-homo? Não há resposta.

Com as debilíssimas condições biofísicas do ser humano, na ocasião em que ele se desvencilhou da espécie do símio, de que forma o homem sobreviveu às mais desafiadoras situações mesológicas e a selvagens predadores, habitando em região (África) berço dos grandes felinos, vertebrados e mamíferos, inclusive jacarés, crocodilos e outras centenas de animais? Ademais, por que meios o homem, analisando-se o aspecto da sua existência na selva, conseguiu subsistir desprovido de garras nos pés e nas mãos, sem capacidade de correr (o homem é caminhante e não corredor) e caçar, desprovido de presas dentárias para se defender, sem pelagem que o livrasse de todos os tipos de insetos, e precárias condições de maternagem da fêmea humana (o recém-nascido filhote de macaco, com quinze dias já se agarra à pelagem da mãe, não perdendo esta a sua capacidade de sobrevivência, inclusive de se deslocar a longas distâncias)?

Paremos um pouco. Reconheça-se a complexidade da matéria a qual se pretende analisar por mero processo mecanicista de que a inteligência humana se originou pelo aumento e tamanho do cérebro (o *homo erectus* possuía 450 cm^3, o *homo sapiens sapiens*, entre 1.400 e 1.600. Lembrem-se deste fato. Em necrópsia procedida num retardado mental, a sua massa cefálica alcançou 1.600 cm^3).

Olhemos o arcabouço ósseo do homem. É uma das mais precárias entre os animais; sustenta-se numa formação anatomofisiológica que necessita de sincronizado e forte sistema nervoso e de coordenação motora (qualquer falha no sistema central desequilibra o corpo); caso contrário, torna-se um desvalido. O órgão central do humano despende intensa energia de neurônios a fim de manter o corpo na verticalidade. Quase a totalidade dos animais terrestres, não voantes, é quadrúpede.

Dois fatos os defensores do evolucionismo simiesco devem analisar. Por que o hominídeo deixou a sua condição de quadrúpede que lhe dava total segurança na luta pela sobrevivência? Charles Darwin fala que foi para o homem ter as mãos libertas. Que simplismo! Todo um fantástico fenômeno reduzido a uma mera movimentação de mãos e pés. Outro aspecto: Caso o símio-homem tivesse se tornado bípede e assumido postura vertical, perdendo as garras dos pés e das mãos, e com as mínimas condições de defesa, o hominídeo seria, decerto, presa fácil ao primeiro predador.

Lá, pelos milhões de anos passados, em meio a exuberantes florestas e savanas de ilimitado descortinar, de rios caudalosos e animais selvagens, a luta constante pela sobrevivência de milhares de seres, o hominídeo não se faria bípede por mera postura estética. O homem veio à Terra numa linhagem própria. Se me perguntarem como, eu repito Santo Agostinho: não sei responder. O resto é cientificismo em que se dão as mãos muita vaidade e elevada "síndrome do padresco".

As ingentes pesquisas de antropólogos, paleontólogos, arqueólogos, biólogos, para encontrar fósseis que identifiquem traços comuns entre o chimpanzé ou outro macaco superior e o homem, até o momento, foram em vão.

Desde épocas passadas, o que vários cientistas e zoólogos querem nos fazer crer? Que o chimpanzé ensinado pode adquirir certos hábitos humanos. Isto é mera bazófia. Converse com um amestrador de circo, como eu fiz, e ele dará a resposta. Algumas dezenas de animais, cachorros, papagaios, cavalos, carneiros, águias, o próprio jumento (assisti num circo à exibição de um jumento que batia mais de cem pancadas com os cascos a um simples sinal do tratador), devidamente amestrados, aprendem mecanicamente certos movimentos e reações.

As verdadeiras lições estão na natureza. Olhemos o reino animal. Algum dentre bilhões de animais, em qualquer época da história do mundo conseguiu esboçar, na sua mudez ou pelo olhar perplexo, o que significa o clarão (relâmpago) no horizonte? Nenhum. Este "nenhum" deixa profunda resposta, tão alta como o silêncio dos espaços siderais aos olhares absortos de Pascal.

Certo cientista darwinista fez esta análise: "A evidência fóssil é inadequada [ressalte-se, já dispensa o elemento fóssil!] para lançar luz sobre os estágios de transformação do australopiteco até se desenvolver num hominídeo. Existe relação de semelhança entre o chimpanzé e o *homo sapiens sapiens*"?[2] Total disparidade. Todo o peso do corpo humano é suportado pela coluna vertebral que a transmite à cavidade cotiloide e daí ao fêmur. Nos mamíferos superiores, a pressão é distribuída sobre os quatro membros com a traseira predominantemente larga, inclusive a do chimpanzé, e com isso ele adquire ampla agilidade e capacidade de defesa, mobilidade em terra firme, nas árvores e montanhas etc. O bípede, particularmente o homem, quase todo o seu esforço é suportado pelos braços; os pés e as pernas ele utiliza quase exclusivamente para caminhar.

Caso se admita a teoria darwinista, o que ocorreu com o homem perfila, decerto, involução anatomofisiológica. No bipedismo o ser humano ganhou estética e perdeu força e agilidade. A natureza não o ornou pavão, ao contrário, marcou-o um constante e intimorato lutador, sempre no afã de novas descobertas e conquistas. Desdobrando o raciocínio, analisemos este fenômeno. Por maior que seja a fome de um animal, ele não mata outro da mesma espécie para dele se alimentar. O chimpanzé é uma das poucas exceções, cuja generalização mergulharia a vida animal numa verdadeira babel, quiçá na própria extinção.

Outro argumento sobre a origem do *homo sapiens sapiens*. Na eventualidade de o "hominídeo ter se originado do australopitecos", espécie de gorila, chimpanzé, gibão ou babuíno, como subespécie de um desses símios, por que só o homem se fez a única linhagem dessa espécie, enquanto todos os seres no reino animal, como os felinos, os canídeos, os roedores etc. possuem ampla variedade de espécies?

Sábios se arvoram formuladores de teorias ou criadores de ideias acerca da origem do homem, predominantemente paleontólogos e antropólogos, bradam, enfim, que encontraram fósseis de *australophyitecus* (denominação de um tipo de espécie entre o símio e o homem). Acompanhemos os seus feitos. Eis a do paleontólogo Louis Bazett Leakey:

> Por volta de 1954, restos pelo menos de possivelmente uns 100 australopitecos foram descobertos na África do Sul. Sua idade geológica ainda é incerta. Talvez vivessem nos limites do Plioceno ou no inicio do Pleistoceno. A forma da pelve, particularmente do ilíaco, é definitivamente hominídea e não simiesca. Estas criaturas deveriam ter postura erecta, o que é confirmado pela forma do fêmur e de um osso do pé [por que o condicional? O fêmur é o maior osso do corpo humano, não há de confundir com outro de algum quadrúpede]. A dentição é mais semelhante à do homem do que a do chimpanzé. Entretanto, o seu cérebro era pequeno [poderia ser um cérebro grande se o indivíduo era de estatura pequena?]. A descoberta do seu andar bípede convenceu a maioria dos pesquisadores de que os australopitecos eram mais semelhantes ao homem do que qualquer macaco conhecido.[3]

Lancemos olhar retrospectivo por décadas e décadas de exaustivas pesquisas empreendidas por centenas de denotados cientistas no afã de encontrar nos recessos das florestas, nas vastas savanas africanas, nas escarpadas montanhas, fósseis de humanos através dos quais consigam descobrir o mamífero vertebrado, elo do qual descendeu o homem. Certos pesquisadores partem logo da verdade inconteste: o hominídeo veio do australopitecos que se locomovia e saltitava nas árvores com os braços, mas por vontade própria veio viver no chão e abandonou este hábito; perdeu as garras dos pés e das mãos, os potentes dentes, a pelagem;

reduziu a velocidade a 5 km/h, uma das mais lentas entre os animais. E, afinal, praticou a metamorfose involutiva?

Como se explica que toda a estrutura do antigo ancestral do hominídeo desapareceu sem deixar vestígios, mesmo alguns traços? Por que devemos aceitar verdadeira a teoria simiesca, de que o ser humano é uma subespécie de algum macaco superior?

Analisemos o raciocínio deste biólogo: "Será que o homem se tornou um usuário de ferramenta porque suas mãos foram libertadas de suas obrigações de locomoção e se tornaram disponíveis para o manejo de ferramentas?" E a inteligência onde está? Charles Darwin expôs esta ideia.[4]

A grande maioria dos animais, destacadamente aves e insetos, na luta pela sobrevivência, utiliza ou emprega vários meios de construir seus abrigos, colmeias, ninhos, moradias ou transportar alimentos à sua subsistência e da prole.

Certa vez assisti a um bovino derrubar uma árvore para se alimentar de folhas de mororó; pássaros, entre eles o pardal, utilizam espinhos de cactos e os seguram com o bico a fim de remover e se alimentar de insetos encontrados em fendas ou cascas de árvores; a lontra marinha usa pedras para despedaçar conchas de moluscos com os quais ela se nutre.

No reino dos insetos, inúmeros são os casos de uso de ferramentas: uma vespa, a *Ammophila*, emprega seixo como *martelo* para socar o solo em volta de sua toca; formigas *Polyrhachis* e *Ecophylla* enfardam folhas com fios sedosos produzidos por suas larvas.

O que diferencia o uso das ferramentas empregadas pelas várias espécies de animais e o homem? No ser humano há um gene inteligentemente perscrutador e criador; nas outras espécies, o uso é geneticamente ordenado.

Desdobrando o raciocínio sobre a inteligência geneticamente determinada (animal) e a perscrutadora (homem), trazemos a lume matéria segundo a qual o desenvolvimento intelectivo do homem promana de um processo cultural. Por que as crianças nascem indefesas e dependentes dos pais por vários anos, enquanto a quase totalidade dos filhotes de mamíferos, particularmente dos chimpanzés (eu nomino esta espécie em razão de os darwinistas a situarem como o ancestral do homem), em alguns meses ou até dias libertam-se dos pais? Muitos recém-nascidos, com apenas alguns dias de vida e até horas, já estão correndo atrás das mães, como os potros, bezerros, caprinos, pintos etc.

Qual a razão de tão prolongada dependência da criança aos seus pais? A natureza é sábia. Imaginemos este cenário. O cérebro de um bebê humano de 1 a 4 anos de idade a receber toda a carga informativa que lhe oferece o mundo, com o fantástico cabedal científico e tecnológico que o processo civilizatório colheu, de que forma a mente daquela criança reagiria? Enlouqueceria, decerto.

Apoiados nesta matéria, Freud e outros psicanalistas estudaram a formação da personalidade humana. Que evolução anatomofisiológica ocorreu (não me situo no aspecto cultural) de uma criança nascida há milhares de anos do infante atual? Nenhuma.

Do biólogo G. Murphy transcrevemos este pensamento:

> O homo erectus andava erecto; o fêmur de sua perna é indistinguível do fêmur humano moderno. Seu volume cerebral era maior que o dos australopiteros [o cérebro humano cresceu proporcionalmente ao corpo]. A forma do crânio, especialmente na raça de Java, não é parecido com o do homem moderno.[5]

Acompanhemos o pensamento do biólogo darwinista Klineberg: "Em animais superiores, e principalmente no homem, o comportamento instintivo está entrelaçado com o aprendido, dominado por ele, e lhe serve apenas de pano de fundo".

Como se admitir que as condições formativas dos seres vivos, na luta pela sobrevivência, na perpetuação das espécies, no zelo pela segurança e apoio à prole, na comunhão dos seres etc., tudo, enfim, direciona-se por estes elementos: no homem, por contingência de um processo cultural, no animal, processo de aprendizado; em ambos, a seleção natural a impulsionar a evolução?

Certo biólogo nos deixou esta ideia: "O comportamento sexual é muito variável em diferentes indivíduos; os indivíduos criados sem uma oportunidade de observar o comportamento sexual dos outros não copulam quando encontram pela primeira vez um par receptivo."[6]

Que raciocínio caolho! Qualquer estudante de biologia não desconhece que todos os seres vivos trazem carga genética condutora de suas ações, desde a organização das abelhas aos primeiros passos de um bezerro para encontrar as tetas da mãe vaca, até o ato de copular.

Por esta visão o biólogo confundiu carga genética com aprendizado. Na ilha de Marajó, situada no estuário do rio Amazonas, uma colônia de abutres (*Catharista atratus*) vivia das entranhas de peixes atiradas fora por pescadores. Anteriormente, esses abutres não se alimentavam de peixes de água salgada. Aprenderam aquelas aves a apanhar o alimento (entranhas de peixes), ainda no ar, antes de cair na água.

Surpreendemo-nos com que desenvoltura certos estudiosos e cientistas tratam matérias de alta complexidade. Das suas mentes conceitos borbulham. Assim este pensador expõe as suas ideias:

> A flexibilidade na adaptação é a mensagem consistente na evolução dos antropóides e humanos. Os antropóides dos primórdios do Mioceno (20 a 40 milhões de anos atrás) deixaram a África devido à nova adaptação de suas mandíbulas e dentes, o que permitiu a sua exploração da diversidade [...] Não é de se surpreender, para tanto, que uma dessas espécies (o homem) tenha desenvolvido o cérebro bem grande e formas sofisticadas de tecnologia.[7]

Conhece-se bem a trilha desses raciocínios. São obsessivamente repetitivos. Assim descrevem. A espécie humana originou-se do ramo dos antropoides (espécie de chimpanzé, orangotango ou gorila) que viveu há 20 ou 40 milhões de anos.

Que cientistas! Afirmam com tanta propriedade e certeza fatos e elementos ocorridos desde longínquas eras como se manipulassem vara de condão a abrir as dobras do tempo. Exímios criadores de teorias à mercê de suas vaidades e conveniências. Aplaudidos nos fóruns do mundo, autoglorificam-se como consagrados pensadores.

Notas

1 John Eccles, *A evolução do cérebro*, Lisboa, Instituto Piaget, 1989.
2 Gregg Baaden, *O código de Deus*, São Paulo, Cultrix, 2006.
3 T. Dobzhansky, *A evolução do homem*, São Paulo, Polígono, 1972.
4 Charles Darwin, *A origem do homem*, São Paulo, Hemus, 1982.
5 G. Murphy, *Human potentralities*, New York, Basic Books, 1958.
6 Werner Buselmaier, *Biologia médica*, São Paulo, Ed. Universidade de São Paulo, 1946.
7 John Eccles, *A evolução do cérebro*, Lisboa, Instituto Piaget, 1989.

Homem e macaco – dados comparativos ou O macaco não falou

Gritam como se fosse revolucionária descoberta científica: 99% dos genes do chimpanzé encontram-se no ser humano. Grande bazófia. Alardeiam este atributo como prova irrefutável da nossa descendência simiesca. Impulsionados pelos avançados estudos da engenharia genética e da biologia molecular, aliado aos dados do Projeto Genoma Humano, chegou-se à conclusão de que 99% de todas as moléculas são reconhecidas nos seres eucariontes, cujos componentes dos diferentes organismos se apresentam com relativa igualdade. Quase 100% das proteínas existentes nos seres humanos possuem equivalentes reconhecíveis em camundongos e vice-versa, razão pela qual estes animais são os preferidos para estudos e testes em laboratórios. Proteínas envolvidas nos processos celulares básicos encontram-se em todos os eucariontes. Hão de indagar: e as mais diversas formas de milhões de animais como se organizam? Certamente através das diferentes informações direcionadas pela supermolécula RNA, cujos genes codificadores de proteínas determinam os componentes dos organismos.

Corrente de biólogos defende que o desenvolvimento de organismos complexos está dentro das células na formulação de múltiplas e variadas combinações, interagindo umas com as outras, milhões de vezes, ordenadas e sob o controle de intensa, misteriosa e complexa colônia de trilhões de células, cada qual jungida à determinada função, de um simples tecido da pele ao fantástico mundo dos neurônios, dos quais se irradia o comando, entre tantos, dos órgãos dos sentidos, visão, olfato, tato, audição e paladar. Tudo isto impulsionando processos a gerar possibilidades e reações quase infinitas, no meio das quais qualquer erro ou desacerto desencadeia caos bioquímico com a morte das células, e até mesmo do próprio organismo.

Recentemente, um fenômeno revelador surpreendeu cientistas e estudiosos. Os genomas dos vertebrados, inclusive os do homem, contêm milhares de sequências não codificadas que permaneceram praticamente inalteradas por milhões de anos. Essas sequências estão muito mais conservadas do que aquelas codificadoras de proteínas.

Fala-se em lixo. A natureza não é burra e nem cega para conservar entulho. O que este fato significa? De uns 50 anos pra cá, a partir da descoberta das supermoléculas de DNA e de RNA, abriu-se às ciências biológicas e médicas fascinante mundo ao estudo da evolução humana. Esta interrogação nos vem à mente: por que a natureza altamente inteligente na construção de bilhões e bilhões de reações, composições e funções iria possibilitar a abertura de certas lacunas na formação dos genes e, afinal, nas próprias células?

Milhares de doenças genéticas pesam como um fardo doloroso sobre a raça humana e todas as espécies. Patologias, como a fibrose cística e a talassemia são causadas por um ínfimo dano em um gene, em razão simplesmente de uma delas não funcionar.

Alguns cientistas falam na existência de um suposto lixo genômico, representando 40% do genoma humano. A natureza não produz o inconcebível; ela não é uma cega perdida e dirigida por um processo maquinal irrompido por acasos e incertezas. A carga doentia é uma expulsão dos indivíduos da natureza para que as gerações se sucedam.

Olhemos ao nosso redor; olhemos lá para as fímbrias dos horizontes; olhemos para dentro de nós mesmos; escalemos montanhas: a serra da Mantiqueira em Minas Gerais, ou os Andes, no Chile, e lá no observatório de La Silla contemplemos, em noite estrelar, o universo. A natureza não fabrica lixo. Mesmo os milhões de indivíduos portadores de distúrbios mentais que povoam e povoaram o mundo prestaram à ordem natural o seu tributo.

Mergulhemos 40 mil anos pelas savanas e florestas. Imaginemos a existência de deficientes físicos, animais e humanos; eles vão oferecer o seu contributo à cadeia alimentar da vida, servir de pasto à alimária. É a ordem natural das coisas.

Fenômeno aparentemente surpreendente nos foi revelado com a publicação do genoma do camundongo, em 2002. Descobriu-se que este roedor possui quase o mesmo número de genes do homem. Admitamos: ambos surgiram de um ancestral comum em algum momento da Terra primitiva; portanto, 99% dos genes de um e de outro promanaram daquele longínquo antepassado. Não é só ao roedor que o homem se assemelha; todos os mamíferos se apoiam num mesmo sistema orgânico.

Repete-se falácia de que o homem proveio do macaco: homem e chimpanzé possuem 99% dos mesmos genes. Todos os mamíferos vertebrados estão jungidos num mesmo contingencial genético. Este fato nos chamou atenção. Antes da publicação do Projeto Genoma Humano, poucos acreditavam (pensava-se em 100 mil genes) que um organismo tão complexo como o do homem pudesse sobreviver com 25 mil genes. O *splicing* explica como da tremenda diversidade entre humanos, camundongos e outros mamíferos, em geral, podem originar genomas tão semelhantes.

De acordo com certos biólogos, antropólogos, paleontólogos, a espécie dos hominídeos se separou dos seus ancestrais, os chimpanzés, e assim deixou a condição de quadrúpede transmutando-se em bípede. Por que entre milhões de espécies de animais vertebrados, não voantes, que povoaram a Terra, nenhuma se fez bípede, só o homem, postura que o tipifica entre um dos mais frágeis anatomofisiológicos dos seres vivos (admitindo-se que ele se separou da espécie símia sem a mínima inteligência)?

Para onde este raciocínio nos leva? O gênero humano originou-se de uma espécie própria, fato que ocorreu com milhares de outras espécies. De que forma aconteceu? Não sei responder. Repito Santo Agostinho interrogado sobre o tempo: “Sei que ele existe, mas não sei explicar”. Concluo: o hominídeo veio de uma espécie própria, mas não sei explicar.

Nos longos anos de estudo dedicados à complexa matéria da origem da vida e evolução das espécies, ouvindo estudiosos e pensadores, este fato nos sobreleva: há certo temor por parte dos cientistas que operam com as ciências do homem, quando eles se contrapuseram à teoria simiesca da descendência humana.

Implacável policiamento domina esta área de estudos e até mesmo em outros campos. Por que o temor? A síndrome do divino. Cientistas de renomadas universidades norte-americanas, entre eles, Steve Jones, asseguram que a evolução do homem praticamente acabou. O que ele quis dizer com a expressão: “praticamente acabou”? Em que aspecto baseou a sua lógica? Com exceção da energia mental, o homem, anatomobiologicamente salvo alguma modificação no seu crescimento, mantém-se o mesmo desde longínquos tempos até os dias atuais. Perguntemos: o seu processo celular modificou-se na composição bioquímica? O sistema metabólico se transformou em outra forma de ação? Os sistemas cardiovascular, respiratório, ósseo, sofreram alterações no curso dos milhões de anos? Contrastantemente, as funções cerebrais de 75 bilhões de neurônios trouxeram o ser humano das cavernas até alcançar nos dias atuais força mental fantástica, frente à qual não podemos antever até onde ela chegará.

Nas últimas cinco décadas, o homem se fez descobridor e condutor de centenas de criações e máquinas altamente inteligentes, cujas descobertas surpreendentes surgem em todas as áreas do saber: fabricação de computadores a manipular bilhões de dados em alguns segundos, aceleradores de partículas para desintegrar os últimos elementos do átomo a fim de detectar o bóson de Higgs, enfim, fantásticas e constantes criações irrompem desta poderosa máquina, o cérebro humano.

Enfim, para onde caminha a humanidade?

Hoje, o homem conhece o Projeto Genoma Humano (25 mil genes) e manipula já alguns genes. Num futuro próximo, alguns séculos à frente, onde ele estará? Sua energia mental se desvencilhará do corpo, cujo escopo é, decerto, o supremo objetivo do homem, enfim, o seu destino. Incompatível e altamente contrastante a inteligência humana no corpo semelhante ao de um animal. Qual a diferença anatomofisiológica do nosso corpo, excetuando o cérebro, do de um animal? Nenhuma.

A ciência impulsiona-se por dinâmica criadora, em direção a crescentes níveis de complexidade e progressos fantásticos; poderosas organizações alcançam altos fins científicos em avançados centros de estudos e pesquisas, laboratórios manipulam aparelhos da nanotecnologia. Afinal, a máxima conquista do homem: transplantar o seu cérebro para computadores ou outra forma que preserve a sua vida para sempre, algo que não teria a perecibilidade do corpo.

Por fim, o que impele a humanidade a permanente e sequiosa busca por novas descobertas? Alcançar a imortalidade, não o éden místico, mas vencer a morte não morrendo.

Projetemos o homem alguns séculos à frente. Ele alcançará inimagináveis conquistas científicas. Transplantes de órgãos humanos ocorrerão naturalmente. Com a ciência do futuro tudo poderá ser substituído e transplantado. E o cérebro, qual transformação poderá ocorrer? Este órgão apoia-se em sistema orgânico resguardado pela carcaça craniana, na coluna vertebral, no sistema sanguíneo, no complexo neurovegetativo e no processo de oxigenação pelos pulmões.

Transplante-se o cérebro humano para o de um animal e vice-versa; quem é, afinal, o homem? Alcançada esta projeção teleológica, abre-se nova dimensão à humanidade.

Volvamos à matéria que ensejou este capítulo. Admitamos que o ser humano tenha se originado dos *Australopithecus*, subespécie do chimpanzé. A partir da separação da espécie hominídea da linhagem dos pongídeos até alcançar-se o *homo sapiens*, por que desde essas longínquas épocas não surgiu nenhum tipo de indivíduo que trouxesse alguma característica simiesca, por exemplo, ser humano com rabo, outro de garras nas mãos ou nos pés ou mesmo algum com postura quadrúpede?

Nas noites dos tempos, desconhece-se este tipo de indivíduo.

O que nos deixa perplexos em face da matéria focada? O enigma da origem da vida e do homem, frente à qual relevante corrente de cientistas e estudiosos quererem nos impor as suas verdades.

Metamorfoseiam-se em olímpicos. Fazem-se senhores da sapiência universal. Ditam seus pensamentos e os fazem verdadeiros dogmas. Lendo-os, temos a impressão de que estamos a manusear livros de fanáticos místicos da Idade Média. Não dialogam, impõem as suas ideias. Lamarck, estudioso naturalista, trouxe fundamental contribuição aos estudos da evolução das espécies, situando o ser humano no vértice da *scala naturae* e descobriu que os caracteres hereditários são essenciais na sucessão das gerações. Levaram-no ao deboche. Ele vinha de uma França derrotada e humilhada pelo poderoso Império Britânico. O que falam os darwinistas? Que Lamarck dissera: caso se cortasse o rabo de um casal de gatos, os seus filhos nasceriam sem este membro. Nunca o pensador francês cometeu tamanho disparate.

Acompanhemos as ideias dos neodarwinistas de que o hominídeo originou-se de uma subespécie dos primatas, predominantemente do chimpanzé. Existe, decerto, contradição nessa metamorfose. Caso o homem, última espécie de uma cadeia evolutiva que veio de algum peixe ou de certo molusco, tipificado no genótipo de hoje, originou-se do símio, ele não teria sobrevivido às adversidades nem aos predadores. Sem garras para se defender, privado das condições de escalar árvores, rochedos ou serras com rapidez, diminuta capacidade de correr em face de sua postura bípede, gestação longa da fêmea e mais longa ainda a dependência do filhote aos pais (6 a 8 anos), inexistência de pelagem e, afinal, um corpo com precárias resistências para suportar intempéries. Enfim, na escala biológica, o ser humano é um dos mais fragilizados mamíferos.

Por que se pretende situar o *homo* como a última espécie a surgir na Terra? Esta visão darwinista leva-nos a um patamar bíblico, do qual se diferencia; no Gênesis o homem se assemelha a Deus, no evangelho evolucionista, ele é o termo final da Grande Escalada.

Para melhor estudo desta matéria, expomos dados comparativos entre homem e chimpanzé.

QUADRO 2 - DADOS COMPARATIVOS[1]

TRAÇOS	HOMEM	CHIMPANZÉ
Postura dos membros	Bípede	Quadrúpede
Ombros	Pouco móveis	Mobilidade acentuada
Braços	Para os lados	Para frente
Supinação do braço	180°	90°
Polegar	Muito usado	Pequeno, muito usado
Sono	Deitado	Sentado
Velocidade	Uma das menores entre os vertebrados. 5 km/hora	Muito grande. 30 km/hora

Verticalidade em escalar alturas	Quase nenhuma	Rápida
Pele	Pouca pelagem	Muita pelagem
Canino	Pequeno, pouco usado	Sobreposto sobre os outros dentes, muito usado
Garras	Inexistentes	Muito usadas
Inteligência	Ilimitada	Instintiva por condicionamento genético
Espécie	Única	Diversas
Habitat	Todos os continentes	Regiões tropicais
Estrutura óssea	Vertical, anteposta à gravidade	Ajustada à gravidade
Membros	Pernas maiores que os braços	Braços maiores que as pernas
Movimentação nas árvores	Nenhuma	Exímio braquiador
Cotovelos	Pouco movimento	Todos os tipos de movimento
Acasalamento	A qualquer momento	Só no cio da fêmea
Face	Rosto	Focinho
Maturidade sexual	16 anos	2 a 4 anos
Total crescimento do macho	20 anos	12 anos
Dependência do filhote	Até 8 anos, total dependência dos pais em condições selvagens[2]	Com um mês, o filhote já se agarra à pelagem da mãe
Cérebro	O cérebro do homem coordena e comanda o organismo e tem por função programar e organizar o seu comportamento no espaço e no tempo	Nada há de semelhante no macaco
Queixo	Queixo normal	Não possui
Arcada dentária	Pouco desenvolvida	Muito desenvolvida assemelhando-se a presas
Alimentação	Onívoro	Onívoro, o chimpanzé algumas vezes se alimenta de pequenos macacos, inclusive de parentes
Parto	Na mulher, por sua postura bípede, doloroso	Normal, como qualquer fêmea quadrúpede
Escalar árvore	Desprovido de condições	Possui pé preênsil com um hálux divergente
Saltar de árvore em árvore	Impossível	Faz a braquiação normalmente.
Equilíbrio corporal	Depende de adaptação permanente e recíproca entre o tônus muscular e a resistência dos ossos	Normal, por sua postura quadrúpede

Massa corporal	Toda a massa corporal, a cefálica, a torácica e a pélvica, é suportada pela lordose femorotibial de apenas dois membros	Normal, pela distribuição da massa corpórea através dos quatro membros
Postura	O homem, em pé, é assimétrico	Por seus quatro membros é simétrico
Pelve	Dificulta o parto para a mulher por sua condição bípede	Situa-se no prolongamento da viga vertebral e assim facilita o parto
Movimento corporal	O direcionamento dos ísquios para trás (sagitação) dificulta a sua corrida	A frontalização dos ísquios facilita a corrida
Causas das doenças na coluna vertebral	Coluna lombar longa, com um sacro em dupla curvatura em S, transfere o peso do corpo diretamente sobre o acetábulo e o fêmur. Esta é uma das causas das patologias ósseas e musculares da coluna vertebral	Certas patologias não ocorrem nos quadrúpedes; a coluna dorso-lombar assemelha-se a uma ponte suspensa
Sistema visceral	Na postura bípede, todo o sistema visceral fica suspenso à coluna dorsal e se associa à ação da gravidade para pesar sobre a estrutura femural	Na estrutura quadrúpede, todo o peso do sistema visceral é distribuído pelos quatro membros
Marcha	No homem, a pelve serve de ponto fixo aos músculos para controlar a abertura entre as costelas, dificultando a marcha	As costelas separadas do chimpanzé servem de ponto fixo aos músculos oblíquos internos para moldar a pelve em suspensão, e assim facilita a marcha.
Tórax	O diâmetro transversal diminui e o ângulo de Charpy se fecha, enquanto o diâmetro anteroposterior aumenta	O tórax tem uma forma ovoide estreita, achatado no plano anteroposterior e dilatado transversalmente

Caminhada	Na postura bípede, a escápula está ligada à coluna vertebral, não ocorrendo a cooptação do glenoumeral; com isto os membros superiores e a caixa torácica pesam sobre o tronco, reduzindo consequentemente a caminhada	No caminhar quadrúpede, a escápula não está ligada à viga vertebral. Seu bordo espinal adota uma atitude sagital para assegurar a cooptação da glenoumeral e permitir o apoio dos membros superiores ao solo. A caixa torácica pode elevar-se e o animal se desloca com ampla facilidade com o tronco na horizontal[3]
Sistema pélvico	As passadas curtas do homem explicam-se por sua morfologia pélvica que impede a extensão completa do fêmur para trás	No chimpanzé, a forma da pelve facilita a contração dos músculos, propiciando a propulsão
Locomoção	A pelve humana tem forma achatada, pois além das funções de locomoção e do parto, na posição em pé, carrega grande parte do corpo	No chimpanzé, seu centro de gravidade situa-se à frente da sua viga lombar
Família	Desde milhares de anos, o ser humano mantém o seu núcleo familiar	Pelo poder, ou seja, a posse da fêmea, e domínio da área, o chimpanzé mata o próprio pai
Morte	Cultua os seus mortos	Indiferente; várias espécies de animais reagem com tristeza à morte dos seus companheiros e parentes
Moradia	Abrigos, casas, malocas	Árvores
Sequência de genes	Do homem para o chimpanzé diferem 18 letras[4]	Do chimpanzé para a galinha, 2 letras
Mãos	No homem *in natura* para se alimentar e caçar	No chimpanzé, o polegar das mãos pode se opor ao braço, é preênsil
Bipedismo	Expõe certos órgãos a permanente tensão, inclusive a coluna vertebral	....
Compaixão	Tem pelo núcleo familiar sentimento de afeto	Nenhuma, com a morte dos pais e filhos não exterioriza compaixão. A maioria dos vertebrados possui
Comunicação	Ilimitada	Após vários anos ensinando um chimpanzé, ele apenas conseguiu pronunciar estas palavras: papá, mamá, chávena e acima

Consciência	Ampla consciência do seu Eu e do mundo	Nenhuma. Como uma espécie sem nenhuma consciência ou mesmo desprovida da mínima inteligência criativa, dela originou-se um ser consciente. Seria como se do finito surgisse o infinito
Conhecimento	Sistema integrado	Não integrado
Capacidade de se camuflar diante de inimigos	Várias	Nenhuma. Quase todos os animais possuem, insetos principalmente
O mais inteligente animal		O golfinho. Cetáceo mamífero odontoceta, da família dos delfinídeos. Tamanho do cérebro - 1,7 kg
Doenças da coluna e da viga vertebrais	Hérnia de disco lombar, hérnia de disco cervical, degeneração da coluna, discopatia dolorosa, estenose espinhal, espondilolistese, cifose, osteoporose, trauma, tumores hiperdrose[5]	Trauma, tumores
Sistema de estabilidade	Controle da estabilidade muito complexo em face da gravidade	No quadrúpede, normal
Energia biomecânica no caminhar	Pequena	Maior - melhor para a saúde do organismo, pois gasta mais calorias
Atividade mecânico-comportamental	Para ficar em pé, ele necessita de potentes couraças musculares, custosas em energia, arriscando, desta forma, sobrecarregar sua mecânica corporal	Independe deste esforço
Coluna vertebral e viga vertebral	A coluna vertebral tem forma de "S". Apresenta quatro curvaturas: a cervical convexa para frente, a dorsal convexa para trás, a lombar convexa para frente e a sacrococcígea convexa para trás	Viga vertebral. Apenas convexa em duas curvaturas
Condições de dormir	Residência destinada a este fim	Em ninho de vegetação construído em galho alto de árvore

Infecção, gripe ou resfriado	Efeitos doentios contornáveis	Assume contornos graves levando frequentemente à morte
Febre hemorrágica	....	Doença fatal e altamente contagiosa
Capacidade de defesa	Plena	Mínima. Não consegue reconhecer o rastro e nem a carcaça escondida numa árvore que indicam a proximidade do leopardo. Dos animais, é um dos mais incapazes de defesa[6]

Fonte: Revista nº 402 do Museu de História Natural dos EUA e outras.

Que conclusão podemos extrair dos elementos comparativos ora elencados?

Lá nos primeiros passos dos bancos escolares já ouvimos este matraquear: o homem descende do macaco. Nos livros, nos mais variados, didáticos ou não, desata-se o bordão: o chimpanzé, nosso ancestral. Não se abre o debate alternativo se ele vem de uma espécie própria ou não. Impõe-se esta ideia: o homem originou-se do *Australopithecus* (empregam este termo latinizado) e pronto.

Em quais argumentos científicos os adeptos da teoria simiesca se baseiam? Nos dados que expomos, apenas apontamos a ponta do *iceberg*. O que concluímos? Não existe nenhuma identificação biofisiológica, anatomofisiológica, do símio quadrúpede habitante das savanas africanas com o ser humano. O que se patenteia é, decerto, o mesmo relativamente a todos os mamíferos vertebrados.

Que fique esta pergunta: de um animal irracional pode se gerar ser inteligente? Como se explica de uma espécie sem a mínima consciência, dela se originar um ser racional, até o momento, o único observador do mundo? Falam os darwinistas: a inteligência humana desenvolveu-se de acordo com o aumento do cérebro e pela linguagem. Dos milhões de espécies vivas, só o ser humano se fez detentor da consciência de si e do mundo. Por quê?

Descremos da visão apequenada e reducionista. Por trás do enigmático fenômeno da vida, realidades profundas silenciosamente nos falam.

Um dos grandes naturalistas do seu tempo, Georges Cuvier, escreveu, em 1812, *L'Homme fossile n'existe pas* (O homem fóssil não existe). Com isto ele quis dizer que não existe elo perdido entre o hominídeo e o símio, em razão desta cadeia evolucionista jamais ter ocorrido.

Durante centenas de anos de pesquisas e escavações nos mais recônditos lugares do planeta, encontraram algum fóssil com característica bem definida, dublê homem e macaco, elo de transição entre as duas espécies? Por exemplo: espécime humano com garras nos pés ou nas mãos, algum com rabo, outro a possuir elemento preênsil, algum tipo de macaco articulando um mínimo de pensamento, qualquer indício a identificar traços definidos entre as duas espécies. O que se lê e se ouve: "Macacos, nossos ancestrais, nossos primos próximos, nossos longínquos parentes".

Certos cientistas sofrem de neurose ante a possibilidade de trazer a estudos o *homo* como de origem própria. Abate-os a síndrome do divino. Teorias e formulações esparramadas em livros e exposições midiáticas por eles cairiam por terra e as suas inteligências seriam renegadas. O divino, por mais remota a análise, ou mesmo uma visão de *design* inteligente os apavoram. Domina-os a patologia mental a que denominamos *síndrome do divino*.

Por que este medo? A humanidade arrastou por milhares de anos o pesado fardo do misticismo envolto por doentios fanatismos. De Santo Agostinho a Maomé e aos monges budistas do Tibet, a vida humana engolfava-se num "vale de lágrimas" à espera do chamamento do Eterno que poderia direcioná-la ou às fogueiras do inferno ou à divinização do Éden, onde lá, no supremo tribunal celestial, as almas seriam purgadas nos eflúvios divinos ou lançadas e crepitadas no fogo de Lúcifer.

Trazemos à análise. Morfologicamente não se pode equiparar o ser humano ao chimpanzé. Com o levantamento dos genomas do homem, do camundongo, da galinha, do chimpanzé etc., a engenharia genética chegou à conclusão da pequena diferença média em nível nucleotídico entre os mamíferos vertebrados, ou seja, da unidade do DNA, o material genético oscila entre 4% e 1,2%.

Saliente-se este fenômeno, explicado por cientistas da biologia. Ao se examinar um tipo específico de variação no DNA – inserções, acréscimos, delações ou perdas – a diferença entre o humano e o chimpanzé aumenta para além de 3%. Ressalte-se, ademais, que existe ampla variação no grau de divergência relativamente a estas duas espécies em diferentes regiões homólogas dos dois genomas, particularmente com relação aos cromossomos sexuais; enquanto o X apresenta bastante uniformidade, o Y mostra, ao contrário, muitas variações.

Um dos mais notáveis desenvolvimentos da genética molecular é, decerto, poder estimar o grau de diferenciação existente entre os genomas das espécies, cujo levantamento detectou lista com 118 letras de código conhecido como Região de Aceleração Humana (Har1). Por este estudo, abriram-se novos conceitos da evolução dos vertebrados com pequena variação de letras.

Analisemos o resultado! A sequência chimpanzé e galinha difere por duas letras. A Har1 do humano e chimpanzé marca diferença de 18 letras. Por exemplo: o pesquisador exibe as sequências de letras do homem, chimpanzé, camundongo, galinha, todas de espécies vertebradas cujos genomas já haviam sido decodificados. Por este levantamento, ele pode concluir a variação dos genes de uma espécie em relação à outra.

Nos vertebrados, não acontece muita divergência de um genoma a outro. Em anos recentes, genomas de milhares de espécies (na maioria micróbios) foram sequenciados. Revelou-se o lugar onde existem as diferenciações no DNA. Resumindo, todos os organismos vivos empregam os mesmos grupos de nucleotídeos – A. C. G. T. (adenina, citosina, guanina e timina) para as suas bases – a fim de armazenar informação, e, com raras exceções, são os mesmos vinte aminoácidos, destinados a construir proteínas.

O código genético baseia-se em trios de nucleotídeos que dão origem a aminoácidos diferenciados cujo gene dita a sequência a fim de se conectar e construir determinada proteína.

Enquanto ingente trabalho científico, sem estardalhaço, procura desvendar a complexa matéria sobre o fenômeno humano, como ele se originou e de onde veio, certo cientificismo, no afã de aplausos e lucros fáceis, desanda a apregoar o ateísmo como nova seita tão fanática quanto o misticismo da Idade Medieval. Em 2007, foi lançado no Brasil, traduzido do original *Our Inner Ape*, *Eu, primata*. Do libelo ateísta extraímos este texto:

> Podemos dizer que o ser humano está mais para um primata bipolar. É como se tivéssemos dois macacos interiores, um é o chimpanzé e o outro é o bonobo. Somos uma combinação dos dois. Com os primeiros, dividimos características do poder masculino, da política. Com os bonobos, dividimos empatia, somos altruístas.[7]

Grupos de estudiosos e pesquisadores desta fascinante matéria liderados pelo antropólogo C. Owen Lovejoy, da Universidade de Kent, Ohio, EUA, descobriram fóssil hominídeo nominado de Ardi – *Ardipithecus ramidus* – que viveu há 4,4 milhões de anos onde hoje fica a Etiópia, na África. Este espécime percorreu as florestas africanas um milhão de anos antes do famoso fóssil Lucy, considerada há décadas como o mais antigo ancestral humano. O que se conclui com a descoberta do fóssil? O hominídeo veio de ancestral mais antigo do que aquele imaginado pelos defensores da teoria simiesca. As várias características de Ardi não a retratam semelhante aos macacos superiores atuais.

No início da década de 1980, o paleontólogo Richard Leakey deixou-nos esta observação: o bipedismo permitiu o sucesso reprodutor via monogamia e família nuclear.[8]

Conceituar que na mudança de postura assentou-se unicamente o "sucesso reprodutor via monogamia" é de gritante aberração. E acrescentou, ademais, na esteira do pensamento de Charles Darwin: o bipedismo permitiu ao homem liberar as mãos às tarefas da locomoção e também possibilitou aos machos conduzirem em suas mãos alimentos para prover suas fêmeas e filhotes.

Façamos uma pausa.

Não é possível trazer tal reducionismo de argumentação para fenômeno de tão alta complexidade, como a metamorfose, do símio, de longa postura quadrúpede e apoio nos quatro membros, ajustados à gravidade, para um posicionamento bípede, com fragilizadas condições anatomobiológicas, conforme elencamos no quadro comparativo homem-chimpanzé.

Que conceituação! O homem se fez bípede, desprezando todas as condições de saúde e segurança do quadrupedismo, apenas no escopo de melhor carregar alimentos para as fêmeas e os filhos. Tudo isto, sem nenhum laivo direcionado pela inteligência.

Projetemos o fenômeno humano numa dimensão terráqueo-cósmica, e não com uma visão apequenada de tudo reduzir a um mero e limitado joguetear de "acasos e necessidades", a borbulhar "numa sopa primordial", e, afinal, a se desfechar e se concretizar na "tipologia de um macaco".

Não desconhecemos. O hominídeo poderá ter se originado de qualquer ser vivo, inclusive do próprio símio; no entanto, o que foge da lógica científica são as condições desencadeadoras desta metamorfose, tipo lâmpada de Aladim ou de uma magia bíblica.

Ao situarmos a espécie humana, numa visão darwinista, chega-se à conclusão de que o homem é um mero chimpanzé inteligente a se apoiar numa estrutura anatomofisiológica bípede. Não há o que se discutir.

O que, decerto, transcende o fenômeno humano para além do bioquímico promana da energia mental, da qual a inteligência projeta-se de forma constantemente crescente, a gerar acontecimentos e descobertas em todos os ramos da ciência, da física à biologia, desta para a bioquímica, da eletromagnética à cibernética. Nas últimas cinco décadas, a humanidade se redescobre, incessantemente, expandindo o seu cabedal científico e tecnológico. Daqui a alguns séculos, impulsionado por um desafiador e espantoso desenvolvimento, onde se encontrará o homem?

Rolará numa grande hecatombe apocalíptica ou assomará a vitória final sobre o corpo, dele se desvencilhando e através da energia mental navegará nos espaços siderais? É o homem cósmico a que D. Helder Câmara, certa vez, na ilha de Fernando de Noronha, olhando-me com infinita ternura, profetizou este destino.

A espécie humana veio de um gênero único, desdobrou-se em diferentes raças espalhadas geograficamente por todos os continentes. A sua conquista mais notável na cena do mundo não é a natureza metafísico-corporal de que se investe, mas a sua obra; fantástico acervo, fruto de sua poderosa inteligência, que vem no curso dos séculos se agigantando científica, tecnológica e culturalmente.

Não posso visualizar o homem pelos séculos adentro, despedaçando-se numa bestial idiotia. Sartre, no emaranhado do seu volumoso livro *O ser e o nada*, conceituou a vida como um absurdo e sem destino. Perdeu-se numa visão terráquea.

O ser humano emergiu para a vida como fenômeno cósmico-terráqueo.

O homem por mais inteligente que seja, Aristóteles, Spinoza, Descartes, Kant, Isaac Newton, Albert Einstein, sempre fugiu de olhar alguns séculos à sua frente. Futurismo? Medo de tropeçar no inconsequente? Temor de um nada apocalíptico tão apregoado pelas religiões.

Mentalizemos o ser humano pelos séculos que hão de vir, vencendo a morte, não morrendo. Nada existe de mais contrastante: a mente humana no corpo biológico de um animal. No enfoque da matéria, lembramo-nos da interrogação com estas palavras singelas do cientista William Paley: "Alguém encontrou um relógio perdido, e se perguntou com olhar absorto, quem fabricou este relógio?"

O que nos retrata esta singela e ao mesmo tempo profunda interrogação?

Que devemos olhar despidos de posições preconcebidas de que por trás de desafiantes enigmas existem realidades profundas. Há algo de inteligente por sobre e além dos fantásticos mundos onde pululam numa ordenação perfeita e absoluta bilhões de vidas.

Muitos negam esta assertiva. Admitamos o raciocínio de Jacques Monod: o "acaso" aliado a cem, mil, dez mil fenômenos que, por "necessidade", se organizara para formar a vida. Não são milhares de eventos a se jungirem, mas bilhões e trilhões de seres que nascem, fenecem e se replicam conduzidos desde milhões de anos, por genes que não perdem as linhas essenciais do seu genótipo. Todos os seres vivos indistintamente obedecem a um comando que vem da supermolécula do DNA, contido em cada um deles. Algum ser vivo já rompeu esta ordenação implacável? Nenhum.

Todo organismo assenta-se em milhões a trilhões de células (cada célula é uma máquina que opera determinada por genes). Que desafiantes enigmas! Só os corifeus do cientificismo e do misticismo podem responder. Nós silenciamos. Deixemos que as ciências, lá pelos séculos que hão de vir, os desvendem.

As ideias revolucionárias nascem das construções dialéticas; o contraditório abre espaço a uma lógica que nos leva à verdade ou dela nos aproxima. Só os lunáticos se julgam detentores de certezas absolutas. Acompanhemos a análise da maternagem deste biólogo.

> Entre 2 milhões e 2,5 milhões e quinhentos anos atrás uma transição da postura quadrúpede para uma vida inteiramente terrestre liberou os braços e as mãos das mães para carregar bebês, e isto permitiu um prolongamento da fase de dependência total do recém-nascido. Este crescimento mais lento permitiu um desenvolvimento contínuo do cérebro na primeira infância.
>
> Assim, o principal impacto do bipedismo foi sobre a maternagem e não sobre o uso de ferramentas.[9]

Paremos um pouco. Foge de qualquer lógica situar matéria de tamanha profundidade em uma perspectiva infantil: a maternagem se sobrepondo ao uso de ferramentas. De que forma o ser humano poderia se defender dos predadores se ele era desprovido de garras, e com precárias condições para correr ou subir em árvores, sem pelagem, fraca arcada dentária etc.?

É incongruente formular deduções científicas apoiadas no diminuto reducionismo e situar a postura bípede em razão de mera ação maternal e limitar toda a lógica do fenômeno humano a um mero cuidado materno. Carregar filhotes às costas, como certos animais; nos dentes, prática de alguns felinos; numa bolsa, modo dos cangurus ou agarrados à pelagem, forma de algumas espécies de símios, inclusive o chimpanzé, não impeliram estes vertebrados ao bipedismo.

Outro aspecto a se analisar. A longa dependência dos filhos aos pais na espécie humana provoca crescimento lento que permite desenvolvimento gradual da inteligência.

A dependência infantil na espécie humana como podemos focar? Profundas verdades, ainda insondáveis, silenciosamente nos falam, mas poucos querem ouvir.

Mentalizemos esta hipótese. Criança com 3 a 4 anos de idade, caso o seu cérebro alcançasse rapidamente o nível de adulto e ela absorvesse a carga informativa e cultural do mundo com os fantásticos progressos da ciência e da técnica, que impacto mental este infante sofreria? Rolaria na loucura. A natureza não joga dados, parodiando Einstein. Ela se assenta em ordenação absolutamente perfeita.

Os sábios de proveta e os cientistas de TV poderão contraditá-la, a razão jamais.

O homem se situa, sem dúvida, entre os seres vivos que, na fase infantil, mais lentamente absorvem os fatos da vida, as circunstâncias e os circunstantes no mundo.

Que fantástico desenvolvimento alcançam até nos dias atuais a biologia molecular e a engenharia genética! Hoje, a bioquímica dominante projeta não um sistema aberto, mas um amplo e complexo organismo controlado por um programa genético, responsável por sua metadirecionalidade.

Depois de ampliada com a descoberta do DNA e do levantamento do Projeto Genoma Humano, estes eventos nos deixam interrogativos. Quem e como programaram este código? Descreio de ação meramente mecanicista de moléculas a se jungirem em algum lugar e tempo da Terra primitiva, para formarem a célula, e esta organizar por si o fantástico fenômeno da vida. Quedamo-nos sem respostas. Algo inteligente interagiu na elaboração deste programa.

Einstein, nos seus geniais pensamentos, certa vez se interrogou: “Eu queria saber como tudo isto se originou com absoluta perfeição”.

Notas

1 Das longas pesquisas e estudos a que me dediquei, ouvindo especialistas da medicina ortopédica, da zoologia, da biologia, da antropologia, uma conclusão sobreleva-nos destacar: repelimos certas verdades impostas pelo misticismo e pelo cientificismo. Não podemos nos apequenar em admitir que todo o desenvolvimento da inteligência humana se reduza ao aumento do cérebro, à fonética da linguagem ou a uma origem simiesca. Consultamos e estudamos inúmeros autores. Recusamos formulações ou bordões mágicos sem fundamento científico. À inteligência do leitor, oferecemos estes dados comparativos, homem e chimpanzé.

[2] A criança humana até 8 anos é um dependente dos pais, sobretudo da mãe. No macaco, depois de um mês de nascimento, o filhote se agarra na pelagem da mãe que pode se deslocar à procura de alimentos. A mulher se condiciona nos seus deslocamentos ao recém-nascido.

[3] Oferecemos estes dados comparativos. Homem-caminhada, 5 km/h; galinha, 14 km/h; homem-vencedor da São Silvestre, 20 km/h; chimpanzé, 30 km/h; elefante, 45 km/h; cavalo, 76 km/h. Esclareça-se: estes 5 km/h é a caminhada acelerada do homem, hoje, como há 30 mil anos. Revista n° 402 do Museu de História Natural dos EUA.

[4] Quando genes típicos são acesos dentro de uma célula, esta primeiro produz cópia de RNA de um mensageiro móvel e, então, utiliza modelo para sintetizar algumas proteínas necessárias. O rótulo revelou que a Har1 é ativa num tipo de neurônio que desempenha papel-chave. Na região do genoma, constatou-se que a sequência de genes entre chimpanzés e galinhas difere 2 letras, e do humano e os chimpanzés, 18 letras. Michael Schunke, *Prometeus*, Rio de Janeiro, Guanabara, 2006.

[5] A coluna vertebral humana é diferente da viga vertebral dos quadrúpedes. A coluna vertebral posiciona-se contra a gravidade e carrega em dois membros todo o peso do corpo, razão, portanto, dessas patologias.

[6] Ouvi vários profissionais amestradores de animais, inclusive de circos. O que pude concluir? O chimpanzé é um dos animais mais incapazes de um mínimo de aprendizado.

[7] Frans de Waal, *Eu, primata*, São Paulo, Companhia das Letras, 2007.

[8] Richard Leakey, *A evolução da humanidade*, Brasília, Ed. Universidade de Brasília, 1981.

[9] Ernst Mayr, *Isto é biologia*, São Paulo, Companhia das Letras, 2008.

Viandante dialoga com Jacques Monod e Mayr

Desde milênios, caminha a humanidade.

Antes de Jesus Cristo – isto na civilização ocidental – deusas e deuses compunham danças celestiais, das quais espargiam poderes sobre os homens.

No rastro do Deus do Gólgota, 2000 anos atrás, certa entidade se autoprogramou condutora da palavra do Criador, e a partir daí direcionou e impôs ao homem a sua forma de viver, pensar, trabalhar e até de morrer (Moisés, Cristo, Maomé, Buda, Lutero, Calvino etc.). Deus divinizou-se em vários profetas que se investiram mensageiros de supremos verbos, cujas cartas evangélicas catalisaram palavras de profetas, apóstolos e sacerdotes.

Sob a aura do Cristo crucificado e ressuscitado, a Igreja Católica Apostólica Romana, centrada num poder delegado a um sumo pontífice, ditou ao mundo da cristandade: a vida é um "vale de lágrimas" e na eternidade repousam a liberdade e o paraíso *ad infinitum*. Ao badalar de sinos a ressoar dos templos religiosos, a humanidade fazia-se enorme convento onde multidões de almas se persignavam em rezas, benditos e coros de aleluia, aleluia.

Que infortunada humanidade! Suportou por milênios o fardo do misticismo asfixiante, arrastando-a a dolorosos padecimentos. No seu cajado pelo mundo ao peso de terríveis ameaças de condenação eterna, o homem se fez padecente de pesado fardo. Avança o processo civilizatório e dele emerge a razão, fruto do debate das ideias, e vai ocupar lentamente o lugar que a inteligência lhe aponta.

Chegamos ao século XVIII. Eclode a avalanche humana da Revolução Francesa, furacão político-ideológico a revolutear e decepar velhos arcabouços monárquicos e clericais, e ao crepitar da flama revolucionária, ouvem-se os assombrosos tropéis napoleônicos a avassalar carcomidas dinastias ostentadoras e corruptas, amparadas com o guarda-chuva da Igreja dos papas.

No alvorecer do século XIX, intimoratos vultos iriam assomar a cena do mundo. Simón Bolívar arrebenta os grilhões do colonialismo hispânico na América do Sul, abrindo espaços à liberdade dos povos. Alexandre Humboldt marca epopeia histórico-científica palmilhando 65 mil quilômetros, dos contrafortes dos Andes às estepes siberianas, da escalada do Vesúvio à descoberta da corrente marítima que tem o seu nome, a qual vem da Antártica e bordeja todo o Chile, e à altura do norte do Peru se direciona às ilhas Galápagos. Nessa odisseia, Humboldt coletou quase 60 mil espécies, com as quais se abriram novos rumos à ciência.

Na segunda metade do século XIX, certa personalidade iria despontar no cenário do mundo, investindo-se como o *el libertador* da opressão clerical, apoiado no potente braço político-econômico e militar da "Rainha dos mares", a Inglaterra. Apontemo-lo: Charles Robert Darwin. Altamente inteligente e oportunista, às fronteiras da genialidade, Darwin cingiu-se um centauro desafiador do reino dos místicos, após viagem transoceânica de quase cinco anos ao redor do mundo, na qual o vestiram de um redivivo.

Cessemos um pouco esta digressão. Lembremo-nos da passagem camoniana: "um valor mais alto se alevanta".

Em alguma esquina da vida entrecruzam-se um angustiado e anônimo interrogante do mundo e Jacques Monod, aureolado Prêmio Nobel.

— Quem sou eu? De onde venho? O que faço aqui na Terra? Gritou o viandante.

Monod responde:

— Você vem de uma sopa primordial de um lago tépido e está ligado à cadeia de vertebrados e condenado a vagar pelo mundo sem destino final e a transmitir de geração a geração sentimento de perplexidade infinda. Você carrega no corpo e no cérebro dolorosas chagas de patologias congênitas que o longo processo da evolução lhe impôs, desde quando os seus pés e suas mãos eram nadadeiras de peixe e os seus pulmões os de um batráquio a coaxar em pântanos. Milhões e milhões de anos se sucederam, você se fez quadrúpede egresso da linhagem dos símios. Por mágica fantasiosa da natureza, você deixou a sua segura condição de quadrúpede e se assumiu bípede. Não sei como, você contrariou a natureza, preferiu o estético, antepôs-se à gravidade e metamorfoseou-se. Enquanto todos os seus irmãos quadrúpedes ajustam a viga vertebral em quatro membros, postura normal em face da pressão atmosférica, você quis ser uma singularidade, fenômeno único no planeta Terra.

– Como é mesmo o seu nome? Falou o viandante.

– Eu sou Jacques Monod, Prêmio Nobel de Biologia, o Darwin do século XX.

Viandante:

– Dispenso conhecer as suas comendas.

– E você quem é? Qual a sua profissão? Perguntou Monod.

– Eu não tenho nenhuma. Sou como Charles Darwin.

– Mas você não trabalha? Exclamou surpreso, Monod.

– Não! Não casei com mulher rica. Não encontrei uma Emma [esposa de Charles Darwin, filha de Josiah Wedgwood, um dos homens mais ricos da Europa].

Continua Monod:

– Você se desvencilhou das garras e perdeu a sua condição de preênsil, reduziu a sua capacidade de correr, e assim se fez um dos mais lentos seres de todos os vertebrados. E o seu fêmur? Para suportar o peso do seu corpo desajustado à gravidade, os seus membros inferiores talharam-no numa bigorna evolucionista.

– Que bigorna? Falou o viandante.

– Na marcha dolorosa da evolução, redarguiu o sábio biólogo, e interrogou.

– Onde estava você 3 milhões de anos atrás?

– Trepado nas árvores como o seu parente chimpanzé, de cérebro pequeno, a emitir sons guturais de abafados ruídos.

– Você é, afinal, uma breve fantasia no tempo, condenado a resvalar no nada.

– Outros seres o precederam no planeta, há milhões de anos. Enormes arbustos flutuantes vegetaram em florestas de samambaias e fósseis descomunais de dinossauros marcam os sítios arqueológicos na Terra.

– Eu quero saber o meu destino alguns séculos à frente, 500 anos, perguntou o caminhante.

Irritado, olhando de soslaio numa postura olímpica de um Nobel, soltou Monod estas palavras:

– Simplesmente um nada. Se você veio do acaso e da necessidade como eu apontei no meu livro, o que tem a esperar o seu destino? Igual ao de qualquer outro animal.

Quem era aquele humilde viandante? Um sábio que trazia consigo a sabedoria dos séculos. Ergueu um pouco a cabeça e falou:

– Um momento, Sua Excelência Prêmio Nobel. Eu sou um observador do mundo, carrego por longos milênios a história da raça humana, que veio à Terra como espécie própria com a sua inteligência sempre em ascensão até alcançar nestas alturas dos tempos o fantástico fenômeno a navegar em naves espaciais. Biologicamente, o ser humano nunca evoluiu a não ser ligeiras modificações anatomofisiológicas. Os cientistas de TV criaram a panaceia que eu evoluí. Isto é fantasia. Analise, Sua Excelência Nobel. Se eu sou o único observador do universo até o momento conhecido, como posso ter me originado de um "acaso e de uma necessidade"? O acaso é fenômeno que vem do circunstancial imprevisível e não se repete. Nesta lógica (olhando para Monod), sumo pontífice da ciência, eu sou originário de milhares de acasos e me desenvolvi desde quando bilhões de moléculas se jungiram para formar a célula.

– Você é um terráqueo, mero terráqueo, gritou o biólogo.

– Não, respondeu o viandante, minha energia mental é atemporal e vai se projetar para o cosmo. Olhe o meu DNA; os genes que eu conduzo há milhões de anos. São imortais. Eles estão em trilhões de células de um só organismo e operam com absoluta perfeição desde milhares e milhares de gerações. Em que condições os acasos geraram todo o fantástico fenômeno humano com a sua máquina orgânica e o seu cérebro norteado por bilhões de neurônios, cada um ou feixe deles direcionados a determinadas funções?

Monod quedou-se surpreso.

Continua as suas reflexões o sábio viandante:

– E a portentosa energia mental conduzida pelo homem aonde chegará? Lance-se olhar retrospectivo, duzentos anos atrás. Por esta visão podemos alcançar onde se encontrará o homem nestes quatro ou cinco séculos à frente. Quem era o homem nos anos 1810, 1910 ou mesmo 1940, 72 anos atrás? Ele poderia imaginar que a humanidade alcançaria o fantástico desenvolvimento dos dias atuais em todas as áreas das ciências, destacadamente médica, cibernética, genética, física, bioquímica, biofísica molecular etc.? Qualquer previsão carregava-se de lunático futurismo.

Marque-se a resposta:

– Não é futurismo. Por força do fenomenal avanço científico, a energia mental se desvencilhará do corpo. O ser humano vencerá a morte não morrendo e se perpetuará *ad immortalitatem*.

Monod, envergonhado, calou-se. O homem do futuro ganhará as ondas cósmicas, segundo o vaticínio de Albert Einstein.

O viandante parou por um momento as suas reflexões; se fez surdo às digressões do biólogo olímpico. Era noite de um céu estrelar. Ele olhou os espaços siderais. Um candelabro de estrelas se expandia pelos universos intergalácticos às fronteiras do infinito. Olhou dentro de si e começou a contemplar os sóis e noites de sua vida que teve a envolver fatos e surpreendentes acontecimentos provocados pela soberba vaidade dos homens que sempre se autoungiram condutores de verdades.

Abruptamente, um desses gênios da humanidade salta à sua frente. Surpreso, o modesto viajante falou:

– Quem é vosmecê?

– Eu sou Ernst Mayr, o grande biólogo do século XX.

– Então o senhor é um gênio. Descobriu a biologia como ciência única e segundo a sua opinião não existem leis nesta ciência, e sim conceitos. Que genialidade a sua! Exclamou o viandante. O senhor ouviu a natureza para chegar a esta lógica? Eu vivo em permanente reflexão e diálogo com a natureza e com a vida e nada sei. Estou em constante meditação para entender um pouco o profundo enigma da existência humana.

Então, já num tom ridículo, Mayr, de soslaio, soltou estas palavras:

– Que surpresa, estou conhecendo um novo Buda!

– Não! Buda procurou a paz infinita; eu estudo as coisas e as circunstâncias que os homens provocam. Sou um permanente aprendiz. Espero ouvi-lo, dr. Ernst Mayr, e aprender os seus ensinamentos, falou o viandante.

Com aspecto catedralício, Mayr doutrinou:

– Charles Darwin trouxe enormes contribuições à ciência cujo resumo poderei situar nestas áreas: biologia evolutiva, filosofia da ciência biológica, e afinal o conceito altamente metafísico - o espírito do tempo.

Ouvindo estas palavras, o caminhante, olhando aquele vulto com o semblante de um Moisés vindo do Sinai, articulou estes pensamentos:

– Isto que o senhor está revelando ultrapassou a própria ciência; é a decodificação das leis da natureza. Depois de Charles Darwin, na sua visão, a ciência se redescobriu. Assim, a humanidade conhece um guru dos novos tempos, o Cristo da "sopa primordial". Jesus Cristo marcou o calendário gregoriano, antes e depois dele, Darwin revelou por sua genialidade a pedra filosofal das ciências e a origem do homem.

Dissequem-se estes bordões. Tudo na natureza, coisas e seres, se atrela a um processo evolutivo. Lavoisier já falava: "Tudo se agita, se modifica e se transforma". Os elementos se equilibram num constante movimento, até mesmo a matéria inorgânica. Mergulhem no mundo do subátomo e lá estão os prótons, os elétrons, os nêutrons, e até mesmo os elementos últimos do átomo, o bóson de Higgs com intensa vibração. A mecânica quântica explica este microcosmo onde pulula o instante inicial da matéria. O que o biólogo quis dizer com esta conceituação: "A filosofia da ciência biológica?" Chavão que se lança a todo instante por aí, às centenas.

– De que lógica científica se carrega, pergunta o humilde viandante, o conceito filosofia da biologia? A filosofia retrata o estudo da essência das coisas, na expressão de Aristóteles. Todas as ciências trazem imanente a sua filosofia. Até mesmo a paleontologia, a antropologia, a cosmologia etc. detêm na essência dos seus elementos a razão profunda de seus liames com a natureza; a partir daí se encontra a substância do ser. Nas longínquas eras, onde se encontrava o ser humano e que linguagem falou? A da inteligência.

O caminhante semeava estas palavras e Mayr, que jamais alguém o contraditou, se contorcia todo.

– Que sentido tem, dr. Mayr, isto que me disse de que Darwin envolveu a própria ciência com o "espírito do tempo"? Com esta assertiva, o senhor plagiou Goethe, em Berlim; quando Napoleão passava nessa cidade vindo aureolado com a vitória de Austerlitz, e neste momento o grande pensador e poeta alemão assim o perfilou: "Ali vai o espírito do tempo".

Todos os acontecimentos e fatos históricos que redirecionam os destinos da humanidade e a projetam para o porvir têm a envolvê-los no seu âmago o espírito do tempo. É um escárnio à inteligência humana adotar certas conceituações sem embasamento científico, apenas para impressionar os incautos. Filosofia do ser, processo evolutivo, espírito do tempo integram-se e abarcam vastos campos do saber, sem a estreita delimitação biológica que certo cientificismo quer nos impor.

Apenas para ilustrar o argumento, continua o caminhante. Caso nestes quatrocentos ou quinhentos anos à frente a energia mental se desvencilhar do corpo, como podemos definir o processo evolutivo?

Debato-me às voltas com complexas questões, procurando compreendê-las e, muitas vezes, me perco. Como, lá para alguns bilhões de anos atrás, nos iniciais vagidos das moléculas orgânicas, constituiu-se o sistema celular, base essencial de todo o fenômeno da vida? Por um processo de impulso químico-físico, as moléculas se uniram. Admitamos: é aí a grande interrogação. Em que condições se desencadeou a "corrente eletromagnética" que originou, direcionou e impulsionou as moléculas a formar a célula com absoluta perfeição, e a partir daí originar o fenômeno da vida? De quem este código contido numa célula recebeu as informações, e de que forma as transmitiu? De que maneira a própria célula nos iniciais instantes de sua formação se autolimitou e programou a própria morte, ou seja, o seu ciclo biológico, fenômeno este que alcança todos os seres, de uma bactéria ao ser humano?

Impaciente e irritado diante daquele desconhecido que ousava contestá-lo, Ernst Mayr retoma o diálogo:

– Nenhum cientista foi tão genial na visão do mundo do que Charles Darwin. O século XIX poderia ser denominado "o século de Darwin". As realizações de Darwin foram tantas e tão diversas. Repito: ele ofereceu às ciências humanas o "Zeitgeist" – o espírito do mundo.

O caminhante desconhecido ergueu a cabeça e perguntou a Ernst Mayr com humildade franciscana:

— Posso falar? Tudo que vem do cérebro genial do neto de Erasmus Darwin traz o selo das verdades incontestes. Nem o apóstolo Paulo, dr. Mayr, pregando em nome de Jesus Cristo, se transfigurou de tamanho fanatismo. Isto foi sempre assim na humanidade. Certos vultos, cientistas, profetas, escritores se investem de doentio fundamentalismo e só eles, unicamente eles, são detentores da verdade. Os gênios se somaram e produziram este supergênio *El libertador* das ciências universais: Charles Robert Darwin. El Cid não foi maior nos seus tropéis pelas mesetas ibéricas. Que desvairados xiitas da ciência! Quando os darwinistas, seguindo as pegadas do seu mestre, declaram que a evolução precisa ser gradual, sem grandes rupturas, e continuada, eles apenas esclarecem o óbvio. A natureza se movimenta ordenadamente de acordo com um todo geral, no qual se insere a evolução das espécies num ritmo lento e constante, desde o orbitar dos planetas em torno do Sol ao frenético movimento dos prótons e elétrons no mundo subatômico. Nada permanece estático, consequentemente, o processo evolutivo dos seres tem de ocorrer. Do contrário, em saltos, mergulhar-se-ia num caos. Querem se autoglorificar como descobridores de verdades insondáveis. O que alcançaram? Revelam o óbvio.

Fala o viandante:

— O senhor se diz criador da "filosofia da biologia", dr. Mayr. O que pretende assegurar com este novo tipo de filosofia? Pelo que estudei desde Aristóteles, a filosofia é a ciência que procura penetrar na essência do ser e dos fatos. Ora, todas as ciências, mesmo as exatas, buscam encontrar o extrato dos seus fundamentos nos quais se baseiam. Quando a própria geometria considera o triângulo figura geométrica com três lados iguais projetados em vértices, ela definiu uma visão tridimensional. Se nós formos mergulhar na essência do tridimensional na qual ela se insere no contexto da natureza, então poderemos criar a filosofia da geometria.

Pausa.

Num salto inesperado, Mayr se levanta da cadeira e berra:

— Não aceito as suas lições. Quer me dar aulas de geometria? Quem é você? Tem alguma obra publicada de repercussão mundial como eu?

Num tom baixo, quase pedindo desculpas ao falar, o caminhante se expressou:

— Eu não tenho *curriculum* de notoriedade como o de vosmecê, eu sou um simples autodidata, igual a tantos que perambulam pelas esquinas da vida. Trago uma bênção genética: sou afilhado do meu padim Padre Cícero do Juazeiro do Norte, lá das regiões secas do Nordeste do Brasil.

— Eu não quero saber deste tal de Padre Cícero, falou Mayr.

— Deixe-me falar, doutor, senão em vou continuar a minha caminhada. Eu sou um tipo Ahasverus, judeu errante.

– Então, fale, disse Mayr.

– O senhor declarou que a ciência biológica se caracteriza pela "biologia evolutiva", ao contrário da física e da química. Este seu raciocínio foge de uma lógica científica. Qual o conceito de ciência, enfim? Da natureza e do mundo o homem decodifica e destaca determinada área de pesquisas e estudos em que fatos e eventos se identificam uns com os outros. A partir daí, delimita o campo de estudo ao qual se denomina ciência. Este longo e penoso trabalho, o homem vem operando lentamente através de séculos num ingente esforço desde os anos 570 a.C. Toda ciência tem a sua história. Os célebres teoremas de Pitágoras, vindos do séc. IV a.C., lá da Ásia Menor, trazem a sua história. As equações de Euclides revelam o esforço do homem na busca de se encontrar a si próprio e o mundo. Por que, doutor, querer privilegiar a biologia como a única ciência que detém uma história evolucionista? Por trás da fórmula genial de Einstein, $E=mc^2$, existe toda uma fantástica história evolucionista da física, da matemática e da geometria, desde o momento da primeira equação formulada por Euclides.

– Pare um momento, seu Zé. Pelo que você está expondo deve desconhecer a própria seleção natural de Darwin, falou Mayr.

– Não, doutor, seria um cego mental se eu negasse a seleção natural. Agora, admitir este fenômeno como "um avanço filosófico extraordinário" conforme sua conceituação choca-se com a lógica da ciência.

Mayr retoma a palavra:

– A seleção natural permaneceu desconhecida por mais de 2.000 anos, dos gregos a Hume, de Kant à era vitoriana. A seleção natural é um processo de eliminação do menos apto.

– Mas, doutor, interroga o caminhante, quem é o mais apto? Aquele que sobrevive. Por esta visão se chega a um condicionamento intelectual, que se jugulou a certo pensamento e dele se tornou dependente. Caso a condição darwinista do mais apto prevalecesse, a ordem da natureza teria alcançado a perfeição num determinado tempo; e aí os reinos animal e vegetal se extinguiriam em consequência da alta qualidade, capacidade e resistência a que chegariam. No frágil, imperfeito e apto a ordem natural se mantém. É este equilíbrio que dá sustentação à natureza. O que visa a ordem natural? Manter os ecossistemas em estabilidade. O que dizer, doutor Mayr, arauto do darwinismo, acerca deste fenômeno? A espécie humana carrega 9 mil doenças congênitas, patologias inoculadas no seu código genético desde milhares de anos atrás. E a seleção natural, onde e como atua frente a este desencontrão genético? Todas as espécies vivas carregam este fardo. Certo cientista de TV brada: vitória do mais apto. Como, se o mais apto muitas vezes já traz no seu gene patologias congênitas? Admitir-se a seleção natural como fenômeno cardeal no processo evolutivo, a sua ação teria que ser desencadeada a partir do sistema molecular. Não ocorrendo este mecanismo, ela é apenas elemento de adaptação dos seres vivos ao meio ambiente, que ao se ajustarem e se modificarem evoluem formando novas espécies. No seu livro, dr. Mayr, *Biologia, ciência única*, vosmecê afirma que um dos princípios mais importantes da filosofia biológica [filosofia biológica!!!] é a natureza dupla do processo biológico governado por leis universais e por um programa genético, ele próprio resultado da seleção natural. O que se quer dizer com isto: "O código genético é resultado da seleção natural?". Surpreende-nos a afirmativa de que o processo biológico obedece à ação de leis, quando, neste mesmo livro, não se admite na biologia leis, e sim "conceitos", negando, assim, a ordenação determinista. No emaranhado de argumentos procura-se sustentar a obra darwinista da evolução das espécies pela seleção natural. Quando esta visão se afirma como inconteste e de verdade suprema, o pensamento se cristaliza num dogma cujo campo de estudo já não pertence à ciência e sim às meditações místicas de um Moisés, de um Buda, de um Maomé. Assim, doutor Mayr, o que vejo? Um novo guru a espargir salmos, versículos, benditos e rezas.

– Me respeite, gritou Mayr, eu não sou nenhum guru.

– Calma, doutor, numa visão kantiana o senhor mergulha em percepções de sensações que o deslocam da realidade a um mundo condicionado por longos anos engolfado numa única perspectiva de só olhar os estudos das ciências biológicas. A sua mente, desculpe-me, como a de muitos outros, condicionou-se a uma linha de pensamento.

Aos berros e gritos, Mayr se contorcia de ira.

– Quem é você, tipo desconhecido no mundo das ciências, a me afrontar com estas idiotices?

E o caminhante, ao partir, deixou estas palavras:

– Ouço argumentos, e não urros.[1]

Nota

1 Com este diálogo que esboçamos entre um autodidata e os biólogos Jacques Monod e Ernst Mayr não pretendemos desmerecer o trabalho e produção destes cientistas. Cada um de nós, do mais devotado antropólogo nas savanas africanas aos grandes pensadores mundiais, presta a sua contribuição ao esforço da humanidade na sua saga pela Terra. Sobrelevamos destacar este fato. Sem dúvida, o objetivo deste capítulo é deixar bem patente que não são as consagrações das personalidades em determinado ramo do saber que possam credenciá-las a direcionar teorias e pensamentos que abarquem ampla visão do mundo. Esclareça-se: na sua obra *Gênios da humanidade*, de Isaac Azimov, ele conclui que dos 1.260 biografados, muitos deles não possuíam especialidade nas matérias que pesquisavam. Eram detentores de uma aguda e vasta visão do mundo. Assim, construíram os seus pensamentos.

Einstein e o sentimento do mundo

Mais de meio século nos separa da morte de Albert Einstein, cuja aura se projeta na consciência da humanidade como um vulto que catalisou em torno de si a genialidade de uma profunda visão do mundo e acendrado sentimento de compreender os homens e as suas circunstâncias.

Quando o nazismo ameaçava lançar nos primeiros anos da década de 1930 as suas garras sobre a Alemanha, ele teve a altivez de deixar o país, emigrando para os EUA, sem jamais renegar as suas origens judaicas e os seus compatriotas em defesa dos quais ergueu forte atalaia.

No mundo das ciências exatas, com suas revolucionárias teorias da relatividade e da mecânica quântica, ele abriu largo descortinar às novas gerações, despertando-as para o estudo de profundas e desafiadoras matérias.

Lá na sua solidão de Princeton, EUA, onde se recolheu, Einstein recebeu a glorificação mundial, dentre a qual esta se destaca: seu nome está inscrito no frontispício de um edifício em Nova York, onde se vê um mapa em que se projeta o sistema solar e, no espaço situado o planeta Terra, a frase: "Aqui viveu Albert Einstein". O jornal *The Washington Post* fez publicar, com a morte de Einstein, esta mesma ilustração.

Maurice Solovine, amigo próximo de Einstein, desde os tempos da Academia Olympia, em Berna, Suíça, 50 anos antes, deixou-nos estas palavras:

> Eu o amava e o admirava profundamente por sua bondade essencial, seu gênio intelectual e sua coragem moral indomável. Ao contrário da hesitação lamentável que caracteriza a maior parte dos chamados intelectuais, ele lutou incansavelmente contra a injustiça e o mal. Viverá para sempre na memória das gerações futuras não apenas como um gênio científico de estatura excepcional, mas também como um epítome de grandeza moral.[1]

Vieram de Einstein as duas maiores revoluções na física, desde Galileu e Newton: as teorias da relatividade, a geral e a especial; na mecânica quântica, ele teve papel relevante.

Palavras de um pensador que encheu o século XX com grandeza, Bernard Shaw, sobre Albert Einstein: "Que vulto humano. Ele não criou impérios, mas universos; suas mãos não estão manchadas com sangue de um único ser humano".

Urge compreender o gênio nas suas posições paradoxais, o que muitos não alcançaram. Einstein não acreditava nos "buracos negros", mesmo quando Robert Oppenheimer e Hartland Snyder publicaram estudo descrevendo em detalhes como uma superestrela, ao exaurir o seu combustível nuclear, mergulha em um buraco negro. Ressalte-se: esta tese operou-se com base nas equações do próprio Einstein.

Em Galileu, Einstein desvendou o mundo da física moderna. Sem dúvida, o físico italiano foi o primeiro cientista a reconhecer o princípio da relatividade mecânica, através da qual o solitário de Princeton formulou a ideia baseada no movimento de um corpo como um todo; enquanto Isaac Newton visualizou o estado de movimento de uma massa puntiforme num tempo infinitamente curto. Newton, na sua obra *Principia Mathematica*, revelou a sua primeira lei, neste enunciado: todo o corpo persevera em seu estado de repouso ou de movimento retilíneo uniforme, a menos que seja compelido a mudar esta condição por forças aplicadas e formulou a equação: F=m.a. (Força = massa x aceleração), na qual se apoia a base da mecânica clássica, conhecida como Lei Fundamental da Dinâmica.

A partir desta equação newtoniana, Einstein formulou a teoria da relatividade, relação entre massa e energia segundo a qual a velocidade da luz deve parecer idêntica em todo o espaço e com isto deduziu que nada se move mais rápido do que a luz.

O que acontece? Quando se utiliza energia para acelerar seja o que for – de uma partícula a uma nave espacial – sua massa aumenta, tornando mais difícil uma maior aceleração. Esta foi, decerto, uma das grandes descobertas do gênio de Einstein. Acelerar uma partícula e fazê-la alcançar a velocidade da luz seria impossível, pois demandaria volume infinito de energia. Daí, a sua famosa equação: $E=mc^2$. Massa e energia se equivalem. Desta equação se extraíram amplas formulações e descobertas para o desenvolvimento fantástico das ciências.

Observemos, num relance, por todas as partes do planeta e podemos ver o que está ocorrendo de progresso. Poderosas e sofisticadas máquinas e aparelhos direcionados por satélites e computadores de alta resolução fazem do homem atual um ente globalizado.

O que isto significa?

Quem era o homem há 500 anos? Ele navegava em fragilizadas embarcações a fim de enfrentar temerosas epopeias transoceânicas no *desideratum* de encontrar novas terras. E hoje como perfilá-lo e o que tem a embalá-lo? Extraordinária odisseia de trepidante progresso a projetá-lo no amanhã num homem cósmico. Somos uma geração testemunha deste momento da humanidade; é aí onde podemos encontrar a grandeza de Einstein. O que o gênio nos legou? Criou o idílio do homem com a ciência, eis a sua grande obra. Mergulhado na sua solidão em Princeton, EUA, ele nos deixou esta lição: a verdadeira ciência se constrói nas reflexões solitárias. Fugiu das conquistas efêmeras e das consagrações passageiras. Renegou o poder; à ciência dedicou a sua vida, sem perder os sentimentos do mundo.

Adentremos o universo de Einstein. O que vamos encontrar? Paisagem de uma imensidão infinita onde o ser humano chega à vida plasmado para um destino, não o místico, mas numa suprema razão que o direciona a uma inesgotável sede de descobertas e criações.

Nesta atmosfera de majestade espantosa, não devemos olhar a ciência numa posição sanchesca e apequenada, mas levantar os olhos, como Einstein, e contemplar a monumentalidade do universo, toque de infinitude que nos fala silenciosamente, e na qual se pressente desafiadora grandeza para além de nossa inteligência.

Que gênio! Ele trouxe para a humanidade revolucionárias descobertas e novos tempos à ciência? Pensador; se fez um solitário, desde quando trabalhava como simples funcionário num escritório de registro de patentes, em Berna, na Suíça.

Olhando-se a sua obra, e, acima de tudo, a humana, podemos alcançar a sua dimensão no *pantheon* da História. Tudo em Einstein tem a marca da grandeza.

Anteviu a sua genialidade: o homem lá para alguns séculos à frente navegará em ondas siderais. Por olhar tão alto o destino humano, sua vida projeta-se uma obra-prima, pincelada numa alta visão de mundo. Personalidade versátil e multiforme, persuasiva e, sobretudo, humanística, recusou-se a ser um reformador, mesmo quando lhe ofereceram a presidência de Israel, logo após a elevação pela ONU deste território a Estado. De sua existência, fez uma lição de vida, apontando que é na construção do saber e da cultura que o homem constrói o seu templo. A glória lhe chegou como um acalento às dores de uma humanidade estraçalhada e sangrada pelas monstruosidades do Holocausto, do stalinismo, do franquismo e do nazimilitarismo.

Vaticinou horizontes aos tempos que hão de vir; cinzelou o seu nome na memória das gerações, transvestiu-se no *l'homo universali*, antepondo-se a todo o retrocesso que levasse o homem à barbárie, e assim, os seus ideais, suas teorias e utopias soaram como hora universal.

Certa vez, alguns físicos famosos, entre eles Niels Bohr, Erwin Schrödinger, Max Born e Heisenberg o visitaram em Princeton, EUA, a fim de ouvi-lo acerca da mecânica quântica. Einstein, na ocasião, portou-se com indiferença. Estava concentrado no estudo da teoria do campo unificado. Estes físicos não entenderam a sua genialidade que sobrepairava muito além de um mero detalhe teórico da física. Um deles, Niels Bohr, deixou esfarrapado besteirol: “Parece que Einstein está lelé”.

Que desencontrado idiota! Não soube entender a grandiosidade do gênio. Ali, naquele momento, enquanto eles se entretinham num circunlóquio de acadêmicos, Einstein dedicava-se a encontrar as causas primárias do universo e do próprio fenômeno da vida. Olhava o infinito e mergulhava nos enigmas do mundo. Aprisionava a sua mente profundos estudos e pesquisas acerca do universo, e não detalhes de alguma teoria.

O que um deles, Heisenberg, a quem Einstein não suportava por seu agachamento ao nazismo, queria expor? A teoria das incertezas no mundo subatômico, e argumentava que a posição e o momento de qualquer partícula elementar como um elétron jamais podem ser medidos simultaneamente por precisão correta. Quanto mais se tenta determinar a posição no espaço, maior será a incerteza no momento e vice-versa, pois o próprio ato de observar a partícula virá perturbar sua posição. Este princípio postula que a incerteza na posição multiplicada sempre excederá uma constante baseada na premissa "*h*" de Planck.

Certos cientistas apressados gritaram: está negada a teoria da relatividade de Einstein. Observemos a natureza *mater et magistra*, na sua profundidade e amplidão. A ciência física configura-se apenas uma pequena área do saber que se integra num todo. O que certos fenômenos desfecham, sejam físicos, químicos ou biológicos? O probabilístico, segundo o raciocínio deste cientista, Paul Dirac, cuja explicação expõe; o princípio da incerteza se baseia na ideia de interação entre o observador (homem) e o observado (partícula). Ora, se chamamos para uma lógica científica mais ampla, prova-se justamente o contrário, ou seja, que o indeterminismo (incerteza) é resultado de uma *intervenção* humana. Eliminemos a intervenção. Aí, decerto, onde se encontra o indeterminismo? Ocorre um sistema determinista quando todos os seus estados e fenômenos são previsíveis. Filósofos apoiados no princípio da incerteza conceituaram o livre-arbítrio.

Prefiro acompanhar Einstein: o livre-arbítrio é uma ilusão. O homem chega à vida desconhecendo quem ele é, como deve ser a sua personalidade, o lugar em que nasceu e quem são os seus pais.

A partir da década de 1930, Einstein se distanciou dos estudos da Mecânica Quântica, mesmo após a descoberta do próton, a primeira partícula da "antimatéria" conhecida, como a do nêutron e a da múon, eventos estes que marcaram o início da descoberta de muitas outras partículas nucleares.

De genial visão, a obra de Einstein interage de acordo com um todo a operar os elementos físicos, químicos, biológicos, cosmológicos etc. Legou-nos uma obra que se projetará *seculum seculorum*.

Nota

1 Andrew Robson, *Einstein: os 100 anos da teoria da relatividade*, Rio de Janeiro, Campus, 2005.

Encerremos esta obra

Após quase quatro anos de pesquisas, estudos e viagens a algumas regiões da América do Sul, nas pegadas de Charles Darwin, concluo este livro *O fenômeno humano*. O que se apoderou de mim ao abraçar esta obra? Não transigi com a verdade e nem fugi ao dialético debate das ideias. Assim, elas atravessaram as páginas desta obra.

Com determinação flagrei a trama de consagrados atores e arranquei da consciência o fardo das hipocrisias e das ambiguidades. Caso certa ciência e a verdade não se compatibilizem, dane-se a falsa ciência.

Algumas vezes, ao ler pensamentos de cientistas e pensadores, não sabia se devia rir ou indignar-me. Mergulhei, lá pelas longínquas eras, nos círculos elementares da Terra primitiva, à procura de compreender os primeiros vagidos da vida na grande noite do infinitamente pequeno e nos últimos abismos de onde o fenômeno humano irrompeu. Interrogações e perplexidades me envolveram, em face de determinadas antevisões. Empolga-nos a grandeza do destino humano; ele se ergue acima de nós mesmos e nos fala uma linguagem muda a todas as gerações que nos hão de suceder pelos tempos afora.

Esbocei no painel desta obra o fenômeno humano na sua dimensão terráqueo-cósmica, catalisado na expressão de Goethe: "Estamos aqui, na Terra, para nos eternizarmos". O que este pensamento nos diz? Por trás de profundos enigmas que desafiam a inteligência humana, salta-nos à mente um pouco de infinitude. De uma inteligente organização originou-se o fenômeno da vida, cujo desenvolvimento através de milhões de anos assenta-se num sistema de absoluta perfeição.

Olhemos ao nosso redor e para além das fímbrias do horizonte. Somos testemunhas, alguma vezes autores, de uma civilização sacudida por fantástico progresso que nos leva a desafiante interrogação: para onde caminha a humanidade? Como será o homem nestes 300 a 500 anos à frente? Debati-me na busca de entender um pouco estes instigantes dilemas.

Ao concluir esta obra, deparo-me com um monge budista que me fala: "O que encerra de sabedoria a vida humana? Exalta-se o jovem porque tudo ignora; amisera-se a velhice porque tudo sabe". Esta obra, ó pensador, é a soma das lições que colheste nos embates do mundo. Olha para trás: nas adversidades soubeste abrir os teus caminhos.

Deixo estas palavras finais. Nesgas de pensamentos irrompem lá nos escaninhos da alma com fulgurações frenéticas impregnando todo o meu ser. Horas da metamorfose da vida. Reinam alegrias colossais numa sensação de que cheguei ao término de mais uma jornada. Uma certeza esta obra encerra. Não pediu licença para escancarar verdades e nem expor ao debate dialético teorias e formulações.

Ao encerrar este livro O *fenômeno humano*, gestado ao longo dos anos por pesquisas e interrogações, dele me separo augurando-lhe a compreensão do mundo, neste sentimento de esperança: "*Ut mei recordatio apud posteros*". Que esta obra possa ser lembrada.

Bibliografia

AGASSIZ, Louis; AGASSIZ, Elizabeth. *Viagem ao Brasil.* Rio de Janeiro: Companhia Editora Nacional, 1938.
ALMEIDA, Agassiz. *500 anos do povo brasileiro.* São Paulo: Paz e Terra, 2001.
________. *A República das Elites.* Rio de Janeiro: Bertrand Brasil, 2004.
________. *A ditadura dos generais.* Rio de Janeiro: Bertrand Brasil, 2007.
ASIMOV, Isaac. *O cérebro humano.* São Paulo: Hemus, 1974.
BAARS, Bernard J. *A cognitive theory of consciousness.* Nova York: Cambridge University Press, 1988.
BATES, Herry. *O naturalista no rio Amazonas.* São Paulo: Companhia Editora Nacional, 1938.
BERGSON, Henri. *Matéria e memória.* São Paulo: Martins Fontes, 2006.
BOGLIOLO, L. *Patologia geral básica.* Rio de Janeiro: Guanabara Koogan, 1978.
BOHM, David. *A totalidade e a ordem implicada.* São Paulo: Cultrix, 1980.
BRADEN, Gregg. *O código de Deus.* São Paulo: Cultrix, 2006.
BRYSON, Bill. *Breve história de quase tudo.* São Paulo: Companhia das Letras, 2006.
BUARQUE, Cristovam. *O colapso da modernidade brasileira.* São Paulo: Paz e Terra, 1995.
________. *A desordem do progresso.* São Paulo: Paz e Terra, 1996.
________. *A borboleta azul.* Rio de Janeiro: Record, 1999.
BURKHARDT, Frederich. *As cartas de Charles Darwin.* São Paulo: Ed. Unesp, 2002.
CALVIN, William H. *Como o cérebro pensa.* Rio de Janeiro: Tocco, 1988.
CAPRA, Fritjof. *O tao da física.* São Paulo: Cultrix, 1975.
________. *O ponto de maturação.* São Paulo: Cultrix, 1982.
________. *A ciência de Leonardo da Vinci.* São Paulo: Cultrix, 2008.
CARAKUSHANSKY, Gerson. *Doenças genéticas em pediatria.* Rio de Janeiro: Guanabara Koogan, 2001.
CARVALHO, Humberto C. *Fundamentos de genética e evolução.* Rio de Janeiro: Atheneu, 1987.
CORONE, Pierre. *Cardiopatias congênitas.* São Paulo: Andrei, 1976.
CRICK, Francis. *Life itself.* Nova York: Ed. Simenand Schuster, 1981.
________. *A hipótese espantosa.* Lisboa: Instituto Piaget, 1990.
CUBAS, S. Zalmir. *Tratado de animais selvagens.* São Paulo: Rocco, 2007.
DARWIN, Charles. *Viagem de um naturalista ao redor do mundo.* Rio de Janeiro: Cia Brasil Editora, 1937.
________. *A origem do homem.* São Paulo: Hemus, 1982.
DAVIES, Paul. *O quinto milagre.* São Paulo: Companhia das Letras, 2000.

Demant, Peter. *O mundo muçulmano*. São Paulo: Contexto, 2004.
Di biase, Francisco (org.). *A revolução da consciência*. Petrópolis: Vozes, 2004.
Dobzhansky, Theodosius. *O homem em evolução*. São Paulo: Polígono, 1972.
Eccles, Jonh. *A evolução do cérebro*. Lisboa: Instituto Piaget, 1989.
Edelman, Gerald. *Neural darwinism*. Nova York: Basic Books, 1987.
Einstein, Albert. *The principle of relativity*. Nova Tork: Ed. Dover, 1923.
________. *Como vejo o mundo*. Rio de Janeiro: Nova Fronteira, 1981.
________. *A evolução da física*. Rio de Janeiro: Ed. Jorge Zahar, 2008.
Fernandes, Florestan. *A etnologia e a sociologia no Brasil*. São Paulo: Anhambi, 1958.
________. *A sociologia numa era de revolução social*. São Paulo: Companhia Editora Nacional, 1963.
Feynman, Richard. *qed: a estranha teoria da luz e da matéria*. Lisboa: Gradiva, 1985.
Filho, Agassiz Almeida; Filho, Bilac Pinto. *Constitucionalismo e Estado*. Rio de Janeiro: Forense, 2002.
Flanagan, Owen. *The science of the mind*. Cambridge: Mit press, 1986.
Fourez, Gérard. *A construção das ciências*. São Paulo: Ed. Unesp, 1995.
Freud, A. *The ego and the mechanisms of defense*. Nova York: Internacional University Press, 2002.
Futuyma, Douglas. *Biografia evolutiva*. Ribeirão Preto: Sociedade Brasileira de Genética, 1992.
Gazzaniga, Michael. *O espírito natural*. Lisboa: Instituto Piaget, 1992.
Graner, E. A. *Elementos de genética*. São Paulo: Melhoramentos, 1965.
Gray, Henry. *Anatomia*. Rio de Janeiro: Guanabara Koogan, 1977.
Green, Brian. *O universo elegante*. São Paulo: Companhia das Letras, 2001.
Greens pan, M. D. Stanley. *A evolução da mente*. Rio de Janeiro: Record, 1999.
Hans, Jonas. *O princípio da vida*. Petrópolis: Vozes, 2004.
Hawking, Stephew. *Uma breve história do tempo*. Rio de Janeiro: Rocco, 1988.
Hegel, Friedrich. *A fenomenologia do espírito*. São Paulo: Victor Civita, 1985.
Heidegger, Martin. *Ser e tempo*. Petrópolis: Vozes, 2002.
Horgan, Jonh. *O fim da ciência*. São Paulo: Companhia das Letras, 1998.
Hoyle, F. *The nature of the universe*. Nova York: Harper, 1960.
Humboldt, Alexandre. *Quadros da natureza*. Rio de Janeiro: W. M. Jackson Inc., 1964.
Jeannerod, Marc. *Sobre a fisiologia mental*. Lisboa: Instituto Piaget, 1996.
Kant, Immanuel. *Crítica da razão pura*. Lisboa: Fundação Calouste Gulbenkian, 1970.
Kaufmann, Stwart. *At home in the universe*. Nova York: Oxford University Press, 1999.
________. *The originis of order*. Nova York: Oxford University Press, 1993.
Kenneth, Lyons Jones. *Padrões reconhecíveis de malformações congênitas*. São Paulo: Manole, 1998.
Lee, Rupert. *Eureka*. Rio de Janeiro: Nova Fronteira, 2002.
Lehninger, L. Albert. *Princípios de bioquímica*. São Paulo: Sarvier, 1995.
Lévi-strauss, Claude. *O pensamento selvagem*. Campinas: Papirus, 1989.
________. *Tristes trópicos*. São Paulo: Companhia das Letras, 1998.
________. *O olhar desviado*. São Paulo: Edições 70, 2001.
________. *De perto e de longe*. Rio de Janeiro: Nova Fronteira, 2002.
________. *Mito e significado*. São Paulo: Edições 70, 2002.
Longair, Malcolm. *As origens do nosso universo*. Rio de Janeiro: Jorge Zahar, 1992.
Malraux, A. *Les voix du silence*. Paris: Gallimard, 1951.
Maturana, Humberto. *A árvore do conhecimento*. São Paulo: Palas Athena, 2007.
Mayr, Ernst. *Isto é biologia*. São Paulo: Companhia das Letras, 1997.
________. *Biologia, ciência única*. São Paulo: Companhia das Letras, 2005.
Michel, Jacques. *A aventura dos neurônios*. Lisboa: Instituto Piaget, 1994.
Mill, J. S. *A system of logic*. Nova York: Harper, 1924.
Monod, Jacques. *O acaso e a necessidade*. Petrópolis: Vozes, 1971.
Novello, Mario. *Máquina do tempo*. Rio de Janeiro: Jorge Zahar, 2005.
Parker, S. *De l'os au squelette*. Paris: Gallimard, 1991.
Pasternak, J. Jack. *Genética molecular humana*. São Paulo: Manole, 2002.
Pinto, Estevão. *Os indígenas do Nordeste*. São Paulo: Companhia Editora Nacional, 1938.
Powell, Corey. *A equação de Deus*. São Paulo: Arx, 2006.
Prigogine, Ilya. *O fim das certezas*. São Paulo: Ed. Unesp, 1996.
Rabelais, François. *Gargântua e Pantagruel*. Belo Horizonte: Itatiaia, 2003.

REALE, Giovanni. *História da filosofia*. São Paulo: Paulus, 1991.
RIBEIRO, Darcy. *As Américas e a civilização*. São Paulo: Companhia das Letras, 1989.
________. *O povo brasileiro*. São Paulo: Companhia das Letras, 1995.
________. *O processo civilizatório*. São Paulo: Companhia das Letras, 2000.
RONDON, Frederico. *Pelo Brasil central*. São Paulo: Companhia Editora Nacional, 1938.
ROSNAY, Joel de. *A aventura da vida*. Coimbra: Ed. Livraria Almedina, 1989.
RUSSELL, Bertrand. *History of Western Philosophy*. Nova York: Simon Schwister, 1945.
________. *A filosofia de Leibniz*. São Paulo: Companhia Editora Nacional, 1968.
SABATO, Ernesto. *Abaddon El Exterminador*. Buenos Aires: La Nacion, 1978.
________. *El túnel*. Buenos Aires: La Nacion, 1986.
________. *Heterodoxia*. São Paulo: Papirus, 1993.
________. *Sobre heroes y tumbas*. Buenos Aires: Seix Barral, 2004.
SANTO AGOSTINHO. *Confissões*. Porto: Ed. Livraria Apostolado da Imprensa, 1966.
SARAMAGO, José. *Ensaio sobre a cegueira*. Lisboa: Camacha, 1995.
________. *O evangelho segundo Jesus Cristo*. Lisboa: Camacha, 1996.
________. *Ensaio sobre a lucidez*. Lisboa: Companhia das Letras, 2004.
SARMIENTO, Domingos. *Facundo*. Rio de Janeiro: Imprensa Nacional, 1938.
SATRE, Jean-Paul. *Les mouches*. Paris: Gallimard, 1943.
________. *La mort dans l'ame*. Paris: Gallimard, 1949.
________. *O ser e o nada*. Petrópolis: Vozes, 1997.
SCHRÖDINGER, Erwin. *O que é a vida*. Lisboa: Fragmentos, 1943.
SCHUNKE, Michael. *Prometeus, atlas de anatomia*. Rio de Janeiro: Guanabara Koogan, 2006.
SMULDERS, Pieter. *A visão de Teilhard de Chardin*. Petrópolis: Vozes, 1969.
STEFAN, Kuhl. *The nazi connection engenics, American racism*. Nova York: Oxford University Press, 1944.
STEWART, Ian. *Deus joga dados*. Rio de Janeiro: Jorge Zahar, 1989.
SZASZ, Thomas. *Esquizofrenia*. Rio de Janeiro: Jorge Zahar, 1978.
TESTUT, L. *Traité d'anatomie humaine*. Paris: Octave Doin, 1912.
VARELA, Francisco. *A mente corpórea*. Lisboa: Instituto Piaget, 1991.
WALLACE, Alfred Russel. *Viagens pelo Amazonas e rio Negro*. São Paulo: Companhia Editora Nacional, 1939.
WATSON, D. James. *DNA, o segredo da vida*. São Paulo: Companhia das Letras, 2005.
ZEILINGER, Anton. *A face oculta da natureza*. São Paulo: Globo, 2005.
ZOHAR, Danah. *Sociedade quântica*. São Paulo: Best Seller, 2002.

O autor

Agassiz Almeida é escritor e ativista dos direitos humanos com atuação em congressos mundiais. Promotor de Justiça aposentado, professor fundador da Faculdade de Ciências Econômicas de Campina Grande, PB. Ex-deputado federal constituinte, de 1986/88. Participou da criação de cooperativas, faculdades e Ligas Camponesas. Sua obra sobre o elitismo e o militarismo é aclamada por nomes como os de José Saramago, Ernesto Sabato, José Comblin e Cristovam Buarque. Com esta obra, Agassiz Almeida projeta-se como um pensador da condição humana.

GRÁFICA PAYM
Tel. (011) 4392-3344
paym@terra.com.br